普通高等教育“十一五”国家级规划教材

教育部2008年度普通高等教育精品教材

环境经济学

（第四版）

主　编　李克国

副主编　魏国印　刘小丹　王国虹
于　翔　张俊安　赵忠宝
张俊谈　代　伟　何　鑫

中国环境出版集团·北京

图书在版编目（CIP）数据

环境经济学/李克国主编. —4 版. —北京：中国环境出版集团，2021.3
ISBN 978-7-5111-4686-1

Ⅰ. ①环… Ⅱ. ①李… Ⅲ. ①环境经济学—高等学校—教材 Ⅳ. ①X196

中国版本图书馆 CIP 数据核字（2021）第 047937 号

出 版 人　武德凯
责任编辑　沈　建　宾银平
文字编辑　史雯雅
责任校对　任　丽
封面设计　彭　杉

出版发行　中国环境出版集团
（100062　北京市东城区广渠门内大街 16 号）
网　　址：http://www.cesp.com.cn
电子邮箱：bjgl@cesp.com.cn
联系电话：010-67112765（编辑管理部）
发行热线：010-67125803，010-67113405（传真）
印　　刷　北京中科印刷有限公司
经　　销　各地新华书店
版　　次　2021 年 3 月第 4 版
印　　次　2021 年 3 月第 1 次印刷
开　　本　787×1092　1/16
印　　张　24.25
字　　数　515 千字
定　　价　72.00 元

内容提要

为了解决日益严重的环境问题，20 世纪 60 年代末期，一门新兴的学科——环境经济学正式诞生了。环境经济学的形成和发展，拓展了环境科学和经济学的视野。环境经济学在环境经济分析、环境经济评价、环境经济决策、环境经济政策优化等方面发挥了重要作用。

本书分为环境经济学概述、环境经济分析、环境经济制度体系 3 篇，共 12 章。本书对环境经济学的基本理论、分析方法、环境经济问题、环境经济政策等方面进行了全面、系统、深入的分析。

本书是高等院校环境保护专业的环境经济学教材，也可供生态环境部门及相关科研部门人员阅读。

前　言

环境问题实质是经济问题，更是社会问题、政治问题。党的十八大以来，以习近平同志为核心的党中央高度重视生态文明建设和生态环境保护工作，生态环境保护发生历史性、转折性、全局性变化，一个重要经验就是建立生态文明体制。从国土开发保护制度、空间规划体系，到自然资源资产产权制度、资源有偿使用和生态保护补偿制度，再到环境治理体系、绩效考核和责任追究制度，我国搭建起了生态文明体制的“四梁八柱”。

环境经济学研究的是环境保护与经济发展的关系。环境经济学在环境经济分析、环境经济评价、环境经济决策、环境经济政策优化等方面发挥了重要作用。为了满足高等院校教学需要，我们于 2003 年编写了《环境经济学》这一本教材，并委托中国环境科学出版社正式出版，教材出版后受到读者的好评。《环境经济学》第二版，于 2007 年入选普通高等教育“十一五”国家级规划教材，于 2008 年获得“教育部 2008 年度普通高等教育精品教材”称号；《环境经济学》第三版，于 2014 年入选“十二五”职业教育国家规划教材。

近年来，我国的环境经济学和环境经济政策得到快速发展。因此，需要对《环境经济学》第三版进行修订。本次修订增加了习近平生态文明思想相关内容，并且全书以习近平生态文明思想为指导，坚持实用性、先进性、系统性原则，力求学术性与课程思政的有机融合。

本次修订对书稿结构进行了调整，由原来的 3 篇 15 章调整为 3 篇 12 章。第一篇是环境经济学概述，包括绪论、经济学基础知识、环境经济学理论 3 章；第二篇是环境经济分析，包括人口、资源与环境，环境与发展，环境价值与环境损害评估 3 章；第三篇是环境经济制度体系，包括环境经济政策、环境保护投资、环境税与环境收费、生态环境损害赔偿与生态保护补偿、金融政策在环境保护中的应用和排污权交易6章。

本次修订由李克国负责总体设计，由河北环境工程学院、中国国际工程咨询有限公司的老师、专家共同完成。具体分工如下：

第1章 绪论（李克国）

第2章 经济学基础知识（王国虹）

第3章 环境经济学理论（李克国、代伟）

第4章 人口、资源与环境（张俊谈、张俊安、何鑫）

第5章 环境与发展（王国虹、刘小丹、李克国、代伟）

第6章 环境价值与环境损害评估（魏国印、赵忠宝、李克国）

第7章 环境经济政策（李克国、代伟）

第8章 环境保护投资（魏国印、刘小丹）

第9章 环境税与环境收费（李克国）

第10章 生态环境损害赔偿与生态保护补偿（刘小丹、魏国印）

第11章 金融政策在环境保护中的应用（于翔）

第12章 排污权交易（刘小丹）

附录由李克国编写，全书由李克国负责统稿。

本书的编写及出版得到了河北环境工程学院领导和中国环境出版集团领导的大力支持，在此致以衷心的感谢。

目前，环境经济学在我国得到了快速发展，由于我们水平有限，加之本书写作时间较为仓促，书中一定会存在一些值得商榷的问题。我们衷心希望有关专家、读者们提出批评和建议。

编者

2020.8.10

目　录

第一篇　环境经济学概述

第二篇　环境经济分析

第三篇 环境经济制度体系

第一篇　环境经济学概述

本篇主要介绍环境经济学的基础知识，是全书的基础。本篇由绪论、经济学基础知识、环境经济学理论 3 章组成。第一章绪论，主要介绍了环境经济学的形成和发展、环境经济学的研究对象与性质、环境经济学的研究任务与内容。第二章经济学基础知识，主要介绍了经济学、市场均衡理论、生产理论、消费者行为理论、帕累托效率、宏观经济调控等内容。第三章环境经济学理论，主要分析了环境经济系统理论、环境资源的价值理论、效益理论、经济外部性理论、产权与公共商品理论、环境成本理论。

第一章　绪 论

环境经济学是在人类解决环境问题的实践过程中形成的一门新兴学科，本章将对环境经济学的产生、发展、研究对象、研究内容等问题进行分析。

第一节　概 述

一、环境经济学的产生

恩格斯指出："科学的发生和发展一开始就是由生产决定的。"环境经济学的形成和发展也是如此，它是在经济社会发展过程中，环境问题日益突出的情况下，随着人类对经济与环境关系的认识逐步深入而逐渐形成的一门新兴学科。

1．环境与环境问题

环境是相对于中心事物而言的，它因中心事物的不同而不同。环境经济学中的环境是以人为中心的，是人类生产和生活的场所。《中华人民共和国环境保护法》明确指出："本法所称环境，是指影响人类社会生存和发展的各种天然的和经过人工改造的自然因素总体，包括大气、水、海洋、土地、矿藏、森林、草原、野生动物、自然古迹、人文遗迹、自然保护区、风景名胜区、城市和乡村等。"

环境问题是在经济发展过程中逐渐形成的。在人类社会发展初期，人口数量少，生产力水平低，人类对环境的影响很微弱，基本上不会产生环境问题。随着人口数量的不断增加和生产力水平的逐步提高，人类对自然环境的干预能力越来越大，超过了自然的承受能力，由此导致了环境问题。环境问题是指构成环境的因素遭到损害，环境质量发生不利于人类生存和发展的甚至给人类带来灾害的变化。

环境问题包括两个方面：一是自然灾害（如地震、洪水、海啸、火山爆发等）的作用引起的环境问题，这类环境问题称为原生环境问题；二是人为因素引起的环境问题，这类环境问题称为次生环境问题。环境科学中所研究的环境问题主要是次生环境问题。

人类活动引起的环境问题主要表现在两个方面：一是生态破坏，如水土流失、土壤沙漠化、土壤盐碱化、资源枯竭、气候变异、生态平衡失调等；二是环境污染，人类活动产生的大量污染物，如废水、废气、固体废物等排入环境，使环境质量下降，以致影响和危害人体健康，损害生物资源。

环境问题的发展大致经历了环境问题萌芽阶段（工业革命以前）、环境问题发展恶化阶段（工业革命至20世纪50年代）、环境问题的第一次高潮（20世纪50—80年代）、环境问题的第二次高潮（20世纪80年代以后）4个阶段。

2．人类解决环境问题的实践

环境问题可以给人类的生存和发展造成严重的危害，如降低环境质量、危害人体健康、破坏自然景观、危及后代的发展等多方面。面对日益严重的环境问题，人类开始采取措施解决环境问题。

人类解决环境问题的实践大致经历了简单禁止、末端治理、采取综合措施3个阶段。随着解决环境问题的实践不断深入，人类需要在环境和经济发展之间做出抉择，每一项措施都是要付出代价后才会有收益，追求某一目标就可能牺牲其他目标，目标之间的权衡取舍十分困难。由于环境问题涉及面广，解决环境问题需要综合运用法律手段、经济手段、行政手段、技术手段、教育手段等措施。

3．环境问题实质是经济问题

为什么说环境问题实质是经济问题？这一问题可以从3个方面阐述：

（1）环境问题是经济发展的“副产品”。目前，人类关注的环境问题是伴随经济的发展而逐渐形成的。

（2）环境问题会造成严重的经济损失。环境问题的日益恶化，会给社会经济带来严重的损失。中国社会科学院原副院长李扬曾公开表示：“如果在GDP中扣除生态退化与环境污染造成的经济损失，我国的真实经济增长速度仅有5%左右。”

（3）环境问题的最终解决还依赖于经济的不断发展。我们不能通过停止经济发展来解决环境问题，而只能通过经济发展来解决环境问题。

环境问题是个经济问题，解决环境问题必须从经济方面入手。需从经济学角度分析环境问题产生的原因、危害，并提出解决环境问题的对策。

4．传统经济学的缺陷

由于环境问题实质是经济问题，解决环境问题必须从经济方面入手，需对环境问题进行经济学分析。但是，由于传统经济学理论存在缺陷，所以其不能解决环境问题。传统经济学理论的缺陷主要表现在两个方面：

（1）传统经济学理论不考虑经济外部性，而经济外部性是环境问题的根源（见本书第三章经济外部性理论）。

（2）衡量经济增长的经济学标准——国民生产总值（GNP）不能真实地反映经济福利，因为经济增长所反映的经济发展速率并不能正确地反映人民生活水平的提高程度。

5．环境经济学的产生

根据上述分析，解决环境问题必须从经济方面入手，对环境问题进行经济学分析。而传统的经济学理论在分析、解决环境问题上存在着明显的缺陷。为了满足环境保护实践的需要，一门新的学科——环境经济学诞生了。环境经济学是在经济迅速增长，资源问题、环境问题日益严重的历史背景下产生的，环境经济学为人类社会可持续发展提供新的分析方法和环境经济政策工具，推动实现生态环境与经济发展的协调、可持续。

二、环境经济学的发展历程

一百多年前，马克思、恩格斯在其经济学和哲学著作中深刻阐述了人与自然的关系、人类活动对自然环境的影响，并且指出了环境问题的经济根源。马克思和恩格斯关于人与环境关系的论述，是环境经济学研究的一个重要的理论基础。

20 世纪二三十年代，阿瑟·庇古（Arthur Pigou）提出了经济外部性理论。经济外部性理论为我们分析、解决环境问题提供了新的思路。

20 世纪 50 年代，西方发达国家严重的环境污染激起了强烈的社会抗议，促使许多经济学家和生态学者把环境和生态科学的内容引入经济学研究中。随着对环境污染与经济发展关系研究的不断深入，在欧、美等发达国家形成了污染经济学，在日本形成了公害经济学。污染经济学和公害经济学的诞生，为环境经济学的建立奠定了基础。

1972 年 6 月 5—16 日，在瑞典的首都斯德哥尔摩召开的联合国人类环境会议正式提出了“只有一个地球”的口号，并通过了关于世界各国共同保护地球环境的一个划时代的历史文献——《联合国人类环境会议宣言》，这次会议是人类环境保护史上的重要里程碑，会议初步阐明了发展与环境的关系，指出环境问题不仅是一个技术问题，也是一个重要的经济问题，不能只用自然科学的方法解决污染问题，还要用一种更完善的方法，从发展过程中去解决环境问题。联合国人类环境会议扩展了人们对环境问题的认识，环境问题不仅仅是环境污染问题，还包括生态破坏问题。随着人们对环境问题以及环境与经济关系认识的不断深入，在发达国家形成了一门新的学科——环境经济学。从 20 世纪 70 年代至今，环境经济学在发达国家得到了较快发展。2018 年的诺贝尔经济学奖被颁发给了保罗·M. 罗默（Paul M. Romer）和威廉·D. 诺德豪斯（William D. Nordhaus），他们的获奖理由是：将气候变化和技术革新的因素融入宏观经济学分析之中。诺德豪斯是环境经济学的领军者，致力于环境和经济之间互动关系的研究，其研究分析了人类对环境问题的忽视、不作为会带来怎样的灾难性的高代价。评委会表示，诺德豪斯解释了市场经济如何与自然环境相互作用。

20 世纪 70 年代末期，环境经济学被引入我国，并得到了较快的发展。环境经济学在我国的发展大致分为 3 个阶段：

1．起步阶段（1982 年以前）

1978 年在太原召开了制定环境经济学和环境保护技术经济八年发展规划（1978—1985）的会议，把环境经济学、环境管理和环境工程等列入了规划。

1978 年 10 月，我国的第一篇环境经济学论文《应当迅速地开展环境经济学的研究》发表。

1978 年年底在北京召开的全国经济科学发展规划会议上，提出要建立和发展我国的社会主义环境经济学，并将其纳入了规划。

1979 年 3 月在成都成立了中国环境科学学会，将建立和发展环境经济学列为一项重要任务。

1980 年 2 月在太原召开了中国环境管理、经济与法学学会成立大会，并进行了学术交流。专家和学者对环境经济学的产生和发展、研究对象、研究内容与任务、研究方法等进行了广泛的研讨，勾画出了环境经济学的主要框架，为我国以后环境经济学的研究奠定了基础。

1981 年 7 月在江苏镇江召开了全国环境经济学术讨论会，对环境保护在国民经济中的地位和作用、环境政策和环境技术经济政策、环境保护指标体系、环境保护的经济效果、环境管理经济手段的适用等方面的问题进行了研究和探讨，并对国外广泛应用的环境费用-效益分析、投入-产出法等方法作了较系统的介绍和论述，大大推动了环境经济学的研究进程。

2．发展阶段（1982—2003 年）

这一阶段又可分为缓慢发展和快速发展两个阶段，1982—1991 年为缓慢发展阶段。我国的经济体制仍然是计划经济，行政管理是国民经济管理的主要方式。在这种背景下，人们对环境经济学的研究热情不高，环境经济学的发展非常缓慢。其明显表现是，有关环境经济学的研究成果很少、环境经济学论文少、环境经济学著作少（主要是译著，如《环境经济学》、《环境管理经济学》、“RFF 环境经济学丛书”等）。这一期间的亮点是 1982 年 2 月 5 日国务院颁布的《征收排污费暂行办法》。《征收排污费暂行办法》的颁布，标志着我国正式实施排污收费制度。排污收费制度是环境经济学理论在环境保护工作中的具体应用。

1992—2003 年为快速发展阶段。在 1992 年召开的中国共产党第十四次全国代表大会上，明确提出我国应该建立社会主义市场经济体制。社会主义市场经济体制的建立与完善，为环境经济学的发展创造了良好的条件。从此，我国的环境经济学进入了快速发展的时期。环境经济学的快速发展表现在以下两个方面：一是初步建立了中国的环境经济学学科体系。一门学科走向成熟的标志之一是拥有逻辑一致的理论框架。环境经济学作为环境科学和经济学的结合产物，它的理论基础是经济学和生态学的基本理论。这一时期，依据大量引进的国外环境经济学理论和国内的环境经济学研究结果，初步建立了中国的环境经济学学科体系。二是环境经济学著作大量出版。初步统计，这一期间出版的环境经济学专著、教材、译著超过 30 部。

3. 完善阶段（2004年至今）

以成立中国环境科学学会环境经济学专业委员会为标志，环境经济学发展进入完善阶段，主要表现在以下4个方面：

（1）健全了学科组织机构。在中国环境管理、经济与法学学会的基础上，2004年成立了中国环境科学学会环境经济学专业委员会（挂靠在中国环境规划院），该专业委员会获得了民政部颁发的社会团体分支机构登记证书，制定了中国环境科学学会环境经济学分会管理办法。中国环境科学学会环境经济学专业委员会每四年换届一次，委员主要来自高校、科研机构及生态环境部门。环境经济学分会每年组织一次学术年会。

（2）环境经济学的学科体系逐步完善，应用领域不断拓展。目前，我国环境经济学学科体系包括环境经济学的基本理论基础、环境污染与环境保护的经济分析的理论与方法、宏观经济运行中的环境保护问题解析、环境保护与资源配置的理论与方法、费用效益分析、环境价值理论与评估方法、环境保护政策手段的经济分析与环境经济政策、国际环境问题的经济分析等。环境经济学广泛应用于环境保护及经济建设之中，如进行环境经济分析和环境经济决策、制定环境经济政策。

（3）环境经济学学科点建设逐步健全。目前，我国有环境经济学硕士授予资格的学科点共有76个，有博士授予资格的学科点共有26个。环境经济学已经开始融入主流经济学，基本跟上了主流经济学发展的步伐。

（4）环境经济政策体系不断完善，在我国生态文明建设、生态环境保护、绿色发展中的作用越来越大。目前，我国环境经济政策框架体系基本建立，主要包括环境财政、环境价格、生态补偿、环境权益交易、绿色税收、绿色金融、环境市场、环境与贸易、环境资源价值核算、行业政策等内容。2020年3月，中共中央办公厅、国务院办公厅印发的《关于构建现代环境治理体系的指导意见》明确指出："坚持市场导向。完善经济政策，健全市场机制，规范环境治理市场行为，强化环境治理诚信建设，促进行业自律。"同时，还对"健全价格收费机制""加强财税支持""完善金融扶持"等环境经济政策提出了具体要求。文件明确了要以环境经济政策为重要内容来构建环境治理体系，实现经济发展与生态环境保护共赢。

第二节　环境经济学的研究对象、特点

环境经济学运用经济科学和环境科学的理论和方法，分析经济发展和环境保护的相互关系，以及经济再生产、人口再生产和自然再生产三者之间的关系，选择经济、合理的物质变换方式，以便用最小的劳动消耗为人类创造清洁、舒适、优美的生活和工作环境，实现经济、社会与环境的协调发展。

一、环境经济学的研究对象

每一门学科都有其特定的研究对象，否则就不能成为一门独立的学科。环境经济学的研究对象是客观存在的环境经济系统。

环境经济系统是由环境系统和经济系统复合而成的。环境系统和经济系统之间存在着复杂的联系。在环境与经济共同发展的过程中，通过物质、能量和信息的多方流通和相互作用，环境和经济逐步耦合成为一个整体，即环境经济系统。环境系统是环境科学的研究对象，经济系统是经济科学的研究对象。

二、环境经济学的特点

环境经济学具有以下特点：

1．边缘性

所谓边缘性，是指多学科的交叉性质。环境经济学研究涉及自然、社会经济、技术等各方面因素，它是经济科学与环境科学交叉渗透的产物，所以环境经济学具有社会科学、自然科学多学科交叉的边缘性质。由于这种边缘性质，在研究环境经济问题时，既要重视经济规律的作用，又要重视自然规律的制约。

2．应用性

所谓应用性，是指运用基础科学的理论和方法，可以解决实际问题的性质。环境经济学主要运用经济科学和环境科学的理论和方法，研究正确协调环境保护和经济发展关系的方法。它要研究的主要课题是经济活动的环境效应，并使这种效应转化为经济信息反馈到国民经济平衡与核算中去，为正确制定经济和社会发展战略及各项环境经济政策提供依据，为选择解决环境问题的可行方案提供依据，所以它是一门应用性很强的学科。

3．阶级性

环境经济学属于应用经济学，经济学具有阶级性，环境经济学也具有阶级性。各个阶级在一定的社会经济结构中处于不同的地位，有着不同的经济利益。对于具体的环境问题，不同的阶级有不同的要求。

4．科学性

环境经济学是一门科学，它当然具有科学性。资本主义环境经济学中的科学理论，可为我国建立社会主义环境经济学提供借鉴和参考。

5．综合性

环境经济学的研究对象本身就是综合的。环境经济系统是一个多层次、多序列的综合结构体系，在这个庞大的综合体系中，环境系统的生命系统包含动物、植物和微生物以及由食物链连接起来的生物网络，环境系统的非生命系统（水圈、岩石圈、大气圈等）有物理、化学等过程。广义的经济系统，不仅包括生产、分配、流通和消费等各个环节和许多产业部门，而且包括结构复杂的技术系统等。环境经济学涉及人、社会、经济和自然之间相互联系、相互作用的各个方面，因此，它必然是一门综合性很强的科学。

第三节　环境经济学的主要研究内容

环境经济学的内容非常丰富，随着学科的不断充实和完善，从目前来看，可概括为以下内容：

一、环境经济学理论研究

基本理论是一门学科形成的基础。环境经济学理论研究的主要内容有：

1．环境资源价值理论

环境资源是否有价值一直是人们关注和争论的焦点。环境经济学研究科学的环境资源价值观，并运用环境资源价值观指导人们开展实践活动，科学地开发和保护环境资源。

2．经济外部性理论

外部性理论是环境经济学的主要理论基础之一。环境问题外部性研究的目的主要是应用一般均衡分析法，分析环境问题产生的经济根源（确切地说是市场条件下环境外部不经济性），提出解决环境污染和生态破坏这两个外部不经济性问题的各种可行方法。

3．效益理论

人类社会的各项活动都追求一定的效益，包括经济效益、环境效益、社会效益。如何正确处理这些效益间的关系是环境经济学研究的重点内容之一。

4．经济发展和环境保护的关系

环境保护与经济发展的关系是环境经济学研究的核心问题。研究的关键是要确立正确的发展战略以及经济增长与环境问题间的内在运行机制，提出如何才能在保持经济增长的同时保护和改善环境质量以及使它们之间协调发展的衡量标准与方法。目前，该领域占主导地位的研究理论是可持续发展理论。

5．环境问题与经济制度的关系

社会经济制度对自然环境产生重要影响，通过探讨不同经济制度下环境问题的共性和特殊性，揭示经济制度与环境问题之间是否存在必然的联系以及环境问题的经济本质。

6．环境质量公共物品经济学

公共物品理论是环境经济学的另一个理论基础。研究环境质量公共物品主要是分析作为公共物品的环境质量与一般物品或商品的差异，确定环境质量这一特殊公共物品的供给与需求，同时提出使资源配置最佳或经济效率最高的环境质量公共物品提供方式或途径。

7．环境政策的公平与效率问题

环境政策的公平与效率问题的研究与经济制度有较大的关系，其内容主要包括环境政策造成的收入分配影响以及环境费用分担合理化研究。除此之外，该研究还要关注宏观经济政策和国际环境政策引起的国与国之间环境费用分担和补偿问题。

8．环境经济指标体系

可持续发展要求实现环境与经济的协调与统一，要求我们建立完善的环境经济指标体系。通过环境经济指标体系，对环境经济系统进行全面的评价。环境经济指标体系由环境指标、经济指标和环境经济指标组成。

二、环境经济学研究方法

环境经济学很重视分析方法的研究，许多其他学科建立发展起来的分析研究方法在环境经济学中都得到了创造性的发挥与应用。最常用的方法是环境费用-效益分析和环境经济投入产出分析等方法。

1．环境费用-效益分析

环境费用-效益分析是环境经济学的一个核心内容，主要内容包括环境费用-效益分析的基本原理、环境费用-效益分析的常用方法、费用效益方法应用、环境费用效果分析。

2．环境经济系统的投入产出分析

投入产出分析可以以定量的方式来描述环境与经济间的协调关系，既可以是宏观的定量描述，也可以是微观的定量描述。前者可把环境保护纳入国民经济综合平衡计划，后者则可详尽地描述一个企业各生产工序间环境和经济的投入产出关系。

3．环境资源开发项目的国民经济评价

国民经济评价是项目（包括资源开发项目）经济评价的核心部分，与财务评价相对应。国民经济评价在考察费用和效益时一般都要考虑间接（外部环境）费用和间接效益，而间接费用和间接效益计算往往又涉及环境费用-效益分析技术以及资源的机会成本或影子价格。

三、环境经济问题分析

环境经济问题的研究是环境经济学的重要内容，包括许多方面，如人口、资源与环境，贸易与环境，自然资源的合理配置，环境保护投资，环保产业与环境保护市场化，环境与发展综合决策，国际环境经济问题等。

四、环境经济政策

环境经济政策（environmental economic policy）是指按照市场经济规律的要求，运用价格、税收、财政、信贷、收费、保险等经济手段，调节或影响市场主体的行为，以实现经济建设与环境保护协调发展的政策手段。在市场经济制度下，在环境管理中应更多地采用经济手段，以提高经济效率和改善环境管理效果。建立、完善环境经济政策体系是运用经济手段管理环境的必然要求。广义的环境经济政策包括资源核算政策、应用于环境保护的财政政策、应用于环境保护的金融政策、环境投入政策、资源综合利用政策、生态环境损害赔偿政策、生态补偿费政策、环境管理的经济手段（使用者收费、产品收费、管理收费等排污收费制度，排污权交易、押金制度等）。

目前，我国生态环境保护政策体系已覆盖生产、生活和生态的空间布局和活动要求，涉及城市和乡村的协调发展，工业、农业和服务业的绿色协同发展等，框架已基本形成，其政策的调节作用正在增强。当前，中国的环境治理体系和治理能力仍处于初级阶段，与生态文明建设目标以及人民群众对美好环境的期盼存在一定差距，需要立足于国情，制定构建环境治理理论体系的中国方案。“十四五”时期，环境经济政策改革重点涉及财政、绿色税费、生态补偿、生态权益交易、绿色金融、信息公开和信用与绩效评估等多项政策。改革与创新应突出环境质量持续改善激励、经济过程全链条调控、推进政策手段的系统优化与协同增效、政策执行能力保障等方面，推进打通“两山”通道，构建多元化、多层次绿色市场体系。需要进一步整合现有各项环境经济政策，合理定位和协调各政策工具的作用，强化政策手段的组合调控，打通包括环境税费、生态环境补偿、信息披露、绿色信贷等在内的面向企业的环境经济政策链条，形成政策合力，强化政策协同与技术支持，更大地发挥政策的作用。

第四节　本书结构体系

本书是为高等院校环境保护专业的环境经济学教学而编写的。全书包括环境经济学理论、环境经济分析和环境经济政策 3 篇，共 12 章。其中绪论、环境经济学理论、环境价值与环境损害评估、环境经济政策、环境保护投资、环境税与环境收费、生态环境损害赔偿与生态保护补偿、金融政策在环境保护中的应用、排污权交易 9 章是环境经济学的核心内容，需要重点学习。经济学基础知识，人口、资源与环境，环境与发展 3 章可作为选修内容。环境经济学教学需要 48～54 学时。本书结构体系见图 1-1。

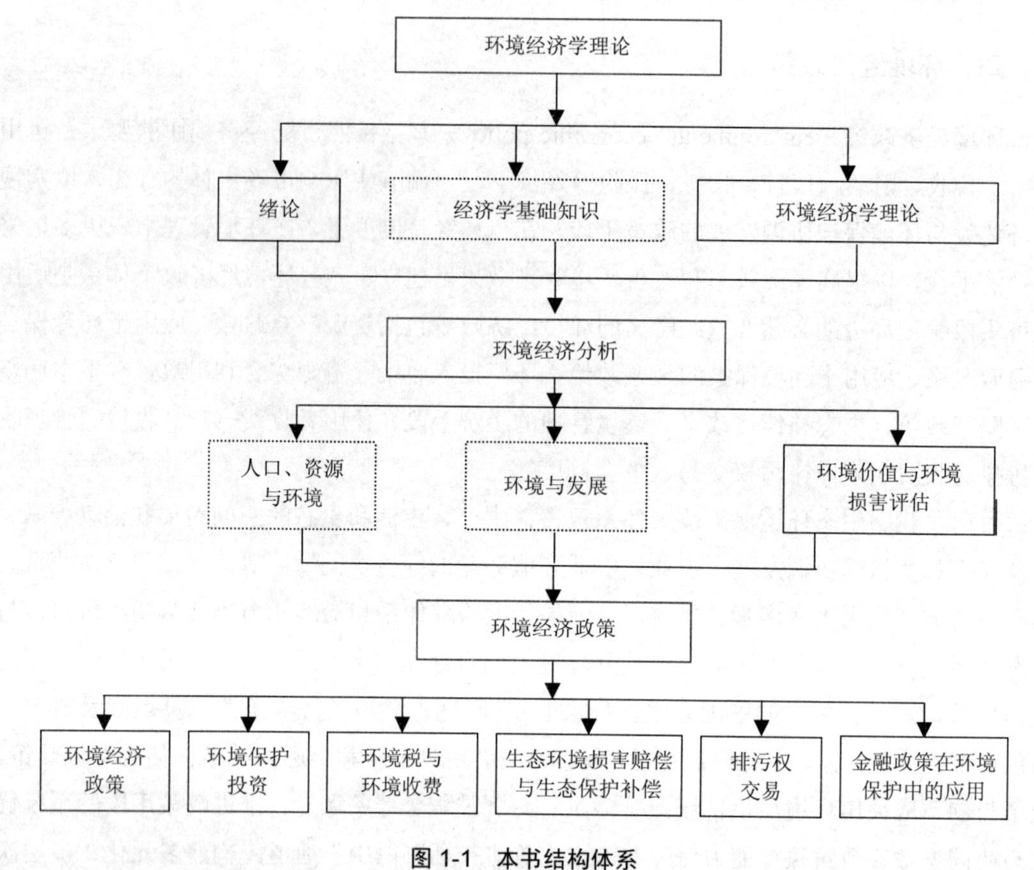

图 1-1 本书结构体系

本章小结

绪论是本书的第一章，是对环境经济学的概括性介绍。本章主要介绍了环境经济学的产生与发展、环境经济学的研究对象及特点、环境经济学的主要研究内容等内容。其中，环境经济学的产生、环境经济学的研究对象、环境经济学的主要研究内容是本章的重点。

复习思考题

1. 名词解释

   环境问题　环境经济学

2. 为什么说环境问题实质是经济问题？
3. 环境经济学是如何形成和发展的？
4. 简述环境经济学的研究对象和特点。
5. 简述环境经济学的主要研究内容。
6. 结合实际，谈谈你对环境经济学的认识。

参考文献

[1] 董战峰，陈金晓，葛察忠，等. 国家“十四五”环境经济政策改革路线图[J]. 中国环境管理，2020（1）：5-13.

[2] 董战峰，李红祥，葛察忠，等. 国家环境经济政策进展评估报告 2018[J]. 中国环境管理，2019（3）：60-64.

[3] 环境保护部环境与经济政策研究中心课题组. “十三五”时期我国环境经济政策创新发展思路、方向与任务[J]. 经济研究参考，2015（3）：32-41.

[4] 璩爱玉，董战峰，李红祥，等. “十三五”环境经济政策建设规划中期评估研究[J]. 中国环境管理，2019，11（5）：20-25.

[5] 习近平. 推动我国生态文明建设迈上新台阶[J]. 资源与人居环境，2019（3）：6-9.

[6] 中共中央. 中共中央关于坚持和完善中国特色社会主义制度推进国家治理体系和治理能力现代化若干重大问题的决定[R]. 2019.11.

[7] 中共中央，国务院. 关于全面加强生态环境保护坚决打好污染防治攻坚战的意见[R]. 2018.6.

[8] 中共中央办公厅，国务院办公厅. 关于构建现代环境治理体系的指导意见[R]. 2020.3.

[9] 张世秋. 环境经济学研究：历史、现状与展望[J]. 南京工业大学学报（社会科学版），2018，17（1）：71-77.

[10] 王文军. 人口、资源与环境经济学[M]. 北京：清华大学出版社，2013.

[11] 曹洪军. 环境经济学[M]. 北京：经济科学出版社，2012.

[12] 韩洪云. 资源与环境经济学[M]. 杭州：浙江大学出版社，2012.

[13] 沈满洪，董战峰，葛察忠，等. 环境经济研究进展（第三卷）[M]. 北京：中国环境科学出版社，2011.

[14] 彼得·伯克（Peler Berck），格洛丽亚·赫尔方（Gloria Helfand）.环境经济学[M]. 北京：中国人民大学出版社，2013.

[15] 查尔斯·D. 科尔斯塔德. 环境经济学[M]. 北京：中国人民大学出版社，2011.

[16] 张广裕. 自然资源与环境经济理论的演进述评[J]. 甘肃联合大学学报（社会科学版），2013，29（5）：26-34

[17] 王金南，逯元堂. 中国环境经济学回顾与展望[J]. 环境经济，2005（Z1）：62-65.

[18] 王金南. 环境经济学[M]. 北京：清华大学出版社，1994.

[19] 曲格平. 梦想与期待——中国环境保护的过去与未来[M]. 北京：中国环境科学出版社，2000.

[20] 李克国. 环境经济学（第三版）[M]. 北京：中国环境出版社，2014.

[21] 张象枢. 人口、资源与环境经济学[M]. 北京：化学工业出版社，2004.

[22] 张象枢，魏国印，李克国. 环境经济学[M]. 北京：中国环境科学出版社，1994.

[23] 鲁传一. 资源与环境经济学[M]. 北京：清华大学出版社，2004.

[24] 王金南，逯元堂. 环境经济学在中国的最新进展与展望[J]. 中国人口·资源与环境，2004（5）：29-33.

[25] 皮尔斯（Pearce，D.W.），沃福德（Worford，J.J.）. 世界无末日：经济学、环境与可持续发展[M]. 张世秋，等译. 北京：中国财政经济出版社，1996.

[26] 莱斯特・R. 布朗. 生态经济[M]. 北京：东方出版社，2002.

[27] 汤姆・惕藤伯格. 环境经济学与政策[M]. 朱启贵，译. 上海：上海财经大学出版社，2003.

[28] 马中. 环境与资源经济学概论[M]. 北京：高等教育出版社，2000.

[29] 董战峰，李红祥，龙凤，等. “十二五”环境经济政策建设规划中期评估[J]. 环境经济，2013（9）：10-21.

第二章　经济学基础知识

第一节　经济学

一、经济学概述

1．经济学（economics）

经济学是研究社会中的个人、厂商、政府和其他组织如何进行选择（choices），以及这些选择如何决定社会资源使用方式的学科。当代主流西方经济学理论体系一般包括宏观经济学和微观经济学两部分内容。

微观经济学重点研究家庭、企业等个体经济单位的经济行为，旨在阐明各个微观经济主体如何在市场机制调节下谋求效用或进行利润最大化的理性选择。而宏观经济学则研究社会的总体经济活动，着眼于国民经济的总量分析，包括总产量（总收入）、总就业量、物价水平等经济总量。

2．稀缺性（scarcity）

稀缺性是指现实中人们在某段时间内所拥有的资源数量不能满足人们的欲望时的一种状态。它反映出人类欲望的无限性与资源的有限性的矛盾。正如一个家庭不能给每个成员想要的每一件东西一样，一个社会也不能给每个人以他们向往的最高水平的生活。

稀缺性是经济学研究的前提条件，选择之所以关系重大，正是因为资源是稀缺的。假设一个极其富有的人，他可以获得他所需要的任何东西，在他的生活中不存在任何资源的稀缺，然而，当把时间这一要素也当作一种资源来考虑时，情况就不同了，他必须决定每天把时间花费在哪些事情上。

同理，一个国家或者一个经济体，为了生产一种产品，比如汽车，必须做出数千种决策或者选择。任何经济生活需要的不仅有汽车，还有数以百万计的产品，只有这样经济才能正常运转下去，否则可能会出现以下情况：在 20 世纪 30 年代的美国大萧条中，曾经有 25% 的工人无法找到工作；在一些独联体的国家里，人们经常买不到像胡萝卜和卫生纸这样的普通消费品；在非洲、亚洲和拉丁美洲的许多欠发达国家中，生活仍然停留在相当低的水平上，一些国家的生活水平甚至还在下降。就像每个人必须做出选择一样，一种经济也必须做出选择，选择如何使用这种经济下的有限资源（如土地、劳动力、机器、石油等）。

选择时会遇到的问题包括：为什么曾经用来种植谷物的土地又用来建工厂？在几十年间，资源的利用如何从生产马车转移到生产汽车的？工人如何被自动机床所取代？数以百万的消费者、工人、投资者、经理和政府官员的决策如何相互作用，从而决定社会中现有的稀缺资源的使用？等等。经济学家将这些问题归结为4个基本问题：

1）生产什么？生产多少？

2）如何生产？

3）为谁生产？

4）谁做出经济决策？依据什么程序？

3．选择——生产可能性曲线

正因为资源是稀缺的，所以人们不得不面临选择，去权衡取舍。对于个人而言，时间是稀缺的，因此他需要考虑如何分配时间，在娱乐方面每多花一小时，必定会减少一小时的学习时间。对于家庭而言，常常会面临如何支配家庭收入的选择，当他们在同一类型的用途上额外花钱的时候，必定需要减少其他方面的开支。对于国家同样，生产可能性边界（production possibilities frontier）曲线表明了在生产要素和生产技术既定时，一种经济所能生产的产品的数量的各种组合，如图2-1所示。

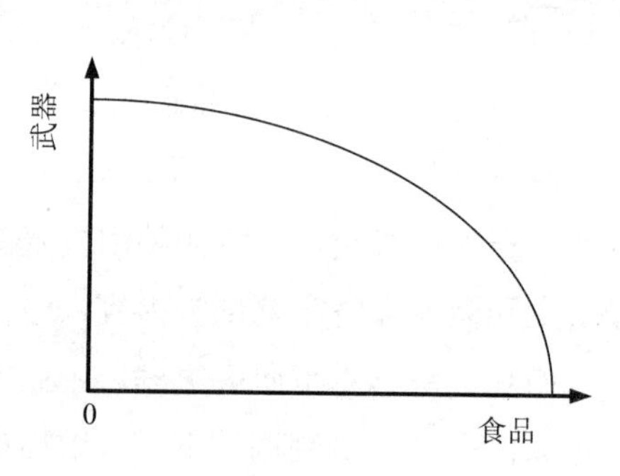

图2-1 生产可能性边界曲线

生产可能性边界表明：该经济可以生产该边界或者边界以内的任何组合。在既定的经济资源条件下，该边界以外的各点是无法实现的。这就意味着一个经济体的运行是需要进行选择、决策的，不可能随心所欲地在让人满意的所有点进行。

4．经济人

西方经济学家研究经济问题有一个人类经济行为基本假定——经济人，或者叫作理性人。经济人的假定包括两部分内容：完全理性假设和自利假设，即假定从事经济活动的主体，不管是居民、厂商还是政府，都是理性的。尽管他们在经济生活中的作用不同，各具特点，但作为经济主体，都是理智的，既不会感情用事，也不肯轻信盲从，而是精于判断和计算。其基本动力都是追求利益最大化，或者说目标最优化。

当然，现实中人们在进行经济决策时，除了考虑经济利益，还会受到社会、文化、政治、道德以及习惯等因素的影响或制约，经济理论分析之所以要这样假定，无非是因为要在影响人们经济行为的众多复杂因素中，抽出主要的基本因素，在此前提下可以得出一些重要的经济原理。

二、经济学研究方法

经济学研究方法主要包括演绎法、归纳法、经济模型与数学分析、静态分析、比较静态分析、动态分析、实证分析、规范分析、边际分析等方法。

1. 演绎法与归纳法

演绎法是在一般假设和基本原理的基础上，运用它们来解释具体的经济现象，并在此基础上对未来进行预测的方法。演绎法是逻辑证明的工具，有助于形成概念、提出和检验理论观点，并进行预测分析。演绎法的结论是否正确，既取决于作为出发点的一般假设和基本原理是否正确，又取决于论证过程是否正确。

与演绎法相对应的是归纳法，即从众多的经验事实中找出一般性规律，归纳提炼出理论观点的方法。归纳法要求针对研究对象需要具有大量的经验材料，然后由表及里、由浅入深地进行分析和提炼，提出概念和范畴体系，最终形成反映客观事物内在本质的系统理论。

2. 经济模型与数学分析

西方经济学分析现实问题最常采用的技术方法是建立模型。模型是构成经济理论的重要组成部分，是描述和分析所研究的经济现象之间依存关系的理论结构。

西方经济学认为，无论是简单的经济现象还是复杂的经济现象，都可以通过建立数学模型来加以分析。如果经济现象之间的因果联系比较明确，可以用函数关系把它表达出来；如果需要描述经济决策的行为方式和选择，可以通过设定目标函数、确定约束条件，然后求解最优值来实现；如果已经知道各个经济变量之间的关系结构，可以用一组方程来表达，并通过求解方程获知经济变量的具体数值。

在西方经济学看来，即使有些社会经济现象和人类行为比较复杂，或者难以量化，也不妨碍用数学方法建立模型，只是在进行经验实证分析时会遇到困难，因为找不到所需要的数据，但是西方经济学家仍然力图通过各种代理变量或其他技术来分析它们。

3. 静态分析、比较静态分析与动态分析

静态分析就是分析经济现象的均衡状态以及有关的经济变量达到均衡状态所需要具备的条件，该方法舍弃了时间因素和具体变动的过程，是一种静止、孤立地考察经济现象的方法。

比较静态分析就是分析在已知条件发生变化后经济现象均衡状态的相应变化以及有关的经济变量在达到新的均衡状态时的相应变化，其实质是对经济现象中有关经济变量一次变动的前后进行比较，不涉及转变期间和具体变动过程本身的情况。例如，分析提高商品税率会带来什么样的影响就属于比较静态分析。

动态分析是对经济变动的实际过程进行分析，其中包括分析有关经济变量在一段时间中的变动轨迹、这些经济变量在变动过程中的相互影响和彼此制约的关系、它们在每一时点上呈现出来的不断变动的数值，以及影响这些经济变量的时间路径的机制等。这种分析重点考察时间因素的影响。

4. 实证分析与规范分析

在西方经济学范畴中，实证分析研究“是什么”的问题，也就是对经济变量之间内在联系进行客观研究，研究时不预设价值判断的前提。因此，它要研究的是过去已经发生的经济事件背后的原因是什么，或者研究一个经济事件或经济政策的后果是什么，并据此对未来的经济变化进行预测。

规范分析是研究“应该是什么”的问题，在研究时要以一定的价值判断为前提，因此是具有预设立场的。例如，在研究通货膨胀率与失业率的关系时，实证分析要研究两者之间是否存在着此消彼长的交替关系，规范分析则从某种立场和利益出发展开研究，对是否应该通过提高通货膨胀率来降低失业率做出选择。

5. 边际分析

边际分析是研究一种经济变量的数量变动会对其他经济变量产生多大影响的方法。它研究的是经济现象或经济变量在既定状态上的变化，例如，咖啡厅在常规营业时间基础上延长的营业时间，或者是消费者在原来用电基础上多用的电量。边际即“额外的”“追加”“新增”的意思，指的是经济变量总数量中“已经追加上的最后一个单位”或者“可能追加的下一个单位”。边际分析在西方经济学中应用非常广泛，可以用来对效用、成本、产量、收益、利润、消费、储蓄、投资等进行分析。

第二节 微观经济学基础

正如第一节所描述的，微观经济学重点研究家庭、企业等个体经济单位的经济行为，旨在阐明各个微观经济主体如何在市场机制调节下谋求效用或进行利润最大化的理性选择。市场均衡理论、消费者行为理论、生产理论以及帕累托效率及补偿检验较为完整地说明了微观系统运行的基本机理。微观经济运行过程如图 2-2 所示。

一、市场均衡理论

市场均衡理论主要研究决定市场价格的需求和供给两方面的力量，阐述需求和供给的基本含义及其变动规律，说明市场供求的相互作用如何决定市场均衡价格和数量。

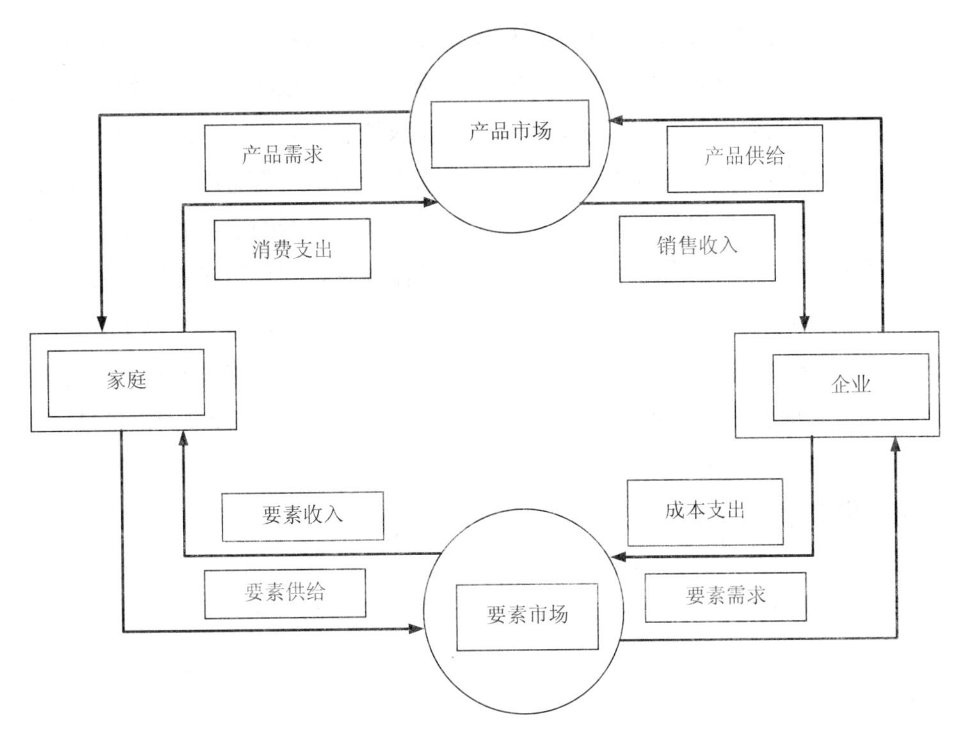

图 2-2 微观经济运行图

1. 市场需求

（1）需求的概念。

一种商品（或服务）的需求源于消费者的欲望，表现为对该商品有支付能力的需要。消费者对一种商品的需求数量取决于多种因素，但其中一个重要因素是该商品的价格。在其他条件不变的情况下，消费者对一种商品的需求可以定义为在某一特定时期内消费者在各种可能的价格下愿意并且能够购买的商品数量。通常把某一特定价格下消费者愿意并且能够购买的商品数量简称为该价格下的需求量。

（2）需求规律。

消费者对某种商品的需求量通常会随着该商品价格变动呈现出一定的规律性。一般而言，某种商品的价格越高，消费者愿意并且能够购买的该商品的数量就越少。如果用曲线图像来表示的话，需求曲线在一般情况下，是一条向下倾斜的曲线（图 2-3）。

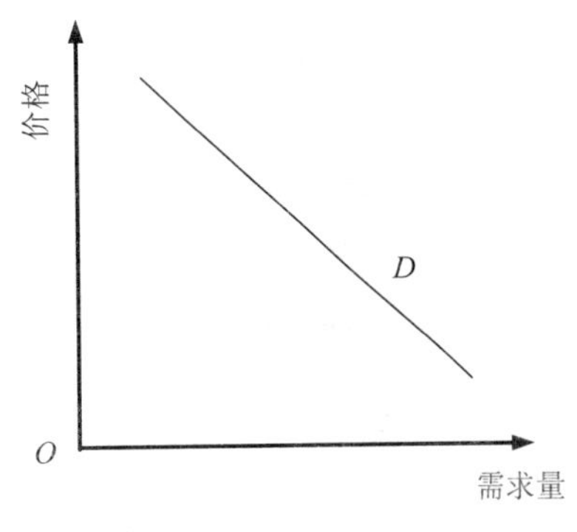

图 2-3 需求曲线（D）

（3）影响需求的其他因素。

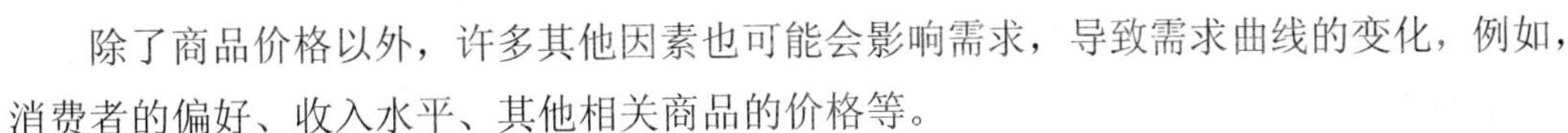

除了商品价格以外，许多其他因素也可能会影响需求，导致需求曲线的变化，例如，消费者的偏好、收入水平、其他相关商品的价格等。

消费者偏好指消费者对某商品的喜好程度，通常，在相对价格水平下，消费者对某商品的偏好越强烈，其对该商品的需求量就越大；反之，需求量就越少。消费者收入的增加会使得消费者支付能力提升，从而对某种商品的需求增加。对于某种商品而言，有一些相关商品的价格也会影响到消费者对该种商品的需求，这些相关商品被称为互补品或者替代品。互补品是指两种商品相互补充，共同满足消费者同一类型的需要，例如，汽车和汽油是互补品；替代品则是指在满足消费者同一类型的需要时具有相同或相近功效的商品，例如，苹果和香蕉互相是替代品。一般而言，对于替代品，如果一种商品价格上升，消费者将减少对该商品的需求量，转而购买另外一种商品。因此，替代品价格上升将导致消费者对原商品的需求增加。对于互补品而言，一种商品价格提高，消费者对原商品的需求量也会减少。

除此之外，消费者预期、政府政策等也会影响消费者对某种商品的需求。

2．市场供给

（1）供给的概念。

作为生产者的企业是决定商品供给的一方。在其他条件不变的情况下，生产者对某种商品的供给是指某一特定时期内生产者在各种可能的价格下愿意并且能够提供用于出售的该种商品的数量。对应于某一特定价格，生产者愿意并且能够提供的商品数量简称为该价格下的供给量。

（2）供给规律。

与需求量一样，生产者愿意并且能够提供的商品数量与价格之间也具有一定的规律性。一般而言，在其他条件不变的情况下，某种商品的价格越高，生产者对该商品的供给量就越大；反之，商品的价格越低，供给量就越小。这一规律在经济学中称为供给规律。因此，供给曲线为一条向上倾斜的曲线（图 2-4）。

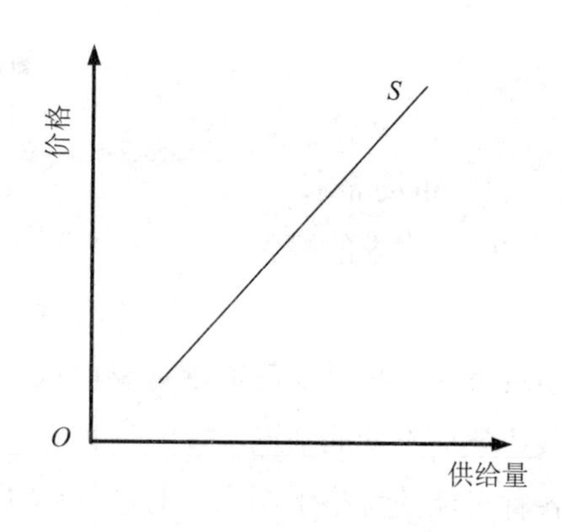

图 2-4　供给曲线（S）

（3）影响供给的因素。

一种商品的供给量除了受商品本身价格的影响之外，还受到其他多种因素的影响。这些其他因素主要包括生产者的目标、生产技术水平、生产成本等。

一般来说，生产者目标是供给量最大化，但在实际经济活动中，一个生产者的经营目标可能不止一个，在不同的时期经营目标也不同。例如，在经营初期生产者主要目标是占领市场份额。由于目标不同，既定价格下的供给量也会不同。

在投入既定的条件下，生产者采用的技术决定了它所能生产的商品数量，技术水平越高，相应的产出量就会越大，即技术水平越高，对应于既定的价格，生产者对产品的供给量就会越大。

在商品价格不变的条件下，生产者的生产成本增加，利润相应地减少，生产者就会减少供给量；反之，生产者成本下降，利润增加，供给量相应增加。而在既定技术条件下，生产者所使用的投入品的价格是决定生产成本的关键因素，因此，生产要素价格提高会促使生产成本增加，进而使生产者的供给量减少。

如果一个生产者可以提供多种产品，则其中一种商品价格发生变化，生产者对另外一种商品的供给量也会随之发生改变。不过这种影响程度及方向取决于生产者生产这两种产品的技术。如果两种产品 A 和 B 在资源投入上相互竞争，那么 B 商品价格提高将会导致 A 商品供给量减少。如果生产者生产 A 和 B 两种产品共享同一种资源，那么在同一生产过程中两种产品也会接连生产出来，例如，钢铁公司在炼钢过程中既生产出各种型号的钢材，也会因钢材冷却而生产出热水。很显然，如果钢材的价格上涨，钢铁公司希望生产更多的钢材，那么作为取暖用的热水的供给量也势必会增加。

除此之外，生产者自身对未来的预期、政府相关政策等因素也会影响生产者的供给。

3．市场均衡

（1）市场均衡实现。

在一种商品或者服务的市场上，需求和供给是决定市场价格的两种相互对立的经济力量，买者希望价格降低，而卖者希望卖出更高的价格。如果前者的力量大于后者，那么价格就具有下降趋势；相反，如果后者大于前者，则价格就趋于上升。因此，供求力量的相互作用使一个市场处于均衡状态，市场价格就趋于不变，如图 2-5 所示。

市场均衡是指市场供给等于市场需求的一种状态。当一种商品的市场处于均衡状态时，市场价格恰好使该商品的市场需求量等于市场供给量，这一价格被称为该商品的市场均衡价格。

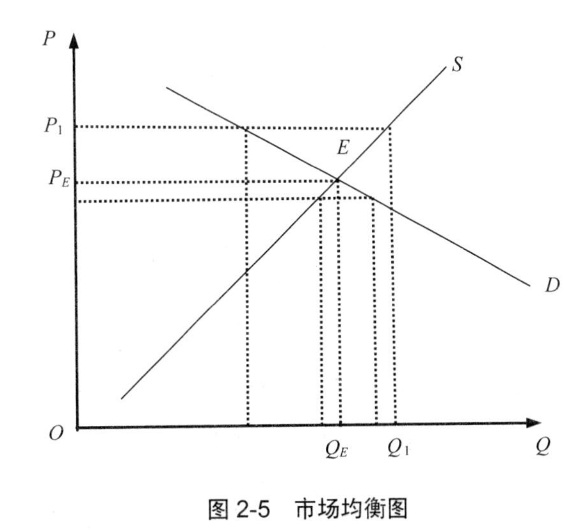

图 2-5　市场均衡图

（2）市场均衡变动。

均衡是以决定系统的外在因素保持不变为条件的。如果系统的外在因素发生改变，那么原有的均衡势必也会发生变动，系统会在新的条件下重新达到新的均衡。

如果供给不发生变化，影响需求的其他因素，如消费者偏好、收入水平、预期以及政策等因素发生变化，将可能引起整个市场需求的变动，这种变动最终会引起市场均衡价格和均衡数量的变动。

如果供给不变，需求增加将导致均衡价格上升，均衡数量增加；反之，如果供给不变而市场需求减少，市场需求曲线向左下方移动，会导致均衡价格下降、均衡数量减少。

如果发生一个事件，导致市场需求和供给均发生改变，那么市场均衡也会发生变动。例如，在增加需求的同时，也使得供给发生了变动，那么市场均衡也会发生变动。

二、消费者行为理论

消费者行为理论从一系列有关消费者效用和偏好的假设开始，说明了消费者如何通过寻求效用最大化来确定消费商品的数量，并由此决定市场需求曲线的全过程。商品给消费者带来的效用满足程度可以用效用函数或者无差异曲线表示。收入对消费者效用最大化的限制由预算约束线表示。消费者在既定收入约束下获得最大效用时处于均衡状态。在均衡状态下，消费者遵循每单位支出购买任意一种商品所获得的边际效用都相等的等边际原则，或者遵循任意两种商品的边际替代率等于两种商品的价格之比的原则。

1．效用理论和无差异曲线

（1）效用及相关概念

消费者消费商品的动机源于消费者本身的欲望，指一个人想要但是还没有得到某种东西的一种心理。物品之所以能成为用于交换的商品，就因为它具有满足消费者某些方面欲望的能力。因此，消费者拥有或者消费商品对其欲望的满足程度称为商品的效用。一种商品效用的大小，取决于消费者的主观评价，由消费者欲望的强度所决定。

（2）基数效用和序数效用

效用度量的方法有两种，包括基数效用和序数效用。

基数效用理论认为效用是消费者消费某种商品时获得乐趣的一种度量，通过对消费者感受到的满足加以解读，可以用某些心理单位，如“尤特尔”对效用加以度量。由于存在一个共同的计量单位，因而一个消费者消费一定数量的商品获得的效用是所有这些商品的效用之和。同样，不同消费者的效用也可以进行加总和比较。

序数效用理论中对消费者消费商品获得的效用满足程度不能用基数衡量，而是对不同商品组合按效用满足程度高低进行排序，并赋予其不同数值。此时，“效用值”并不代表消费者的心理满足程度，只代表一种顺序关系，所以又被称为序数效用或者效用指数。

（3）总效用和边际效用

总效用是指在一定时期内消费者从消费商品中获得的效用满足总量；边际效用是指在一定时期内消费者从增加一单位商品的消费中所得到的效用增加量。

通常，消费者消费商品获得的效用具有以下特征：随着消费数量的增加，总效用增加，但每次的效用增量递减，这表明边际效用具有递减趋势。这一规律被称为“边际效用递减规律”。

（4）无差异曲线

假定消费者只消费两种商品，将可以给消费者带来相同满足程度的商品的不同数量组合描绘成一条曲线，则可以得出一组由无数条曲线组成、任意两条都不相交且向右下方倾斜、凸向原点的无差异曲线，如图 2-6 所示。

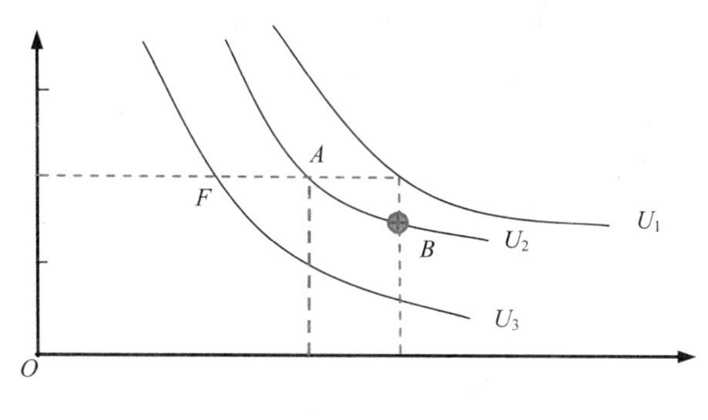

图 2-6　无差异曲线

因此，无差异曲线中任意一条都代表消费者消费商品组合可以获得的一个效用水平，并且离原点越远，无差异曲线代表的效用水平越高。

（5）效用最大化

如上所述，获得效用是消费者进行商品消费的目标，如果不存在任何约束条件，消费者必然追求效用最大化。但正如我们在第一节中所论述的，任何资源都是稀缺的，消费者同时必然要受到收入条件的制约。如果其他条件不变，消费者在既定收入约束条件下实现了最大化效用满足，并保持这种状况不变，那么此时就称消费者处于均衡状态，简称消费者均衡。

2．预算约束线

消费者在消费选择过程中，会受到来自收入的制约，这种制约可以由消费者的预算约束线来表示。消费者的预算约束线表示的是，在收入和商品价格既定的条件下，消费者用全部收入所能购买到的各种商品的不同数量的组合。

以消费者消费两种商品为例，假定消费者的收入为 m，他面对的两种商品价格分别为 P_1 和 P_2，Q_1、Q_2 是两种商品的购买量，则消费者购买这两种商品的预算约束为

$$P_1Q_1 + P_2Q_2 = m \tag{2-1}$$

如图 2-7 所示，预算约束线为一条直线，表示消费者在既定收入下可以购买到的两种商品的“最大”数量组合。

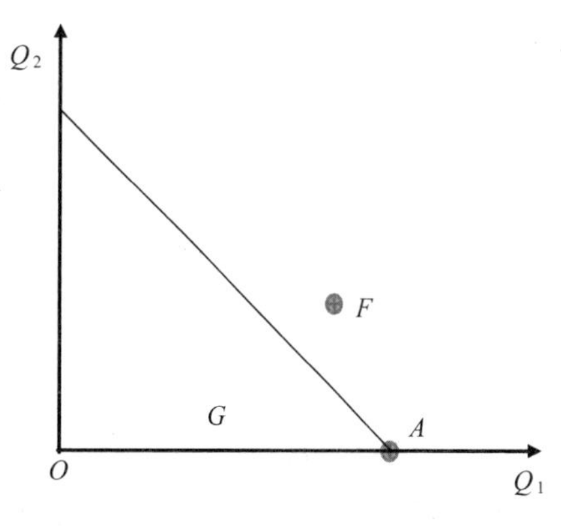

图 2-7　预算约束线

3．消费者均衡选择

根据前面描述的无差异曲线和预算约束线，消费者在收入和商品价格既定的条件下，试图选择使自身效用最大的商品数量组合。在这一过程中，消费者受到追逐更高效用的驱使，同时也受到来自收入预算的约束。在这两种相反力量的推动下，当消费者选择了最优消费数量，这种状态

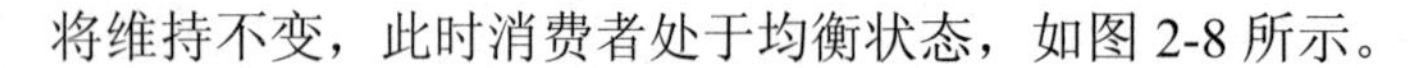

将维持不变，此时消费者处于均衡状态，如图 2-8 所示。

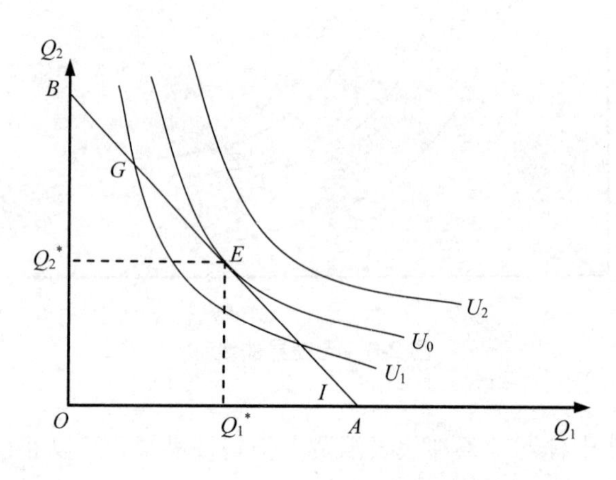

图 2-8　消费者均衡选择

三、生产理论

1．生产函数

企业的生产存在投入与产出之间的技术关系，这一关系可以用生产函数来表示。在特定的生产技术条件下，经过企业家的统一调度，企业把各种生产要素组合在一起，生产出有形或者无形产品。在这一过程中，企业选择的生产规模由生产中投入的生产要素数量与产出量之间的关系反映出来，通常可以由生产函数加以表示。

因此，生产函数表示在技术水平不变的条件下，企业在一定时期内使用的各种生产要素数量与它们所能生产的最大产量之间的关系。同时，在其他条件不变的情况下，既定投入下，产出越多，表明技术水平越先进。因此，生产函数反映了企业所使用的生产技术状况。

假如一个企业在生产过程中投入的劳动、资本、土地、企业家才能等生产要素的数量分别由 L、K、N、E 等表示，而这些数量组合能生产出的最大产量为 Q，那么该企业的生产函数一般表示为

$$Q = f\left(L, K, N, E, \cdots\right) \tag{2-2}$$

为了分析简单，通常假定生产过程中只使用劳动和资本两种生产要素，因而一个简化的一般生产函数可以表示为

$$Q = f\left(L, K\right) \tag{2-3}$$

2．等产量曲线

假定企业只使用劳动和资本两种生产要素。在生产周期内，这两种生产要素投入都是可变的。这时，劳动与资本之间的任意一个组合，都对应着某个产出数量，这些投入组合

与它们所能生产的最大产量之间的函数关系由生产函数描述。

为了研究企业的长期生产技术，经济学中通常借助等产量曲线。等产量曲线是在技术水平不变的条件下，由生产相同产量所需要的生产要素的不同数量组合所描绘的一条曲线。一般地，劳动和资本投入组合（L，K）可以生产既定的产量 Q_0，那么与这一产量相对应的等产量曲线（图 2-9）可以表示为

$$f\left(L,K\right)=Q_0 \tag{2-4}$$

将等产量曲线描绘成如图 2-9 所示的曲线。类似于无差异曲线，等产量曲线也是由无数条线组成的一组任意两条不相交的向右下方倾斜且凸向原点的曲线。离原点越远，代表产量水平越高。在不同的劳动与资本组合下，同一条线上的 A、B、C、D 点的产量是相同的。

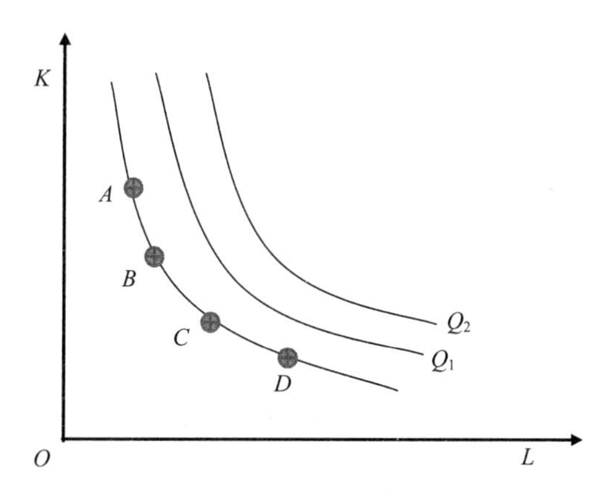

图 2-9　等产量曲线

3．等成本线

假定企业只使用劳动和资本两种生产要素，它们的价格分别为 W 和 r，则企业在一定时期内投入劳动 L 和租用资本 K 所花费的成本 C 可以表示为

$$C=WL+rK \tag{2-5}$$

在劳动和资本构成的坐标平面中，等成本方程可以表示为等成本线，如图 2-10 所示。

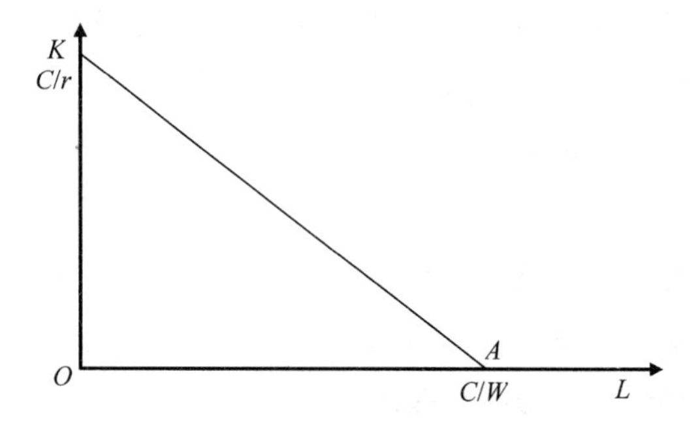

图 2-10　等成本线

4．生产要素最优组合

理性的企业在决策时要考虑投入要素成本最低时的生产产量的问题，为了权衡，企业需要首先设定目标。现实中企业面临两种可能的约束：成本既定或者产量既定。因此企业的决策又可以表述为成本既定下的产量最大化和产量既定下的成本最小化。

根据等产量线和等成本线理论，这两种决策过程如图 2-11、图 2-12 所示。

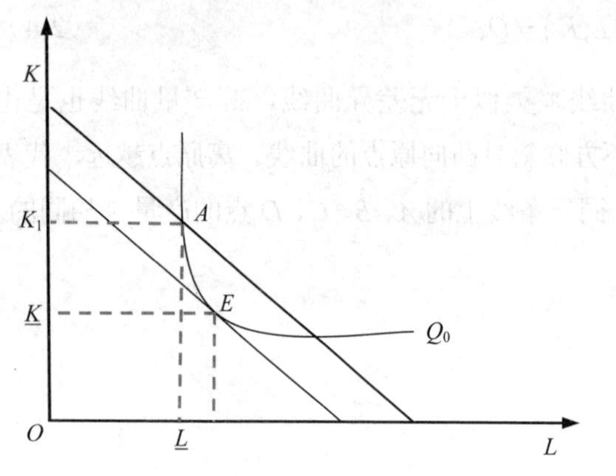

图 2-11　产量既定下的成本最小化

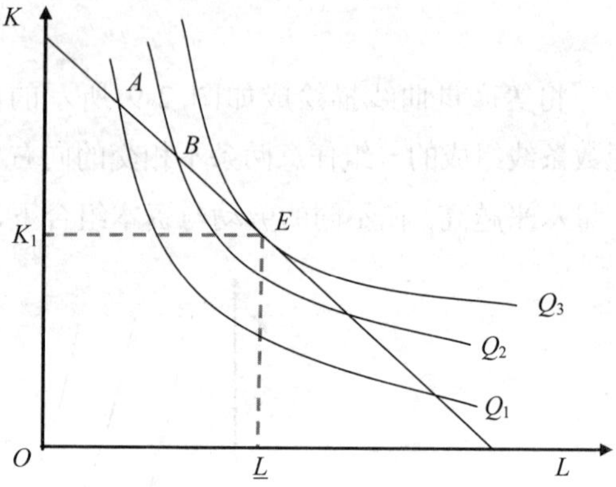

图 2-12　成本既定下的产量最大化

四、经济效率标准——帕累托最优和补偿检验

1．福利经济学与社会资源配置效率

福利经济学是微观经济学的一个分支或者延伸，主要从社会经济福利的角度对经济体系的运行进行评价。其主要研究的内容包括：私人经济活动同社会福利之间的关系，实现社会经济福利最大化的必要条件，克服市场经济体制的缺点、谋求社会经济福利最大化所必须采取的政策措施等。

微观经济学研究的核心是资源的有效配置，而社会资源配置的效率也就是整个社会的经济效率。个体消费者或者生产者的经济效率与整个社会的经济效率之间存在着明显的不同。就一个家庭或者公司而言，在给定资源条件下使消费量或生产量最大，或者为获取一定的消费量和产量使其消耗量减少到最小限度都可以说是具有高效率。对整个社会经济体系来说，如果在特定时间和资源数量给定的条件下，产生最大社会经济福利，那么该经济体系就是具有高经济效率的，或者说社会资源达到了最优配置。

2．帕累托最优

在经济学中通常用帕累托最优标准来评价经济效率。对于某种既定的资源配置状态而言，如果不可能在不影响他人境况的条件下改善某个人的福利状况，则称该状态为帕累托最优状态。西方经济学把帕累托最优标准作为判断经济效率的标准。实现了帕累托最优标准，就是达到了经济效率；反之，就是没有达到经济效率。

3．补偿检验标准

根据帕累托准则，任何一个特定的（公共）政策行为实施后，如果没有人因此而导致处境变坏，但同时至少有一个人因此而使处境变好，则这样的政策就符合帕累托最优。但现实生活中，公共政策（包括环境政策）在大多数情况下往往会引起一些不可恢复的损失而使一些人的处境变坏。例如向富人征税，可以改变穷人的生活福利，帕累托最优标准在现实生活中很难达到。为了解决这一“失效”问题，西方福利经济学家们进而提出了福利的补偿问题。其中最重要的是“希克斯-卡尔多”补偿原则。

“卡尔多-希克斯”补偿原则主要观点认为：假定以政策 A 的原有状态为出发点，如果引入政策 B 使得该政策实施后所得到的收入增加不仅能对受害人进行补偿，而且补偿后还能剩下一部分净收入，那么从政策 A 到 B 的变动就是一种潜在的帕累托改进。

例如，在一个原来不许养狗的区域里，一部分人很想养狗，对养狗带来的福利评价为每年 10 000 元，而另一部分不想养狗的人，对养狗的福利评价为每年 –4 000 元。由于想养狗的福利补偿不想养狗者的损失而有余，即 10 000 减去 4 000 还剩 6 000 元，总的福利是增加的，就可认为“允许养狗”这一项改变是增进了社会福利的。

后来的学者们认为，“卡尔多-希克斯”标准过于笼统，对社会政策的评价具有不确定性。例如，在前述养狗例子的基础上，当该区域允许养狗后，所养狗的数量大大增加了，但人们的偏好也逐渐在改变。养狗者对养狗的评价变成了每年 4 000 元，而不想养狗的对养狗的评价变成了每年–10 000 元。此时，若按照“卡尔多-希克斯”标准，人们又应该禁止在该区域内养狗了，因为这样才符合福利最大化，所以这就存在着符合“卡尔多-希克斯”准则的情况改变的可能性，即这样两种状态的互变都可以称为“改善”，由此就出现了矛盾。

同时，“卡尔多-希克斯”标准的问题还在于时间的长短，在世代交叠的现代宏观经济模型中，一项政策很可能使得上一代人受损、下一代人受益，那么，即使给下代人带来的收益大于给上代人带来的损失，在不涉及人际效用比较的情况下，从公平角度来看，这是很难接受的，此时，希克斯的补偿标准存在着偏差。

第三节　宏观经济学基础

一、经济增长与经济发展

经济增长是最古老的经济学研究问题之一。人类要生存、要发展，其基础和前提就是物质产品或物质财富的丰富和增加。对于一个国家而言，其发展的基本目标是民富和国强。持续稳定增长的经济是民富和国强的基本保证。那么，什么是经济增长？如何来描述呢？

在宏观经济学中，经济增长一般用产量的增加表征，这里，产量既可以表示为经济的总产量（GDP 总量），也可以表示为人均产量（人均 GDP）。经济增长的程度可以用增长率来描述。

若用 Y_t 表示 t 时期的总产量，Y_{t-1} 表示（$t-1$）时期的总产量，则总产量意义下的增长率 g_y 为

$$g_y = \frac{Y_t - Y_{t-1}}{Y_{t-1}} \tag{2-6}$$

若用 y_t 表示 t 时期的人均产量，用 y_{t-1} 表示（$t-1$）时期的人均产量，则人均产量意义下的增长率 g_y 为

$$g_y = \frac{y_t - y_{t-1}}{y_{t-1}} \tag{2-7}$$

二、宏观经济目标

从第二次世界大战后西方发达国家的实践来看，国家宏观调控的政策目标一般包括充分就业、稳定物价、经济增长和国际收支平衡 4 项。

1．充分就业

充分就业是宏观经济政策的首要目标。所谓充分就业，在西方经济学中有两种含义：一是指一切生产要素（包含劳动）都有机会以自己愿意的报酬参加生产的状态，也就是劳动力和生产设备都达到充分利用的状态；二是指总失业率等于自然失业率的状态。

不同学派的经济学家对充分就业有不同的理解。例如，凯恩斯认为充分就业实际上就是现实生活中不存在“非自愿”失业的状态。以弗里德曼为代表的货币主义学派则提出了自然失业率的概念，他们认为总失业率等于自然失业率时就实现了充分就业。

2．稳定物价

相对稳定的物价水平是宏观经济政策的第二个目标。稳定物价是指通过宏观经济政策使某一时期内的一般物价水平保持相对稳定的状态。因此，物价不是指个别商品的价格，而是物价总水平；不是维持物价固定不变，而是把物价变化控制在一定幅度之内。

如果物价不能保持相对稳定而是持续上涨或者下降，则可能发生通货膨胀或者通货紧缩。实践证明，通货膨胀或者紧缩对一国经济和社会都会造成危害。因此，保持相对稳定的物价水平就成为宏观经济政策的目标。

3．经济增长

宏观经济政策的第三个目标是使经济持续增长。经济增长一直是经济学家研究的核心主题之一，但成为各国政府宏观经济政策的目标则是在第二次世界大战以后。政府期望通过经济增长来达到经济和政治目的，如提高就业率、居民的生活水平、国际声望和增强军事力量等。政府把充分就业作为宏观经济政策的第一目标，客观上也需要有一定的经济增长率才能实现。不仅如此，西方发达国家除了用政府干预手段来维持经济增长外，很重要

的一招是通过发明创新和采用新机器来提高劳动生产率，从而增强经济的供给能力。

4. 国际收支平衡

国际收支平衡就是采取各种措施减少国际收支差额，使其达到区域平衡。

随着国际经济交往越来越密切，如何平衡国际收支也成为一国宏观经济政策的重要目标之一。西方经济学家认为，一国的国际收支状况不仅反映了这个国家对外经济交往情况，还反映了该国的经济稳定程度。一国国际收支若处于失衡状态，就必然会对国内经济形成冲击，从而影响该国国内就业水平、价格水平以及经济增长等。

三、宏观经济调控手段

一国政府需要通过实施宏观经济调控手段，去实现既定的宏观经济发展目标。调控手段包括行政手段、法律手段和经济手段，其中经济手段是指依据科学经济规律，借助经济杠杆指标，实现宏观经济发展目标。宏观经济手段主要包括财政政策和货币政策。

1. 财政政策工具

财政政策工具是政府为了实现既定的政策目标所选择的操作手段，西方国家主要通过政府预算变动等财政政策工具来调整政府支出和收入。其中，政府支出包括政府购买、转移支付等，政府收入包括征税、发行公债等。

（1）政府支出

政府支出是指一国在一定时期内各级政府的支出总和。政府支出由两部分组成：一是政府购买，二是转移支付、净利息支付等。

政府购买是指政府直接在市场上购买产品、服务及资本而形成的开支。例如，在美国联邦政府的购买支出中，一般包括政府的基本建设支出、国防支出、行政管理费支出、政府消费支出等。

转移支付是政府或企业无偿地支付给下级政府或个人的资金。它是一种收入再分配的形式。国内转移支付包括社会保障补贴、养老金、失业保险、福利支付、医疗保险以及政府给国有企业提供的补贴等。

净利息支付是指政府支付给政府债券持有者的利息与政府所得利息之差。其中比较重要的一项是政府债务的利息支付，这一支付在某些国家政府的财政支出中所占的比例有逐年增加的趋势。

此外，政府支出方式还包括政府补贴，即政府为了调整某种商品价格或者生产所支付的开支，如为了维持农产品价格而给予农民的价格补贴、对公共交通系统的票价补贴等。

（2）政府收入

通常，政府通过征税、对公共物品或服务的使用者进行收费以及金融市场借债（发行公债）等方式来获得政府收入。

税收是政府按照法律事先规定的标准，凭借手中的政治权力强制地、无偿地从个人和企业中取得财政收入的一种手段。税收是政府收入最主要的来源，美国政府收入中大约有90%来源于税收。税收主要分为4种类型：个人所得税、社会保险税、产品和进口税以及公司税。

公债是指政府运用国家信用筹集财政资金时形成的对公众的债务。公债包括中央政府的债务和地方政府的债务两种。公债有以下特点：一是公债的债务人是国家，而债权人是公众，双方并不是处于对等的地位；二是公债属于一种国家信用，其基础是以国家的税收支付能力为保证的；三是公债的清偿不能由债权人要求法律强制执行；四是公债发行的信用是国家的政治主权和国民经济资源，所以公债发行不需要提供担保。

2. 货币政策工具

货币政策是货币当局（即中央银行）通过控制货币供应量来调节金融市场信贷供给与利率，进而影响投资和社会总需求，以实现既定的宏观经济目标的经济政策。货币政策是国家干预和调节经济的主要政策工具之一。公开市场业务、法定准备金率和再贴现率是中央银行间接调控金融市场的三大货币工具。

（1）公开市场业务

公开市场业务是中央银行最常用、也是最重要的货币政策工具。它是指中央银行通过在金融市场上公开买卖政府债券来调节货币供应量。公开市场业务分为两类：一类是主动性的公开市场业务，主要是改变准备金水平和基础货币量；另一类是被动性的公开市场业务，主要是抵消影响基础货币的其他因素变动所带来的影响。中央银行在公开市场上买卖政府债券可以影响金融机构的信贷规模和工商企业的生产和流通，从而保证经济的稳定协调发展。

（2）法定准备金率

准备金是商业银行库存的现金和按比例存放在中央银行的存款，其存在的目的是确保商业银行在遇到突然大量提取银行存款时能有充足的清偿能力。在现代银行制度中，准备金在中央银行存款中应占的比例是依法规定的，故称为法定准备金率，即银行法（或中央银行）所规定的存款金融机构（商业银行）所吸收的存款中必须向中央银行缴存的准备金比例，又称为法定存款准备金率。

（3）再贴现率

再贴现是相对于贴现而言的，商业银行在其已贴现的票据未到期以前，将票据卖给中央银行得到中央银行的贷款，称为再贴现。中央银行在对商业银行办理贴现贷款时所收取的利率称为再贴现率。这一利率实际上是商业银行将其贴现的未到期票据向中央银行申请再贴现时的预扣利率。

再贴现作为西方中央银行传统的三大货币政策工具之一，被不少国家所运用。一般而言，当经济过热时，货币流通量过多，中央银行提高再贴现率，商业银行向中央银行贷款减少，使商业银行信贷规模缩减，从而减少货币供应量；商业银行的贷款利率随之提高，进而使企业投资和居民消费减少，有效地抑制了总需求。

现代货币政策工具逐渐趋向多元化，除了上述 3 种主要政策工具之外，还有其他货币工具作为辅助性措施，主要有信用控制、道义劝告和窗口指导等。

本章小结

西方经济学的理论体系一般包括两大部分：微观经济学和宏观经济学。微观经济学重点研究家庭、企业等个体经济单位的经济行为，旨在阐明各微观经济主体如何在市场机制调节下谋求效用或者进行利润最大化的理性选择。宏观经济学研究社会的总体经济活动，着眼于国民经济的总产量、总就业量以及物价水平等的总量分析。

本章内容中微观部分重点介绍了微观经济运行的市场均衡理论、消费者行为理论、生产理论以及经济效率理论；宏观部分则主要介绍了宏观经济发展关注的目标以及宏观经济调控的主要手段和方法。

复习思考题

1．思考你自己对牛奶的需求是如何决定的？列出决定牛奶需求的诸多因素，并基于这些因素讨论在何种情况下牛奶的价格会发生何种变化？

2．简述预算约束线和无差异曲线的概念，论述消费者的一般消费均衡过程。

3．在同一坐标轴中画出某一商品的需求曲线和供给曲线，并论述能够促进两条曲线移动的因素有哪些？最终会使商品价格发生何种变化？

4．试述帕累托最优的基本内容，以及“卡尔多-希克斯”补偿原则的基本内容。

5．宏观经济追求的目标有哪些？经济调控的手段有哪些？

参考文献

[1] 《西方经济学》编写组. 西方经济学（第二版）：上册[M]. 北京：高等教育出版社，2019.

[2] 曼昆. 经济学原理[M]. 梁小民，译. 北京：北京大学出版社，2015.

[3] 高启杰，等. 福利经济学——以幸福为导向的经济学[M]. 北京：社会科学文献出版社，2012.

[4] 李克国. 环境经济学（第三版）[M]. 北京：中国环境出版社，2014.

第三章　环境经济学理论

一门学科必须有其基本理论，环境经济学的基本理论包括环境经济系统理论、环境资源的价值理论、效益理论、经济外部性理论、产权及公共商品理论、环境成本理论等。

第一节　环境经济系统理论

一、环境经济系统的组成与分类

环境经济系统是由环境系统与经济系统耦合而成的复合大系统，环境系统和经济系统之间存在着复杂的联系，它们之间通过物质、能量、信息的交换，相互作用，相互联系，耦合为一个整体，即构成了环境经济系统（图 3-1）。

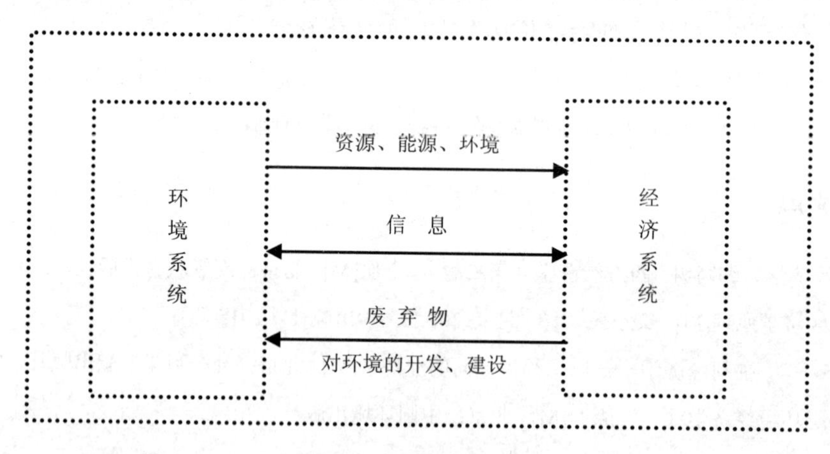

图 3-1　环境经济系统

环境经济系统有多种分类方法，如按主导行业类型可以将环境经济系统分为工业环境经济系统、农业环境经济系统、林业环境经济系统等；按经济特征可以将环境经济系统分为农村环境经济系统、城市环境经济系统、城郊环境经济系统、城镇环境经济系统、流域环境经济系统等；按人与环境的关系，环境经济系统可以分为原始型环境经济系统、掠夺型环境经济系统和协调型环境经济系统。下面重点介绍最后一种分类方法：

1．原始型环境经济系统

原始型环境经济系统的基本特征是：①环境占主导地位，人只能被动地依附于环境、适应环境；②人与环境的矛盾不明显，由于人类对环境的干预能力很低，人与环境处于低水平的协调状态；③经济发展缓慢、没有环境问题或环境问题不严重。一般说来，原始社会的环境经济系统属于典型的原始型环境经济系统。

2．掠夺型环境经济系统

掠夺型环境经济系统的基本特征是：①人占主导地位，由于人口数量的增加，科技水平的提高，人类对环境的干预能力大大提高，人类可以按照自己的主观意志来利用、改造环境，环境成为人类征服、改造的对象；②人与环境的矛盾加剧，由于人类在干预环境系统时，仅仅考虑自身的经济利益，而很少甚至不考虑环境的承载能力，其结果必然是人与环境的矛盾加剧，环境问题不断加剧，环境质量不断恶化；③初期经济发展较快，但难以持续，由于环境质量不断恶化，环境对经济发展的支持能力下降，甚至成为经济发展的制约因素。目前，大多数国家和地区的环境经济系统都属于掠夺型。

3．协调型环境经济系统

协调型环境经济系统的基本特征是：①人与环境和平相处，人是环境经济系统的组成部分，人与自然是平等的；②经济得到较快发展，环境质量也随之不断改善；③环境与经济处于良性循环的状态，社会经济可以持续发展。构建协调型的环境经济系统是人类社会发展的目标，目前，我国的环境保护模范城市建设、生态农业建设、生态经济示范区建设等就是建设协调型环境经济系统的典范。

二、环境与经济的关系

（一）理论分析

环境与经济的关系、环境保护与经济发展的关系是环境经济学理论研究的重点内容。

2018 年 4 月 26 日，习近平总书记在湖北省武汉市主持召开深入推动长江经济带发展座谈会，会上指出，推动长江经济带发展需要正确把握生态环境保护和经济发展的关系，探索协同推进生态优先和绿色发展新路子。推动长江经济带探索生态优先、绿色发展的新路子，关键是要处理好绿水青山和金山银山的关系。生态环境保护和经济发展不是矛盾对立的关系，而是辩证统一的关系。生态环境保护的成败归根到底取决于经济结构和经济发展方式。发展经济不能对资源和生态环境竭泽而渔，生态环境保护也不是舍弃经济发展而缘木求鱼，要坚持在发展中保护、在保护中发展，实现经济社会发展与人口、资源、环境相协调，使绿水青山产生巨大生态效益、经济效益、社会效益。

根据环境经济学理论，环境与经济的关系可表述为：环境和经济是紧密联系的，环境是经济的基础，经济发展对环境的变化起主导作用，经济的发展可对环境产生好的或坏的影响，而环境的变化又反过来影响经济的发展。

1．环境是经济的基础

环境的基础作用表现在以下几方面：

（1）环境系统向经济系统提供所需要的资源、能源。经济系统把各种环境资源加工成产品，以满足人类的需要。环境系统向经济系统提供的资源、能源的种类、数量、质量在一定程度上决定了经济系统的性质和发展方向。离开了环境系统资源、能源的支持，经济系统必然会崩溃。

（2）环境系统可以接纳经济系统的废弃物。经济系统会产生一定数量的废弃物，这些废弃物不可能全部保存在经济系统之中，最终还得排入环境之中。而环境具有扩散、贮存、同化废物的机能，利用这种机能，可以减少人工处理废物的费用。

（3）经济系统是环境系统的产物。在人类产生以前，环境就客观存在。人类出现以后，人们为了生存而利用和改造自然环境。对环境的利用和改造达到一定水平后，才产生了经济系统。所以说，经济系统是人类利用和改造环境的产物。

（4）美学与精神享受。环境不仅能为经济活动提供物质资源，还能满足人们对舒适性的要求。清洁的空气和水资源既是工农业生产必需的要素，又是人们健康、愉快生活的基本需求。优美的自然景观，如桂林山水、黄山、三峡等的自然环境，能够使人们心情愉快、精神放松，有利于提高人体素质。

（5）经济活动需要一定的环境条件作保证，如农业生产需要耕地、阳光、水等。

2．环境是经济的制约条件

环境对经济的制约作用主要表现在两方面：

（1）经济系统从环境系统中开采的资源、能源的数量要受环境系统的供给能力的制约。对可再生资源而言，开采量应该受其更新能力的制约，如森林资源的砍伐量应小于生长量，否则就会造成森林资源的破坏；对不可再生资源而言，开采量应该受其自然储量的制约。

（2）经济系统向环境系统排放污染物要受环境容量的制约。环境系统不可能无限制地容纳经济系统的废弃物，环境系统容纳经济系统废弃物的总量要受环境容量的制约，超过环境容量排放污染物，污染物就会在环境中积累，必然会造成环境污染。

环境是经济的制约条件，这就要求约束人类的行为，将经济活动的数量和强度限制在自然资源和生态环境能够承受的限度内，取之有时、用之有度。

3．经济发展对环境的变化起主导作用

随着社会的发展、科学技术的进步和人口的不断增长，人类对自然界的干预能力逐渐加强，人类可以按自己的意愿改造自然界。当人类按自然规律办事，合理利用和改造环境，就可使环境质量不断提高。根据国家林业和草原局资料，近 20 年来，通过深入实施重点工程、广泛开展全民义务植树等措施，我国森林面积和蓄积量持续“双增长”，成为全球森林资源增长最多的国家。第八次全国森林资源清查结果显示，我国森林面积达到了 2.08 亿 hm^2，森林蓄积量为 151.37 亿 m^3，森林覆盖率为 21.63%。美国国家航空航天局（NASA）发布的一项研究结果显示，全球从 2000 年到 2017 年新增的绿化面积中，约 1/4 来自中国，中国贡献比例居全球首位。反之，若违背客观规律的要求，一味按自己的主观意志办事，就会使环境系统出现恶性循环，环境质量不断下降，如我国 20 世纪六七十年代进行的毁林开荒运动，就严重地破坏了我国的生态环境。这说明，经济发展对环境的变化能起主导作用，但不是决定性作用。

4．环境和经济相互促进

良好的环境，可以为经济活动提供良好的环境条件，可为经济系统提供更多资源，也可容纳经济系统产生的更多的废弃物，从而促进经济的发展。经济发展了，经济实力增强，人们就可拿出更多的剩余产品用于环境建设和环境治理，如建立自然保护区、对废弃物进行治理等。同时，随着经济的发展、人们生活水平的提高，人们对良好环境条件的需求越来越强烈，就会主动地保护环境、改造环境，使环境质量不断提高。由此可见，环境和经济既有其矛盾的一面，又有统一的一面，只要正确处理二者的关系，充分利用环境与经济相互促进的一面，是可以做到经济发展与环境保护二者协调发展的。生态环境部发布的 2015—2018 年《中国环境状况公报》显示，近几年中国经济实现了中高速增长，生态环境质量也逐年改善，实现了环境和经济的相互促进。

总之，环境与经济有矛盾的一面，但二者也是可以统一的。

（二）实证分析——环境库兹涅茨曲线

1．基本概念

20 世纪 60 年代中期，西蒙•库兹涅茨在研究中提出了一个假设：在经济发展过程中，收入差异一开始随着经济增长而加大，随后这种差异开始缩小。在二维平面坐标系中，以收入差异为纵坐标，以人均收入为横坐标，可以绘一条倒“U”形曲线，这一关系为大量现实统计数据所证实，该曲线通常被称为库兹涅茨曲线。这一曲线所表明的逻辑含义是：事情在变好之前，可能不得不经历一个更糟糕的过程。

20 世纪 90 年代，Grossmanr Krueger Shafik 和 Panayotou 等学者研究了环境指标与人均 GDP 的关系后发现了人均收入水平与环境质量之间的倒“U”形曲线关系，即环境库兹涅茨曲线（Environment Kuznets Curve，EKC），EKC 揭示出：在经济发展初期阶段，环境质量随着人均收入水平提高而退化，在经济发展到一定阶段，人均收入水平上升到一定程度后，环境质量随着人均收入水平的提高而改善，即环境质量与人均收入水平呈倒“U”曲线形关系，如图 3-2 所示。

环境库兹涅茨曲线理论的核心就是经济增长的不同阶段所对应的环境质量状况：在经济发展的初期，环境质量可能随着经济增长而不断下降和恶化，但到一定拐点时，环境质量又有可能随经济的进一步发展而逐步改善。

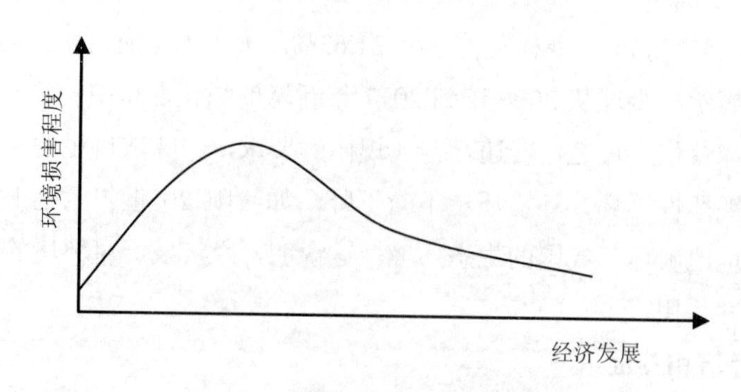

图 3-2 经济发展与环境质量的变化

改革开放 40 余年来，中国实现了经济腾飞，环境质量则经历了从良好、恶化到总体好转的演进过程，环境保护走了一条“跨越高山”之路。吴舜泽等在《中国环境保护与经济发展关系的 40 年演变》中深入分析了我国环境保护与经济发展关系的演变（专栏 3-1）。

专栏 3-1 中国环境保护与经济发展关系的 40 年演变（节选）

吴舜泽 黄德生 刘智超 沈晓悦 原庆丹

改革开放以来中国环境保护与经济发展关系的演变历程

1978—1992 年，经济增长加速，环境问题开始显现，环境保护服从、服务于经济发展

1978 年是改革开放的重要起点，经济发展加速，迎来了高速增长期。……

与此同时，环境污染、生态破坏等问题开始显现，在局部地区频发并日益严重。漓江水系污染、官厅水库污染等环境污染事件不仅在 20 世纪 80 年代造成了极大的社会反响，也对环境保护工作的起步和发展产生了重要影响。……

在经济发展加速的同时，环境问题显现，但环境保护服从、服务于经济发展。

1992—2012 年，经济高速发展给生态环境带来巨大压力，环保得到重视和加强，环境保护负重前行，仍滞后于经济发展

在社会主义市场经济体制初步建立的 1992 年，中国掀起了新一轮的大规模经济建设，开始了长达 20 年的高速增长期。……

这一时期环境保护得到进一步重视，经济高速增长既为环境保护提供充裕的资金支持，同时也给环境保护带来巨大压力和挑战、对环境保护造成严重冲击，环境保护远远滞后于经济发展，环境保护成效并不理想。……

总体上看，1992—2012 年是我国经济增长黄金时期，同时也是我国生态环境保护压力骤增阶段。经济高速发展严重冲击生态环境，污染物排放量居高不下，环境污染和生态破坏事件高发、多发。环境保护面临巨大压力、负重前行，同时仍远远滞后于经济发展。

2012年以后，经济发展进入新常态，环境保护得到前所未有的重视，逐步融入经济发展，并具备越来越大的话语权

2012年以后，中国经济结束了近20年年均10%左右的高速增长期，进入增速放缓的新常态时期。

……

2012年以后，特别是党的十八大以来，伴随着经济发展进入新常态和供给侧结构性改革的全面启动，环境保护得到高度重视，在经济发展中的话语权显著提升，环境保护与经济发展的关系逐步理顺，环境保护有效融入经济发展过程中，环境质量也得到明显改善。

中国环境保护与经济发展关系40年演变的主要特征

理念层面：从“重经济轻环保”向“绿水青山就是金山银山”转变

……

梳理改革开放40余年以来环境保护与经济发展关系在理念上的演变脉络不难发现，在特定的历史阶段，面对着人民日益增长的物质文化需要同落后的社会生产之间的矛盾，环境保护服务于、甚至让位于经济发展具有特殊的时代性和历史的必然性。但伴随着生态环境问题的日益凸显、环保意识的不断提升和全面环保行动的广泛开展，“重经济轻环保”的发展理念已经难以适应时代发展的新要求和人民的新期待，环境保护与经济发展的关系从“重经济轻环保”逐步向“绿水青山就是金山银山”的理念转变。

机构层面：从“强经济弱环保”向“环境与经济并重融合”转变

……

直到1974年5月全国环境保护会议后，国家层面的环保主管部门——国务院环境保护领导小组才开始成立。

……

直至1982年，国家设立“城乡建设环境保护部”，内设环保局，才结束了“国环办”10年的临时状态。1988年，环保局从城乡建设环境保护部分离，建立直属国务院的国家环境保护局。

……

1998年，国家环境保护局升格为国家环境保护总局，成为国务院主管环境保护工作的直属机构。2008年，国家环境保护总局升格为环境保护部，成为国务院组成部门。2018年，组建中华人民共和国生态环境部，职责为制定并组织实施生态环境政策、规划和标准，统一负责生态环境监测和执法工作，监督管理污染防治、核与辐射安全，组织开展中央环境保护督察等工作，实现了污染防治与生态保护的统一。至此，生态环境保护在机构改革中不断得到发展完善，在职能上不断得到加强，在国家相关经济活动中逐步获得话语权、产生影响力，环境与经济协调发展在机构设置和职能履行层面有了基本条件和重要保障。

……

环保部门机构设置既能将分散于相关部门的污染防治与生态保护职责统一，避免了多头管理、职责交叉重叠、责权不明晰、监管不到位等问题，同时也强化并完善了相关部门的环保机构设置，进而在与经济部门沟通协调、分工合作时，有效实现了从“强经济弱环保”到“环境与经济并重融合”的转变。

制度层面：从“经济发展缺乏环保约束”向“经济发展承担环保责任”转变

“以经济建设为中心”的指导思想虽然在很长时间内有效推动了经济高速发展，但由于环保对经济发展缺乏有效约束机制和制度，也在一定程度上导致了牺牲生态环境质量、片面追求经济效益的后果。

……

党的十八大以来，我国生态文明体制改革密度高、推进快、力度大、成效多，经济发展承担环保责任愈加深入。……2017 年，中央全面深化改革领导小组审议通过 40 多项生态文明和生态环境保护具体改革方案。并且，中央环保督察、“党政同责、一岗双责”等各类生态环境保护相关制度的出台和落实，压实了地方党委和政府在环境保护方面的主体责任，有效抑制了地方无节制经济开发的冲动，切实通过制度实现了从“经济发展缺乏环保约束”向“经济发展承担环保责任”转变，从而推动环境与经济相互约束、责任共担、成果共享，推动环保与经济走上协调发展、共同促进的良性轨道。

实践层面：从“经济增长损害生态环境、环境承载力达到或接近上限”向“环境保护支撑经济发展、经济发展与环境保护相协调”转变

……

在“绿水青山就是金山银山”等一系列重要思想的指导下，我国推动环境与经济协调发展相关工作取得积极成效。其一，在环保督察倒逼地方企业成功转型的同时，经济指标非但没有大幅下滑、反而显著上升。……其二，绿色发展实现了生态环境效益与经济效益双赢。

……

总而言之，在实践层面，我国经济发展与环境保护关系经历了经济发展损害生态环境到环境保护与经济发展双赢的演变，体现了从“经济增长损害生态环境、环境承载力接近上限”向“环境保护支撑经济发展、经济发展与环境保护相协调”转变的特征，践行“绿水青山就是金山银山”理念取得积极成效。

新时期正确处理好环境保护与经济发展关系的新要求

坚持以习近平生态文明思想和“绿水青山就是金山银山”作为正确处理好环境保护与经济发展关系的思想指引和行动指南（略）

坚持以加快形成绿色发展方式和生活方式、建设美丽中国作为正确处理好环境保护与经济发展关系的根本任务和长远目标（略）

坚持以坚决打好污染防治攻坚战、补齐生态环境短板作为正确处理好环境保护与经济发展关系的关键举措和必然要求（略）

坚持以最严格环保制度和完善的市场机制倒逼经济绿色转型、推动高质量发展作为正确处理好环境保护与经济发展关系的有效途径和重要保障（略）

环境保护与经济发展关系演变的启示

正确处理好环境保护与经济发展的关系，尊重可持续发展的客观规律（略）

充分吸取历史和国际经验教训，创新开辟绿色发展之路（略）

以高效的环境经济政策推动生态环境高水平保护和经济高质量发展（略）

资料来源：环境保护，2018 年第 46 卷第 20 期。

2. 启示

EKC 理论假说提出后，实证研究不断推进，大量学者对不同国家（地区）、不同时期内的数据进行计量研究，论证了经济与环境之间倒“U”形关系存在的结论。同时，也有大量研究显示，经济和环境之间关系并非呈倒“U”形，而是出现“N”形、同步型、“U”形等多种类型。EKC 给我们的启示包括：

（1）经济增长中伴随着环境质量的下降及其引发的环境问题，环境问题发展到一定程度，会促使人们重视环境保护与治理，进而加速改善环境的技术水平的提升，同时使产业结构趋于合理。

（2）经济发展和环境质量受经济活动、人口及人口素质、技术水平、贸易、政治体制、政策、环境教育、消费观念、文化传统等众多因素影响，这导致经济发展与环境质量之间的关系非常复杂，我们不能简单地用收入水平去解释环境质量的变化。

（3）就经济发展和环境质量二者关系而言，不存在适合所有地区、所有污染物的单一关系模式，甚至对同一污染物，在同一地区，采用的计量方法或选用指标不同，也有可能得到不同的曲线形状。

（4）倒“U”形的 EKC 这一分析工具不能盲目套用，需要具体问题具体分析。认为环境质量会随着经济的发展而自发改善肯定不是最优的选择，环境质量改善的中间阶段可能要花很长时间才能越过，未来经济较快增长和更清洁的环境的限制难以抵消现实环境的破坏成本。EKC 不能成为“先污染，后治理”的借口，需要在促进经济增长的同时，关注环境问题，从而达到两者和谐发展的状态。由于经济发展与环境质量变化之间存在双向作用，为了实现环境与经济快速发展的和谐兼顾，一定要采取措施控制污染，保护自然环境，实现集约化的增长模式。

三、建设生态文明

人类社会经历了原始文明、农业文明、工业文明，正在向生态文明迈进。在原始文明、农业文明阶段，环境与经济的关系基本协调。在工业文明阶段，环境与经济的关系存在严重冲突，严重的环境问题是突出表现。为了克服工业文明的弊端，协调好环境与经济的关系，建设生态文明成为必然选择。

黄承梁在《中国共产党领导新中国 70 年生态文明建设历程》中将我国的生态文明建设分为 5 个阶段：环境保护意识的觉醒和早期探索期、开创期（中华人民共和国成立至 20 世纪 70 年代中期），生态环境保护立法期和环境法律体系架构与完善期（改革开放至 20 世纪 80 年代末），可持续发展理念与国际接轨期（20 世纪 90 年代），中国特色社会主义生态文明建设理念确立期（2000—2011 年），社会主义生态文明新时代（2012 年至今）。党的十八大更进一步强调“必须树立尊重自然、顺应自然、保护自然的生态文明理念，把生态文明建设放在突出地位，融入经济建设、政治建设、文化建设、社会建设各方面和全过程，努力建设美丽中国，实现中华民族永续发展”。党的十九大强调必须树立和践行“绿水青山就是金山银山”的理念。习近平总书记反复强调，要正确处理好经济发展同生态环境保护的关系，牢固树立保护生态环境就是保护生产力、改善生态环境就是发展生产力的理念，更加自觉地推动绿色发展、循环发展、低碳发展，决不能以牺牲环境为代价去换取一时的经济增长。目前，我国生态文明建设成效显著（表 3-1）。

表 3-1　我国生态文明建设成效

生态文明建设项目	区域
国家生态文明试验区	2017 年（首批）：福建、江西、贵州 2019 年：海南
第一批国家生态文明建设示范市（县）（环境保护部，2017 年）	北京（延庆区）、山西（右玉县）、辽宁（盘锦市大洼区）、吉林（通化县）、黑龙江（虎林市）、江苏（苏州市、无锡市、南京市江宁区、泰州市姜堰区、金湖县）、浙江（湖州市、杭州市临安区、象山县、新昌县、浦江县）、安徽（宣城市、金寨县、绩溪县）、福建（永泰县、厦门市海沧区、泰宁县、德化县、长汀县）、江西（靖安县、资溪县、婺源县）、山东（曲阜市、荣成市）、河南（栾川县）、湖北（京山县）、湖南（江华瑶族自治县）、广东（珠海市、惠州市、深圳市盐田区）、广西（上林县）、重庆（璧山区）、四川（蒲江县）、贵州（贵阳市观山湖区、遵义市汇川区）、云南（西双版纳傣族自治州、石林彝族自治县）、西藏（林芝市巴宜区）、陕西（凤县）、甘肃（平凉市）、青海（湟源县）、新疆（昭苏县）
第二批国家生态文明建设示范市（县）（生态环境部，2018 年）	山西（芮城县）、内蒙古（阿尔山市）、吉林（集安市）、江苏（南京市高淳区、建湖县、溧阳市、泗阳县）、浙江（安吉县、嘉善县、开化县、仙居县、遂昌县、嵊泗县）、安徽（芜湖县、岳西县）、福建（厦门市思明区、永春县、将乐县、武夷山市、柘荣县）、江西（井冈山市、崇义县、浮梁县）、河南（新县）、湖北（保康县、鹤峰县）、湖南（张家界市武陵源区）、广东（深圳市罗湖区、坪山区、大鹏新区，佛山市顺德区，龙门县）、广西（蒙山县、凌云县）、四川（成都市温江区、金堂县、南江县、洪雅县）、贵州（仁怀市）、云南（保山市、华宁县）、西藏（林芝市、亚东县）、陕西（西乡县）、甘肃（两当县）
第三批国家生态文明建设示范市（县）（生态环境部，2019 年）	北京（密云区）、天津（西青区）、河北（兴隆县）、山西（沁源县、沁水县）、内蒙古（鄂尔多斯市康巴什区、根河市、乌兰浩特市）、辽宁（盘锦市双台子区、盘山县）、吉林（通化市、梅河口市）、黑龙江（黑河市爱辉区）、江苏（南京市溧水区、盐城市盐都区、无锡市锡山区、连云港市赣榆区、扬州市邗江区、泰州市海陵区、沛县）、浙江（杭州市西湖区、宁波市北仑区、舟山市普陀区、泰顺县、德清县、义乌市、磐安县、天台县）、安徽（宣城市宣州区、当涂县、潜山市）、福建（泉州市鲤城区、明溪县、光泽县、松溪县、上杭县、寿宁县）、江西（景德镇市、南昌市湾里区、奉新县、宜丰县、莲花县）、山东（威海市、商河县、诸城市）、河南（新密市、兰考县、泌阳县）、湖北（十堰市、恩施土家族苗族自治州、五峰土家族自治县、赤壁市、恩施市、咸丰县）、湖南（长沙市望城区、永州市零陵区、桃源县、石门县）、广东（深圳市福田区、佛山市高明区、江门市新会区）、广西（三江侗族自治县、桂平市、昭平县）、重庆（北碚区、渝北区）、四川（成都市金牛区、大邑县、北川羌族自治县、宝兴县）、贵州省（贵阳市花溪区、正安县）、云南（盐津县、洱源县、屏边苗族自治县）、西藏（昌都市、当雄县）、陕西（陇县、宜君县、黄龙县）、甘肃（张掖市）、青海（贵德县）、新疆（巩留县、布尔津县）

党的十八大以来，以习近平同志为核心的党中央谱写了中国特色社会主义生态文明新时代崭新的时代篇章，形成了习近平生态文明思想。习近平生态文明思想是迄今为止中国共产党关于人与自然关系最为系统、最为全面、最为深邃、最为开放的理论体系和话语体系，是马克思主义人与自然关系思想史上具有里程碑意义的成就，为 21 世纪马克思主义生态文明学说的创立做出了历史性的贡献。习近平生态文明思想内涵丰富、博大精深，其核心要义集中体现为“八个观”，即生态兴则文明兴、生态衰则文明衰的深邃历史观，人与自然和谐共生的科学自然观，绿水青山就是金山银山的绿色发展观，良好生态环境是最普惠的民生福祉的基本民生观，山水林田湖草是生命共同体的整体系统观，用最严格制度保护生态环境的严密法治观，全社会共同建设美丽中国的全民行动观，共谋全球生态文明建设之路的共赢全球观。

2019 年 10 月 28—31 日召开的党的十九届四中全会通过了《中共中央关于坚持和完善中国特色社会主义制度　推进国家治理体系和治理能力现代化若干重大问题的决定》，对“坚持和完善生态文明制度体系，促进人与自然和谐共生”做出了系统安排，阐明了生态文明制度体系在中国特色社会主义制度和国家治理体系中的重要地位。

生态环境部原部长李干杰在中国生态文明论坛十堰年会上的讲话——“深入学习贯彻党的十九届四中全会精神　努力推动生态文明建设迈上新台阶”中提出了我国建设生态文明的重点举措：一是落实好一个思想，要把习近平生态文明思想的丰富理论内涵转化为实际行动和实践成果，推动习近平生态文明思想在祖国大地落地生根、开花结果；二是加强两个探索，探索统筹推进“五位一体”总体布局的地方实践，创新探索“两山”转化的制度实践和行动实践；三是突出三个引领，当好全国生态文明建设标兵（成为全国生态文明建设的典型示范，为相似条件地区提供学习和借鉴的样板）、尖兵（在生态文明建设的重点问题、关键环节上不断攻坚克难、实现突破）和排头兵（不断提高自我要求，始终保持在生态文明建设的第一方阵）；四是健全四个机制，要健全监督管理机制、交流培训机制、宣传推广机制、正向激励机制。

第二节　环境资源的价值理论

一、问题由来

环境资源是否有价值是环境经济学的核心问题之一。在不同的时期，我国对这一问题有肯定和否定两种观点，其发展过程大致可以分为两个阶段：

1．无价值阶段

1978 年以前，人们一直认为环境资源是自然物品，是大自然赐给人类的财富，因而它是没有价值的，其理论依据是马克思的劳动价值论。根据马克思的劳动价值论，没有劳动参与的东西没有价值。马克思在《资本论》中指出，一个物品可以有使用价值而没有价值，在这个物品并不是由于劳动而对人有用的情况下就是这样，如空气、处女地、天然草地、野生林等。根据劳动价值理论，自然资源和环境没有价值。在这种观念指导下，对环境资源实行无偿利用成了经济工作的一项准则。“资源无价、原料低价、产品高价”的不合理状况长期存在，由此造成了资源耗竭、环境污染和生态破坏的严重后果。

2．无价值和有价值并存阶段

随着我国经济体制改革的深入、经济的不断发展和环境保护事业的深入，环境资源无价的观念越来越不适应现代经济社会发展的要求，这主要表现在：

（1）不适应财富概念的扩展。财富是指国民财富或社会财富，它是一定时期内一国或一个社会所拥有的物质资料的总和。若环境资源无价值，就不能将水、土地、森林、矿产等环境资产计入国民财富。这种过分强调人造资本即劳动产品，而忽视自然资本，割裂环境资源财富和劳动产品之间密切联系的概念是很不合理的。马克思早就指出：“劳动并不是它所产生的使用价值即物质财富的唯一源泉。”威廉·配第指出：“劳动是财富之父，土地是财富之母。”国际社会已普遍认为，国民财富还应该包括资源资产或环境资产（自然资本）。如果不能将环境价值货币化并加以计量，就无法将环境资源资产与人造资本相加，从而也就无法求得国家或社会的财富总量，而且难以通过政策和市场手段对作为自然财富的环境资源进行高效配置和合理利用。

（2）不适应社会主义市场经济体制的需要。在市场经济体制下，应主要依靠市场机制来配置资源。如果环境资源无价值，市场机制将很难对环境资源的合理配置发挥作用。市场经济是一种利益经济，人们的行动目标是以最少的劳动消耗获取最大的经济效益，环境资源无价，会导致人们最大限度地开采、使用环境资源，而忽视对它的珍惜和保护。由此使环境资源的消耗得不到合理补偿，环境资源的恢复、更新、增值的途径受阻。由于环境资源无价，人们便不知或不肯节约，造成环境资源浪费严重。环境资源无价，造成原料价格低下，资源产品的价格与价值严重背离。由于环境资源无价，政府对环境资源就缺少有效的经济政策调控，这不利于环境资源的合理开发利用。

（3）不利于环境保护。在环境资源无价观念和理论指导下，生产体系以粗放经营，高消耗、高污染、掠夺性地开发、利用环境资源为特征；生活体系则以高消费、高资源浪费为主要特色。环境资源无价理论，是资源耗竭、环境污染和生态破坏的重要根源之一。因为它使人们对环境资源不加珍惜、乱采乱挖、乱砍滥伐，以野蛮、粗放的经营方式开发、利用环境资源以换取经济的高速发展，削弱了人类赖以生存发展的物质基础；它也严重制约了基础材料工业的发展，使国民经济发展出现原材料供应紧张的“瓶颈”，并形成恶性循环。此外，环境资源无价理论还导致难以用有效的经济手段对环境资源进行管理和保护，由于缺乏对环境资源价值的正确评估，资源的消耗速度和紧缺程度在价格信号中难以表现出来，从而影响了对环境资源的关注度和正确决策。

从20世纪80年代开始，人们开始进行环境资源价值观的大讨论，由此出现了环境资源无价值和有价值并存的阶段。1978—1994年，环境资源无价值的观念占主导地位，1994年以后，环境资源有价值的观念占主导地位。时至今日，关于环境资源价值的争论仍在进行中，越来越多的人开始认同环境资源有价值的观点。

二、环境资源的价值

随着对环境资源是否有价值问题讨论的不断深入，越来越多的人开始承认环境资源有价值。根据环境经济学理论，环境资源是有价值的。对于如何解释环境资源的价值，目前的分歧很大，下面简单介绍几种：

1．用劳动价值论解释环境资源的价值

根据马克思的劳动价值论，使用价值是商品的自然属性，它是由具体劳动创造的；价值是凝结在商品中的一般人类劳动，价值是商品的社会属性，它是由抽象劳动创造的。运用马克思的劳动价值论来考察环境资源的价值，关键在于环境资源是否凝结着人类的劳动。当今社会，已不是马克思所处的时代，人类为了保持自然资源消耗与经济发展需求增长的均衡，投入了大量的人力、物力，环境资源已不是纯天然的自然资源，它也有人类劳动的参与，打上了人类劳动的烙印，因而具有价值。

严峻的资源、环境问题已经说明：环境资源仅仅依靠自然界的自然再生产已远远不能满足经济社会高速发展的需求，人们必须付出一定的劳动，参与自然资源的再生产和进行生态环境的保护。环境资源的保护、更新、勘探、科研等活动耗费了大量的人类劳动，这些人类劳动凝结在环境资源之中，构成了环境资源的价值。环境资源的价值就是人们为使经济社会发展与自然资源再生产和生态环境保持平衡和良性循环而付出的社会必要劳动。

2．用效用价值论解释环境资源的价值

效用是指物品或劳务满足人们欲望的能力。效用价值论的基本内容包括以下几点：①价值是以稀缺和效用为条件的；②价值取决于边际效用量，即满足消费者最小欲望那一单位的商品的效用。

效用价值由门格尔·卡尔、威廉斯坦利·杰文斯、维赛尔等提出，马歇尔最终将效用价值论总结成为均衡价值理论体系，马歇尔认为，价值由生产费用和边际效用共同构成。在马歇尔效用价值论的基础上，卡赛尔提出了一般均衡价值论，他认为价格就是价值，价格取决于物品的稀缺程度，价格是用来限制消费需求的。

环境资源可以满足人类的需要，是有效用的。同时，环境资源是稀缺的。根据效用价值论，环境资源有价值。

此外，还有通过哲学价值论、生态价值论、功能价值论等理论来解释环境资源的价值的。

承认环境资源有价值，具有重大的意义：

（1）为环境资源的有偿使用提供了理论依据。环境资源具有价值，对于有价值的物品，当然不能无偿使用，而应有偿使用。因此，对环境资源也应有偿使用，对环境资源实行有偿使用为我国环境资源的合理开发、利用和进行环境保护提供了良好的条件。在实际工作中，我国的许多现行政策已经体现了环境资源有偿使用的原则，如征收排污费，它实际上是对使用环境容量资源的使用者收费，即对环境容量资源实行有偿使用；征收资源税（费）等也体现了对环境资源的有偿使用。需要指出的是，现行的环境资源收费（税）水平太低，没有真正反映出资源的价值。

（2）为合理制定环境资源的价格和健全环境资源市场奠定了基础。价格是价值的货币表现，承认环境资源有价值，就可根据环境资源的价值，确定合理的环境资源的价格。承认环境资源有价值，对那些直接从环境系统取得自然物质和能量的农业、能源、采矿等部门生产出来的农产品、能源等产品的价格应相应提高，以改变农产品、能源等产品价格偏低的状况，利于建立合理的产品比价机制。

过去人们认为，在社会主义制度下，土地、矿产、水、森林、草原等环境资源属国家所有，没有价值，也不是商品，因而只能依靠国家计划调拨。现在，承认环境资源有价值，当然也就有市场价格，就可把环境资源也纳入市场体系，通过市场调节与计划调节相结合，实现对环境资源的最佳分配和利用。这一点，正符合中国共产党第十四次全国人民代表大会报告中所说的要健全我国社会主义市场经济的要求。

（3）有利于充分运用经济手段管理环境资源和进行环境保护。环境问题是对环境资源的不合理利用造成的。解决环境问题，首先必须管理好环境资源。实践证明，运用经济手段来管理环境资源非常有效。当然，只有承认环境资源有价值，经济手段才能在环境资源的开发、利用、管理中发挥其最大作用。承认环境资源有价值，就可以利用各种经济杠杆和经济规律来调节环境资源的占有和使用。

承认环境资源有价值，也有利于用经济手段管理环境，如现在正在试行的排污许可证交易制度就是一例。实行排污许可证交易制度，实际上是给有价值的环境容量资源制定一个合适的市场价格，使之同其他商品一样，在各个排污者之间进行交换。

三、环境价值的构成

国内外环境界对环境价值的构成有两种分类法。

1．环境价值分为商品价值和服务价值

将环境价值分为两部分：一部分是比较实的、有形的物质性的商品价值，另一部分是比较虚的、无形的舒适性的服务价值。如表 3-2 所示。

表 3-2　环境价值的构成

环境价值	比较实的、物质性的商品价值	有形的资源价值	简称：资源价值
	比较虚的、舒适性的服务价值	无形的生态价值	简称：生态价值

资料来源：刘燕华、周宏春，《中国资源环境形势与可持续发展》。

据国外学者研究，全球生态系统的价值（表现为气候调节、干扰调节、水分调节、水资源供给、营养循环、废物处理、食物生产、基因资源、娱乐、文化、生物控制等）高达 $33\,268\times10^9$ 美元。

2．环境总价值（TEV）分为使用价值（UV）和非使用价值（NUV）

使用价值又分为直接使用价值（DUV）和间接使用价值（IUV）；非使用价值又分为存在价值（EV）和遗产价值（BV）；还有一种选择价值（OV），一部分归于使用价值，一部分归于非使用价值。如图 3-3 所示。

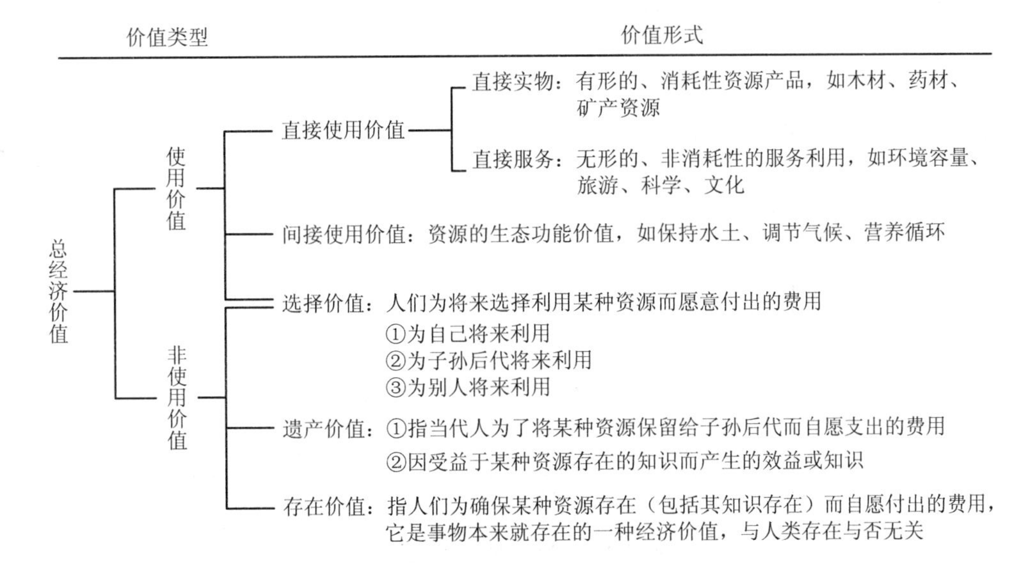

资料来源：薛达元，《生物多样性经济价值评估》。

图 3-3　生态环境资源的总经济价值

四、环境资源的价格

环境资源有价值，也应该有价格。确定环境资源价格的方法有许多种，下面介绍三种常用方法。

1．边际机会成本定价

边际机会成本定价理论的要点可以归纳为两点：

（1）环境资源的价格（P）等于边际机会成本（marginal opportunity cost，MOC）。

（2）边际机会成本由边际生产成本（marginal production cost，MPC）、边际使用者成本（marginal user cost，MUC）、边际外部成本（marginal external cost，MEC）组成。

$$P = \text{MOC} = \text{MPC} + \text{MUC} + \text{MEC}$$

2．市场定价

根据《中华人民共和国价格法》规定，价格的制定应当符合价值规律，大多数商品和服务价格实行市场调节价。市场调节价，是指由经营者自主制定，通过市场竞争形成的价格。

我们可以用图 3-4 来说明环境资源市场定价过程。根据市场均衡理论，一种商品的价格是市场达到均衡时的价格：图中，D 曲线、S 曲线分别表示某种环境资源的需求曲线和供给曲线，E_0 表示该环境资源的市场均衡点，P_0 表示该环境资源的市场价格，Q_0 表示在市场均衡时，该环境资源的市场需求量和供给量。在社会主义市场经济体制下，应该建立依据市场形成环境资源价格的价格机制。

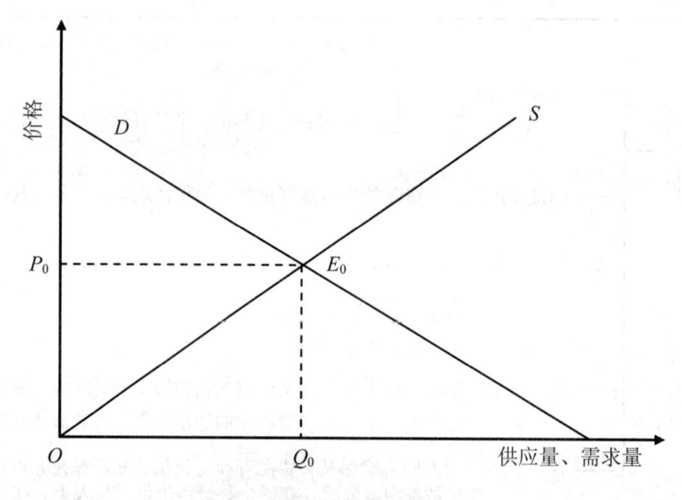

图 3-4　环境资源的市场定价

3．政府定价

《中华人民共和国价格法》规定，极少数商品和服务的价格实行政府指导价或者政府定价。政府指导价是由政府价格主管部门或者其他有关部门，按照定价权限和范围规定基准价及其浮动幅度，指导经营者制定的价格。政府定价是由政府价格主管部门或者其他有关部门，按照定价权限和范围制定的价格。

环境资源价格对环境资源的合理利用、生态环境保护、经济发展会产生重大影响，我国的环境资源还存在价格机制不够完善，政策体系不够系统，部分地区落实不到位，资源稀缺程度、生态价值和环境损害成本没有充分体现，激励与约束相结合的价格机制没有真正建立等问题，需要积极推进环境资源价格改革。

《中共中央关于坚持和完善中国特色社会主义制度　推进国家治理体系和治理能力现代化若干重大问题的决定》（党的十九届四中全会）指出，“推进要素市场制度建设，实现要素价格市场决定、流动自主有序、配置高效公平”，“必须坚持社会主义基本经济制度，充分发挥市场在资源配置中的决定性作用，更好发挥政府作用”，这为我国的环境资源价格改革指明了方向。

《关于创新和完善促进绿色发展价格机制的意见》（发改价格规〔2018〕943 号）提出了“以习近平新时代中国特色社会主义思想为指导，牢固树立和落实新发展理念，按照高质量发展要求，坚持节约资源和保护环境的基本国策，加快建立健全能够充分反映市场供求和资源稀缺程度、体现生态价值和环境损害成本的资源环境价格机制，完善有利于绿色发展的价格政策，将生态环境成本纳入经济运行成本”的指导思想，并提出了污水处理费、垃圾处理费、水价、电价改革的具体思路。

第三节　效益理论

经济效益、环境效益、社会效益是与人类活动密切相关的三大效益，正确处理三效益的关系是效益理论需要解决的重点问题。

一、三效益

1．经济效益

经济效益是指人们从事经济活动所获得的劳动成果（产出）与劳动消耗（投入）的比较。经济效益有两种形式：

（1）差式。利用差式，经济效益可以表述为

$$\begin{aligned}\text{经济效益} &= \text{劳动成果} - \text{劳动消耗}\\ &= \text{产出} - \text{投入}\\ &= \text{所得} - \text{所费}\end{aligned} \tag{3-1}$$

（2）商式。利用商式，经济效益可以表述为

$$\begin{aligned}\text{经济效益} &= \text{劳动成果} / \text{劳动消耗}\\ &= \text{产出} / \text{投入}\\ &= \text{所得} / \text{所费}\end{aligned} \tag{3-2}$$

经济效益还有货币形态、实物形态、混合形态 3 种形态。货币形态是指产出与投入均以货币来计量；实物形态是指产出与投入均以实物（如燃煤量、水资源耗用量等）来计量；混合形态是指产出与投入两项要素中，一项以实物来计量，另一项以货币来计量。

讲求经济效益，就是要在一定的消耗或占用的情况下，尽可能生产出符合社会需要的有效成果；或者是在产出水平一定的情况下，尽可能减少投入。在一般的可行性论证时，只有当式（3-1）大于0或式（3-2）大于1时，该方案才可行。

2．环境效益

人类的各项活动（包括生产、生活）都会对环境产生影响，其结果会引起环境质量发生变化。如向环境排放污水会造成环境污染，而种树、种草则会使环境质量得以改善。我们把由人类活动所引起环境质量的变化称作环境效益。根据环境效益的定义，环境效益具有以下特点：

（1）有正负之分。人类活动可能使环境质量向好的方向或坏的方向转化，人类活动如果使环境质量得以改善，其环境效益为正。如植树造林、区域环境综合整治等活动均会使环境质量得到改善，其环境效益为正。如果人类活动使环境质量恶化，其环境效益为负。如向湖泊排放污水、乱砍滥伐森林等活动均会使环境质量恶化，其环境效益为负。

（2）滞后性。一般来说，人类活动与该项活动所引起环境质量的变化不同步，人类活动在前，该项活动所引起环境质量的变化在后，二者存在时间差，即环境效益具有滞后性。

（3）计量的困难性。环境质量的变化涉及许多项内容，需要利用许多项指标才能反映出环境质量的变化；另外，环境效益的滞后性使得我们很难准确计量环境效益。

3．社会效益

社会效益是指人类活动所产生的社会效果。社会效益从社会角度来评价人类活动的成果，社会效益也有正负之分。对社会有积极作用的活动产生的社会效益为正，如教育、社会主义精神文明建设等；对社会有消极作用的活动产生的社会效益为负，如毒品、“黄色”书刊等产品的生产、销售、消费活动均会产生负面的社会效益。

二、环境效益与经济效益的关系

经济效益、环境效益、社会效益合称为三效益。根据我国的环境保护政策，应该实现三效益的统一。一般来说，社会效益与经济效益、社会效益与环境效益的关系比较容易处理，而环境效益与经济效益的关系则十分复杂。下面，我们将重点讨论环境效益与经济效益的关系。

环境效益与经济效益既有矛盾的一面，又有统一的一面。

1．环境效益与经济效益的矛盾

环境效益与经济效益的矛盾主要表现在以下几方面：

（1）时间上的矛盾

一般来说，随着经济活动的结束，经济效益能够很快地表现出来，换句话说，经济效益见效快。而环境效益有滞后性，换句话说，环境效益见效慢。以滇池水污染治理为例，20世纪七八十年代，滇池严重污染，20世纪90年代开始进行大规模治理，“九五”以来连续将滇池治理纳入国家重点流域治理规划，经过近30年治理，滇池的水环境质量缓慢改善，直到2016年才消灭劣Ⅴ类水体。根据《2018中国生态环境状况公报》，2018年，滇池仍属轻度污染，主要污染指标为化学需氧量和总磷，监测的10个水质点位中，Ⅳ类占60.0%，Ⅴ类占40.0%，无Ⅰ类、Ⅱ类、Ⅲ类和劣Ⅴ类。世界上治理湖泊水环境污染比较成功的案例是日本的琵琶湖，日本用了27年，耗资1 300亿～1 500亿元。这些均说明环境效益见效慢。

在实际工作中，受利益机制的驱动，人们往往重视见效快的经济效益，而忽视见效慢的环境效益，从而使经济效益与环境效益之间产生矛盾，这一矛盾表现为时间上的矛盾。恩格斯在《自然辩证法》中指出："我们不要过分陶醉于我们对自然界的胜利，对于每一次这样的胜利，自然界都报复了我们，每一次胜利，在第一步都确实取得了我们预期的结果，但是在第二步和第三步却取得了完全不同的、出乎意料的影响，常常把第一个结果又取消了，美索不达米亚、希腊、小亚细亚以及其他各地的居民，为了得到耕地，把森林都砍光了，但他们梦想不到，这些地方今天竟因此成为荒芜的不毛之地。"这里所说的"第一步"胜利实际上是指经济效益，而"第二步和第三步"的"出乎意料的影响"实际上是指环境效益，或者说是环境效益对人类的惩罚。

（2）政绩考核上的矛盾

GDP一直是干部考核评价的"第一指标"，一些地方领导干部更是把单纯的GDP增长作为主要政绩，"以经济建设为中心"异变成"以GDP为中心"，"发展是硬道理"异变成"GDP是硬道理"，一切工作围绕GDP打转，一切指标"唯GDP是瞻"。盲目追求GDP增长带来了表面繁荣，却种下了重重恶果。经济发展了、资源却破坏了，城市漂亮了、空气却污染了。耀眼GDP的背后，却是生态环境的严重破坏、百姓利益的严重受损。

自实施改革开放政策以来，GDP是考核领导干部的重要依据，各级干部重GDP，忽视环境保护。2013年颁布的《关于改进地方党政领导班子和领导干部政绩考核工作的通知》对考核办法进行了改革：①政绩考核要突出科学发展导向，要看经济、政治、文化、社会、生态文明建设和党的建设的实际成效，不能仅仅把地区生产总值及增长率作为考核评价政绩的主要指标；②完善政绩考核评价指标，把是否是有质量、有效益、可持续的经济发展和民生改善、社会和谐进步程度，文化建设、生态文明建设、党的建设成效等作为考核评价的重要内容；③对限制开发区域不再考核地区生产总值；④加强对政府债务状况的考核；⑤加强对政绩的综合分析，既看发展成果，又看发展成本与代价，既注重考核显绩，更注重考核打基础、利长远的潜绩；⑥选人、用人不能简单以地区生产总值及增长率论英雄；⑦实行责任追究制度。

虽然中央出台了相关文件，但是，在实际工作中，现行领导干部政绩考核仍存在单纯以增长速度论英雄的倾向，表现在：①一些地区仍片面强调GDP增长速度，对资源环境、社会领域的考核重视不够；②各类生态文明建设专项考评尚未真正纳入领导干部政绩考核体系，节能减排、耕地保护、水资源保护、环境保护、主体功能区划等动真格的少；③领导干部政绩考核结果与奖惩机制脱钩；④地方探索尚未全面体现生态文明内涵，各地出台的生态文明建设考评政策没有全面体现生态文明的内涵。

考核是“指挥棒”，这促使领导干部重视 GDP，重视经济效益，忽视环境保护，忽视环境效益。

（3）利益得失上的矛盾

一般来说，经济效益的受益者是经济活动的行为人，而环境效益的受益人（受害人）则是区域内所有的人。即经济效益与行为人的利益息息相关，而环境效益与行为人的利益关系不大。市场经济是一种利益经济，人们的行为主要受利益机制的调控，受利益得失因素的影响，人们重视经济效益，忽视环境效益。

环境效益与经济效益的矛盾表现在以上 3 个方面，这些矛盾是人们认识上的原因造成的，或者是政策的缺陷造成的。在认识上，人们往往重视眼前的、局部的、与自身利益息息相关的经济效益，而忽视环境效益。从政策角度看，我们现在缺乏评价、考核环境效益的政策，环境效益难以和市场主体的经济利益直接联系起来。

2．环境效益与经济效益的统一

根据生态经济学理论，生态经济系统由生态系统和经济系统耦合而成，环境效益是考核生态系统状况的指标，经济效益是考核经济系统的指标，因此环境效益与经济效益是可以统一的。造成环境效益与经济效益的矛盾的原因主要有两方面：

（1）实践方面：主要是人们认识上的原因或政策上的原因。人们重视经济效益，忽视环境效益，使得人们在制定政策及行动时，常常把经济效益放在第一位，由此造成环境效益与经济效益的矛盾。

（2）理论方面：目前，我们可以利用一系列较为简单的指标来考核经济效益，而计量、考核环境效益则需要非常烦琐的指标。

问题的根源是考核体制。考核是最管用的“指挥棒”，选人、用人是最有效的“风向标”。政绩“考”向哪里，干部就会“干”向哪里。选用什么样的干部，干部就会干成什么样。虽然国家“十二五”规划淡化了 GDP 增速要求，但在 31 个省（区、市）未来 5 年的国民经济和社会发展规划中，“GDP 翻番”依然是最频繁出现的字眼。可见，考核政绩以 GDP 为重心不改变、选拔干部以 GDP 为重要依据不改变，干部“唯 GDP 是从”的局面就不会改变。

党的十八届三中全会通过的《中共中央关于全面深化改革若干重大问题的决定》中指出，“完善发展成果考核评价体系，纠正单纯以经济增长速度评定政绩的偏向，加大资源消耗、环境损害、生态效益、产能过剩、科技创新、安全生产、新增债务等指标的权重，更加重视劳动就业、居民收入、社会保障、人民健康状况”，“改革和完善干部考核评价制度，改进竞争性选拔干部办法，改进优秀年轻干部培养选拔机制”。

建立多维度政绩考核体系，既看发展又看基础、既看显绩又看潜绩、既看当前又看长远，把民生改善、社会进步程度，生态效益等指标和实绩作为重要内容，作为考核干部政绩、考虑干部升迁的重要依据。只有这样，环境效益和经济效益才能真正实现统一。

目前，这一情况正在发生变化。习近平总书记高度重视环境保护和生态文明建设，2013年6月，习近平在全国组织工作会议上强调："要改进考核方法手段，既看发展又看基础，既看显绩又看潜绩，把民生改善、社会进步、生态效益等指标和实绩作为重要考核内容，再也不能简单以国内生产总值增长率来论英雄了。"2015年1月，习近平总书记在云南考察工作时强调："在生态环境保护上，一定要算大账、算长远账、算整体账、算综合账，不能因小失大、顾此失彼、寅吃卯粮、急功近利。"

2019年4月，中共中央办公厅印发了《党政领导干部考核工作条例》，将政治思想建设、领导能力、工作实绩、党风廉政建设、作风建设列为考核内容。在工作实绩考核时，全面考核领导班子政绩观和工作成效。全面看推动本地区经济建设、政治建设、文化建设、社会建设、生态文明建设，解决发展不平衡、不充分问题，满足人民日益增长的美好生活需要的情况和实际成效。

三、环境经济效益

环境经济效益是指某项活动所产生的经济效益和环境效益的综合。简单地说，环境经济效益＝环境效益+经济效益。这里需要指出的是，环境效益与经济效益的计量办法不同，单位不统一，一般不能直接相加。只有通过一定的技术手段（环境费用-效益分析），将环境效益换算成经济效益，然后才可以相加。

环境经济效益具有以下特点：

（1）一些利益的不确定性，或称为计量的困难性。环境经济效益计量的困难性主要是环境效益计量的困难性造成的。

（2）微观效益与宏观效益的不一致性。微观效益好时，其宏观效益不一定好。例如，工业把废水直接排放到环境中去，对工厂（微观）而言，其效益是好的，但是，由于废水污染环境，其宏观效益就不好。反之，微观效益不好，其宏观效益可能是好的，如治理废水。

（3）环境经济效益的长期性（或滞后性）。环境效益具有滞后性，使环境经济效益也具有滞后性。

（4）综合性。环境经济效益包含了考核环境系统的环境效益和考核经济系统的经济效益，它是评价环境经济系统的综合指标。

根据效益理论，人类的各项活动不能单纯追求环境效益或经济效益，而应追求环境经济效益的最大化。

第四节　经济外部性理论

一、基本概念

经济外部性理论揭示了经济活动中一些低效率资源配置问题的根源，同时又为解决环境外部性问题提供了可供选择的思路和框架，所以说经济外部性理论是环境经济学的理论基础。

1. 外部性的定义

经济外部性理论是20世纪初（1910年）由著名的经济学家马歇尔提出的。随后，他的学生，英国经济学家庇古丰富和发展了外部不经济性理论。

经济外部性（externality）又称外在性、外部效应、外在因素等。外部性的定义有许多种，庇古在其所著的《福利经济学》中指出："经济外部性的存在，是因为当A对B提供劳务时，往往使其他人获得利益或受到损害，可是A并未从受益人那里取得报酬，也不必向受损者支付任何补偿。"

简单地说，外部性就是实际经济活动中，生产者或消费者的活动对其他消费者和生产者产生的超越活动主体范围的利害影响。它是一种成本或效益的外溢现象。

经济外部性还可以用数学语言表示：

$$U_j = U_j（X_{1j}，X_{2j}，\cdots，X_{nj}，X_{mk}）\quad j \neq k \qquad (3\text{-}3)$$

式中：X_{ij}（i=1，2，…，n）——经济行为人 j 的各项经济活动水平；

X_{mk} ——经济行为人 k 的一项经济活动水平；

U_j ——j 的效用或福利水平。

当 X_{mk} 存在时，说明 j 的效用或福利水平除受他自己的活动 X_{ij} 的影响外，还受他所不能控制的 X_{mk} 的影响，此时，我们称经济行为人 k 对经济行为人 j 施加了经济外部性。

2. 外部性的特征

外部性有4个基本特征：

（1）外部性独立于市场机制之外。即外部性的影响不属于买卖关系范畴，它仅指那些不需要支付货币的收益或损害。

（2）外部性产生于决策范围之外，而且具有伴随性。它是伴随着生产或消费而产生的某种副作用，而不受本原性或预谋性影响。

（3）外部性具有一定的不可避免性。外部性产生时，所产生的影响会通过关联性强制地作用于受影响者，而受影响者一般难以回避。

（4）外部性难以完全消除。受信息不完备、技术、管理等多种因素的影响，目前很难将外部性完全消除。

3．外部性的类型

在现实生活中，外部性十分普遍。从不同的角度，我们可以对外部性进行分类。

根据外部性影响的结果，外部性可以分为外部经济性（external economy）和外部不经济性（external diseconomy）。对外界造成的好的影响称为外部经济性，如植树造林、治理大气污染、教育等活动均能够产生外部经济性；对外界造成的坏的影响称为外部不经济性，如向环境排放污水、乱采滥伐森林、草原过度放牧等活动均会产生外部不经济性。在现实生活中，外部不经济性比外部经济性更常见，当前人类面临的环境问题（环境污染和生态破坏）就是外部不经济性的必然结果。

根据外部性影响的产生者，外部性可以分为生产外部性和消费外部性。在生产过程中产生的外部性称为生产外部性，如造纸厂向环境排放造纸废水就会产生生产外部性；在消费过程中产生的外部性称为消费外部性，如城市居民排放的生活污水、在公共场所吸烟等均会产生消费外部性。

将这两种分类结合起来，外部性可以进一步分为生产的外部经济性、消费的外部经济性、生产的外部不经济性、消费的外部不经济性 4 种类型。

生产的外部经济性是指生产者在生产过程中给他人带来有利的影响，而该生产者不能从受益人那里得到补偿。例如，苹果园与养蜂场是近邻，苹果园为养蜂场提供了蜜源，蜜蜂在采蜜时可以帮助果树传授花粉，苹果园与养蜂场产生了相互受益的外部经济性。

消费的外部经济性是指消费者在其消费过程中给他人带来有利影响，而该消费者不能从受益人那里得到补偿。例如，花卉爱好者种植花卉就会产生消费的外部经济性。

生产的外部不经济性是指生产者在生产过程中给他人带来坏的影响（如给他人造成损失或带来额外费用），而该生产者不对受害者进行补偿，如造纸厂向环境排放造纸废水就会产生生产的外部不经济性。

消费的外部不经济性是指消费者在其消费过程中给他人带来坏的影响（如给他人造成损失或带来额外费用），而该消费者不对受害者进行补偿，如使用一次性塑料快餐饭盒就会产生消费的外部不经济性。

二、经济外部性分析

1．外部不经济性分析

环境问题是外部不经济性的必然结果，下面以环境污染为例来分析外部不经济性，对于某一生产者，其生产过程见图 3-5。

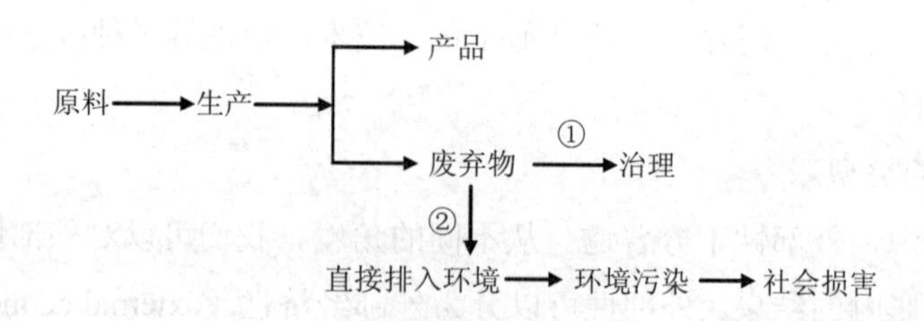

图 3-5 环境污染与外部不经济性

一般来说，生产过程不可避免地会产生废弃物。废弃物产生后，有两种处理办法：①对废弃物进行治理，无害化后再排入环境；②直接排入环境之中。受利润最大化动机的支配，生产者进行生产，目的是获得最多的盈利。为了达到这一目的，生产者一般不会选择对废弃物进行治理这种办法，因为对废弃物进行治理需要花费一定的人力、物力，从而增加支出，这一支出将成为其成本的一部分（简称为私人成本）。由于成本的增加，生产者的盈利必然下降，这是生产者不愿看到的。于是，生产者将舍弃治理，而选择把带有污染物的废弃物直接排入环境之中。这样，就可节省一笔开支（私人成本）。但是，由于污染物排入环境后会造成环境污染，从而使该环境内的其他人受到损害，或者说是对社会造成了经济损失（各种损害均可折算为经济损失），这一经济损失简称为社会成本。这样，由于生产者把污染物直接排入环境中，“节省”了治理污染的私人成本，而使社会付出了社会成本，即私人成本社会化了。

需要指出的是，私人成本社会化只是对外部不经济性的一种定性的描述。因为私人成本和社会成本是不等值的，事实上，环境污染造成的社会成本一般要远大于私人成本。参阅专栏 3-2。

专栏 3-2 日本水俣湾汞污染的经济分析

TISSO 工厂从 1908 年起在水俣市生产乙醛，将含甲基汞的废水排入水俣湾。甲基汞沿食物链富集，最终在人体中富集，使人产生的神经系统疾病称为水俣病。患者的感觉和运动系统发生严重障碍，终因全身痉挛而死亡。截至 1991 年 3 月，水俣病患者人数达 2 248 人，其中 1 004 人死亡。

日本对水俣病进行了经济分析，结果如下：

（1）损害费用

健康损害费用：76.71 亿日元/a；

底泥污染造成的损害费用：42.71 亿日元/a；

渔业损害费用：6.89 亿日元/a；

总损害费用：126.31 亿日元/a。

（2）环保费用

1955—1966 年 TISSO 工厂每年环保费用（环保投资、运行费及利息）1.23 亿日元。

（3）评价

相对于每年 126.31 亿日元的损害费用，每年的环保费用只需要 1.23 亿日元。如果在早期阶段采取对策，预防危害发生，是十分经济的。

（资料来源：日本环境厅地球环境经济研究会. 日本公害的教训[M]. 张坤民，王伟，译. 北京：中国环境科学出版社，1993。）

2．外部经济性分析

与外部不经济性一样，外部经济性产生的原因也是私人成本社会化了。不同的是，外部不经济性社会化的是成本，即给社会增加了成本。外部经济性社会化的是效益，即给社会增加了效益。如“三北”防护林建设就有显著的外部经济性，“三北”防护林建设需要成本，“三北”防护林体系建设起来后，给中国甚至世界带来的效益是十分明显的。

三、经济外部性内部化

1．外部不经济性内部化

从前面的分析可以看出，环境问题的外部不经济性的产生是由于私人成本社会化了，因而要解决这一问题，必须使私人成本内部化，或者说，应该使外部不经济性内部化。私人成本社会化，是把自身的盈利建立在他人受损的基础之上，这显然不公平。同时，由于社会成本一般远大于私人成本，如果将私人成本内部化，就可减少甚至消除社会成本，就全社会而言，可以用较少的投入，减少较大的损失，这在经济上也是有利可图的。

下面再分析一下私人成本内部化后对生产者的影响：对某一生产者而言，其生产费用包括两部分：①生产成本（由固定成本和流动成本组成），设为 $C_{生}$。②治理污染的成本，设为 $C_{治}$；若生产者不治理污染，污染将会给社会造成损害，即社会付出社会成本，设为 $C_{社}$。假设生产者生产的产量为 Q，产品价格为 P。

若不考虑外部不经济性，企业不治理污染，企业的盈利 R_1 为

$$R_1=P\times Q-C_{生} \tag{3-4}$$

此时该企业对社会福利的贡献 F_1 为

$$F_1=R_1-C_{社}=P\times Q-C_{生}-C_{社} \tag{3-5}$$

如果考虑外部不经济性，将外部不经济性内部化，即生产者必须对生产过程中产生的废弃物进行治理，这样，企业将增加治理污染的成本 $C_{治}$，此时企业的盈利水平为（假设产量及产品价格不变）

$$R_1'=P\times Q-C_{生}-C_{治} \tag{3-6}$$

由于企业对废弃物进行治理，企业的生产不会对环境造成污染，也就不会造成社会损害，即 $C_{社}'=0$。此时该企业对社会福利的贡献 F_1'为

$$F_1'=R_1'-C_{社}'=R_1'=P\times Q-C_{生}-C_{治} \tag{3-7}$$

将企业治理污染和不治理污染的盈利及对社会的福利贡献进行对比：

$$R_1-R_1'=（P\times Q-C_{生}）-（P\times Q-C_{生}-C_{治}）=C_{治} \tag{3-8}$$

$$F_1-F_1'=（P\times Q-C_{生}-C_{社}）-（P\times Q-C_{生}-C_{治}）=C_{治}-C_{社} \tag{3-9}$$

这说明企业不治理污染时将获得超额利润 $C_{治}$。

一般来说，$C_{治}<C_{社}$，因此 $F_1<F_1'$，这说明，将外部不经济性内部化（即企业治理污染）将有助于社会福利水平的提高。所以说，外部不经济性应该内部化。

王金南在《环境经济学》中提出了将外部不经济性内部化的 4 种主要途径：

（1）直接管制

管制可分为直接管制和间接管制，前者是直接对污染物排放进行规定，而后者一般是通过对生产投入或消费的前端过程中，可能产生的污染物数量进行规定，最终达到控制污染排放的目的。

在环境管理政策领域，管制手段（尤其是直接管制）在发达国家和发展中国家中都是传统的、占主导地位的环境管理手段。

各国的环境政策偏重于选择直接管制手段的原因有：①从管理者的角度来看，管制是直接对活动者行为进行控制，其环境效果具有确定性；②企业偏向选择管制是因为它们常常认为通过谈判可以对管制产生影响，并且可以通过拖延谈判来延长实施管制的时间。当然，其他公共部门以及经济管理政策或机制对选择环境污染控制管理手段的影响也是很大的。从这种意义上说，我国传统的以污染物排放标准为基础，辅之以超标排污收费的混合管制手段，可以说是传统的经济指令性计划管理的自然延伸。

管制手段是一种在污染控制方面行之有效的工具，直接管制手段在环境效果的可达性与确定性方面存在着较大的优势，但存在一定的局限性，主要表现在：

1）管制需要大量的信息。政府当局为了有效地控制各种类型的污染源排放活动，必须了解污染源的生产、污染物排放、环境状况等信息，信息需求量极大，而实际上这些信息往往难以准确、及时获得，从而导致在很大程度上失去了管制的有效性。

2）由于各污染源的生产、污染物排放情况及污染控制成本都存在很大的差异，而且会随时间推移而发生变化，直接管制应该针对不同的污染源制定相应的管制措施。要做到这一点，需要管理当局耗费大量的人力、物力、财力。在实际工作中，管理当局很少能够制定具有针对性、实用性的管制措施。

3）管制手段缺乏灵活性。管理当局的管制措施出台后，被管制单位只能执行，而无其他的选择。

（2）财产或权益损失的直接赔偿

这种方法简称损失赔偿法，它是通过法律途径补救和校正外部不经济性的一种法院仲裁的方法。损失赔偿法来源于西方发达国家（尤其是英国、美国等），目前已被大多数国家广泛用于解决环境外部不经济性和污染损失赔偿纠纷。

在以私有制为基础的发达国家里，私有财产权受到法律保护，具有不可侵犯性。这样，受害方可以诉诸法律，要求赔偿或消除由于空气、水体和噪声污染引起的损失。在进行损失赔偿时必须解决：①是否发生侵犯财产情况；②应该由谁对谁进行赔偿；③赔偿数量多少。这样才能使污染外部费用内部化。

在我国，《中华人民共和国环境保护法》《中华人民共和国大气污染防治法》《中华人民共和国水污染防治法》《中华人民共和国刑法》《中华人民共和国民事诉讼法》中明确规定了污染损害的法律赔偿责任，即造成环境污染危害的单位和个人有责任排除危害，并对直接受到损害的单位和个人赔偿损失。赔偿责任和赔偿金额的纠纷，可以根据当事人的请求，由生态环境行政管理部门或者其他依照法律规定行使环境监督管理权的部门处理；当事人对处理决定不服的，可以向法院起诉。当事人也可以直接向法院起诉。这种法律责任关系表明，任何单位和个人享有避免环境污染损失的权利，如人体健康的损失和财产使用功能的损失。

举例来说，假设某个居民住户（原告）与一家水泥厂（被告）相邻，水泥厂生产过程散发的烟尘和粉尘，造成了原告的身体损害和财产损失，因此原告要求法院判决水泥厂赔偿损失。在该过程中，法院普遍采取的处理方法就是根据公正性原则进行平衡调解。法院在听取原告的控告之后，必须首先确定该水泥厂的污染物排放是否真的造成了原告的身体损害和财产损失，然后确定是否责令被告对原告进行损失赔偿。如果受害的居民住户很多（如很大的一个居民区），法院还可能考虑是否让水泥厂停产或搬迁。如果原告诉讼属实，法院就可以根据环境污染防治相关法律，裁决被告向原告赔偿损失。

损失赔偿法是解决环境污染外部性问题的一种可行的方法。在理想条件下，法院的裁决可以刚好使污染者的所有外部费用内部化，即污染者的私人费用等于其社会费用。但是，损失赔偿法只是一种事后补救的方法，在实施操作可行性方面存在以下 3 个问题亟待解决：

1）诉讼费用可能很高，诉讼期可能很长。受害人为了得到损害赔偿，往往需要经过诉讼程序，为此，受害人还需要支付取证费（提供监测数据和损失证明所花费的费用）、律师费、诉讼费、交通费等费用；即使费用不太高，但有时诉讼需要很长时间，许多环境问题造成的损害赔偿案件往往久拖不决。由此造成损失赔偿难以执行。

2）环境问题的扩散性。环境问题的这种特征，使得很难清楚地确认污染者和受害者间的损失剂量关系，同时一些受害者只希望他人出面诉讼，自己共享损害赔偿或环境改善的好处，这样就产生了“免费搭车”的现象。

3）环境损失的滞后性。环境污染损失除了事故性损失之外，大多表现为一种滞后的损失，例如，许多与空气污染有关的呼吸系统疾病，一般都在暴露时间超过数月或数年之后才被发现，一些未知污染物甚至从技术上都还无法确认。在这种情况下，要公正判定污染损失赔偿是不太可能的。

（3）庇古税

阿瑟·塞西尔·庇古（1877—1959 年）是英国新古典学派的代表人物，他对经济外部性进行了深入分析，提出了通过税收或收费（即庇古税）的方式将经济外部性内部化。以庇古理论为指导，各国广泛征收庇古税。当存在外部经济性时，对行为人进行补贴；当存在外部不经济性时，对行为人进行征税。我国实施的环境保护税就是一种典型的庇古税，本书第九章将做深入分析。

（4）科斯手段

根据科斯定理，解决环境污染问题最重要的是明确产权。这种手段将在本章第五节中详细说明。

2. 外部经济性内部化

将外部经济性内部化的主要方式是对产生外部经济性的行为人给予一定的补偿。具体措施有：

（1）直接补贴

直接补贴是指对产生外部经济性的行为或产品，给予直接的资金、技术或物资的补贴。我国正在实施的退耕还林政策是将外部经济性内部化的一种手段。

（2）受益者补偿

受益者补偿是指由外部经济性的行为或产品的受益人对行为人进行的补偿。我国部分地区实行的下游对上游的补偿就属于受益者补偿。

（3）减免税及其他优惠政策

对产生外部经济性的行为或产品，可以给予减免税收、优惠贷款等优惠政策。

第五节　产权及公共商品理论

一、产权理论

产权理论是美国新制度经济学派（芝加哥学派）创立的，1991 年诺贝尔经济学奖得主罗纳德·哈里·科斯发表的《企业的性质》（1937 年）、《社会成本问题》（1960 年）等是产权理论的开山之作。阿尔钦、德姆塞茨、威廉姆森、张五常、菲吕博腾、佩杰威齐等经济学家为发展产权理论做出了重要贡献。

1．产权

产权就是财产权利（property right），目前，对产权还没有统一的定义。产权包括3层含义：①产权是人们在资源稀缺条件下使用资源的规则，这种规则依靠法律、习俗、道德来维护，产权具有强制性、排他性。②产权是一组权利，产权包括财产的所有权和由此派生的占有权、支配权、使用权、收益权。广义的产权还包括为实现上述权利所必须具备的各种权能体系和规则。③产权是行为权利。

产权是一种社会工具，可以帮助人们在经济交往中实现合理的预期，从而减少交往中的不确定性。在市场经济中，任何经济交往都以一定的产权为前提。产权不确定，市场交换就会出现混乱。

对环境问题的分析必然会涉及产权问题。与私有物品不同，环境资源往往没有明确的产权。兰德尔对环境资源产权界定时指出："财产权规定了人与人之间关于使用物品的适当关系，以及破坏这些关系时的处罚。"兰德尔认为完全的财产权具有以下特征：①明确性。明确规定财产权的各种权利、对这些权利的限制以及破坏这些权利时的处罚措施。②专有性。因一项行为而产生的所有报酬和损失都直接与有权采取这一行为的人（所有者）有关。③可转让性。这些权利可以被吸引到最具价值的用途上去。④可实施性。没有实施的权利，就是根本没有这种权利。

与一般物品相比，确定环境及环境资源的产权更加困难，明确环境资源的产权是我国当前面临的亟待解决的重大问题，党的十八届三中全会通过的《中共中央关于全面深化改革若干重大问题的决定》指出："健全自然资源资产产权制度和用途管制制度。对水流、森林、山岭、草原、荒地、滩涂等自然生态空间进行统一确权登记，形成归属清晰、权责明确、监管有效的自然资源资产产权制度。"

2．科斯定理

科斯（R.Coase，1910—2013年）出生于英格兰，主要从事制度经济学研究，1991年获诺贝尔经济学奖。科斯提出的解决经济外部性问题的方案是产权安排，这一方案被称为科斯定理。

科斯定理是现代产权经济学的核心内容。科斯定理源于科斯1960年发表的《社会成本问题》一文。科斯定理由3个定理组成：

科斯第一定理：当交易成本为零时，不管产权初始安排如何，当事人可以通过谈判实现财富最大化的安排。即市场机制会自动地驱使人们谈判，使资源配置实现帕累托最优。

科斯第二定理：当交易成本大于零时，不同的权利界定会带来不同效率的资源配置。由于交易成本的存在，不同的产权制度安排，对资源配置的效率有不同的影响。因此，为了优化资源配置，法律制度对产权的初始安排和重新安排是必要的。

科斯第三定理：由于制度本身的生产不是无代价的，因此，什么生产制度、选择怎样的生产制度，将产生不同的经济效率。因此，我们应该通过产权制度的成本收益比较，选择合适的产权制度。

根据科斯定理，我们可以利用科斯手段解决经济外部性问题，科斯手段包括自愿协商制度、排污权交易制度（参阅本书第十二章）等。

二、公共商品理论

1．公共商品

所谓竞争性，是指商品的数量是有限的或稀缺的，随着使用者的增加，商品的数量会减少，其使用成本（不论由使用者本人、还是由他人负担）会上升。所谓排他性，是指限定物品的使用人数。

根据物品的排他性和竞争性，我们将物品分为私人物品、自然垄断物品、共有资源、纯粹的公共物品 4 类，见表 3-3。

表 3-3 物品分类

		竞争性	
		是	否
排他性	是	私人物品：面包、鞋子、拥挤的收费公路	自然垄断物品：消防服务、有线电视、不拥挤的收费公路
	否	共有资源：海洋渔业资源、福利房、拥挤的不收费公路	纯粹的公共物品：国防知识、不拥挤的不收费公路

资料来源：N.格里高利 · 曼昆，《经济学原理》。

公共商品是指每一个人可以消费，而不能排除其他人消费的物品。公共商品具有非竞争性与非排他性。国防就是典型的公共商品。

有人把环境理解为公共物品（public goods）。更准确地说，它是一种准公共物品。当人们对环境资源的消耗没有超过环境容量时，环境资源可以看作是取之不尽、用之不竭的，如果超过环境容量，那环境资源与一般资源一样，也是稀缺的。

2．公地悲剧

1968 年，英国的哈丁提出了“公地悲剧”理论模型：一群牧民在一块公共草场放羊，作为理性人，每个牧羊者都希望自己的收益最大化。在公共草地上，每增加一只羊会有两种结果：一是获得增加一只羊的收入；二是加重草地的负担，并有可能使草地过度放牧。经过思考，牧羊者会不顾草地的承载能力而增加羊群数量。由于羊群的数量不断增加，使牧场过度使用，草地状况迅速恶化，悲剧就这样发生了。

解决公地悲剧的方案其实早已有之，英国的圈地运动即是成功的一例。现在世界上土地保护成效好的地方，往往都建立了土地产权，而那些土地破坏严重的地区，恰恰是还没有建立土地产权的地区，这从反面印证了产权在解决公地悲剧上的有效性。土地产权制度解决了人的私利性和陆地生态环境之间的矛盾。因此，明确产权是解决公地悲剧的有效途径。

3．反公地悲剧

1998 年，美国黑勒教授提出“反公地悲剧”理论模型。在公地内，存在着很多权利所有者。为了达到某种目的，每个当事人都有权阻止其他人使用该资源或设置使用障碍，而没有人拥有有效的使用权，导致资源的闲置和使用不足，造成浪费，于是就发生了“反公地悲剧”。就像在大门上安装需要十几把钥匙同时使用才能开启的锁，这十几把钥匙又分别归不同的人保管，而这些人又往往无法在同一时间到齐。显而易见，打开房门的机会非常小，房子的使用率非常低。

“反公地”的产权特性是给资源的使用设置障碍，导致资源的闲置和使用不足，造成浪费。很明显，“反公地”的产权不是虚置、不明晰的产权，而是支离破碎的产权。“反公地悲剧”需要以整合产权来化解。

第六节　环境成本理论

人类的生存和社会的发展依赖于环境资源并受其约束。人类在使用这些资源时，要付出造成资源的减少和破坏以及影响环境质量的代价，也就是环境成本。

一、环境成本的产生

在经济学中，成本又称生产费用，它是生产中所使用的各种生产要素的支出。通常将生产过程中消耗的人力、物力、财力记为成本。

环境资源也是一种特殊的生产要素，长期以来被排除在经济学的视野之外。因此，在研究生产成本时，往往忽视环境要素的成本。

环境资源作为生产中所必需的一种投入，具有一般生产要素的共性。生产活动对环境的消耗应该计入环境成本。

我们可以通过生态补偿论来解释环境成本。自然资源—环境复合体能够为经济系统提供 4 种服务：原材料输入来源、维持生命系统、分解和容纳生产与消费过程产生的废弃物、舒适性服务。社会经济系统要持续发展，就必须对自然生态系统做出补偿，包括实物量补偿和价值量补偿。价值量补偿的办法之一，就是在产品成本和价格中加入环境成本。

二、环境成本的概念与组成

环境成本是一个新概念，目前没有统一的定义，一般来说，环境成本包括 3 部分内容：

1．使用者成本

市场主体为利用稀缺性环境资源而支付的费用，在广义上都属于使用者成本。不同类型的环境资源又可分为两种情况：

（1）从资源的动态有效配置角度考察，有些资源既可以现在用，也可以将来用，现在使用所放弃的将来使用可产生的收益，就是现在的使用者成本，可将其称为狭义的使用者成本。它所依托的基本理念是“将自然资源和环境资源均作为有价资产”，并考虑其折旧。这一意义上的使用者成本是环境资源的动态有效配置和代际补偿的基础。

（2）从资源的多种用途考察，环境资源有多种用途，加之环境资源具有稀缺性，一种环境服务的增加必然伴随着其他某些服务的减少，例如，砍伐森林造成森林舒适性服务减少，因而厂商利用环境资源具有机会成本。

使用者成本在资源的最优配置中具有根本性意义。它所依托的自然资源有偿使用的观念，是各种环境成本概念的精髓所在。使用者成本的最终去向，是补偿环境资源的正常损耗，例如，开发替代资源，勘察、发现新资源，促进自然力的恢复，从而保证环境资本的非减性和环境服务的可持续性。

2．环境损害成本

从理论上说，只要按照机会成本的原则确定并征收使用者成本，就能避免人为的环境损害。然而，这一条件在现实中往往不能满足。环境资源市场存在不完全竞争，使得环境物品的价格不能及时、准确地提供反映稀缺性的信号，结果是环境资源遭到掠夺性开采；政府的信息不完全，使其确定的排污收费标准偏离（大多数是低于）真实的社会成本，导致全社会的污染排放量超出既定的纳污能力。也就是说，当使用者成本不能得到充分补偿时，其直接后果是环境质量受到损害。由此不仅造成环境价值损失（环境资源数量耗竭与质量降级），而且反过来使生产活动乃至人体健康蒙受损失。这一切损失构成了环境损害成本。

3．环境保护成本

当环境损害发生后，人类为了恢复环境经济系统的良性互动，还需要额外投入，由此产生了环境治理成本。人类为了预防事后的环境损害，往往在经济活动之初就采取预防措施，这种事前的预防成本与事后的治理成本共同构成了环境保护成本。萧代基等指出：“环境保护成本指污染防治或资源保育工作所需各种投入之机会成本。”在国外，有关的称谓还有很多，例如，环境治理成本、污染处理成本、环境修复成本等。

以上 3 种环境成本，体现了环境和经济之间的 3 种联系，揭示了环境成本的产生根源与经济本质。其中，正常的环境使用者成本、非正常的环境损害成本，以及一部分环境保护成本，均是为了保证对资源的利用与环境破坏从价值上得到等量补偿。

专栏 3-3　我国煤炭环境外部成本的经济核算

原环境保护部环境规划院刘倩倩等以 2010 年数据为基础，结合全生命周期理论构建煤炭环境外部成本核算体系，采用环境价值评估法以评估污染价值，核算煤炭开采、运输及利用环节产生的环境外部成本。2010 年煤炭环境外部成本价值量核算结果如下：

环节	核算项	价值量核算指标	价值量核算结果/万元	吨煤成本/元
煤炭生产	水污染	废水处理	314 295	0.97
	大气污染	医疗费用	2 300 000	7.11
		尘肺病患者社会生产力损失	4 790 000	14.81
		陪护家属社会生产力损失	2 250 000	6.96
	固体废物污染	土壤耗损	526	0.002
		自然损失	97 304	0.30
		占用土地	143 192	0.44
	水生态系统	水土流失	2 006 794	6.20
		水资源破坏	3 441 781	10.64
	土地生态系统	土地资源浪费	668 224	2.07
		移民费用	65 398	0.20
	森林生态系统	消耗坑木损失	4 984	0.02
		林木经济损失	5 306 694	16.40
		增加造林费用成本	11 848	0.15
		生态服务价值损失	434 337	1.34
	草原生态系统	草原环境服务损失	9 800	0.03
	农田生态系统	农田服务价值损失	14 282	0.04
小计			21 859 459	67.68
煤炭运输	铁路运输	运输中煤尘污染	1 170 150	7.50
		运输中环境污染损失	4 256 591	27.28
	港口运输	装卸煤尘污染	871 935	7.50
	年末库存	堆存煤尘散发	13 150	2.40
小计			6 311 826	44.68
煤炭使用		人体健康损失	21 173 231	67.81
		农田污染损失	5 039 417	16.14
		清洁费用增加	341 032	1.09
小计			26 553 680	85.04
总计			54 724 965	197.40

2010 年煤炭环境外部成本为 5 472.5 亿元，占到当年国内生产总值的 1.36%，折合吨煤成本为 197.4 元，约占当年大同煤炭年平均吨煤坑口价的 36.92%。2010 年，我国煤炭行业需支付的环境成本包括资源税、排污收费、煤炭可持续发展基金、矿山环境治理恢复保证金、矿产资源补偿费等，大致每吨煤 46.39 元，有将近 80.97%的环境成本未得到补偿。

（资料来源：刘倩倩等，《我国煤炭环境外部成本的经济核算》。）

根据环境经济学理论，环境成本应该纳入市场主体的经济核算中。将环境成本纳入企业生产成本或服务价格，实现环境污染外部成本内部化、社会成本企业化。

本章小结

一门学科必须有其基本理论，环境经济学的基本理论包括：

（1）环境经济系统理论。环境经济系统是由环境系统与经济系统耦合而成的复合大系统。按人与环境的关系划分，环境经济系统可以分为原始型、掠夺型和协调型。环境是经济的基础和制约条件，经济发展对环境的变化起主导作用，环境和经济相互促进。

（2）环境资源的价值理论。环境资源的价值理论研究的核心问题就是环境资源是否有价值。根据环境经济学理论，环境资源有价值，这为环境资源的合理利用以及环境保护创造了有利条件。目前，人们对如何解释环境资源的价值、环境价值的构成以及如何确定环境资源的价格还有不同的观点。

（3）效益理论。三效益（经济效益、环境效益、社会效益）的统一是社会经济发展的目标。环境经济学关注的重点是环境效益与经济效益的关系，提出了协调环境效益与经济效益关系的措施。

（4）经济外部性理论。经济外部性理论是环境经济学的理论基础。经济外部性理论主要研究经济外部性的类型、经济外部性的原因、经济外部性内部化措施等内容。

（5）产权及公共商品理论。根据产权理论，我们应该明确环境资源的产权。根据公共商品理论，环境资源具有公共商品的特征。

（6）环境成本理论。随着对环境资源利用程度的提高，环境问题日益严重。为了有效解决环境问题，必须将环境成本引入经济核算中。环境成本理论主要研究环境成本的概念与组成、环境成本的特征等内容。

环境经济学理论是环境经济学的核心内容，它是后面各章的基础。

复习思考题

1．名词解释

经济外部性　外部经济性　外部不经济性　环境效益　经济效益　社会效益　环境经济效益　环境成本　公共商品

2．谈谈你对环境资源价值观的认识。

3．简述环境资源价值的构成。

4．结合实际，谈谈你对环境效益与经济效益关系的认识。

5．如何将经济外部性内部化？

6．运用环境经济学理论，分析环境问题产生的原因。

7．简述产权理论的主要内容。

8．简述公共商品理论的主要内容。

9．什么是“公地悲剧”与“反公地悲剧”？

10．造纸厂生产的环境成本包括哪些？这些环境成本由谁负担？

参考文献

[1] 吴舜泽，黄德生，刘智超，等. 中国环境保护与经济发展关系的40年演变[J]. 环境保护，2018，46（20）：14-20.

[2] 黄承梁. 中国共产党领导新中国70年生态文明建设历程[J]. 党的文献，2019（5）：49-56.

[3] 周宏春. 中国生态文明建设发展进程[N]. 天津日报，2018-11-12.

[4] 李干杰. 深入学习贯彻党的十九届四中全会精神　努力推动生态文明建设迈上新台阶[EB/OL].（2019-11-16）.http：//www.sznews.com/news/content/2019-12/31/content_22748641.htm.

[5] 刘倩倩，秦昌波，葛察忠，等. 我国煤炭环境外部成本的经济核算[J]. 中国环境科学，2015，35（6）：1892-1900.

[6] 查尔斯•D. 科尔斯塔德. 环境经济学[M]. 北京：中国人民大学出版社，2011.

[7] 曹洪军. 环境经济学[M]. 北京：经济科学出版社，2012.

[8] 彼得•伯克（Peler Berck），格洛丽亚•赫尔方（Gloria Helfand）. 环境经济学[M]. 北京：中国人民大学出版社，2013.

[9] 韩洪云. 资源与环境经济学[M]. 杭州：浙江大学出版社，2012.

[10] 王文军. 人口、资源与环境经济学[M]. 北京：清华大学出版社，2013.

[11] 查尔斯•D. 科尔斯塔德. 环境经济学（第二版）[M]. 北京：中国人民大学出版社，2016.

[12] 钱翌，张培栋. 环境经济学[M]. 北京：化学工业出版社，2015.

[13] 董小林. 环境经济学[M]. 北京：人民交通出版社，2016.

[14] 李永峰. 环境经济学[M]. 北京：机械工业出版社，2016.

[15] 王金南. 环境经济学[M]. 北京：清华大学出版社，1994.

[16] 蓝虹. 环境产权经济学[M]. 北京：中国人民大学出版社，2005.

[17] 李克国. 环境经济学（第三版）[M]. 北京：中国环境出版社，2014.

[18] 李克国，张宝安，魏国印，等. 环境经济学（第二版）[M]. 北京：中国环境科学出版社，2007.

[19] 张象枢. 人口、资源与环境经济学[M]. 北京：化学工业出版社，2004.

[20] 马中. 环境与资源经济学概论[M]. 北京：高等教育出版社，2000.

[21] 鲁传一. 资源与环境经济学[M]. 北京：清华大学出版社，2004.

[22] 董小林. 环境经济学[M]. 北京：人民交通出版社，2005.

[23] 莱斯特 • R. 布朗. 生态经济[M]. 上海：东方出版社，2002.

[24] 汤姆 • 惕藤伯格. 环境经济学与政策[M]. 朱启贵，译. 上海：上海财经大学出版社，2003.

[25] 尼可 • 汉利，杰森 • 绍格瑞. 环境经济学教程[M]. 曹和平，译. 北京：中国税务出版社，2005.

[26] 曼昆. 经济学原理[M]. 梁小民，译. 北京：机械工业出版社，2005.

[27] 李拯. 生态环境也是生产力[N]. 人民日报，2013-05-27（3）.

[28] 钟茂初，张学刚. 环境库兹涅茨曲线理论及研究的批评综论[J]. 中国人口·资源与环境，2010，20（2）：62-67.

[29] 李国璋，孔令宽. 环境库兹涅茨曲线在中国的适用性[J]. 广东社会科学，2008（2）：37-43.

第二篇　环境经济分析

本篇主要介绍环境经济学的分析方法，包括人口、资源与环境，环境与发展，环境价值与环境损害评估 3 章。第四章人口、资源与环境，主要分析了人口与环境、环境资源的合理配置、资源核算方法、绿色 GDP 核算等方面的内容。第五章环境与发展，主要分析了绿色经济、低碳经济、循环经济、节能环保产业、产业生态化与生态产业化、贸易与环境等方面的情况。第六章环境价值与环境损害评估，主要包括环境费用-效益分析理论与评价技术、生态环境损害评估、生态系统服务价值评估方法与案例分析。

第四章　人口、资源与环境

第一节　人口与环境

一、人口与人口过程

人口是生活在特定社会、特定地域，具有一定数量和质量，并在自然环境和社会环境中同各种自然因素和社会因素组成复杂关系的人的总称。

人口过程是人口在时空上的发展和演变过程。它大致包括自然变动、机械变动和社会变动。人口自然变动是指人口的出生和死亡，变动的结果是人口数量的增加和减少。人口机械变动是指人口在空间上的变化，即人口的迁入与迁出，变化的结果是人口数量在空间上发生人口分布和人口密度的改变。社会变动指人口社会结构的改变（如职业结构、民族结构、文化结构和行业结构等）。人口过程反映了人口与社会、人口与环境的相互关系。

反映人口过程的自然变动指标是人口出生率、死亡率和自然增长率。人口自然增长率与出生率和死亡率的关系是：

$$自然增长率=出生率-死亡率 \tag{4-1}$$

反映人口过程、人口增长规律的指标还有指数增长、倍增期等。指数增长是指在一段时期内，人口数量以固定百分率增长。倍增期是表示在固定增长率下，人口增长 1 倍所需的时间。其计算公式为

$$T_d=0.7/r \tag{4-2}$$

式中：T_d ——倍增期，a；

r ——年增长率，%。

根据上式，若人口增长率 r =1%，则 70 年后，人口增长 1 倍；若人口增长率 r =2%，则 35 年后，人口增长 1 倍；若 r =7%，则 10 年后人口增长 1 倍；若 r =10%，则 7 年后人口增长 1 倍。

二、世界人口

1. 世界人口发展概况

人口早期各个阶段的估算是很难精确的，直到1万年前发生的农业革命之前，人类才有比较可靠的地方居住，靠狩猎和采集为生。那时全世界的总人口大约只有500万人，在人类漫长的历史进程中，人口数量一直呈增长趋势。但约在8 000年前的农业革命以前，人类尚未处于地球生物的主宰地位，人口数量基本持平。农业革命使粮食生产趋于稳定，保证了食物的供给，使人口增长速度加快。但真正的高人口增长率出现在工业革命以后，人类的生存条件大为改善，人类的疾病得到有效控制。而生产的发展，客观上又需要大量人口，因而使人口增长进一步加快。近几百年来，人口一直呈加速增长势头，但急剧的增加只是过去30年所出现的突发性现象。400万年以前就出现在非洲大陆上的人类，到19世纪初才达到10亿人。世界人口在1918—1927年达到20亿人。后来，一直到1960年世界人口才超过30亿人，14年后的1974年达到了40亿人，又过了13年，突破了50亿人大关，1999年突破了60亿人，2011年已达到70亿人，2019年世界人口则超过75亿人（表4-1）。

表4-1 世界人口增长情况

年份	人口数量/亿人	增长率/%	年份	人口数量/亿人	增长率/%	年份	人口数量/亿人	增长率/%
0	2.00	—	1900	16.5	0.54	2000	60.6	1.36
1000	3.10	0.04	1950	25.4	0.85	2020	75.0	1.18
1250	4.00	0.10	1960	30.27	1.83	2030	81.1	0.91
1500	5.00	0.09	1970	37.27	2.03	2040	85.8	0.58
1750	7.90	0.18	1980	44.47	1.85	2050	89.1	0.39
1800	9.80	0.43	1990	52.82	1.74			
1850	12.6	0.50	1998	59	1.46			

资料来源：《全球人口增长及其地区差异》。

在不同地区，世界人口增长率也不同，发展中国家人口增长率比发达国家更高，大致为发达国家的2倍以上，世界人口相对集中于发展中国家。从人口增长率来看，1900—2000年发达国家平均每年人口增长率为0.83%；而发展中国家则高达1.52%。预计21世纪的年增长率，发展中国家更是比发达国家高出5倍以上。例如，2017年和2018年，中国的人口增长率分别为0.559%和0.456%，相当于日本1987年（0.492%）到1988年（0.427%）的水平。尤其是那些最不发达国家，人口增长速度更高（表4-2）。按这样一种增长格局，环境本来就比较脆弱、经济发展原来就比较落后的地区，人口增长越来越快，对环境的压力也就越来越大；而这些国家和地区的经济基础比较薄弱，没有力量进行环境的改善，进一步加剧了对环境的压力。所以，对环境构成威胁的主要原因是发展中国家过快的人口增长。

表 4-2　世界主要国家人口数量

单位：万人

国家	2005 年	2009 年	2015 年	2019 年
世界	646 732.1	677 523.6	723 896.4	758 520.4
其中：高收入国家	108 643.7	111 655.2	—	—
中等收入国家	460 496.2	481 254.2	—	—
中低收入国家	538 088.5	565 868.4	—	—
低收入国家	77 592.2	84 614.2	—	—
中国	130 372.0	133 146.0	136 920.2	139 538.0
巴西	18 607.5	19 373.4	19 873.9	21 086.7
加拿大	3 231.2	3 374.0	3 348.7	3 695.3
法国	6 087.3	6 261.7	6 442.0	6 523.3
德国	8 246.9	8 188.0	8 232.9	8 229.3
印度	109 458.3	115 534.8	126 751.3	135 405.1
日本	12 777.3	12 756.0	12 707.8	12 718.5
韩国	4 813.8	4 874.7	4 950.8	5 126.9
英国	6 022.7	6 183.8	6 111.3	6 657.3
俄罗斯	14 315.0	14 185.0	14 004.1	14 396.4
美国	29 575.3	30 700.7	31 521.2	32 676.7

2．世界人口发展阶段

综观世界人口发展的历程，大致经历了 3 个历史阶段：

（1）高出生率、高死亡率、低增长率阶段。自从人类诞生以来，直到工业革命以前，世界人口发展绝大部分处于这个阶段。在这段漫长的时期里，世界人口总数很少，到 1600 年世界人口达到 5 亿人。

（2）高出生率、低死亡率、高增长率阶段。工业革命之后，人类社会的生产力水平迅速提高，人们生活和医疗卫生水平也有显著改善，世界人口进入高增长率阶段。到 1800 年，经过 200 年的工业革命，人口达到 10 亿人。

（3）低出生率、低死亡率、低增长率阶段。由于种种原因，欧美发达国家人口的自然增长率呈现了下降的趋势，有一些国家出现了人口零增长甚至负增长现象，但发展中国家的人口依然继续增长。从全球来看，人口增长速度开始减缓，但全世界每年仍能增加近 1 亿人。

三、中国人口

1．人口的变化

公元前，中国人口为 1 000 万人；公元初至 17 世纪中期，中国人口为 5 000 万～6 000 万人，占当时世界人口的10%左右；1684年，中国人口突破了1亿人；1760年，中国人口为2亿人，倍增期为76年；1760—1900年，经过140年时间，中国人口又增长了1倍；到1947年，人口达到了5.4亿人。

中华人民共和国成立后，人口发展大体可划分成7个阶段，各阶段的发展情况分述如下：

（1）1949—1958年，全国总人口由5.4亿人增至6.6亿人，出现了中华人民共和国成立后的第一次人口高峰期。人口出生率在1949年为37‰，1957年仍高达34‰。人口死亡率大幅下降，由1949年的20‰下降到1958年的12‰。人口自然增长率在1957年高达23.2‰。

（2）1959—1961年，出现了人口生育的低谷期。总人口由1959年的67 207万人降至1961年的65 859万人，人口出生率由30‰下降到20‰；死亡率上升到25.4‰。1960年自然增长率为−4.57‰。

（3）1962—1970年，全国总人口由6.73亿人增到8.3亿人，出现了中华人民共和国成立后的第二次人口生育高峰期。由于国家实施了"调整、巩固、充实、提高"的经济建设方针，国民经济好转，人民生活改善，人口出生率迅速回升，4年间平均高达39.5‰，自然增长率为29‰，其中1963年出生率达43.37‰，自然增长率达33.3‰。从此自然增长率由城市高于农村转变为农村高于城市。

（4）1971—1985年，我国进入了计划生育阶段。20世纪70年代人口的盲目生产已给国家发展造成巨大压力，因此我国开始实行计划生育，特别是党的十一届三中全会以后我国加强了计划生育，控制人口自然增长，取得显著成效。人口自然增长率由1972年的22‰下降到1984年的10.8‰。

（5）1986—1990年，我国人口增长处于第三次人口出生高峰期，全国总人口由1986年的10.57亿增至1990年的11.34亿人。在此期间虽然计划生育工作成绩显著，但受第二次人口高峰期的影响，人口出生率和自然增长率均有所回升。1986—1990年人口出生率持续在20‰以上，人口自然增长率持续在14‰以上。在强化计划生育工作的影响下，1990年以后人口出生率开始下降。

（6）1991—2012年，中国人口总量由11.45亿人增至12.59亿人，人口出生率、死亡率和自然增长率均呈现稳步下降的发展态势。人口出生率由19.68‰降到15.23‰；死亡率由6.7‰降到6.46‰；人口自然增长率由12.98‰降到8.77‰。

（7）2013—2019年，中国大陆总人口（包括31个省、自治区、直辖市和中国人民解放军现役军人，不包括香港、澳门特别行政区和台湾地区以及海外华侨人数）为140 005万人，比上年年末增加467万人。全年出生人口为1 465万人，人口出生率为10.48‰；死亡人口为998万人，人口死亡率为7.14‰；人口自然增长率为3.34‰（专栏4-1）。

专栏4-1 2010年第六次全国人口普查主要数据

一、总人口

全国总人口为1 370 536 875人。其中：普查登记的大陆31个省、自治区、直辖市和现役军人的人口共1 339 724 852人。香港特别行政区人口为7 097 600人。澳门特别行政区人口为552 300人。台湾地区人口为23 162 123人。

二、人口增长

同第五次全国人口普查的1 265 825 048人相比，十年共增加73 899 804人，增长5.84%，年均增长率为0.57%。

三、性别构成

大陆31个省、自治区、直辖市和现役军人的人口中，男性人口为686 852 572人，占51.27%；女性人口为652 872 280人，占48.73%。总人口性别比（以女性为100，男性对女性的比例）由2000年第五次全国人口普查的106.74下降为105.20。

四、年龄构成

大陆31个省、自治区、直辖市和现役军人的人口中，0～14岁人口为222 459 737人，占16.60%；15～59岁人口为939 616 410人，占70.14%；60岁及以上人口为177 648 705人，占13.26%，其中65岁及以上人口为118 831 709人，占8.87%。

五、民族构成

大陆31个省、自治区、直辖市和现役军人的人口中，汉族人口为1 225 932 641人，占91.51%；各少数民族人口为113 792 211人，占8.49%。

六、各种受教育程度人口

大陆31个省、自治区、直辖市和现役军人的人口中，具有大学（指大专以上）文化程度的人口为119 636 790人；具有高中（含中专）文化程度的人口为187 985 979人；具有初中文化程度的人口为519 656 445人；具有小学文化程度的人口为358 764 003人（以上各种受教育程度的人包括各类学校的毕业生、肄业生和在校生）。

七、城乡人口

居住在城镇的人口为665 575 306人，占49.68%；居住在乡村的人口为674 149 546人，占50.32%。

八、人口的流动

大陆31个省、自治区、直辖市的人口中，居住地与户口登记地所在的乡镇街道不一致且离开户口登记地半年以上的人口为261 386 075人，其中市辖区内人户分离的人口为39 959 423人，不包括市辖区内人户分离的人口为221 426 652人。

2．我国人口的基本特征

（1）人口基数大，低生育率，高增长量

中华人民共和国成立后 50 年内我国人口数量从 5.4 亿人增至 2012 年的 13.54 亿人，增加了一倍多。我国实行计划生育政策 20 多年取得巨大成就，使我国人口再生产出现了生育率迅速下降到接近更替水平的新格局。1999 年人口出生率已降至 15.23‰。总和生育率已由 20 世纪 70 年代的 5.0 左右降到了 2.0，低于世界平均水平。但是，由于我国人口基数大，处于生育旺盛期的人口数量居高不下，每年净增长的人口数量仍在 1 000 万人以上。20 世纪 70 年代年均增加 1 600 万人；20 世纪 80 年代年均增加 1 300 万人；20 世纪 90 年代年均增加 1 279 万人；21 世纪至今年均增长约 551 万人。

（2）人口年龄结构向老年型转变

根据国际人口类型划分标准（表 4-3），我国人口年龄结构类型的变化情况，1953 年属于接近成年型的年轻型（第一次人口普查）；1964 年属于年轻型（第二次人口普查）；1982 年属于成年型（第三次人口普查）；1990 年属于成年型（第四次人口普查）。2000 年我国 65 岁及以上的人口占 6.96%，属于成年型，开始向老年型转化（第五次人口普查）。2010 年我国 65 岁及以上的人口占 8.87%，属于老年型（第六次人口普查）。

表 4-3　人口类型划分标准

类型	0～14 岁比例/%	65 岁及以上比例/%	老少比/%	年龄中位数/岁
年轻型	30 以下	4 以下	15 以下	20 以下
成年型	30～40	4～7	15～30	20～30
老年型	30 以下	7 以上	30 以上	30 以上

（3）农村人口比重大，但人口城市化进程加快

人口城市化是指农村人口转变为城市人口的过程，由农村居住变为城市居住的人口分布变动的过程。1980 年以前，我国人口城市化进程缓慢，城市化程度处于较低水平。我国 1982 年城镇人口占总人口比例为 20.55%；1990 年达到 26.23%，2000 年达到 36.09%，2010 年达到 49.68%。

（4）人口受教育水平普遍提高，文盲率下降

2000 年与 1990 年相比，具有初中教育程度的由 26 690 万人增至 42 989 万人；具有高中教育程度的由 9 191 万人增至 14 109 万人；具有大学教育程度的由 1 626 万人增至 4 571 万人。2010 年，我国具有大学（指大专以上）文化程度的人口为 119 636 790 人，占总人口的 8.73%。

（5）男女性别比偏高

我国人口男女性别比不仅显著高于发达国家，而且也稍高于某些发展中国家。我国 5 次人口普查性别比分别为 104.88%（1953 年）、103.88%（1964 年）、107.15%（1982 年）、

20 世纪 80 年代男女性别比呈上升趋势，据 1990 年的人口普查，1989 年男女婴儿比已达到 114∶100。20 世纪 90 年代男女性别比有所下降，2000 年比例为 106.74%，2010 年下降到 105.20。人口性别比的差异是导致社会不稳定的重要因素之一，应该得到广泛的重视。

（6）人口分布不均

我国人口分布不均。从黑龙江省的爱辉，到云南省的腾冲画一条直线，该线的西北约占全国总面积的 56.82%，但人口只占全国总人口的 6.23%。而该线的东南，占总面积 43.18%的土地上生活着 93.77%的人口（表 4-4）。

表 4-4 2019 年中国人口地区分布

地区	人口数量/万人	人口密度/（人/km^2）	地区	人口数量/万人	人口密度/（人/km^2）
广东	11 169.0	630.33	山西	3 702.3	236.87
山东	10 005.8	653.26	贵州	3 580.0	203.41
河南	9 559.1	575.15	重庆	3 048.4	370.40
四川	8 302.0	173.27	吉林	2 717.4	146.18
江苏	8 029.3	782.58	甘肃	2 625.7	57.78
河北	7 519.5	402.60	内蒙古	2 528.6	21.42
湖南	6 860.2	323.90	新疆	2 444.6	14.68
安徽	6 254.8	452.66	上海	2 418.3	3 847.27
湖北	5 902.0	318.29	台湾	2 369.0	658.06
浙江	5 657.1	562.45	北京	2 170.7	1 292.10
广西	4 885.0	207.00	天津	1 556.8	1 380.18
云南	4 800.5	125.24	海南	925.7	272.28
江西	4 622.1	251.00	香港	743.0	6 779.20
辽宁	4 368.9	298.79	宁夏	681.7	102.67
福建	3 911.2	324.90	青海	598.3	8.28
陕西	3 835.4	186.55	西藏	337.1	2.75
黑龙江	3 788.7	83.80	澳门	63.2	20 777.05

3.《国家人口发展规划（2016—2030 年）》

2017 年 1 月，国务院印发了《国家人口发展规划（2016—2030 年）》（国发〔2016〕87 号），该规划旨在阐明规划期内国家人口发展的总体要求、主要目标、战略导向和工作任务，是指导今后 15 年全国人口发展的纲领性文件，是全面做好人口和计划生育工作的重要依据，并为经济社会发展宏观决策提供支撑（专栏 4-2）。

专栏 4-2 国家人口发展规划（2016—2030 年）（节选）

第一章 规划背景
——人口发展的关键转折期

进入 21 世纪后，我国人口发展的内在动力和外部条件发生了显著改变，出现重要转折性变化。准确把握人口变化趋势性特征，深刻认识这些变化对人口安全和经济社会发展带来的挑战，对于谋划好人口长期发展具有重大意义。

1．人口现状

……

——人口总量平稳增长。“十二五”期间年均自然增长率保持在 5‰左右，2015 年年末总人口为 13.75 亿人。

——人口结构不断变化。出生人口性别比连续下降至 113.51，60 岁及以上老年人口占比达到 16.1%，15～59 岁劳动年龄人口于 2011 年达到峰值后持续下降，家庭户均人口规模减小。

——人口素质稳步提升。人均预期寿命提高到 76.34，平均受教育年限达到 10.23 年。

——人口城乡结构发生重大变化。常住人口城镇化率从 2010 年的 49.95%提升至 2015 年的 56.1%，流动人口从 2.21 亿人增加到 2.47 亿人。

——重点人群保障水平不断提高。2015 年农村贫困人口为 5 575 万人，较 2010 年减少了 66.3%。老年人、残疾人等群体社会保障体系和公共服务体系逐步健全。家庭发展能力得到增强。

2．发展态势

……

——人口总规模增长惯性减弱，2030 年前后达到峰值。实施全面两孩政策后，“十三五”时期出生人口有所增多，“十四五”以后受育龄妇女数量减少及人口老龄化带来的死亡率上升影响，人口增长势能减弱。总人口将在 2030 年前后达到峰值，此后持续下降。

——劳动年龄人口波动下降，劳动力老化程度加重。劳动年龄人口在“十三五”后期出现短暂小幅回升后，2021—2030 年将以较快速度减少。劳动年龄人口趋于老化，到 2030 年，45～59 岁大龄劳动力占比将达到 36%左右。

——老龄化程度不断加深，少儿比重呈下降趋势。“十三五”时期，60 岁及以上老年人口平稳增长，2021—2030 年增长速度将明显加快，到 2030 年占比将达到 25%左右，其中 80 岁及以上高龄老年人口总量不断增加。0～14 岁少儿人口占比下降，到 2030 年降至 17%左右。

——人口流动仍然活跃，人口集聚进一步增强。预计 2016—2030 年，农村向城镇累计转移人口约 2 亿人，城镇化水平持续提高。以“瑷珲—腾冲线”为界的全国人口分布基本格局保持不变，但人口将持续向沿江、沿海、铁路沿线地区聚集，城市群人口集聚度加大。

——出生人口性别比逐渐回归正常，家庭呈现多样化趋势。（略）

——少数民族人口增加，地区间人口变化不平衡。2015 年我国少数民族人口总量为 1.17 亿人，占比 8.5%，少数民族生育率高于全国平均水平，人口比例还将进一步提高。（略）

3. 问题和挑战

……

——实现适度生育水平压力较大。（略）

——老龄化加速的不利影响加大。（略）

——人口合理有序流动仍面临体制机制障碍。（略）

——人口与资源环境承载能力始终处于紧平衡状态。21 世纪中叶前我国人口总量将保持在 13 亿人以上，人口与粮食、水资源、能源的平衡关系十分紧张。（略）

——家庭发展和社会稳定的隐患不断积聚。小型化和空巢化家庭抗风险能力低，养老抚幼、疾病照料、精神慰藉等问题日益突出。出生人口性别比长期失衡积累的社会风险不容忽视。

……

第二章　总体思路

——实施人口均衡发展国家战略

1. 总体要求

——坚持综合决策。（略）

——突出以人为本。（略）

——强化正向调节。（略）

——加强风险防范。（略）

——深化改革创新。（略）

2. 主要目标

到 2020 年，全面两孩政策效应充分发挥，生育水平适度提高，人口素质不断改善，结构逐步优化，分布更加合理。到 2030 年，人口自身均衡发展的态势基本形成，人口与经济社会、资源环境的协调程度进一步提高。

——人口总量。总和生育率逐步提升并稳定在适度水平，2020 年全国总人口达到 14.2 亿人左右，2030 年达到 14.5 亿人左右。

——人口结构。出生人口性别比趋于正常，性别结构持续改善。劳动力资源保持有效供给，人口红利持续释放。

——人口素质。出生缺陷得到有效防控，人口健康水平和人均预期寿命持续提高，劳动年龄人口平均受教育年限进一步增加，人才队伍不断壮大。

——人口分布。常住人口城镇化率稳步提升，户籍人口城镇化率加快提高，主要城市群集聚人口能力增强。人口流动合理有序，人口分布与区域发展、主体功能布局、城市群发展、产业集聚的协调度达到更高水平。

——重点人群。民生保障体系更加健全，老年人、妇女、儿童、残疾人、贫困人口等群体的基本权益得到有效保障，生活水平持续提高，共建共享能力明显增强。

预期发展目标

领　域	主要指标	单位	2015 年	2020 年	2030 年
人口总量	全国总人口	亿人	13.75	14.2	14.5
	总和生育率	—	1.5～1.6	1.8	1.8
人口结构	出生人口性别比	—	113.5	≤112	107
人口素质	人均预期寿命	岁	76.3	77.3	79
	劳动年龄人口平均受教育年限	年	10.23	10.8	11.8
人口分布	常住人口城镇化率	%	56.1	60	70

3．战略导向

……

——注重人口内部各要素相均衡。（略）

——注重人口与经济发展相互动。（略）

——注重人口与社会发展相协调。（略）

——注重人口与资源环境相适应。（略）

四、人口对环境的影响

1．人口与环境的关系

在采集和狩猎经济下，人口与环境的关系，主要表现为人口增长依赖和适应于生态系统中环境的结果。随着社会生产力的发展，原始的种植业和畜牧业取代采集和狩猎经济，生产型经济逐渐取代了依赖型经济，与此同时，人类加深了对土地的依赖程度和开发利用。工业革命后，人口与环境关系进入了一个新的历史时代，这是人类开始大规模地开发自然环境的时代。人口的迅速增长和对资源的过度开发和不合理利用，导致人口与环境间的和谐关系发生了变化，随着工业革命后人口增长给环境带来的破坏程度增大，环境系统加速恶化，人类自身的生存和发展受到严重威胁。

2．人口与环境危机

人口增长和经济发展对生态环境的影响是巨大的。进入 20 世纪以来，随着世界各国人口的增长、工业化的推进，人口城市化的发展以及人类对自然资源的过度开发和不合理的使用，使物质财富或服务性的生产和消费中产生的残渣和废弃物日益增多，生态系统遭到破坏，造成环境恶化。特别是 20 世纪后半叶以来，已经出现了全球性的环境危机，这种危机主要表现为环境污染、酸雨频降、臭氧层损耗以及“温室效应”等方面。

3．人口与资源、环境的协调

在人口和资源、环境的关系上，主要存在着悲观派和乐观派两种观点。悲观派认为，在可能预测的将来，人口增长会刺激人们对资源的需求，不久后其消费需求将会超过供给能力，人们将面临饥饿、主要原料和能源耗竭，最终人类将走向灭亡。解决的方法之一就是有效地控制人口，调整人口需求与资源供应、环境的关系，从而使之达到均衡的状态。

对于人口和资源、环境的关系早期最有影响的研究是梅多斯（Dennis L. Meadows）等在 1972 年所撰写的《增长的极限》。梅多斯等运用系统动力学的方法构建世界经济模型，预测时间定为 1970—2010 年，他们指出：如果人口、工业化、污染、食物生产和资源消耗的增长趋势保持不变，世界将在百年内达到增长极限。他们探讨了土地、粮食供给、自然资源、能源和环境的承载力，指出这些投入最终是有限的，因为地球资源是有限的。而且，梅多斯等还认为，森林面积的缩减、周期性的饥荒、物种的灭绝和全球变暖都给人类带来信号，资源的极限已为期不远。

但是，人类若组织得当，在遥远的未来，人口数量也不会达到极限，而且人类可以通过劳动利用、技术进步和环境改造，提高环境的负荷量，人类对自然资源的改造和利用能力是无穷的。美国经济学家朱利安·林肯·西蒙（Julian Lincoln Simon）认为，在科学不断进步的条件下，人口增长和需求的增加，是刺激人们开发和利用新的资源的动力，人们可利用的资源是无限的，资源枯竭不会出现。需求的增加将推动人们去寻找新资源，去发明新的开采、加工和使用资源的技术和工艺，发掘各种代用品。经济增长中的资源的潜力是无穷的。丹麦经济学家艾斯特尔·布萨洛帕则认为，需要是创造发明之母，在人口激增的地区，土地和其他自然资源供应的减少会为创新稀少资源的利用手段或发明这些资源代用品提供动力，而人口的变化会推动技术的变化。乐观派还认为，随着工业化、城市化和科学文化水平的提高，经济的发展会导致生育率下降和人口自然增长率降低，从而使世界人口将趋于稳定甚至减少，而人口增长所带来的资源不足问题会逐步自然消失。

在人口与资源、环境关系上，引起人口资源变动的最主要经济因素是消费水平和技术水平。消费水平通过人口对资源的消费方式和需求强度的变化直接影响人口与资源的平衡关系；技术水平则以对资源的开发、利用和保护等手段通过生产活动间接影响人口资源的平衡关系。因此，在人口与资源关系上，应参照人口密度、人口经济密度、消费水平和技术水平等指标来评价在一定时期内，某一国家或地区各类资源的产量和储量，并由此来探讨人口需求与资源供给、环境的关系，即人口与资源、环境的平衡关系。而人口与资源、环境的平衡是人口和资源、环境最佳协调的基础。这一最佳协调的主要模式是：满足人口和经济持续发展的需要，维护自然生态环境的平衡，保持人类赖以生存发展的最佳环境。

4．人口环境容量

地球环境是人类赖以生存的场所。地球上究竟能容纳多少人口，是全人类共同关心的重大问题。地球上空间是有限的，随着科技水平的提高，地球环境对人口的承载力会有所提高，但其能提供给人类的生物生产量总是有限的，地球环境对人口的承载力是有限的。

人口环境容量是指一定的生态环境条件下地球对人口的最大抚养能力或负荷能力。但通常大家所说的地球环境的人口承载能力，并不是指生物学上的最高人口数，而是指一定生活水平和环境质量状况下所能供养的最高人口数，其随生活水准的不同而异。因此，如果把生活水平的标准定得较低，甚至仅维持在生存水平，那么人口环境容量就可被认为接近生物学上的最高人口数；如果生活水平的目标定得恰当，人口环境容量即可被认为是经济适度人口。国际人口生态学界将世界人口容量定义为：在不损害生物圈或不耗尽可合理利用的不可更新资源的条件下，世界资源在长期稳定状态下所能供养的人口数量。这个定义强调了人口容量是以不破坏生态环境的平衡与稳定，并保证环境资源的永续利用为前提。据研究，如果人类只能获取地球上植物总产量的1%，那么地球只能养活80亿人。

1957年，中国著名人口学家马寅初先生就提出节制生育、控制人口。同年孙本文教授也从中国当时粮食生产水平和劳动就业角度，提出中国适度人口数量是7.7亿人；1980年田雪原、陈玉光从就业角度研究了中国适度人口数量，认为100年后中国经济适度人口应为6.5亿～7.0亿人；胡保生等应用多目标决策方法，选择社会、经济、资源等20多个因素进行可能度和满意度分析，提出中国100年后的人口总数应保持在7亿～10亿人。宋健等从食品和淡水资源的角度出发，估算了100年后中国适度人口数量应保持在7亿人或7亿人以下；若按发展中国家平均用水标准，则应控制在6.3亿～6.5亿人。根据上述学者的研究结果，可以认为我国的人口环境容量应为6.3亿～10.0亿人。应尽量避免突破“极限人口数”（16亿人）。

自人口承载力的思想或概念提出以来，已经过去了200多年的时间。在此期间，人口承载力经历了从思想萌芽到精确的数学表达，从大量的实证分析到理论研究，目前已经发展成为国际人口与环境领域里的重要分支。尤其是在当前全球人口高速增长、环境和资源经受巨大压力和面临危机的情况下，人口承载力的研究也再次成为国际学术界关注的焦点。然而，人口承载力本身从概念到内容存在着许多问题，导致对人口承载力的研究也一直存在着大量的分歧、争论、质疑甚至否定。尽管如此，国内外关于人口承载力的研究和探索一直没有停止过。在当前比较严峻的全球人口、资源、环境关系和问题面前，直面人口承载力研究中存在的问题与面临的困境，非常必要。因为只有如此，才能推动这一研究领域的健康发展，也才能更为有效地应对全球的人口、资源、环境关系问题并促进人类的可持续发展。

目前，承载力在人类活动相关方面的应用可以被分为两个方面：一方面是应用生态学研究，主要是将生态学的基本概念引入人类活动或管理中，例如，特殊的生境（湿地、旅游景点、国家公园）等的管理研究中；另一方面，承载力概念被应用于人口与环境的关系研究中，例如，个体、环境和社会的相互关系，以及人口变动对环境的需求等，讨论并证明人口增长的生态后果，以及这种受人类影响的生态环境对人口增长的限制等。

5．人口对环境的影响

人口增长需要满足最基本需求，随着人口的不断增长，必然要大量开发和利用各种资源，这会加速对环境的破坏。人口对环境的影响可以用下面的公式表示：

$$I = P \cdot A \cdot T \tag{4-3}$$

式中：I——人口对环境的影响；

P——人口；

A——人均 GDP；

T——单位 GDP 所产生的环境影响。

按照环境保护的要求，我们应该将 I 降至最低水平，但 P 可能难以下降，而 A 需要进一步提高，因此，降低 T 是我们的主攻方向。

第二节　环境资源的合理配置

一、环境资源及其分类

1．环境资源

环境资源是围绕着人群的空间以及直接、间接影响人类生存和发展的各种天然的和经过人类加工改造的自然因素的总和。《环境科学大辞典》对环境资源的解释是：在一定的技术经济技术条件下，自然界中对人类有用的一切物质和能量，如土、水、气、森林、草原、野生动植物等。随着技术的进步和经济的发展，自然界中现在对人类无用的物质将来也可以变成有用的资源。

2．环境资源的特征

环境资源具有的共同特征有：①可用性。即资源必须是可以被人类利用的物质和能量，对人类社会经济发展能够产生效益或者价值。②有限性。与人类对资源的需求相比，所有的环境资源的数量是有限的，即使是太阳能，照射到地球的有效辐射也是有限的，人类对其利用的程度更是有限的。③多用途性。环境资源一般都可用于多种用途，如土地可用于农业、林业、牧业，也可以用于工业、交通和建筑等。④整体性。环境资源不是孤立存在的，而是相互联系、相互影响和相互依赖的复杂整体。⑤区域性。环境资源分布不均匀，表现出明显的区域性。⑥可塑性。环境资源在受到外界有利的影响时会逐渐得到改善，而在不利的干扰下会导致资源质量的下降或破坏，这就为资源的定向利用和保护提供了依据。

3．环境资源的分类

环境资源有多种分类方法。

（1）按所有权划分，环境资源可分为共享资源和所有权资源或专有资源。共享资源是共同所有，任何人都可利用的资源，如阳光、大气等。所有权资源则属于某个利益团体所有的资源。如集体林场的森林资源为集体所有。

（2）按照资源的地理学性质可将资源分为水利资源（含淡水资源）、土地资源、气候资源、生物资源、矿产资源和海洋资源。

（3）按照环境资源在不同产业部门中所占的主导地位，环境资源可划分为农业资源、工业资源、能源、旅游景观资源、医药卫生资源、水产资源等。在某一种类资源下又可进一步细分。联合国粮农组织通常在农业资源之下，按土地资源、水资源、牧地及饲料资源、森林资源、野生动物资源及遗传种质资源等进行分类和研究有关问题。

（4）按环境资源的转化形式可分为积贮性资源和流失性资源。流失性资源主要以其功能提供服务而不直接转化为产品，其功能价值是和时间因素结合在一起的。如水能资源、环境容量资源等。积贮性资源是以其实体提供服务，资源在利用时可以转化为产品，如矿产资源等。

（5）环境资源按其开发利用和再生的特点可以分为恒定资源、可耗竭资源和可再生资源 3 类。①恒定资源是“取之不竭的资源”，如太阳能、潮汐能等。它们在自然界中大量存在，无论人类怎样利用，都不会影响其数量的明显改变。②可耗竭资源又称为不可再生的资源，如非生命的矿产资源，石油、煤炭资源等。这类资源一般不能再生，资源的数量将随着开发利用而逐渐枯竭。可耗竭资源按其能否重复使用，又分为可回收的可耗竭资源和不可回收的可耗竭资源。可回收的可耗竭资源主要指金属等矿产资源。例如，汽车报废后，汽车上的废钢可以回收利用。显然，资源的可回收利用程度是由经济条件决定的，只有当回收利用的成本低于开采新资源的成本时，回收利用才成为可能。不可回收的可耗竭资源主要是煤、石油、天然气等能源资源，这类资源被使用后就被消耗掉了。例如煤，一旦燃烧变成了热能，热量便消散到空中，变得不可恢复了。③可更新资源又称为可再生资源，这类资源能够通过自然力以某一增长率保持或不断增加流量。一般是有生命的物质，如各种动物、森林、草原、微生物以及它们与环境要素组成的环境系统（农田系统、森林系统等），其特点是在适宜的自然条件和良好的管理下，能够不断增殖、更新，人类可以永续利用。

二、我国环境资源概况

我国幅员辽阔，自然资源非常丰富。我国各类型土地资源都有分布；水能资源居世界第一位；是世界上拥有野生动物种类最多的国家之一；几乎具有北半球的全部植被类型；矿产资源丰富，品种齐全。

1．土地资源

我国土地辽阔，国土面积约为 960 万 km^2，我国土地资源的基本特点是：绝对数量大，土地类型齐全，人均占有少；山地多，平原少，耕地与林地所占的比例小；各类土地资源地区分布不均，耕地主要集中在东部季风区的平原和盆地地区，林地多集中在东北、西南的边远山区，草地多分布在内陆高原、山区。

2．耕地资源

据原国土资源部和国家统计局的调查数据，1996—2004 年我国耕地面积减少 660 多万 hm^2，年均减少 67 万多 hm^2。近两年，国家采取最严格的土地管理政策，耕地减少势头有所遏制，但年耕地减少量仍然很大。国家统计局统计公报显示，2006 年实际建设占用耕地约 16.7 万 hm^2，灾毁耕地约 3.6 万 hm^2，生态退耕约 33.9 万 hm^2，因农业结构调整减少耕地约 4 万 hm^2，查出往年建设未变更上报的建设占用耕地约 9.1 万 hm^2，土地整理复垦开发补充耕地约 36.7 万 hm^2。当年净减少耕地约 30.6 万 hm^2。

3．林地资源

根据第六次全国森林资源清查（1999—2003 年）结果，全国森林面积约 1.75 亿 hm^2，森林覆盖率为 18.21%。活立木总蓄积量约为 136.2 亿 m^3。森林蓄积量约为 124.6 亿 m^3。我国的天然林多集中分布在东北和西南地区，而人口稠密、经济发达的东部平原，以及辽阔的西北地区，森林却很稀少。我国森林树种丰富，仅乔木就有 2 800 多种，珍贵的特有树种有银杏、水杉等。为保护环境和满足经济建设的需要，我国持续开展了大规模的植树造林活动。目前，我国人工林面积已达 3 379 万 hm^2，占全国森林总面积的 31.86%，已成为世界上人工林面积最大的国家。

4．草地资源

我国现有草地面积 4 亿 hm^2，其中可利用的草地共 31 333 万 hm^2，是世界草地面积最大的国家之一。我国的天然草地主要分布在大兴安岭—阴山—青藏高原东麓一线以西、以北的广大地区；人工草地主要在东南部地区，与耕地、林地交错分布。内蒙古牧区、新疆牧区、青海牧区、西藏牧区是我国的四大牧区。

5．水资源

我国是世界上河流和湖泊众多的国家之一。由于我国的主要河流多发源于青藏高原，落差很大，因此水能资源非常丰富，蕴藏量约 6.8 亿 kW，居世界第一位。但我国水能资源的地区分布很不平衡，70%分布在西南地区。按河流统计，长江水系最多，占全国水能资源的近 40%，其次是雅鲁藏布江水系。黄河水系和珠江水系也有较多的水能蕴藏量。2016 年，我国全年水资源总量为 30 150 亿 m^3，人均水资源为 2 153 m^3。

6．动植物资源

我国是世界上拥有野生动物种类最多的国家之一，仅陆栖脊椎动物就有 2 000 多种，占世界陆栖脊椎动物的 9.8%，其中鸟类所占比例最高，兽类次之。现已发现鸟类有 1 189 种，兽类 500 种，两栖类 210 种，爬行类 320 种。我国植物种类很多，仅木本植物就达 3 万多种，其中乔木有 2 800 多种。我国几乎具有北半球的全部植被类型：东部湿润区分布着各类森林；最北部寒温带为落叶针叶林；向南是温带落叶阔叶林区、亚热带林区。水杉、银杉、银杏、水松、杉木、金钱松、台湾杉、福建柏、杜仲等是我国特有的树种。

7．矿产资源

我国矿产资源丰富。现已发现171种矿产资源，查明资源储量的有158种，其中石油、天然气、煤、铀、地热等能源矿产有10种，铁、锰、铜、铝、铅、锌等金属矿产有54种，石墨、磷、硫、钾盐等非金属矿产有91种，地下水、矿泉水等水气矿产有3种。目前，我国92%以上的一次能源、80%的工业原材料、70%以上的农业生产资料来自矿产资源。

8．能源矿产资源

我国能源矿产资源比较丰富，但结构不理想，煤炭资源比重偏大，石油、天然气资源相对较少。煤炭资源的特点是：蕴藏量大，煤种齐全，但肥瘦不均，优质炼焦用煤和无烟煤储量不多；分布广泛，但储量丰度悬殊，东少西多，北丰南贫；露采煤炭不多，且主要为褐煤；煤层中共伴生矿产多。油气资源的特点是：石油资源量大，是世界可采资源量大于150亿t的10个国家之一；资源的探明程度低，陆上探明石油地质储量仅占全部资源的1/5，近海海域的探明程度更低；分布比较集中，大于10万km^2的14个盆地的石油资源量占全国的73%，中部和西部地区的天然气资源量超过全国总量的一半。

9．海洋资源

我国是一个海洋大国，拥有渤海、黄海、东海和南海四大海域，海岸带纵跨热带、亚热带和温带3个气候带，大陆海岸线长达1 184万km，加上岛屿海岸线共312万km；拥有内水和领海的海域面积为37万km^2，享有主权和管辖权的海域面积约300万km^2。海洋资源种类繁多，包括海洋生物、石油天然气、海底固体矿产、海洋动力资源和滨海旅游等资源。资源不但丰富，而且可开发利用的潜力巨大。我国有着丰富的海洋生物资源和渔业水域。四大海域有海洋生物超过3 000种，其中可捕捞、养殖的鱼类约有1 700种，经济价值较大的有150多种。

三、环境资源合理配置

我国人口众多、人均资源少且分配不均的大环境要求我国进行环境资源的合理配置，这样才能在时间和空间上永远地连续下去，保障贫困地区的基本需要，满足后代发展能力变化的需要，主要包括生态可持续性、经济可持续性、社会可持续性、资源可持续性4个部分。公平性原则不仅体现在空间（富有方、中间方、贫穷方）上，还具有时间特征。在伦理上，应遵循“只有一个地球”“人与自然平衡”“平等发展权利”“互惠互济”“共建共享”等原则；在资源利用上，遵循当前与未来、当代与后代具有公平享用资源原则。

环境资源合理配置的重要出发点是促进经济的增长，但必须与人类的需求保持协调，不能破坏人类长期赖以生存的基本环境。而且，需求性和公平性、持续性是统一的，坚持可持续发展的公平性与可持续性原则的目的就是满足所有人的基本生活需求，提供每个人实现美好生活愿望的机会。

可持续发展思想就是环境资源合理配置的重要体现。可持续发展的思想萌芽可追溯到1972年6月联合国在瑞典斯德哥尔摩召开的人类环境会议，会议通过了具有历史意义的《人类环境宣言》，它明确提出“我们应该做什么，才能保持地球不仅成为现在适合人类生活的场所，而且将来也适合子孙后代居住”。这是人类关于环境与发展问题思考的第一个里程碑。可持续发展思想第一次被明确提出是在1980年由世界自然保护同盟等组织发起，多国政府官员与专家参与并制定的《世界自然保护大纲》中，同年3月联合国大会首次使用了“可持续发展”的概念。

1987年，在世界环境与发展委员会大会上，挪威前首相Bruntland夫人在《我们共同的未来》报告中明确提出“可持续发展”的概念，自此以后，可持续发展的观念逐渐被人们所接受，成为各国制定国民发展战略的中心议题和理论基点。在这次会议上正式把“可持续发展”（sustainable development）定义为“既满足当代人需要，又不对后代满足其自身需要的能力构成危害的发展”，即自然资源中可再生资源，只要使用得当，可永久存在和持续发展，自然资源不会枯竭，生态环境便会得到优化。1992年里约热内卢全球环境与发展大会通过了《21世纪议程》，随后中国也通过了《中国21世纪议程》，这两个议程都把“满足人类目前需要和追求，又不对未来需要和追求造成危害”的可持续发展作为未来经济发展的主流和目标。

可持续发展的内涵十分丰富，涉及社会、经济、人口、资源、环境、科技、教育等各个方面，但究其实质是要处理好人口、资源、环境与经济协调发展关系。其根本目的是满足人类日益增长的物质和文化生活的需求，不断提高人类的生活质量。其核心是有效管理好自然资源，为经济的发展提供持续的支撑力。

第三节 资源核算方法

一、基本概念

环境资源核算，指对一定时间和空间内的环境资源，在合理调查评估的基础上，从实物、价值和质量等方面统计、核实和测算其总量和结构变化并反映其平衡状况与投入产出效益的行为。环境资源价值核算框架属于对环境资源价值的总揽，总体核算形式使我们了解到各个资源环境加之指标在核算中的坐标位置，有机地联结了环境资源与经济之间的各种关系。环境资源核算内容包括环境资源实物量核算和价值量核算、数量核算和质量核算、个量核算和总量核算。

环境资源核算的一般程序是：①环境资源分类界定，即对某一地区全部环境资源进行严格界定，如环境资源包括土地、矿产、水、森林、生物、能源等资源。②环境资源实物量统计，统计内容包括环境资源数量、质量性状及利用状况等。如土地包括耕地、园地、林地、草地、城镇村及工矿用地、交通用地、水域、未利用土地八大利用类型。③环境资源各分类实物量存量和增减流量核算。④环境资源估价，即环境资源单位价格估定与总价值量核算。⑤环境资源综合核算，即环境资源价值量加总，并与前期环境资源价值量比较，分析增减量及原因。

二、环境资源实物量核算

环境资源实物量核算属于国民经济核算体系的附属核算，是对国民经济核算体系基本核算表和国民经济账户的补充，是国民经济核算的重要组成部分。随着环境资源问题的日益突出和人口资源与人力资本对我国社会经济发展影响的日趋重要，客观上需要逐步建立并实行环境资源核算制度，以系统地反映我国可持续发展战略的实施进程，反映全面建设小康社会目标的实现程度。

环境资源实物量核算是对我国经济领土范围内的全部环境资源，在核算期初、期末的实物存量状况及核算期内的变动情况进行描述，以反映国民经济运行所依赖的环境资源，反映经济活动与环境资源和人口资源之间的相互影响和相互作用。

1．环境资源的实物量核算概述

（1）核算对象。环境资源实物量核算的对象，是一个国家或某一地区内所有环境资源，如土地资源、森林资源、矿产资源、水资源等。

（2）核算目的。经济活动与环境资源之间存在着密切的关系。开展环境资源实物量核算的目的，就是通过资源资产的存量及其变动的核算，反映资源要素与经济增长之间的相互关系；通过环境资源的存量及其变动的核算，反映资源要素与经济可持续发展之间的相互关系。从而为人们认识和分析环境资源与经济活动之间的相互关系提供依据，为开展综合经济与资源环境核算奠定基础。

（3）核算记录时间。资源存量记录时间：土地、矿产、森林资源期初、期末实物存量以编表时点数据记录；水资源本期与上期实物量状况以本年度和上一年度核算期累计数据记录。资源数量变动记录时间：土地、矿产、森林资源在核算期内的变动及水资源在两个核算期之间的变动，可分为由交易引起的数量变动和非交易引起的数量变动。由交易引起的数量变动，所有权变动的时间就是核算的记录时间。由非交易引起的数量变动分为增加变动和减少变动：增加时，矿产资源应在发现时记录，其他环境资源应假定其增加是均匀连续的，在被调查时记录；减少时，包括突发性减少和均匀连续性减少，在数量减少、质量下降时或被调查时记录。

（4）核算单位。根据各种资源的不同性质，环境资源实物量核算选用相应的实物量单位作为核算单位。如土地资源为万公顷或万亩，森林资源为百公顷和百立方米，矿产资源为亿立方米、亿吨、万吨、吨、千克，水资源为亿立方米等。

（5）地域原则。环境资源是一定地域范围内，具有一定数量和质量的实体性自然环境要素的总和，具有很强的空间确定性。因此在反映环境资源总体状况的基础上，反映各地区赋存的环境资源数量规模与质量特征亦是实物量核算的重要方面。因此需要以行政区划为基础划定环境资源核算的地域范围，地域范围划到哪里，环境资源的存量就核算到哪里，其增加、减少与调整变化也就以哪里为界限核算。

2．环境资源实物量核算方法

环境资源实物量核算根据不同的环境资源所共有的经济资产性质，将土地、森林、矿产和水 4 种环境资源统一合并到资源资产这一指标上来，通过实物量核算实现由环境资源的分类统计到综合核算的转换，综合、系统地反映整个环境资源要素与国民经济活动之间的相互关系。

首先，确定环境资源实物量核算期。根据各类环境资源数据的调查方式与特征，土地、矿产资源的核算期确定为 1 年，年初、年末为存量核算的期初、期末时点，日历年度为流量核算期间；森林资源的核算期确定为 5 年，第 1 年年初为存量核算的期初时点，第 5 年年末为存量核算的期末时点，5 个日历年度之和为流量核算期间；水资源的核算期为 1 年，但没有期初、期末时点之分，用核算年度和上一年度的水资源状况代表期初、期末时点存量，核算年度与上一年度水资源变化量称为流量变动。

其次，根据基础资料编制环境资源的期初与期末实物存量表；再根据“期末存量 – 期初存量 = 本期增加 – 本期减少 ± 本期调整变化”的平衡关系，以期末减期初的净变化量为总控制数，编制环境资源实物量变动表。

引起本期增加或减少的因素包括自然因素、经济因素、分类及结构变化因素等。自然因素有森林资源的自然生长与死亡、病虫害及火灾，水资源的降雨量变化等；经济因素包括矿产资源的勘探和开采，森林资源的种植与养护、采伐等。

核算期调整变化的因素主要是科技进步、成本变化、核算方法改变等。科技进步因素是指原科学技术无法认识与利用的环境资源因科技进步而转为可认识并可以利用引起的增加；成本水平变化因素是指因经济成本太高而无法经济利用的环境资源，由于经济发展、成本水平降低而转为可以经济利用引起的增加；核算方法改变因素是指因核算理论与方法的完善而改变核算方法引起的核算数据的增减变化。

3．环境资源的存量和流量

存量和流量是两个重要的环境资源经济学概念。环境资源的存量是指在一定的经济技术水平下可以被利用的资源储量。在某一固定的时间点上，环境资源存量是一个确定的数值。但是随着社会经济的发展，科学技术水平的提高，已探明的资源不断被利用，新的资源不断被发现，在一个动态的时间范围内，资源的存量又是不断变化的。

资源存量与一些资源储量的概念相关。

资源储量可分为：①已探明储量；②未探明储量；③蕴藏量。

已探明储量是利用现有的技术条件，对资源位置、数量和质量得到明确证实的储量。它又分为：①可开采储量，即在目前的经济技术水平下有开采价值的资源。②待开采储量，即储量虽已探明，但由于经济技术条件的限制，尚不具备开采价值的资源。在技术条件不变的情况下，待开采储量转变为可开采储量，在很大程度上取决于人们对这些资源的支付意愿。

未探明储量是指目前尚未探明，但可以根据科学理论推测其存在或应当存在的资源。它分为：①推测存在的储量，即可以根据现有科学理论推测其存在的资源。②应当存在的资源，即今后由于科学的发展可以推测其存在的资源。

资源蕴藏量等于已探明储量与未探明储量之和，是指地球上所有资源储量的总和。因为价格与资源蕴藏量的大小无关，所以蕴藏量主要是一个物质概念而非经济概念。对于可耗竭资源来说，蕴藏量是绝对减少的；对于可更新资源来说，蕴藏量是一个可变量。这个概念之所以重要，是因为它代表着地球上所有有用资源的最高极限。

从图 4-1 可以看出，环境资源储量的利用程度取决于经济可行性和技术可能性。纵坐标从上到下表示开采成本不断提高，资源利用的可能性逐渐降低。横坐标从左到右表示技术难度逐渐增加，资源利用的可能性逐渐降低。这两个方面都包含有时间概念，但没有表示时间的尺度，这是因为不同类别的资源在不同的时间会有不同的开发利用形式。

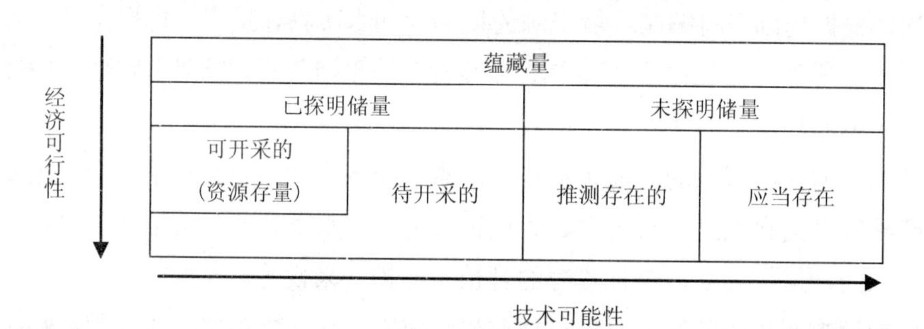

图 4-1　资源储量

掌握这 3 个概念的区别非常重要，否则就会导致错误的结论。如果把已探明储量当作是资源蕴藏量，再根据目前的资源消费水平估算地球上的资源还能使用多少年，就会得出非常悲观的结论。例如，1934 年有人估计铜的蕴藏量（实际是已探明储量）只够开采 40 年，而 1974 年铜的已探明储量被证实还能开采 57 年。罗马俱乐部 1971 年发表的《增长的极限》，也犯有类似的错误。实际上，这种计算方法只有在以下两个条件下才可能是正确的：①资源消费量一直保持不变，直到资源耗竭；②即使外界条件发生变化，已探明储量也不会增加。而以上两个条件都是不现实的，需求会随着价格的变化而变化，储量也可能增加。所以这种计算方法是不正确的。

另一个错误是认为全部资源蕴藏量都是可利用的，即把所有资源看成是同质的，认为人们愿意为最后一个单位的资源付钱。如果价格是无限增长的，那么最后一个单位的资源也有可能被开采，然而价格不可能无限增加，总有一些资源由于开采成本过高，最终不会被利用。因此，资源的最大可利用量是小于资源蕴藏量的。更确切地说，可能被利用的最大资源储量是不能以某一具体数字来表示的。

环境资源的流量是指在一定时期内的资源流入量和流出量，如可更新资源的再生量和可耗竭资源的开采量。影响资源流量的因素包括自然的新陈代谢和人为的干预。在一定的时期内，资源流入量减去资源流出量，就等于资源净流量。资源净流量可以反映环境资源的消耗速度。

为了说明环境资源的存量和流量的关系，我们可以用一个公式来表示：

$$\begin{aligned}\text{期末存量} &= \text{期初存量} + \text{期内净流量} \\ &= \text{期初存量} + \text{期内资源流入量} - \text{期内资源流出量}\end{aligned} \tag{4-4}$$

其中，期内资源流入量包括新发现量、生长量、补充量、重估增值量等，期内资源流出量包括开采量、各种损失量、重估减值量等。

三、环境资源的价值量核算

在环境资源实物量核算的基础上，可以核算环境资源的价值。关键点是确定环境资源的价格。环境资源价格核算的主要方法见本书第三章第二节。

第四节　绿色 GDP 核算

一、绿色 GDP

1. GDP 核算

GDP（国内生产总值）是指一个国家或地区范围内反映所有常住单位生产活动成果的指标。1953 年才初步成型。由于 GDP 核算体系仍然存在着一些统计上的技术缺陷，在联合国的主持下，又经过 1968 年和 1993 年两次重大修改。国内生产总值强调的是创造的增加值，它是“生产”的概念。

国内生产总值（增加值）的计算方法有 3 种：

（1）生产法：是从货物和服务活动在生产过程中形成的总产品入手，剔除生产过程中投入的中间产品价值，得到新增价值的方法。即：增加值=总产出－中间投入。

（2）收入法：也称分配法，是从生产过程创造的收入角度对常住单位的生产活动成果进行核算。即：增加值=劳动者报酬+固定资产折旧+生产税净额+营业盈余。

（3）支出法：是从最终使用角度来反映国内生产总值最终去向的一种方法。最终使用包括货物和服务的总消费、总投资和净出口 3 部分内容。即：增加值=总消费+总投资+出口－进口。

2．GDP 的局限性

虽然世界各国普遍采用 GDP 核算体系，GDP 成为衡量一个国家发展程度的统一标准。但是 GDP 仅仅衡量经济过程中通过交易的产品与服务之总和，并不能全面评价社会经济发展状况。GDP 存在主要问题有：

（1）GDP 不能真实反映资源、环境状况。例如，砍伐树木，GDP 就会增加，但 GDP 却不能反映森林资源的减少的代价，通常是一个国家和地区的自然资源消耗得越多，其 GDP 增长也就越快；再例如，造纸厂生产会增加 GDP，但造纸污水污染环境的损失却不能在 GDP 中反映出来。

（2）GDP 不能将区分好的产出与坏的产出。例如，教育、服务青少年、老年人的劳务所得，与制造毒品、香烟等具有同样的价值。

（3）GDP 不能准确地反映一个国家或地区财富水平。因为一个国家或地区的财富能否有效地增长，不仅取决于 GDP 中固定资本形成总额的大小，还取决于其质量。例如，我们在 2010 年修了一条路，由于工程质量差，2011 年又重修这条路。2010 年修路增加了 2010 年的 GDP，又增加了 2011 年的 GDP，但是，2011 年重修这条路并没有增加社会财富。

（4）GDP 不能反映某些重要的非市场经济活动，如家庭主妇的劳动。

3．国外绿色国民经济核算

由于 GDP 存在一些问题，从 20 世纪 70 年代开始，西方国家就开始尝试对 GDP 进行修正，比较重要的研究与实践有：

1971 年，美国麻省理工学院提出了“生态需求指标（ERI）”，用 ERI 测算经济增长与资源环境的压力间的关系。

1972 年，托宾和诺德豪斯提出了净经济福利指标，净经济福利=GNP －污染损失+家政活动和社会义务劳动的价值。

1973 年，日本提出了净国民福利指标，净国民福利=GNP－污染治理费用。

1981 年，挪威政府首次公布并出版了“自然资源核算”数据、报告和刊物，1987 年公布了“挪威自然资源核算”的研究报告。

1989 年，卢佩托等提出了净国内生产指标，净国内生产=GNP－自然资源损耗的价值。

1990 年，经济学家戴利和科布提出了可持续经济福利指标，该指标将社会因素造成的成本从 GNP 中扣除。

1995 年，世界银行公布了“扩展财富指标”，“扩展财富指标”由自然资本、生产资本、人力资本、社会资本四大要素组成。

1995 年，世界银行还提出了真实储蓄指标，真实储蓄=GNP－环境污染损失－自然资源损耗的价值+教育投资。

1996 年，经济学家 Rees、Wackernagel、Wada 提出了生态占用指标。生态占用指标是指承载一定生活质量的人口，需要占用多大的生态空间。

1997 年，Costanza 和 Lubchenco 提出了“生态服务指标体系（ESI）”，ESI 用于测算全球自然环境为人类提供服务的价值。

联合国在总结各国资源环境经济核算研究经验的基础上，分别于 1993 年、2000 年和 2003 年出版了综合环境经济核算手册，供各国在开展资源环境核算时参考。

从国际上关于绿色国民经济核算的研发进程，可以总结出其核算体系的构建大致有 3 种思路（王金南）：

第一种思路是用环境的价值变化对国内生产总值（GDP）进行调整，形成 GDP 以及现存国民账户的良性指标，如国内生产净值（EDP）、国民收入（EDI）、净国民福利（NNW）以及绿色 GNP 等。这种思路尽可能维持了现有国民经济指标体系的概念和原则，在此基础上将环境损益因素加入 GDP 这样的指标中。

第二种思路是为环境资源单独建立账户，在不改变现有国民经济核算体系的情况下，加入资源环境核算卫星账户（第二账户），提供相关数据。SEEA 即是这种思路。

第三种思路是重新建立一套国民财富核算体系。该体系与前两种思路共同点在于发展过程中的环境资源损耗要从总财富中扣除。

4．绿色 GDP 的概念和内涵

关于绿色 GDP 的含义，目前学界尚未形成统一的认知。但有两点是达成共识的：其一，绿色 GDP 是严格从环境和自然的角度来看 GDP 的，它是有助于保护环境和合理利用资源的。其二，绿色 GDP 关注的是可持续，这种可持续不仅是当代人利益的可持续，也是跨代人利益的可持续，即在代际之间形成合理的资源配置。绿色 GDP 能揭示经济增长过程中的资源环境成本，因此克服了 GDP 固有缺陷，成为新发展观指引下引导经济增长模式转变的一个极为重要的指标。

王金南认为，绿色 GDP 可以广义地理解为真实 GDP，用来衡量一个国家和区域的真实发展和进步，从理论上来说，绿色 GDP = 传统 GDP – 自然环境部分的虚数 – 人文部分的虚数；另一种为狭义的理解，是指用以衡量各国扣除了自然资产（包括资源环境）损失之后的新创造真实国民财富的总量核算指标。

自然部分的虚数从下列因素中扣除：①环境污染所造成的环境质量下降；②自然资源的退化与配比的不均衡；③长期生态质量退化所造成的损失；④自然灾害所引起的经济损失；⑤资源稀缺性所引发的成本；⑥物质、能量的不合理利用所导致的损失。

人文部分的虚数从下列因素中扣除：①由于疾病和公共卫生条件所导致的支出；②由于失业所造成的损失；③由于犯罪所造成的损失；④由于教育水平低下和文盲状况导致的损失；⑤由于人口数量失控所导致的损失；⑥由于管理不善（包括决策失误）所造成的损失。

5．绿色 GDP 的意义

绿色 GDP 能够反映经济增长水平，体现经济增长与自然环境和谐统一的程度，实质上代表了经济增长的净正效应。绿色 GDP 占 GDP 比重越高，表明国民经济增长对自然的负面效应越低，经济增长与自然环境和谐度越高。

同时，绿色 GDP 核算有利于真实衡量和评价经济增长活动的现实效果，克服片面追求经济增长速度的倾向和促进经济增长方式的转变，从根本上改变 GDP 唯上的政绩观，增强公众的环境资源保护意识。

二、绿色 GDP 核算体系

1．中国绿色 GDP 核算实践

从 20 世纪 80 年代开始，我国开始了修正 GDP 的研究和实践，主要工作有：

1980 年，国家环境保护局组织了对环境污染损失以及生态破坏损失的评估。

1988 年，国务院发展研究中心与美国世界资源研究所合作进行了《自然资源核算及其纳入国民经济核算体系》研究。

1990 年，国家环境保护局组织了中国典型生态区生态破坏经济损失及计算方法研究。

1996—1999 年，北京大学的厉以宁教授、雷明博士等先后应用“投入产出表”基本原理，提出可持续发展下的“绿色”核算。

1998 年，国家环境保护总局与世界银行合作，采用世界银行“真实储蓄率”的概念，开展了真实储蓄率的核算以及在山东烟台和福建三明两个城市进行了试点。

2001 年，国家统计局开展自然资源核算工作，重点是编制“全国自然资源实物表”，主要包括土地、矿产、森林、水 4 种自然资源，随后，相继开展了“海洋资源实物量核算”“土地、矿产、森林、水资源价值量核算”“环境保护与生态建设实际支出核算”“环境核算”以及“经济与资源环境核算”。

2002 年，国家统计局提出了《中国国民经济核算体系》（2002 年），新设置了附属账户——自然资源实物量核算表，制定了核算方案，试编了 2000 年全国土地、森林、矿产、水资源实物量表。

2004 年，国家统计局、国家环境保护总局、国家发展和改革委员会、国家林业局等联合课题组启动“绿色 GDP 核算体系研究”。

2004 年 3 月，国家环境保护总局和国家统计局成立双边工作小组，开始联合开展绿色 GDP 的研究工作；2004 年 9 月，技术工作组召开《中国环境经济核算技术指南》编写工作启动会。

2004 年 9 月，由国家环境保护总局牵头，正式完成了《中国资源环境经济核算体系框架》和《基于环境的绿色国民经济核算体系框架》两份报告。

2005 年 2 月 28 日，国家环境保护总局和国家统计局在北京、天津、河北省等 10 个省

(市)启动了以环境核算和污染经济损失调查为内容的绿色GDP试点工作,试点工作从2005年1月开始，到2006年2月结束。

2006年9月7日，国家环境保护总局和国家统计局联合发布了《中国绿色国民经济核算研究报告2004》。这是中国第一份经环境污染调整的GDP核算研究报告，结果表明，2004年全国因环境污染造成的经济损失为5 118亿元，占当年GDP的3.05%。其中，水污染的环境成本为2862.8亿元，占55.9%；大气污染的环境成本为2 198.0亿元，占42.9%；固体废物和污染事故造成的经济损失为57.4亿元，占1.2%。虚拟治理成本为2 874亿元，占当年GDP的1.80%。受基础数据和技术水平的限制，此次核算并没有包含自然资源消耗成本和环境退化成本中的生态破坏成本。

2008年，环境保护部环境规划院开始独立承担绿色GDP的核算工作。2010年12月25日，环境规划院完成了《中国环境经济核算研究报告2008（公众版)》。结果表明，2008年的生态环境退化成本为12 745.7亿元,占当年GDP的3.9%;其中环境污染成本为8 947.5亿元，生态破坏损失（森林、湿地、草地和矿产开发）为3 798.2亿元，分别占生态环境总损失的70.2%和29.8%。且2008年环境污染成本比2007年增加了1 613.5亿元，增长了22.0%，增幅远远高于同期GDP（9%）的增长速度。2008年的环境的虚拟治理成本已经高达5 043.1亿元，占当年GDP的1.54%，比2004年增长了75.4%。所谓虚拟治理成本，指排放到环境中的污染物按照治理技术和水平全部治理所需要的支出。在每年的GDP总量里，减去虚拟治理成本，方能体现其对环境的欠账。因此，2008年的GDP环境污染的扣减指数为1.54%。

2012年年底召开的湖北省2013年经济工作会上，湖北省政府提出将绿色GDP作为经济发展的两大目标之一。

2012年7月，湖南省统计局公开表示，2013年，湖南将在长株潭3市（长沙、株洲、湘潭以及下辖县市区）全面试行绿色GDP评价体系，把评价指标纳入该省绩效考核，实施考评。

陕西省自2014年起，在设定年度目标考核任务时，将GDP增长率指标分值由原来的8分下调为6分，而生态环保指标分值，则由原来的12分增加到25分。从制度层面为破解唯GDP论开了个好头。

从2016年开始，贵州省赤水市也开始了“绿色GDP考核”试验，弱化了对乡镇GDP、招商引资、固定资产投资等目标的考核。

2018年12月18日，《中国绿色GDP绩效评估报告（2018年全国卷)》发布，报告通过采集国家统计局、国家发展和改革委员会等权威部门公开发布的653 325个统计数据，运用37个分析图和38个数据表客观呈现了全国31个省、自治区、直辖市2014—2016年GDP、人均GDP、绿色GDP、人均绿色GDP、绿色发展绩效指数的年度变化情况。报告认为，中国的绿色发展已经取得显著成就。第一，中国的绿色GDP增长速度已经开始超越同期 GDP 增长速度。2016 年，绿色 GDP 经济总量平均增幅达到 7.58%，超越同期 GDP 总量增幅 0.08%。第二，中国的人均绿色 GDP 增长速度稳步增长，成绩喜人。2016 年，全国 31 个省、自治区、直辖市人均绿色 GDP 平均增幅已经达到 6.79%。第三，中国的绿色发展绩效指数稳步提升，各省、自治区、直辖市均在努力实现绿色发展。

2．体系框架

为了进行绿色 GDP 试点，国家环境保护总局、国家统计局、中国环境规划院联合制定了《中国环境经济核算体系框架》（2004 年版本），主要内容有：

中国环境经济核算（以下简称环境核算）是绿色国民经济核算体系框架的关键组成部分，主要核算国民经济活动对环境的影响，包括环境污染和生态破坏两大方面，通过核算经环境因素调整的部门和地区的绿色国内生产总值（EDP）等指标，引导建立正确的政绩观和领导考核制度，实现环境外部成本内部化，最终建立国家绿色国民经济核算体系。

（1）核算目标

建立环境核算体系的总体框架，包括环境实物量核算体系框架、环境价值量核算体系框架、环境保护投入产出核算体系框架、经环境调整的绿色 GDP 核算体系框架。

（2）核算原则

核算原则包括：与中国绿色国民经济核算体系框架相吻合、尽可能与联合国 SEEA 相关内容方法相接轨、与中国环境统计和国民经济核算相衔接、实物量核算和价值量核算相结合、理论型框架和实用型框架相结合、污染防治核算与生态保护核算并重、环境核算应具有明确的环境政策导向、边研究边实践试点边逐步完善。

（3）总体框架

中国环境经济核算体系总体框架由 4 组核算表组成：①环境实物量核算表；②环境价值量核算表；③环境保护投入产出核算表；④经环境调整的绿色 GDP 核算表（图 4-2）。

3．中国环境经济核算的主要内容

（1）环境实物量核算

环境实物量核算包括环境污染实物量核算和生态破坏（或改善）实物量核算。

（2）环境价值量核算

环境污染价值量核算：包括 3 个部分，一是对现存经济核算中有关环境污染的货币流量予以核算，主要是污染物实际治理成本的核算；二是估算因污染物排放而造成的环境退化的成本和污染事故造成的损失成本；三是将前两部分加和，计算环境污染总成本。

生态破坏价值量核算：在生态破坏实物量核算的基础上，通过价值评估技术将生态破坏实物量折算为生态破坏价值量，进而计算出生态破坏的价值损失，即生态破坏损失成本。

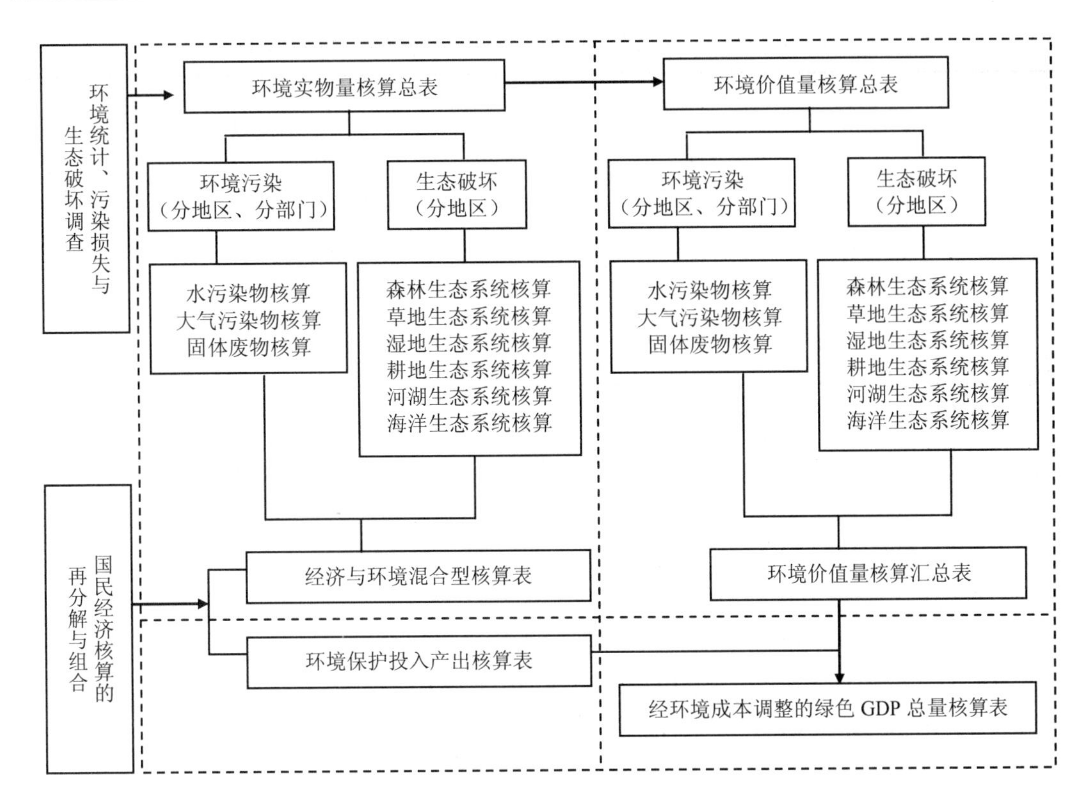

图 4-2 中国环境经济核算体系总体框架

（3）环境保护投入产出核算

环境保护投入产出核算包括环境保护投入产出核算和环境保护支出核算。

（4）经环境调整的绿色 GDP 核算

经环境调整的绿色 GDP 核算的目的，就是把经济活动的环境成本，包括环境退化成本、污染物治理成本（或环境保护成本）和生态破坏损失成本以及环境总成本从 GDP 中予以扣除，并进行调整，从而得出一组以绿色国内生产总值（Eco-Domestic Products，EDP）为中心的综合性指标。

经环境因素调整的绿色国内生产总值（EDP）也可以用这 3 种方法表示。

①生产法：EDP = 总产出 − 中间投入 − 环境成本；

②收入法：EDP = 劳动报酬+生产税净额+固定资本消耗+经环境成本扣减的营业盈余；

③支出法：EDP = 最终消费+经环境成本扣减的资本形成+净出口。

按照所扣减的环境成本不同，核算出“经环境退化成本调整的 EDP”“经环境保护成本调整的 EDP”“经生态破坏损失成本调整的 EDP”和“经环境总成本调整的 EDP”（表 4-5、表 4-6）。

表 4-5 经环境调整的绿色国内生产总值（EDP）产业部门核算表

项　目	序号	产业部门			合计
		第一产业	第二产业	第三产业	
生产法：					
总产出	（1）				
中间投入（–）	（2）				
增加值	（3）=（1）–（2）				
环境退化成本（–）	（4）				
经环境因素调整的增加值 EVA_1	（5）=（3）–（4）				
生态破坏成本（–）	（6）				
经环境因素调整的增加值 EVA_2	（7）=（3）–（6）				
环境保护成本（–）	（8）				
经环境因素调整的增加值 EVA_3	（9）=（3）–（8）				
环境总成本（–）	（10）=（4）+（6）+（8）				
经环境因素调整的增加值 EVA	（11）=（3）–（10）				
收入法：					
劳动报酬	（12）				
生产税净额	（13）				
固定资本消耗	（14）				
营业盈余	（15）				
环境退化成本（–）	（16）				
经环境因素调整的营业盈余 EBP_1	（17）=（15）–（16）				
生态破坏成本（–）	（18）				
经环境因素调整的营业盈余 EBP_2	（19）=（15）–（18）				
环境保护成本（–）	（20）				
经环境因素调整的营业盈余 EBP_3	（21）=（15）–（20）				
环境总成本（–）	（22）=（16）+（18）+（20）				
经环境因素调整的营业盈余 EBP	（23）=（15）–（22）				
经环境调整的国内生产总值 EDP_1	（24）=（12）+（13）+（14）+（17）				
经环境调整的国内生产总值 EDP_2	（25）=（12）+（13）+（14）+（19）				
经环境调整的国内生产总值 EDP_3	（26）=（12）+（13）+（14）+（21）				
经环境调整的国内生产总值 EDP	（27）=（12）+（13）+（14）+（23）				

注：EVA（Eco-Value Addition）表示经环境调整的产业部门增加值；EBP（Eco-Business Profit）表示经环境调整的产业部门营业盈余；EDP（Eco-Domestic Product）表示经环境调整的产业部门绿色国内生产总值。

表 4-6　经环境调整的绿色国内生产总值（EDP）总量核算表　　××××年度/货币单位

生产		使用	
项目	序号	项目	序号
生产法：		支出法：	
总产出	(1)	最终消费	(1) = (2) + (3)
中间投入（–）	(2)	环境服务	(2)
国内产生总值	(3) = (1) – (2)	政府公共消费	(3)
环境退化成本（–）	(4)	资本形成总额	(4) = (5) + (6)
经环境因素调整的国内产出 EDP_1	(5) = (3) – (4)	固定资本形成	(5)
生态破坏成本（–）	(6)	存货	(6)
经环境因素调整的国内产出 EDP_2	(7) = (3) – (6)	环境退化成本（–）	(7)
环境保护成本（–）	(8)	经环境调整的资本形成 ECF_1	(8) = (4) – (7)
经环境因素调整的国内产出 EDP_3	(9) = (3) – (8)	生态破坏成本（–）	(9)
环境总成本（–）	(10) = (4) + (6) + (8)	经环境调整的资本形成 ECF_2	(10) = (4) – (9)
经环境因素调整的国内产出 EDP	(11) = (3) – (10)	环境保护成本（–）	(11)
收入法：		经环境调整的资本形成 ECF_3	(12) = (4) – (11)
劳动报酬	(12)	环境总成本（–）	(13) = (7) + (9) + (11)
生产税净额	(13)	经环境调整的资本形成 ECF	(14) = (4) – (13)
固定资本消耗	(14)	净出口	(15) = (16) + (17)
营业盈余	(15)	出口	(16)
环境退化成本（–）	(16)	进口（–）	(17)
经环境因素调整的营业盈余 EBP_1	(17) = (15) – (16)	经环境调整的国内生产总值 EDP_1	(18) = (1) + (8) + (15)
生态破坏成本（–）	(18)	经环境调整的国内生产总值 EDP_2	(19) = (1) + (10) + (15)
经环境因素调整的营业盈余 EBP_2	(19) = (15) – (18)	经环境调整的国内生产总值 EDP_3	(20) = (1) + (12) + (15)
环境保护成本（–）	(20)	经环境调整的国内生产总值 EDP	(21) = (1) + (14) + (15)
经环境因素调整的营业盈余 EBP_3	(21) = (15) – (20)		

生产		使用	
项目	序号	项目	序号
环境总成本（–）	（22）=（16）+（18）+（20）		
经环境因素调整的营业盈余 EBP	（23）=（15）–（22）		
经环境调整的国内生产总值 EDP_1	（24）=（12）+（13）+（14）+（17）		
经环境调整的国内生产总值 EDP_2	（25）=（12）+（13）+（14）+（19）		
经环境调整的国内生产总值 EDP_3	（26）=（12）+（13）+（14）+（21）		
经环境调整的国内生产总值 EDP	（27）=（12）+（13）+（14）+（23）		

注：ECF（Eco-Capital Form）表示经环境调整的资本形成；EBP（Eco-Business Profit）表示经环境调整的营业盈余；EDP（Eco-Domestic Product）表示经环境调整的绿色国内生产总值。

三、GEP 核算

GEP（Gross Ecosystem Product）即生态系统生产总值，由世界自然保护联盟提出，指一定区域在一定时间内生态系统的产品与服务的价值总和，是生态系统为人类福祉提供的产品和服务及其经济价值总量。

GEP 核算，就是分析与评价生态系统为人类生存与福祉提供的产品与服务及其经济价值，包括功能量和价值量核算。生态功能量可以用生态系统功能表现的生态产品与生态服务量表达，如粮食产量、水资源提供量、洪水调蓄量、污染物净化量、土壤保持量、固碳量等；价值量核算指借助价格，将不同生态系统产品产量与服务量转化为货币单位来表示产出。一般以一年为核算时间单位（表 4-7）。

2018 年 12 月，深圳市发布了《盐田区城市生态系统生产总值（GEP）核算技术规范》，这是全国首个城市 GEP 核算地方标准。规范第一次明确了城市 GEP 核算指标、核算方法、核算因子、定价方法、数据获取方式等相关内容。

主要内容包括盐田区城市 GEP 核算指标体系、盐田区城市 GEP 核算方法（生态产品价值核算方法、生态调节服务价值核算方法、生态文化服务价值核算方法、人居环境生态系统价值核算方法）。

表 4-7 GEP 核算指标体系框架

一级指标	二级指标	三级指标	核算	内容
城市生态系统生产总值	自然生态系统价值	生态产品	农业产品	农业产品价值
			林业产品	林业产品价值
			渔业产品	渔业产品价值
			淡水资源	淡水资源价值
		生态调节	土壤保持	保持土壤肥力价值、减轻泥沙淤积价值
			涵养水源	涵养水源价值
			净化水质	净化水质价值
			固碳释氧	生态系统固碳和产氧价值
			净化大气	生产负离子价值、吸收污染物价值和滞尘价值
			降低噪声	生态系统降低噪声价值
			调节气候	植物蒸腾和水面蒸发价值
			洪水调蓄	湖泊调蓄和水库调蓄价值
			维持生物多样性	维持生物多样性价值
		生态文化	文化服务	景观的观赏游憩价值和景观贡献价值
		大气环境维持与改善	大气环境维持	大气环境维持价值
			大气环境改善	大气环境改善价值
		水环境维持与保护	水环境维持	水环境维持价值
			水环境改善	水环境改善价值
		土壤环境维持与保护	土壤环境维持与保护	土壤环境维持与保护价值
		生态环境维持与改善	生态环境维持	生态环境维持价值
			生态环境改善	生态环境改善价值
		声环境价值	声环境价值	声环境舒适性服务价值
		合理处置固废	固废处理	固废处理价值
			固废减量	固废减量价值
			固废资源化利用	固废资源化利用价值
		节能减排	污染物减排	污染物减排价值
			碳减排	碳减排价值
		环境健康	环境健康	环境健康价值

本章小结

本章主要包含人口与环境、环境资源的合理配置、资源核算和绿色 GDP 4 节。第一节主要介绍了人口和人口过程的概念、世界人口的发展概况和分布，以及我国人口现状和国家人口发展规划（2016—2030 年）。另外，重点阐述了人口增长对环境、资源的影响以及人口、环境、资源协调发展的重要意义。第二节重点介绍了环境资源的概念分类以及我国现阶段环境资源现状。该部分还重点阐述了环境资源合理配置的发展脉络以及对我国可持续发展实施的重要性。第三节主要介绍了环境资源核算、环境资源实物量核算、价值量核算的基本概念以及相应核算方法。第四节介绍了绿色 GDP 的概念、绿色 GDP 核算方法、GEP 核算。

复习思考题

1. 阐述世界人口的发展历程。
2. 我国在实现人口与资源、环境、经济协调发展过程中有哪些具体实践？
3. 人口承载力在人类活动相关方面的应用主要被分为哪几个方面？
4. 环境资源的分类有多种方法，用一个表格总结一下各种分类方法。
5. 环境资源具有的共同特征有哪些？
6. 提高资源利用率对资源消耗有何影响？
7. 环境资源核算的一般程序和方法有哪些？
8. 辨析资源的存量和流量这两个概念。
9. 评估环境资源价格的主要方法有哪些？
10. 什么是绿色 GDP？我国在发展绿色 GDP 的进程中有哪些实际举措？
11. 简述 GEP 核算的主要内容。

参考文献

[1] 刘丽坤. 世界人口增长渐呈集中化趋势[N]. 社会科学报，2017-08-24（7）.
[2] 王桂新，干一慧. 中国的人口老龄化与区域经济增长[J]. 中国人口科学，2017（3）：30-42，126-127.
[3] 王雅丽. 世界人口发展格局变动及其经济效应研究[D]. 济南：山东师范大学，2016.
[4] 王广州. 新中国 70 年：人口年龄结构变化与老龄化发展趋势[J]. 中国人口科学，2019（3）：2-15，126.
[5] 任泽平，熊柴，周哲. 中国生育报告 2019[J]. 发展研究，2019（6）：20-40.
[6] 蓝裕平，张燕. 人口增长、城市化进程与中国经济发展[J]. 国际融资，2020（4）：31-37.
[7] 郭志刚. 加快确立中国人口发展战略的长期目标[J]. 中国党政干部论坛，2020（2）：50-55.
[8] 杨菊华，王苏苏，刘轶锋. 新中国 70 年：人口老龄化发展趋势分析[J]. 中国人口科学，2019（4）：30-42，126.
[9] 陈友华. 中国人口发展：现状、趋势与思考[J]. 人口与社会，2019，35（4）：3-17，2.
[10] 马忠东. 改革开放 40 年中国人口迁移变动趋势——基于人口普查和 1%抽样调查数据的分析[J]. 中国人口科学，2019（3）：16-28，126.
[11] 李建伟，周灵灵. 中国人口政策与人口结构及其未来发展趋势[J]. 经济学动态，2018（12）：17-36.
[12] 陈艳玫，刘子锋，李贤德，等. 2015—2050 年中国人口老龄化趋势与老年人口预测[J]. 中国社会医

学杂志，2018，35（5）：480-483.

[13] 刘晶，鲍振鑫，刘翠善，等. 近 20 年中国水资源及用水量变化规律与成因分析[J]. 水利水运工程学报，2019（4）：31-41.

[14] 褚劲风. 全球人口增长及其地区差异[J]. 地理教学，2000（12）：4-5.

[15] 李克国. 环境经济学（第三版）[M]. 北京：中国环境出版社，2014.

[16] 王金南，蒋洪强，曹东，等. 中国绿色国民经济核算体系的构建研究[J]. 世界科技研究与发展，2005，27（2）：83-88.

[17] 高敏雪，王金南. 中国环境经济核算体系的初步设计[J]. 环境经济，2004（9）：27-33.

[18] 陈杏根. 从国外 SEEA 透视中国绿色 GDP 核算[J]. 统计与决策，2006，3（3）：36.

[19] 王金南，於方，曹东. 中国绿色经济核算技术指南[M]. 北京：中国环境科学出版社，2009.

[20] 王尔德. 环保部披露 2008 年全国环境经济核算结果[N]. 21 世纪经济报道，2010-12-28.

[21] 许善卿. 一种钢铁企业环境经济评价指标体系分析[J]. 中国管理信息化，2011，4（1）：63-65.

[22] 徐渤海. 中国环境经济核算体系（CSEEA）研究[D]. 北京：中国社会科学院，2012.

[23] 章轲. 2009 年全国环境污染代价达 9700 亿[N]. 第一财经日报，2012-02-01.

[24] 彭武珍. 环境价值核算方法及应用研究——以浙江省为例[D]. 杭州：浙江工商大学，2013.

[25] 深圳市市场和质量监督管理委员会. 盐田区城市生态系统生产总值（GEP）核算技术规范[R].（2018 年 12 月 10 日）. http：//amr.sz.gov.cn/xxgk/qt/tzgg/content/post_7352814.html.

[26] 潘岳，李德水. 建立中国绿色国民经济核算体系[M]. 北京：中国环境科学出版社，2004.

第五章　环境与发展

第一节　绿色经济

一、绿色理念的来源与发展

一般认为“绿色经济”最早出现于由英国经济学家大卫·皮尔斯和他当时在伦敦环境经济中心任职的同事阿尼尔·马康迪亚和爱德华·巴比埃共同为英国政府所撰写的一份报告《绿色经济蓝图》中。尽管该报告题目里有“绿色经济”字样，但内容中并没有具体给出绿色经济的定义。它只是指出了环境和经济之间的相互依赖关系，主要观点是：以社会和其生态条件为起点，建立起一种能够承受的经济。经济发展一定要与自然环境相协调，不能重发展经济而导致生态危机，也不能由于自然资源与能源耗尽而造成经济难以实现可持续发展。两年后另一名英国学者迈克尔·贾考伯出版了《绿色经济：环境、可持续发展和未来的政治》一书。他用了一个更广的框架来分析环境和经济的关系。

目前，人们将绿色经济定位为以经济与社会的可持续发展为目的，在其生产与消费的过程中不会危害环境和人的健康而实施的各类经济活动。

1．绿色经济兴起的国际背景

发达国家的经济发展经历了“先污染、后治理”的过程。20 世纪六七十年代，罗马俱乐部基于对发达国家发展方式的担忧和质疑，深入探讨了关系人类发展前途的人口、资源、粮食和生态环境等一系列根本性问题。1972 年，该俱乐部发表了著名研究报告《增长的极限》，提出“地球已经不堪重负，人类正在面临增长极限的挑战，各种资源短缺和环境污染正威胁着人类的继续生存”。发达国家最终意识到，经济发展要走可持续发展道路。

21 世纪以来，环境和资源问题日益受到世人的关注。在现代化发展过程中，人类过度的经济活动给资源和环境带来许多问题，如臭氧破坏、温室效应、酸雨危害、海洋污染、热带森林减少、珍稀野生动植物濒危、土地沙漠化、毒物及有害废弃物扩散等，这些危害在 80 年代进一步显露出来。

《二十国集团（G20）经济热点分析报告（2016—2017）》中提到，人类面临越来越艰巨的资源相对短缺、环境不断恶化、经济增长后劲不足、外延式发展模式难以为继等挑战，全球经济向绿色转型是必然趋势。

2．全球绿色经济的发展趋势

（1）多重路径下的可持续发展

2013 年 2 月，联合国环境规划署在肯尼亚内罗毕召开第二十七届理事会暨全球部长级环境论坛。此次会上通过了一份由中国政府提出的关于“在可持续发展和消除贫困背景下的绿色经济”的决议，其核心内容是认可并鼓励各国开展和绿色经济相关但不一定用绿色经济来命名的倡议和活动，如生态文明、自然资本核算、生态服务补偿、低碳经济、资源效率以及同地球母亲和谐相处的良好生活等。决议要求联合国环境规划署收集这类不同的倡议、实践和经验，也包括绿色经济本身的活动，在各国之间进行传播。决议也要求各国根据“里约+20”峰会的成果文件来实施绿色经济（IISD，2013）。

（2）绿色经济行动国际合作

为响应“里约+20”峰会的号召，联合国环境规划署和国际劳工组织、联合国工业发展组织以及联合国培训和研究学院于 2013 年 2 月联合国环境规划署的理事会上宣布建立“绿色经济行动伙伴关系”，共同为有意发展绿色经济的国家提供技术和能力方面的支持。在 2014 年 6 月的联合国环境大会上，联合国环境规划署也加入了这一项目。

联合国建议国家层面的绿色经济分 4 个部分：①初步研究和目标制定；②投资分析；③配套政策的制定；④投资和政策影响评估。当然，除了帮助开展绿色经济政策分析和规划外，这一联合国机构间的项目还提供能力建设、政策实施、寻求绿色投资资金等方面的支持。

（3）绿色增长知识平台

绿色增长知识平台是一个由超过 30 个国际组织、研究机构与智库构成的全球网络，目标是识别绿色增长中的主要理论与实践方面的知识缺口，并通过促进合作与协调研究来填补这些缺口，同时鼓励广泛的合作和世界级的研究，为实干家和决策者提供绿色经济转型所必要的政策指导以及良好的实践经验、分析工具和数据。该平台由世界银行发起并带动经合组织、全球绿色增长组织和联合国环境规划署作为创始成员参加，于 2012 年在墨西哥城的开幕大会上成立。2014 年 1 月，该平台得到瑞士政府的支持，在日内瓦的环境规划署内设秘书处。

（4）全球绿色增长论坛

全球绿色增长论坛是 2011 年由丹麦政府协同韩国政府和墨西哥政府推出的年度峰会，它的使命是“探讨并展示如何更好地协调处于领先地位的企业、投资者、关键的公共部门和专家们来有效地驱动市场渗透，发挥长期的包容性绿色增长的潜力”。2012 年，在国家层面，中国、肯尼亚和卡塔尔加入了这一倡议。其他的成员有经合组织、国家能源机构、联合国全球契约、国际金融公司、全球绿色增长组织、泛美开发银行、世界资源研究所、现代汽车、麦肯锡咨询公司、三星、西门子等。论坛为参与者提供：①同政治经济领导人和大牌专家直接的、但是非正式的接触机会，以便寻求绿色商业和政策方面的机会；②同新兴的以及现有的伙伴关系开展合作的机会，以便在产业、部门和市场的绿色转型方面达到一定的规模和速度；③在发展并推动公私合作方面的先进知识以及从同行那里得到的启发；④在关于绿色转型如何促进新的经济增长和就业方面更清晰的认识。

二、绿色经济体系

1. 绿色工业

（1）绿色工业概念

绿色工业指的是实现清洁生产、生产绿色产品的工业，即在生产满足人的需要的产品时，能够合理使用自然资源和能源，自觉保护环境和实现生态平衡。其实质是减少物料消耗，同时实现废物减量化、资源化和无害化。

（2）绿色工业体系

绿色工业体系是建立在循环经济基础上的经济形态，是科技含量高、能源消耗少、生态化、零排放、资源循环利用、可持续发展的工业体系。绿色工业体系的主要特征是低投入、高产出，以最小的资源代价发展经济，以最小的经济成本保护生态环境。从内涵上讲，它要求打破行政区划界限，在更大范围内按照资源禀赋构筑区域产业合理布局的均衡工业体系；它要求实现生态发展平衡，构建产业结构优化、产业链完备、能源资源消耗减量化和再利用的循环工业体系；它要求充分发挥科技资源优势，提高自主创新能力，构筑科技成果产业化和产业发展高端化、低碳化、生态化的现代工业体系。

（3）绿色工业发展

第一，合理布局。通过工业布局和现有工业结构的调整，推动跨地区的经济联合和专业化协作，打破地区封锁和市场分割，形成以沿海、沿江、沿交通干线、沿边疆中心城市为依据，带动大的经济区域发展的互补式工业产业格局。

第二，技术进步。加速淘汰技术工艺落后、能源和原材料消耗高、严重污染环境、产品质量低劣的落后生产方式。要对乡镇企业进行调整，促进乡镇企业提高技术档次，减少资源浪费和环境污染。例如，对于钢铁工业要引进先进生产工艺，推动钢铁工业技术改造，提高产品质量和降低能源及原材料的消耗；对于建筑材料要开发推广节能和余热利用技术，调整产品结构，发展优质水泥、平板玻璃和化学建材产业，发展玻璃钢制品和玻璃纤维池窑生产技术等；对于有色金属应该推广先进工艺、技术，提高综合利用能力，解决短缺品种问题，同时减少资源浪费。

第三，开展清洁生产和生产绿色产品。环境问题的产生不仅仅是生产终端的问题，在整个生产过程及各个环节中都可能产生环境污染问题。因此，必须发展清洁技术、清洁生产和生产绿色产品，实行生产的源头控制、全过程控制和总量控制，这样才能形成节能、降耗、节水、节地的可持续发展方式，实现以尽可能小的环境代价和最少的能源、资源消耗，获取最大的经济发展效益。

第四，加强国家宏观管理。在市场经济条件下，各个生产企业是以追求自身利益最大化为出发点的，因此，由于外部不经济现象的存在，企业自身不可能解决环境破坏问题，也不可能自觉实现清洁生产和生产绿色产品，为此，必须通过国家进行宏观管理。

2．绿色农业

（1）绿色农业的概念

绿色农业是指将农业生产和环境保护协调起来，在促进农业发展、增加农户收入的同时保护环境、保证农产品的绿色无污染的农业发展类型。绿色农业涉及生态物质循环、农业生物学技术、营养物综合管理技术、轮耕技术等多个方面，是一个涉及面很广的综合概念。

绿色农业是指一切有利于环境保护、有利于农产品数量与质量安全、有利于可持续发展的农业发展形态与模式。绿色农业涵盖一个“大农业”整体由低级逐步向高级演进的漫长过程，在这个过程中，随着社会和居民消费偏好的逐步升级、农业科学技术与管理手段的进步、绿色等级认证的规范化和标准化在整个农业产业链条的实施，初级绿色农业模式渐进演变为高级绿色农业模式。当前，绿色农业发展的阶段性要求应该是绿色等级认证制度和产业标准化的构建及相应制度环境的构建与完善。

（2）我国绿色农业发展现状

2019 年 4 月 3 日，在农业农村部发展规划司指导下，中国农业科学院在北京主持召开农业绿色发展研讨会，发布了《中国农业绿色发展报告 2018》。报告显示，我国农业绿色发展在 6 个领域取得重大进展：①空间布局持续优化。全国已划定粮食生产功能区和重要农产品生产保护区 9.28 亿亩，认定茶叶、水果、中药材等特色农产品优势区 148 个。②农业资源休养生息。耕地利用强度降低，耕地养分含量稳中有升，全国土壤有机质平均含量提升到 24.3 g/kg，全国农田灌溉水有效利用系数提高到 0.548。③产地环境逐步改善。全国水稻、小麦、玉米三大粮食作物平均化肥利用率提高到 37.8%，农药利用率为 38.8%，化肥、农药使用量双双实现零增长；秸秆综合利用率为 83.7%。畜禽粪污资源化利用率达 70%；新疆、甘肃等地膜使用重点地区废旧地膜当季回收率近 80%。④生态系统建设稳步推进。全国草原综合植被覆盖度提升到 55.3%，重点天然草原牲畜超载率明显下降。⑤人居环境逐步改善。全国完成生活垃圾集中处理或部分集中处理的村占 73.9%，实现生活污水集中处理或部分集中处理的村占 17.4%，使用卫生厕所的农户占 48.6%。⑥模式探索初见成效。遴选出全域统筹发展型、都市城郊带动型、传统农区循环型 3 个综合推进类模式和节水、节肥、节药，畜禽粪污、秸秆和农膜资源化利用，渔业绿色发展等 7 个单项突破类模式。

报告显示，党的十八大以来，绿色发展理念已经逐步融入农业农村发展各个方面，我国农业绿色发展综合水平显著提升，农业供给侧结构性改革和农业发展方式转变加快推进，生态田园和美丽家园建设提速，已形成了一批可复制、可推广的农业绿色发展典型模式，为世界农业可持续发展贡献了“中国样板”。

3. 绿色服务业

（1）绿色服务业概念

绿色服务业是指有利于保护生态环境，节约资源和能源，无污、无害、无毒的，有益于人类健康的服务总称。21 世纪将是一个绿色的世纪，一切破坏生态环境的行为都将被禁止。可以预见，绿色服务将是未来服务业发展的必然趋势。

（2）绿色服务业的内涵

第一，绿色服务设计。绿色服务设计是指服务企业或专业人员设计时，针对服务与环境关系如何正确处理而进行一系列构思的活动过程。绿色服务设计需要遵循“自然资源优化、生态环境保护、人类健康保证”的原则，力求使服务内容对环境总体损害的程度最小、对自然资源总体消耗的量最低。

第二，绿色服务选材。绿色服务选材是指服务过程中服务企业对各种耗材进行优化选择的过程。绿色服务选材是绿色服务设计的前提，是实施和推行绿色服务的关键环节。绿色服务选材要求优先选用符合“绿色标志”要求的材料，这些绿色材料具有低能耗、低成本、无污染、无毒害、资源利用率高、可回收再利用、未经涂层或电镀、具有生物降解等各种良好性能。

第三，绿色服务产品。绿色服务产品泛指有利于保护生态环境、节约资源，无污、无害、无毒，有益于人体健康的一类服务产品的总称。绿色服务产品分为两类：一类是指绝对绿色服务产品，主要涉及那些可以改进环境质量、有益于人类健康、无污无害的服务产品，如健身服务、环卫服务、医疗服务等；另一类是指相对绿色服务产品，主要包括那些可以减少对生态环境和人类健康产生的实际或潜在损害的服务，如餐饮业的绿色食品、绿色饮料、绿色旅馆，出租汽车业的绿色燃料等。

第四，绿色服务营销。绿色服务营销是指服务企业在市场调查、服务产品设计、服务产品定价、服务产品促销活动等整个营销过程中，始终坚持“绿色服务理念”，不仅重视自身经济效益，而且充分考虑自然环境和全社会利益。绿色服务营销内容包括收集绿色服务信息、开发绿色服务产品、制定绿色服务价格、开展绿色服务促销、树立绿色服务形象、创立绿色服务品牌等。

第五，绿色服务消费。绿色服务消费是指以“绿色、健康、自然”为宗旨，对绿色服务进行崇尚和消费的总和。绿色服务主要涉及 3 个方面内容，即绿色消费服务、减少环境污染、自觉抵制和不消费对生态环境有破坏的服务。绿色服务企业应当充分了解和支持消费者对绿色服务的消费态度，主动、积极并尽力地满足他们对绿色服务的消费需求，尽可能地增加客户对绿色服务的忠诚度，提高服务企业的绿色形象。

三、中国的绿色产业

1. 我国绿色产业发展现状

党的十八大以来，以习近平同志为核心的党中央高度重视生态文明建设，将其纳入“五位一体”总体布局。党的十九大明确大力推动绿色发展，壮大节能环保产业、清洁生产产业、清洁能源产业。在党中央、国务院的有力推动下，“绿水青山就是金山银山”的理念深入人心，生态文明建设体制改革有力、有序推进，推动绿色发展已成为普遍共识。

绿色产业是推动生态文明建设的基础和手段。为落实中央推动绿色发展的要求，各部门出台了一系列绿色产业的扶持政策。

2.《绿色产业指导目录（2019 年版）》

2019 年 5 月，国家发展改革委、工业和信息化部、自然资源部、生态环境部、住房和城乡建设部、中国人民银行、国家能源局联合印发了《绿色产业指导目录（2019 年版）》，提出了绿色产业发展的重点，包括节能环保、清洁生产、清洁能源、生态环境产业、基础设施绿色升级和绿色服务六大类。①节能环保产业：包括高效节能装备制造、先进环保装备制造、资源循环利用装备制造、新能源汽车和绿色船舶制造、节能改造、污染治理、资源循环利用。②清洁生产产业：包括产业园区绿色升级、无毒无害原料替代使用与危险废物治理、生产过程废气处理处置及资源化综合利用、生产过程节水和废水处理处置及资源化综合利用、生产过程废渣处理处置及资源化综合利用。③清洁能源产业：包括新能源与清洁能源装备制造、清洁能源设施建设和运营、传统能源清洁高效利用、能源系统高效运行。④生态环境产业：包括生态农业、生态保护、生态修复。⑤基础设施绿色升级：包括建筑节能与绿色建筑、绿色交通、环境基础设施、城镇能源基础设施、海绵城市、园林绿化。⑥绿色服务：包括咨询服务、项目运营管理、项目评估审计核查、监测检测、技术产品认证和推广。

3. 绿色产业示范基地建设

为了更好地促进我国绿色产业发展，国家发展改革委 2020 年 7 月印发了《国家发展改革委办公厅关于组织开展绿色产业示范基地建设的通知》（发改办环资〔2020〕519 号）。该通知中明确指出，推动绿色产业集聚、提升绿色产业竞争力、构建技术创新体系、打造运营服务平台、完善政策体制机制是当前进行绿色产业示范基地建设的重点任务；到 2025 年，绿色产业示范基地取得阶段性进展，培育一批绿色产业龙头企业，基地绿色产业集聚度和综合竞争力明显提高，绿色产业链有效构建，绿色技术创新体系基本建立，基础设施和服务平台智能高效，绿色产业发展的体制机制更加健全，对全国绿色产业发展的引领作用初步显现。

四、绿色经济指标

生态文明建设的成效如何，需要一把尺子来衡量。2016 年 12 月 12 日，中共中央办公厅、国务院办公厅印发了《生态文明建设目标评价考核办法》，对生态文明建设目标评价考核进行制度规范。生态文明建设目标评价考核实行党政同责，采取年度评价和五年考核相结合的方式。根据这一要求，国家发展改革委、国家统计局、环境保护部、中央组织部等部门制定印发了《绿色发展指标体系》和《生态文明建设考核目标体系》，为开展生态文明建设评价考核提供依据。

1.《绿色发展指标体系》

绿色发展指标体系，包含考核目标体系中的主要目标，增加有关措施性、过程性的指标，包括资源利用、环境治理、环境质量、生态保护、增长质量、绿色生活、公众满意程度 7 个一级指标，共 56 项二级指标（表 5-1）。

表 5-1　绿色发展指标体系

一级指标	序号	二级指标	指标类型	权数/%
一、资源利用（权数＝29.3%）	1	能源消费总量	◆	1.83
	2	单位 GDP 能源消耗降低	★	2.75
	3	单位 GDP 二氧化碳排放降低	★	2.75
	4	非化石能源占一次能源消费比重	★	2.75
	5	用水总量	◆	1.83
	6	万元 GDP 用水量下降	★	2.75
	7	单位工业增加值用水量降低率	◆	1.83
	8	农田灌溉水有效利用系数	◆	1.83
	9	耕地保有量	★	2.75
	10	新增建设用地规模	★	2.75
	11	单位 GDP 建设用地面积降低率	◆	1.83
	12	资源产出率	◆	1.83
	13	一般工业固体废物综合利用率	△	0.92
	14	农作物秸秆综合利用率	△	0.92
二、环境治理（权数＝16.5%）	15	化学需氧量排放总量减少	★	2.75
	16	氨氮排放总量减少	★	2.75
	17	二氧化硫排放总量减少	★	2.75
	18	氮氧化物排放总量减少	★	2.75
	19	危险废物处置利用率	△	0.92
	20	生活垃圾无害化处理率	◆	1.83
	21	污水集中处理率	◆	1.83
	22	环境污染治理投资占 GDP 比重	△	0.92

一级指标	序号	二级指标	指标类型	权数/%
三、环境质量（权数＝19.3%）	23	地级及以上城市空气质量优良天数比率	★	2.75
	24	细颗粒物（$PM_{2.5}$）未达标地级及以上城市浓度下降	★	2.75
	25	地表水达到或好于 III 类水体比例	★	2.75
	26	地表水劣 V 类水体比例	★	2.75
	27	重要江河湖泊水功能区水质达标率	◆	1.83
	28	地级及以上城市集中式饮用水水源水质达到或优于 III 类比例	◆	1.83
	29	近岸海域水质优良（一、二类）比例	◆	1.83
	30	受污染耕地安全利用率	△	0.92
	31	单位耕地面积化肥使用量	△	0.92
	32	单位耕地面积农药使用量	△	0.92
四、生态保护（权数＝16.5%）	33	森林覆盖率	★	2.75
	34	森林蓄积量	★	2.75
	35	草原综合植被覆盖度	◆	1.83
	36	自然岸线保有率	◆	1.83
	37	湿地保护率	◆	1.83
	38	陆域自然保护区面积	△	0.92
	39	海洋保护区面积	△	0.92
	40	新增水土流失治理面积	△	0.92
	41	可治理沙化土地治理率	◆	1.83
	42	新增矿山恢复治理面积	△	0.92
五、增长质量（权数＝9.2%）	43	人均 GDP 增长率	◆	1.83
	44	居民人均可支配收入	◆	1.83
	45	第三产业增加值占 GDP 比重	◆	1.83
	46	战略性新兴产业增加值占 GDP 比重	◆	1.83
	47	研究与试验发展经费支出占 GDP 比重	◆	1.83
六、绿色生活（权数＝9.2%）	48	公共机构人均能耗降低率	△	0.92
	49	绿色产品市场占有率（高效节能产品市场占有率）	△	0.92
	50	新能源汽车保有量增长率	◆	1.83
	51	绿色出行（城镇每万人口公共交通客运量）	△	0.92
	52	城镇绿色建筑占新建建筑比重	△	0.92
	53	城市建成区绿地率	△	0.92
	54	农村自来水普及率	◆	1.83
	55	农村卫生厕所普及率	△	0.92
	56	公众对生态环境质量满意程度	—	—

注：标★的为《国民经济和社会发展第十三个五年规划纲要》确定的资源环境约束性指标；标◆的为《国民经济和社会发展第十三个五年规划纲要》和《中共中央、国务院关于加快推进生态文明建设的意见》等提出的主要监测评价指标；标△的为其他绿色发展重要监测评价指标。根据其重要程度，按总权数为100%，三类指标的权数之比为3:2:1计算，标★的指标权数为2.75%，标◆的指标权数为1.83%，标△的指标权数为0.92%。6个一级指标的权数分别由其所包含的二级指标权数汇总生成。

2.《生态文明建设考核目标体系》

《生态文明建设考核目标体系》主要考核国民经济和社会发展规划纲要确定的资源环境约束性指标，以及党中央、国务院部署的生态文明建设重大目标任务完成情况，强化省级党委和政府生态文明建设的主体责任，每个五年规划期结束后开展一次。考核目标体系包括资源利用、生态环境保护、年度评价结果、公众满意程度、生态环境事件5个方面，共23项考核目标。

第二节 循环经济

循环经济是最大限度地节约资源、保护环境的经济发展方式，是解决我国资源环境“瓶颈”约束的根本性举措，是推进结构调整、转变经济增长方式、建立资源节约型和环境友好型社会、走新型工业化道路的重要手段和途径，是落实科学发展观、节能减排、发展低碳经济的具体实践。

一、循环经济的产生与发展

1. 国外循环经济发展概况

20世纪60年代末，美国经济学家鲍尔丁提出了“宇宙飞船经济理论”。他认为，人类赖以生存的地球，就像在茫茫无垠的太空中飞行的宇宙飞船，要靠不断消耗自身有限的资源而生存。如果不合理地开发资源、任意破坏环境，地球就会因资源耗尽而走向毁灭。这个理论被看作是循环经济的早期思想萌芽。

1990年，英国环境经济学家D. Pearce在《自然资源和环境经济》(*Economics of Natural Resources and the Environment*）中首先提出了“循环经济”（circular economy）。德国是世界上公认的发展循环经济起步最早、水平最高、法制最完备的国家之一。德国的循环经济源于垃圾处理，然后逐步扩展至生产和消费领域。德国政府于1975年发布了第一个国家废弃物管理计划，确立了应对废弃物的顺序：预防—减少—循环和重复利用—最终处置。1986年，德国颁布了《废弃物限制处理法》，规定了预防优先和垃圾处理后重复使用原则。1996年出台的《循环经济和废弃物处置法》是德国循环经济法律体系的核心。日本是另一个世界上公认的发展循环经济、建设循环型社会水平最高的国家。2019年12月11日，欧盟正式发布《欧洲绿色新政》，将资源效率、循环经济、水土气环境污染防治、废弃物与化学品管理、绿色与数字化工业、保护生物多样性、绿色农业、可持续与智慧出行、清洁生产与清洁能源等重要模块都纳入其框架中。2020年3月，欧盟委员会通过新版《循环经济行动计划》，将推动欧洲循环经济从局部示范转向主流规模化应用。

2．我国的循环经济

我国的循环经济发展大致可以划分为 4 个阶段：

（1）早期的循环经济。20 世纪 70 年代，尽管世界上还没有系统地提出循环经济的概念，但在我国已经开始废物综合回收与利用，实际生产中已经具有循环经济的萌芽，其目的是解决资源匮乏问题。

（2）循环经济理论探索阶段（1998—2004 年）。1998 年引入德国循环经济概念，在国内引起了不小的争议，人们对循环经济的内涵、外延、适用条件等问题进行了深入探讨，最终达成共识，发展循环经济是我国转变经济发展方式，节约资源、保护环境，实现可持续发展的重要途径。2003 年我国把循环经济纳入科学发展观之中，从可持续生产与消费层面拓展循环经济。

（3）循环经济的试点示范阶段（2005—2015 年）。以 2005 年颁布的《国务院关于加快发展循环经济的若干意见》为标志，我国开始了循环经济试点示范。经国务院批准，国家发展改革委会同有关部门组织开展两批国家循环经济示范试点，在重点行业和区域选择了 178 家单位，开展了国家和省级层面的循环经济试点。2008 年颁布了《中华人民共和国循环经济促进法》，2012 年 3 月，国家发展改革委、财政部颁布了《关于推进园区循环化改造的意见》，2013 年颁布了《国务院关于印发循环经济发展战略及近期行动计划的通知》。此后，我国在工业领域开展了 100 个园区实施循环化改造和 42 个再制造试点；在农业领域，开展了农业循环经济示范和秸秆综合利用工作；在食品安全领域，在 100 个试点城市构建餐厨回收利用体系；在再生资源领域，建设了 49 个国家“城市矿产”示范基地工程；在教育宣传领域，5 年建设了 43 个国家循环经济教育示范基地；在区域循环经济发展领域，确定了 101 个示范城市循环经济示范市（县）。

（4）全面推广阶段（2016 年至今）。以《关于印发国家循环经济试点示范典型经验的通知》（发改环资〔2016〕965 号）为标志，我国的循环经济发展步入全面推广阶段。2013 年以来，国家发展改革委等 7 部委开展了循环经济试点示范验收及评估工作，对试点示范进行了总结分析，向全国推广“以加强地方立法、完善配套政策为核心的循环经济协同推进机制”“以补链招商、风险共担为关键的产业园区循环发展机制”等 9 种经验做法。

目前，我国循环经济发展取得积极进展。循环经济从理念变为行动，在全国范围内得到迅速发展，在理论上、实践上、政策体系和制度创新上都取得了重要突破，初步形成了循环经济发展的政策环境和社会氛围，凝练出了一批各具特色的循环经济典型和模式。

二、循环经济的内涵

1．循环经济

传统的经济生产模式是“资源—产品—废弃物”单向流动的线性经济，循环经济是相对于传统模式而言的，是建立在生态学规律之上的一种以“减量化、再利用、资源化”为原则，以资源（特别是物质资源）的节约和循环利用为核心，以低消耗、低排放、高效率为基本特征，构成的“资源—产品—再生资源”的闭路循环（图 5-1）。

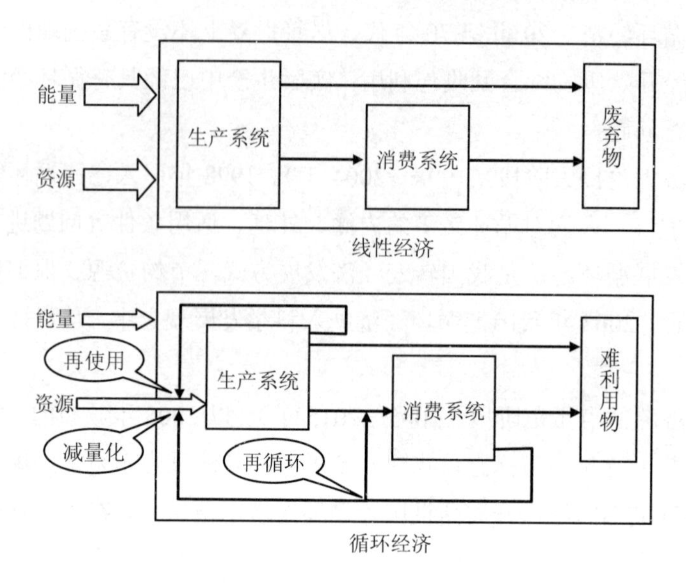

图 5-1 线性经济与循环经济示意图

循环经济是在深刻认识资源消耗与环境污染之间关系的基础上，以提高资源与环境效率为目标，以节约资源和物质循环利用为手段，以市场机制为推动力，在满足社会发展需要和经济可行的前提下，实现资源效率最大化、废弃物排放最小化的一种经济发展模式。

目前，循环经济在全球范围迅速发展，已有文献对循环经济的定义比较权威的至少有 10 种以上，但目前尚无统一定义。本教材采用《中华人民共和国循环经济促进法》中的定义，即“循环经济，是指在生产、流通和消费等过程中进行的减量化、再利用、资源化活动的总称”。

2．循环经济的 3R 原则

（1）减量化原则（reduce）

减量化是指在生产、流通和消费等过程中减少资源消耗和废物产生。减量化原则要求用较少的原料和能源投入来达到既定的生产目的和消费目的，在经济活动的源头就注意节约资源和减少污染，这是输入端方法。

（2）再利用原则（reuse）

再利用是指将废物直接作为产品或者经修复、翻新、再制造后继续作为产品使用，或者将废物的全部或者部分作为其他产品的部件予以使用。再利用属于过程性方法，目的是延长产品和服务的时间强度。它要求产品和包装容器能够以初始的形式被多次使用，而不是用过一次就废弃，以抵制当今世界一次性用品的泛滥。

（3）再循环原则（recycle）

《中华人民共和国循环经济促进法》将再循环原则改为资源化，资源化是指将废物直接作为原料进行利用或者对废物进行再生利用。资源化是输出端方法。通过把废弃物再次变成资源以减少最终处理量。它要求生产出来的物品在完成其使用功能后能重新变成可以利用的资源而不是无用的垃圾，人们将物品尽可能多地再生利用或资源化。

3．循环经济的 3 种循环模式

（1）小循环（企业层面）

在企业内，推行清洁生产、节能降耗，减少产品和服务中物料和能源使用量，实现污染物排放的最小量化。要求企业做到：尽力减少产品和服务的物料使用量，减少产品和服务的能源使用量，减少有害、特别是有毒物质的排放，加强物质循环使用，最大限度地利用可再生资源，设计和制造耐用性高的产品，提高产品和服务的服务强度。

（2）中循环（区域层面）

一个企业内部循环会有局限，鼓励企业间物质循环，组成“共生企业”，实现区域层面的循环经济。这种共生的“工业生态系统”通常以生态产业链组成的生态产业园区的形式出现，把不同的企业联合起来形成共享资源和互换副产品的工业共生组合，使得一家企业的废气、废热、废水、废物等成为另一家企业的原料和能源，如卡伦堡生态工业园区模式（图 5-2）。

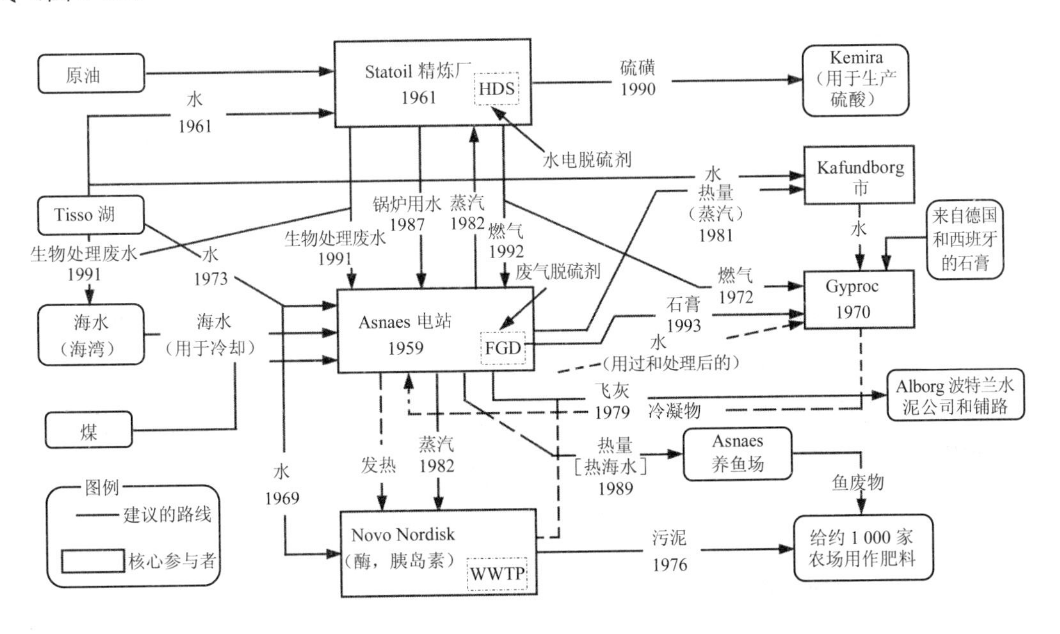

图 5-2　卡伦堡生态工业园区模式

资源来源：引自《工业共生体的企业链接关系的分析比较》。

（3）大循环（社会层面）

大循环是在社会层面上实现循环，大循环与循环型社会密切相关。循环型社会是以人类社会发展与自然和谐统一的生态原理为指导原则，通过实现从国家发展战略、社会的运行机制，到社会各层次主体的思想意识、行为方式及社会经济发展模式全方位地向可持续发展的轨道上的转变，实现以循环经济的运行模式为核心，减少生态破坏、资源耗竭、环境污染，实现社会、经济系统的高效、和谐和物质上的良性循环，达到环境与经济的双赢目的。

三、我国循环经济发展成效与问题

我国面临着严峻的资源和环境压力，发展循环经济是我国的必然选择。发展循环经济是促进人与自然和谐、建设生态文明的客观要求，是缓解环境资源约束、转变经济发展方式的有效途径，是实现生态环境保护和节能减排目标的必由之路。循环经济已经纳入"十一五""十二五""十三五"国民经济和社会发展规划。党的十八大把建立资源循环利用体系作为全面建成小康社会目标之一。党的十九大指出，要建立健全绿色低碳循环发展的经济体系。

目前，我国循环经济发展取得了明显成效：循环经济理念逐步树立、循环经济试点取得明显成效、循环经济法规标准体系初步建立、循环经济政策机制逐渐完善、循环经济技术支撑不断增强、产业体系日趋完善。"十二五"期间，通过发展循环经济、节能减排等工作，实现了单位 GDP 能耗下降 18.2%、单位工业增加值用水量降低 35%、累计实现节能 3.5 亿 t 标准煤、资源产出率比 2010 年提高 20%以上的突出成绩，农作物秸秆综合利用率提高到 80%，初步扭转了经济发展带来的能源资源消耗强度上升的趋势，有效提升了发展的质量。

我国循环经济发展也面临一些问题，主要表现在：循环经济理念尚未在全社会得到普及，一些地方和企业对发展循环经济的认识还不到位；循环经济促进法配套法规规章尚不健全，生产者责任延伸等制度尚未全面建立；部分资源性产品价格形成机制尚未理顺，有利于循环经济发展的产业、投资、财税、金融等政策有待完善；循环经济技术创新体系和先进适用技术推广机制不健全，技术创新能力亟须加强；统计基础工作比较薄弱，评价制度不健全，循环经济能力建设、服务体系、宣传教育等有待加强。

四、如何发展循环经济

1．依法推进循环经济

2008 年 8 月 29 日第十一届全国人民代表大会常务委员会第四次会议通过了《中华人民共和国循环经济促进法》，这标志我国的循环经济发展有了法律保障。《中华人民共和国循环经济促进法》共 6 章 58 条，主要规定了 9 项制度和措施：①循环经济规划制度；②抑制资源浪费和污染物排放的总量调控制度；③以生产者为主的责任延伸制度；④对高耗能、高耗水企业的监督管理；⑤强化产业政策的规范和引导；⑥明确关于减量化的具体要求；⑦关于再利用和资源化的具体要求；⑧激励机制；⑨法律责任追究制度。

2．建立循环经济评价指标体系，编制循环经济发展规划

（1）全面评价循环经济发展成效

发展循环经济涉及面广、综合性强，需要建立科学循环经济发展评价指标体系。为了科学评价循环经济发展状况，国家发展改革委、财政部、环境保护部（2007 年为国家环境保护总局）、国家统计局印发了《循环经济评价指标体系》（发改环资〔2007〕1815 号）和《循环经济发展评价指标体系（2017 年版）》（表 5-2）。各地应该根据指标体系摸清循环经济发展状况，发现本地区发展循环经济的薄弱环节，找准下一步的工作突破口，找到未来发展方向。

表 5-2　循环经济发展评价指标体系（2017 年版）

综合指标	主要资源产出率（元/t）、主要废弃物循环利用率（%）
专项指标	能源产出率（万元/t 标准煤）、水资源产出率（元/t）、建设用地产出率（万元/hm^2）、农作物秸秆综合利用率（%）、一般工业固体废物综合利用率（%）、规模以上工业企业重复用水率（%）、主要再生资源回收率（%）、城市餐厨废弃物资源化处理率（%）、城市建筑垃圾资源化处理率（%）、城市再生水利用率（%）、资源循环利用产业总产值（亿元）
参考指标	工业固体废物处置量（亿 t）、工业废水排放量（亿 t）、城镇生活垃圾填埋处理量（亿 t）、重点污染物排放量（分别计算）（万 t）

（2）编制循环经济发展规划

按照《中华人民共和国循环经济促进法》的明确要求，各地循环经济发展综合管理部门应依据国家发展改革委制定的《循环经济发展规划编制指南》的要求，会同同级环境保护等有关部门编制了《循环经济发展规划》，促进各地循环经济的健康发展。各地应该按照要求，及时编制循环经济规划，并将循环经济规划纳入国民经济和社会发展规划之中，将规划付诸实施。同时，大型企业也应该编制企业的循环经济发展规划。

3．加强循环经济技术研发和推广应用

根据循环经济试点工作中遇到的技术“瓶颈”问题，会同有关部门在国家重点基础研究发展计划、国家科技支撑计划和国家高技术发展计划等专项科技计划中，组织实施一批共性和关键技术攻关。在重大技术装备产业化和高技术产业化专项中，支持建设一批循环经济示范项目。对已经编制发布的《国家鼓励发展的资源节约综合利用和环境保护技术目录》《国家重点行业清洁生产技术导向目录》《重点行业循环经济支撑技术》《国家循环经济试点示范典型经验及推广指南》和钢铁、铝、海洋化工等行业发展循环经济环境保护导则中的技术要通过现场交流会、推广会等方式予以推广。积极支持技术服务体系建设，提高我国循环经济技术支撑能力。

4．完善促进循环经济发展的政策机制

产业政策方面，要结合《产业结构调整指导目录》和《外商投资产业指导目录》的修订调整，对高耗能、高排放行业实行更加严格的市场准入。财政政策方面，制定中央财政清洁生产奖励专项资金管理办法，加大对清洁生产项目的支持力度；建立发展循环经济专项资金，用于支持发展循环经济的政策研究、示范试点、宣传培训等。税收政策方面，落实好国家已有的资源综合利用税收优惠政策，研究调整完善消费税，对资源消耗小、循环利用率高、污染排放少的绿色产品、清洁产品和可再生能源等给予较低的消费税税率，对消耗高的消费品征收较高的消费税，抑制不合理消费。加快研究提出废水“零排放”企业免交排污费等政策；研究解决钢铁、建材等企业利用余热余压发电上网问题。调整进出口税收政策，控制国内紧缺资源和高耗能、高排放、资源性产品出口。研究鼓励国内紧缺资源废料进口的政策。加快研究建立生产者责任延伸制度。

5．推进园区循环化改造

2012 年 3 月，国家发展改革委、财政部发布了《关于推进园区循环化改造的意见》，明确提出对各类园区进行循环化改造。园区循环化改造是指现有的各类园区（包括经济技术开发区、高新技术产业开发区、保税区、出口加工区以及各类专业园区等）按照循环经济减量化、再利用、资源化的优先原则，优化空间布局，调整产业结构，突破循环经济关键链接技术，合理延伸产业链并循环链接，搭建基础设施和公共服务平台，创新组织形式和管理机制，实现园区资源高效、循环利用和废物“零排放”，不断增强园区可持续发展能力。

园区循环化改造以提高资源产出率为目标，按照“布局优化、产业成链、企业集群、物质循环、创新管理、集约发展”的要求，统筹规划园区空间布局，调整产业结构，优化资源配置，推进园区土地集约利用，大力推行清洁生产，推进企业间废物交换利用、能量梯级利用、废水循环利用，共享资源，共同使用基础设施，形成低消耗、低排放、高效率、能循环的现代产业体系，把园区改造成为“经济快速发展、资源高效利用、环境优美清洁、生态良性循环”的循环经济示范园区。

第三节　低碳经济

一、低碳经济产生的背景

1．全球气候变化

（1）气候变化

气候变化是指气候平均状态统计学意义上的巨大改变或者持续较长一段时间的气候

变动。《联合国气候变化框架公约》（UNFCCC）第一款中将“气候变化”定义为：“经过相当一段时间的观察，在自然气候变化之外由人类活动直接或间接地改变全球大气组成所导致的气候改变。”

1988 年 11 月，世界气象组织（WMO）和联合国环境规划署（UNEP）联合建立了政府间气候变化专门委员会（IPCC），就气候变化问题进行科学评估。2001 年 IPCC 第三次评估报告指出，1860—2000 年全球平均气温上升了 0.4～0.8℃（图 5-3），20 世纪 90 年代是 20 世纪最暖的 10 年。2007 年 IPCC 第四次评估报告表明，气候变暖主要归因于人类活动，特别是与人类活动中排放 CO_2 的程度密切相关。

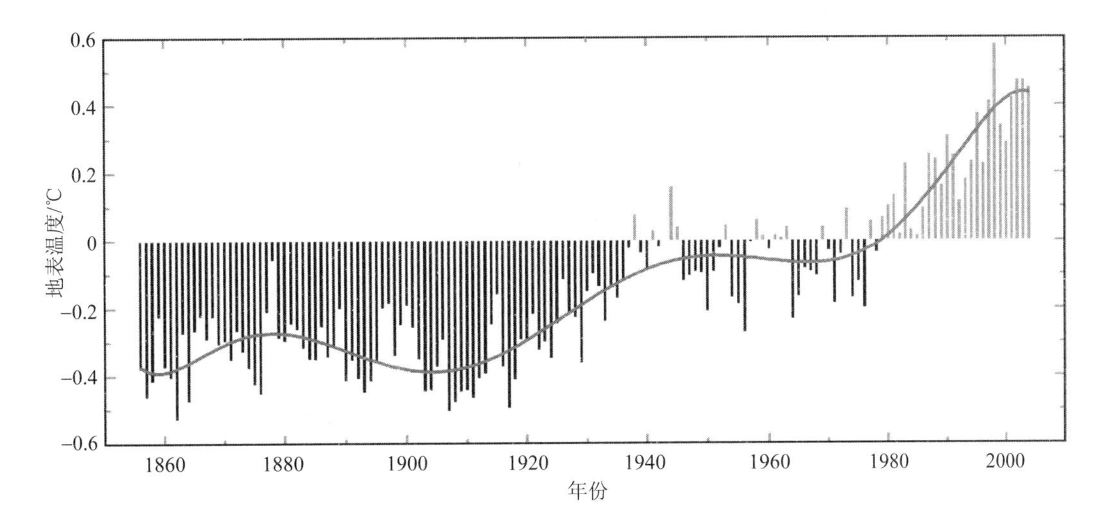

图 5-3　全球地表温度变化

我国近百年的气候也发生了明显变化：①近百年来，中国年平均气温升高了 0.5～0.8℃，略高于同期全球增温平均值；②近百年来，中国年均降水量变化趋势不显著，但区域降水变化波动较大；③近 50 年来，华北和东北地区干旱趋重，长江中下游地区和东南地区洪涝加重；④海平面上升，《2019 年中国海平面公报》显示，1980—2019 年，中国沿海海平面上升速率为 3.4 mm/a；⑤中国山地冰川快速退缩，并有加速趋势。

（2）气候变化的影响

《中国应对气候变化国家方案》将气候变化对中国的影响归纳为以下几方面：①对农牧业的影响。农业减产、成本增加、农业病虫害发病率升高。②对生态系统的影响。森林类型的分布北移、森林生产力和产量呈现不同程度的增加、森林火灾及病虫害发生的频率和强度可能增高、内陆湖泊和湿地加速萎缩、冰川与冻土面积将加速减少、积雪量可能出现较大幅度减少、对物种多样性造成威胁。③对水资源的影响。水资源短缺矛盾可能导致洪涝和干旱灾害发生的概率增加。④对海岸带的影响。沿岸海平面仍将继续上升，海岸侵蚀加重。⑤对其他领域的影响。气候变化可能引起热浪频率和强度的增加，由极端高温事件引起的死亡人数和严重疾病发病率将增加。

2．全球应对全球气候变化的实践

气候变化是国际社会普遍关心的重大全球性问题，为了应对气候变化，人类进行了不懈努力。1992 年 6 月 3—14 日，联合国在巴西里约热内卢召开了联合国环境与发展会议，在这次会议上，150 多个国家签署了《联合国气候变化框架公约》。这是世界上第一个为全面控制二氧化碳等温室气体排放、应对全球气候变暖的国际公约。公约确立了 5 个基本原则：①“共同但有区别的责任”的原则。要求发达国家应率先采取措施，应对气候变化。②要考虑发展中国家的具体需要和国情。③各缔约方应当采取必要措施，预测、防止和减少引起气候变化的因素。④尊重各缔约方的可持续发展权。⑤加强国际合作，应对气候变化的措施不能成为国际贸易的壁垒。公约自 1994 年 3 月 1 日起生效。

1997 年 12 月，在日本京都召开的《联合国气候变化框架公约》缔约方第三次会议通过了《京都议定书》。根据这份协议，2008—2012 年，主要工业发达国家以二氧化碳为主的 6 种温室气体排放量要在 1990 年的基础上平均减少 5.2%，包括中国和印度在内的发展中国家可自愿制定削减排放量目标。截至 2005 年 8 月 13 日，142 个国家和地区签署该议定书，批准国家的人口数量占全世界总人口的 80%。2005 年 2 月 16 日，《京都议定书》正式生效。

2015 年 12 月在法国巴黎召开的第 21 次 COP 会议（COP21）达成了《巴黎协定》，2016 年 4 月 22 日《巴黎协定》签署仪式上有 175 个缔约方签字，该协定于 2016 年 11 月 4 日生效。《巴黎协定》共 29 条，主要内容有：①全球长期目标是将全球平均升温控制在工业革命前的 2℃以内，争取控制在 1.5℃。②国家自主决定贡献（INDC），就是各国根据各自经济和政治状况自愿做出的减排承诺，并随时间推移而逐渐增加。③每 5 年进行一次全球盘点的升级更新机制，即“以全球盘点为核心，以 5 年为周期”的升级更新机制。④重申“共同但有区别的责任”原则。⑤强调经济发展的低碳转型协定，“强调气候变化行动、应对和影响与平等获得可持续发展和消除贫困有着内在的关系”，实现“气候适宜型的发展路径”。⑥采用“阳光条款”。各国根据各自经济和政治状况自愿提出“国家自主决定贡献”减排承诺，接受社会监督，各国都要遵循“衡量、报告和核实”的同一体系。

二、低碳经济的产生与发展

1．经济发展与碳排放

碳排放量增加是气候变化的主要根源，碳减排是解决气候变化的根本措施。历史上，工业化国家的碳排放具有一定规律：碳排放强度的倒“U”形曲线、人均碳排放量的倒“U”形曲线、碳排放总量的倒“U”形曲线（图 5-4）。发达国家从碳排放强度高峰到人均碳排放量高峰之间所经历的时间为 24～91 年，平均为 55 年左右。

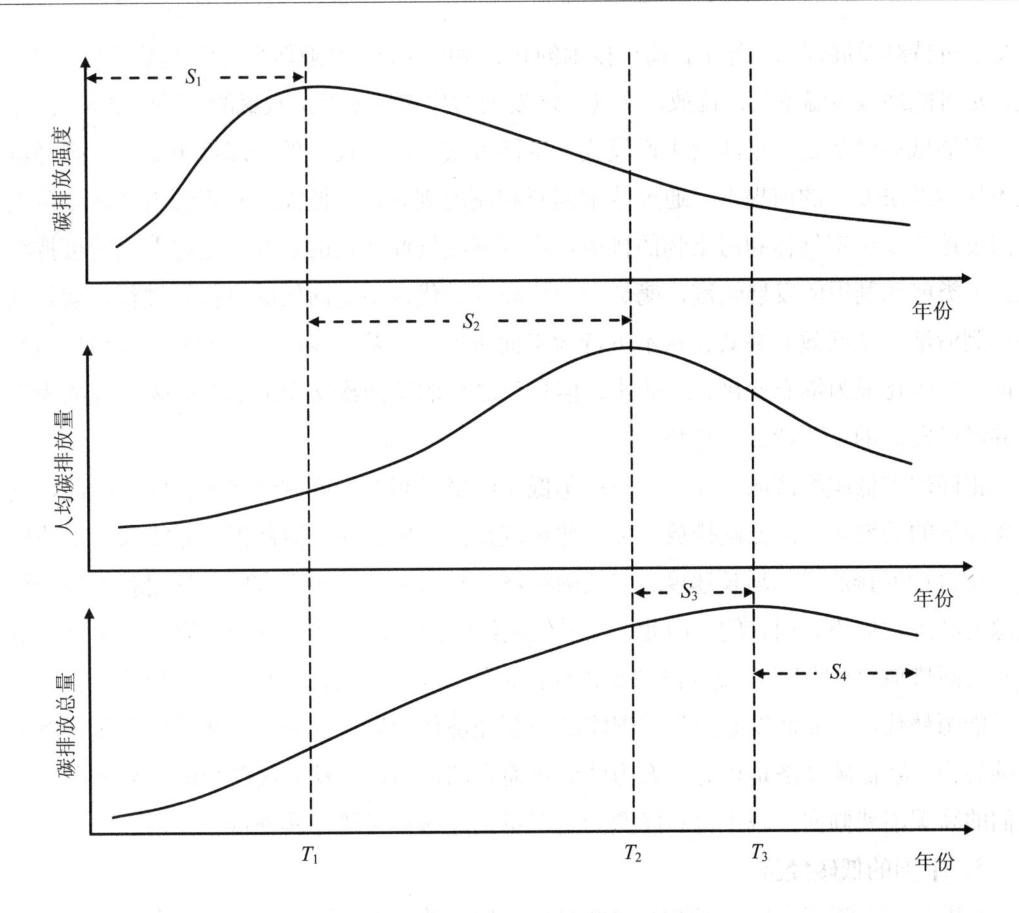

图 5-4 碳排放三大高峰变化示意图

2．低碳经济

传统的经济增长模式导致全球气候变暖、资源枯竭和严重的环境污染，为了人类社会的持续发展，必须对传统的经济增长方式进行改革。2003 年 2 月 24 日英国发布了《我们未来的能源——创建低碳经济》的白皮书。在该书中，首次提出了低碳经济的概念，并宣布了到 2050 年英国能源发展的总体目标：从根本上把英国变成一个发展低碳经济的国家。

英国环境专家鲁宾斯德将低碳经济定义为：低碳经济是一种正在兴起的经济模式，其核心是在市场机制基础上，通过制度框架和政策措施的制定和创新，推动提高能效技术、节约能源技术、可再生能源技术和温室气体减排技术的开发和运用，促进整个社会经济朝向高能效、低能耗和低碳排放的模式转型。

中国环境与发展国际合作委员会将低碳经济定义为：一个新的经济、技术和社会体系，与传统经济体系相比在生产和消费中能够节省能源，减少温室气体排放，同时还能保持经济和社会发展势头。

低碳经济实质是能源高效利用、清洁能源开发、追求绿色 GDP 的问题，核心是能源技术和减排技术创新、产业结构和制度创新以及人类生存发展观念的根本性转变。低碳经济是在可持续发展理念指导下，通过技术创新、制度创新、产业转型、新能源开发等多种手段，尽可能地减少温室气体排放，实现经济发展与生态环境保护双赢的一种经济发展形态。

发展低碳经济是一场涉及生产模式、生活方式和国家权益的全球性革命。低碳经济是在不影响经济发展的前提下，通过技术创新和制度创新，降低能源和资源消耗，尽可能最大限度地减少温室气体和污染物的排放，实现减缓气候变化的目标，促进人类的可持续发展。人类能源利用的发展轨迹，就是一个从高碳时代逐步走向低碳时代的过程，就是从不清洁到清洁、从低效到高效、从不可持续走向可持续、从高碳经济走向低碳经济的过程。目前，低碳化成为继农业化、工业化、信息化之后的第四次文明浪潮，低碳经济成为当今世界经济发展的主要特征和趋势。

正确理解低碳经济应该注意 3 点：①低碳经济是相对于高碳经济而言的，因此，发展低碳经济的关键在于降低碳排放强度，通过碳捕捉、碳封存、碳蓄积降低能源消费的碳强度，控制 CO_2 排放量的增长速度。②低碳经济是相对于新能源而言的，是相对于基于化石能源的经济发展模式而言的。因此，发展低碳经济的关键在于促进经济增长与由能源消费引发的碳排放“脱钩”，实现经济与碳排放错位增长（碳排放低增长、零增长乃至负增长），通过能源替代、发展低碳能源和零碳能源控制经济体的碳排放弹性，并最终实现经济增长的碳脱钩。③低碳经济是相对于人为碳通量而言的。因此，发展低碳经济的关键在于改变人们的高碳消费倾向，减少化石能源的消费量，减缓碳足迹，实现低碳生活。

3．中国的低碳经济

我国是能源消费大国（表 5-3），面对不断增长的能源、资源、环境压力，中国政府提出了加快建设资源节约型、环境友好型社会的重大战略构想，不断强化应对气候变化的措施，先后制定了一系列促进节能减排的政策，对低碳经济的发展起到了推进作用。

表 5-3　中国能源消费情况

年份	GDP 总量/亿元	能源消费总量（标准煤）/亿 t	煤炭所占比重/%	单位 GDP 能耗（标准煤）/（t/万元）
1980	4 545.6	6.027 5	72.2	13.26
1990	18 667.8	9.870 3	76.2	5.29
2000	99 214.6	14.553 1	69.2	1.47
2005	184 937.4	23.599 7	70.8	1.28
2010	401 512.8	32.493 9	68.0	0.81
2015	686 255.7	42.990 5	63.7	0.63
2016	743 408.3	43.581 9	62.0	0.59
2017	831 381.2	44.852 9	60.4	0.54
2018	915 887.3	46.400 0	59.0	0.51
2019	988 458.0	48.600 0	—	0.49

资料来源：中国统计年鉴（2019）。

2008年10月29日国务院新闻办公室发表了《中国应对气候变化的政策与行动》白皮书，详细阐明气候变化对中国的影响、应对气候变化的战略和目标、减缓气候变化的政策与行动、适应气候变化的政策与行动、提高全社会应对气候变化意识、加强气候变化领域国际合作、应对气候变化的体制机制建设等重大问题的原则立场和多种积极措施。

2009年8月27日，全国人民代表大会常务委员会通过了《关于积极应对气候变化的决议》，以对中华民族和全人类长远发展高度负责精神，进一步增强应对气候变化意识，根据自身能力做好应对工作，坚定不移地走可持续发展道路，积极应对气候变化。通过控制温室气体排放，增强适应气候变化能力，充分发挥科学技术的支撑和引领作用，发展绿色经济、低碳经济等，并要求把积极应对气候变化作为实现可持续发展的长期任务纳入国民经济和社会发展规划。

在2009年12月召开的哥本哈根联合国气候变化大会上，作为发展中国家，虽然中国没有被纳入强制减排计划中，但中国政府仍然对外宣布了将在2020年将单位GDP碳排放比2005年减少40%～45%的目标，表明配合国际社会承担大国社会责任的决心。

2010年7月19日，国家发展改革委发布了《国家发展改革委关于开展低碳省区和低碳城市试点工作的通知》，确定首先在广东、辽宁、湖北、陕西、云南5省和天津、重庆、深圳、厦门、杭州、南昌、贵阳、保定8市开展试点工作。

2011年3月，全国人民代表大会审议通过的《中华人民共和国国民经济和社会发展第十二个五年规划纲要》提出“十二五”时期中国应对气候变化约束性目标：到2015年，单位国内生产总值二氧化碳排放比2010年下降17%，单位国内生产总值能耗比2010年下降16%，非化石能源占一次能源消费的比重达到11.4%，新增森林面积1 250万hm^2，森林覆盖率提高到21.66%，森林蓄积量增加6亿m^3。“十二五”期间，我国碳强度累计下降了20%，2015年非化石能源占一次能源消费的比重达到了12%，森林蓄积量增加到151.37亿m^3，超额完成“十二五”计划要求。

2012年11月，党的十八大报告提出要着力推进绿色发展、循环发展、低碳发展，形成节约资源和保护环境的空间格局、产业结构、生产方式、生活方式。2014年10月，党的十八届四中全会决定提出，要加快建立有效约束开发行为和促进绿色发展、循环发展、低碳发展的生态文明法律制度。2015年10月，党的十八届五中全会提出“创新、协调、绿色、开放、共享”五大发展理念。

2016年3月，《中华人民共和国国民经济和社会发展第十三个五年规划纲要》明确提出了单位GDP能源消耗降低15%、单位GDP二氧化碳排放降低18%、非化石能源占一次能源消费的比重在2020年达到15%等节能降耗和减少温室气体排放的约束性指标。

2016年11月，《“十三五”控制温室气体排放工作方案》提出，顺应绿色低碳发展国际潮流，把低碳发展作为我国经济社会发展的重大战略和生态文明建设的重要途径。

2017年11月，党的十九大报告明确提出，要建立健全绿色低碳循环发展的经济体系，构建市场导向的绿色技术创新体系，构建清洁低碳和安全高效的能源体系，倡导绿色低碳的生活方式等。

2018 年中国碳强度下降 4.0%，比 2005 年累计下降 45.8%，相当于减排 52.6 亿 t 二氧化碳，非化石能源占能源消费总量的比重达到 14.3%，基本扭转了二氧化碳排放快速增长的局面。

中国走低碳经济的道路，既符合当前经济社会可持续发展的要求，也符合全球气候环境合作的要求。中国应该积极应对低碳经济，建立与低碳发展相适应的生产方式、消费模式，制定鼓励低碳发展的国际国内政策、法律体系和市场机制，最终实现由“高碳”时代到“低碳”时代的跨越，真正实现中国经济社会、人与自然的和谐发展。中国沿着低碳经济的道路和平崛起，将为人类社会特别是广大发展中国家提供一个全新的发展模式。

三、发展低碳经济的意义

1．发展低碳经济是生态文明建设的需要

改革开放以来，我国经济实现跨越式增长，但是，经济增长是以资源的空前消耗和严重生态环境破坏为代价的。资源过度的开发和不合理的利用，致使生态环境严重恶化，威胁我国经济的可持续发展。习近平主席多次强调，应对气候变化不是别人要我们做，而是我们自己要做，是中国可持续发展的内在需要，也是推动构建人类命运共同体的责任担当。应对气候变化是生态文明建设、推动经济高质量发展、建设美丽中国的重要抓手，为了应对气候变化，我国采取了积极行动。

2．发展低碳经济是优化产业结构、转变经济增长方式的重要途径

我国处于快速工业化和城市化阶段，大规模的基础设施建设需要钢材、水泥、电力等的供应保证，这些“高碳”产业是我国新一轮经济增长的带动产业，却无法通过国际市场满足国内的巨大需求，即这些产业的发展有其合理性。但以此为理由，千方百计地推进重化工业的发展，我国的资源支撑不了，环境容纳不了。因此，通过发展低碳经济，提高资源、能源的利用效率，降低经济的碳强度，成为提高我国国际竞争力、应对气候变化的必然要求，是促进我国经济结构和工业结构优化升级的重要途径。

3．发展低碳经济是解决我国能源安全的有效措施

我国能源资源总量较为丰富，但人均能源拥有量较低，人均能源拥有量远低于世界平均水平。煤炭和水力资源人均拥有量相当于世界平均水平的 50%，石油、天然气人均资源量仅约为世界平均水平的 1/15，中国原油对外依存度已经超过国际警戒线（50%）。同时我国能源利用效率偏低，能耗水平明显高于发达国家。能源安全涉及对外战略、国家安全、战略经济利益以及分配格局等多层次的战略性问题，是维护经济安全和国家安全、实现现代化建设战略目标的必然要求。因此，发展低碳经济可以降低能源需求和碳排放水平，确保能源安全。

4．发展低碳经济是依靠技术进步和创新支撑跨越式发展的可能路径

与发达国家相比，我国技术水平落后、研发和创新能力有限，这是我国由“高碳经济”向“低碳经济”转型面临的最大挑战。虽然《联合国气候变化框架公约》《京都议定书》和《哥本哈根协议》要求发达国家向发展中国家转让技术，但执行情况并不好。改革开放以来我国的“市场换技术”政策成效不明显，虽然汽车等技术含量高的产品市场被外国公司占领，但并没有得到多少核心技术和知识产权。面对低碳经济的新挑战，必须要自主开发低碳技术。发展低碳能源技术、二氧化碳收集储存技术研发等已纳入我国“973 计划”“863 计划”等科技支撑计划。发达国家在这些技术研发上起步不久，我国的差距并不大。只要加大低碳技术研发力度，就可以实现这个领域的跨越式发展。

5．发展低碳经济是我国应对国际挑战的重要途径

国际社会普遍存在这样的共识：“碳排放”将成为今后重要的国际战略资源。二氧化碳排放权有可能是继石油等大宗商品之后又一新的交易品种，欧美国家已经形成了碳交易货币和碳金融体系，“碳排放”技术及其产品将成为重要的国际战略资源和资产。金融危机以来，各国纷纷以低碳经济作为经济的新增长点，有的国家甚至为保护“碳技术”设起了“碳关税”。而中国处在工业化中期阶段，在国际贸易中，出口的产品主要是资源和能源密集型产品，因此对能源的消耗特别大。发达国家正在用这种新的“绿色壁垒”打压中国经济，遏制中国经济的发展。因此，在国际上，一方面坚持“双轨制”的同时，应积极发展低碳经济，抓住低碳革命的历史机遇。

四、如何发展低碳经济

1．编制低碳经济发展规划

利用规划引导是实现低碳经济发展的重要手段，成为创新经济的重要内容。一是继续将低碳经济作为重点纳入“十四五”规划，进行总体安排部署。二是将低碳技术研发纳入地方科技发展规划。三是制定专项规划，确定低碳经济的发展目标和重点、保障措施等，提出低碳经济的统计和考核指标。四是制定重点行业和部门的低碳发展规划，向低碳转型。

2．转变发展方式，构建适应低碳要求的现代产业体系

利用低碳经济发展机遇，加快产业结构调整步伐，加大技术改造投入，加强自主创新，加大高新技术产业培育，千方百计推进企业技术创新，推进产业升级，加快重组步伐。调整工业结构，推进高碳产业向低碳逐步转型；加强传统产业的技术改造和升级；培育和壮大战略性新兴产业；加快发展服务业。

3．大力推进低碳技术研发

低碳经济必须要以技术创新为支撑，低碳技术是一个国家或地区未来核心竞争力的重要标志。发展低碳经济，技术进步是决定因素之一。积极开发先进低碳技术，构建低碳技术创新支撑体系，完善政策激励环境。节约能源，发展低碳能源。通过加强目标责任考核、推动重点领域节能、推广节能技术与节能产品、推行节能市场机制、完善相关节能标准、实行激励政策等措施，促进节约能源。加快发展天然气等清洁能源。支持风电、太阳能、地热、生物质能等新型可再生能源发展。国家发展改革委已发布了3批“国家重点节能低碳技术推广目录”，其中《国家重点节能低碳技术推广目录（2017年本，节能部分）》，涉及煤炭、电力、钢铁、有色金属、石油石化、化工、建材等13个行业，共260项重点节能技术。

4．逐步建立应对气候变化的法规体系，形成低碳经济发展的长效机制

建立完善发展低碳经济的政策和法律保障体系，支持形成多元化的社会投资机制和运行机制。一是探索有利于节能减排和低碳产业发展的体制机制，出台鼓励和支持低碳产业发展的优惠政策。二是利用市场手段探索碳定价制度改革，建立生产和消费低碳产品和服务的激励机制。三是改革考核制度，淡化GDP考核指标。创新管理理念，调整考核方式，完善激励机制，把低碳经济、绿色GDP和人民幸福指数作为考核领导干部政绩的主要内容。四是建立碳市场和碳交易制度。《联合国气候变化框架公约》和《京都议定书》是碳交易出现的法律保障，是碳资产出现的根本原因。碳交易有三种交易机制［分别是清洁发展机制（CDM）、联合履行（JI）和排放交易（ET）］和两种形态（分别是配额型交易和项目型交易）。

5．倡导低碳消费，践行低碳生活方式

低碳消费是生态文明消费或绿色消费，是指在满足人的基本生存和发展需要的基础上，最大限度地减少对资源、能源的消耗和二氧化碳排放的适度的、绿色的可持续消费。低碳消费一是提倡适度消费，适度消费是满足人基本生存需求的消费，是人的生存和发展所必需的消费；二是提倡绿色消费，绿色消费是自觉不使用或抵制环境影响因子大的“黑色”产品，而使用那些在生产和使用过程中既不污染环境、自身也不被污染，既有利于环保、又有利于健康的绿色产品。

低碳生活方式是相对于高碳生活方式而言的。低碳生活就是指最大限度地减少饮食起居中所耗用的资源能源量，从而降低二氧化碳排放量的生活。简而言之，低碳生活就是节能减碳的生活。低碳生活与我们每个人都息息相关，它就在日常生活中。

第四节　节能环保产业

从世界各国的发展经验来看，解决环境问题，需要有产业支撑。当前，生态环境质量改善正进入深水区，要打赢污染防治攻坚战，需要从全社会募集更多的资金，需要运用更加先进的装备和技术，需要更加成熟的商业模式，这些都离不开一个成熟、开放、健康的节能环保产业。

一、概念演变

1．环境产业

环境产业是满足用户的环境需求并创造经济价值的产业。通过发展环境产业，可以使破坏的环境得到修复和治理，对未来的环境污染进行预防。环境产业包括环境污染治理、环境产品生产、环境保护服务、环境技术开发等。国际上对环境产业有狭义和广义之分。狭义定义为：在污染控制与减排、污染治理与废弃物处理等方面提供设备技术、信息服务的产业或行业，这是目前环境产业的核心内容。广义定义为：全过程防治，即不仅涵盖了狭义的内容，还包括产品生产过程的清洁生产技术和洁净产品。环境产业一般具有公益性、综合性、正外部性、交互性等特征。环境产业是新技术创新的动力与新的生产力增长点。经合组织（OECD）的研究表明，环境产业经过近 30 年的发展，已与信息技术、生物技术并列为当代最被看好的三大领域。环境产业对整个经济发展具有重要带动作用，因而被称为 21 世纪的“朝阳产业”。

2．环保产业

国务院环境保护委员会发布的《关于积极发展环境保护产业的若干意见》（1990 年）中，对环保产业的定义为：“环境保护产业是国民经济结构中以防治环境污染、改善生态环境、保护自然资源为目的所进行的技术开发、产品生产、商业流通、资源利用、信息服务、工程承包等活动的总称，主要包括环保机械制造、自然开发经营、环境工程建设、环境保护服务等方面。”2004 年国家环境保护总局将环保产业补充定义为“国民经济结构中为环境污染防治、生态保护与恢复、有效利用资源、满足人民环境需求，为社会、经济可持续发展提供产品和服务支持的产业。它不仅包括污染控制与减排、污染清理与废物处理等方面产品涉及的生产与技术服务的狭义内涵，还包括设计产品生命周期过程中对环境友好的技术与产品、节能技术、生态设计及与环境相关的服务等”。由此可见，我国的环保产业定义基本与国际上提出的环境产业广义概念一致。目前，我国环保产业的组成主要可以分为 4 个方面：环保产品、环保服务、资源综合利用及洁净产品。环保产业是国民经济结构中以防治环境污染、改善生态环境、保护自然资源为目的所进行的技术开发、产品生产、商业流通、资源利用、信息服务、工程承包、污染防治设施运营与管理等一系列活动的总称。

3．环境保护相关产业

环境保护相关产业这一术语，最早出现在国家环境保护总局于 2001 年 2 月《关于开展 2000 年全国环境保护相关产业基本情况调查的通知》中。环境保护相关产业是指国民经济结构中为环境污染防治、生态保护与恢复、有效利用资源、满足人民环境需求，为社会、经济可持续发展提供产品和服务支持的产业。它不仅包括污染控制与减排、污染清理及废物处理等方面提供产品与技术服务的狭义内涵，还包括涉及产品生命周期过程中的洁净技术与洁净产品、节能技术、生态设计及与环境相关的服务等。

4．节能环保产业

2009年，国务院首次提出发展“战略性新兴产业”时，节能环保产业就已被列为战略性新兴产业之一。在2010年国务院发布的《关于加快培育和发展战略性新兴产业的决定》中，节能环保产业作为7个战略性新兴产业之首，被视为拉动经济增长的新引擎。2013年8月1日，国务院办公厅正式印发了《国务院关于加快发展节能环保产业的意见》（国发〔2013〕30号），此后，国务院连续发布了《“十二五”国家战略性新兴产业发展规划》《“十二五”节能环保产业发展规划》《“十三五”节能环保产业发展规划》等多个文件，以推动节能产业加快发展。

《“十二五”节能环保产业发展规划》（国发〔2012〕19号）将节能环保产业定义为：“为节约能源资源、发展循环经济、保护生态环境提供物质基础和技术保障的产业。”节能环保产业主要包括节能产业、资源循环利用产业和环保产业，对经济增长拉动作用明显。加快发展节能环保产业，是调整经济结构、转变经济发展方式的内在要求，是推动节能减排，发展绿色经济和循环经济，建设资源节约型、环境友好型社会，积极应对气候变化，抢占未来竞争制高点的战略选择。

二、我国节能环保产业概况

1．节能环保产业组成

国家统计局发布的《战略性新兴产业分类（2018）》（国家统计局令　第23号）将节能环保产业分为高效节能产业、先进环保产业、资源循环利用产业三大类（表5-4）。

表5-4　节能环保产业分类

战略性新兴产业分类名称、代码			国民经济行业名称
7节能环保产业	7.1高效节能产业	7.1.1高效节能通用设备制造	锅炉及辅助设备，汽轮机及辅机，泵及真空设备，气体压缩机械，液压动力机械及元件，气压动力机械及元件，烘炉、熔炉及电炉，风机、风扇，气体、液体分离及纯净设备，制冷、空调设备，幻灯及投影设备，照相机及器材，计算器及货币专用设备，其他未列明通用设备
		7.1.2高效节能专用设备制造	矿山机械，石油钻采专用设备，建筑材料生产专用机械，炼油、化工生产专用设备，食品、酒、饮料及茶生产专用设备，农副食品加工专用设备，玻璃、陶瓷和搪瓷制品生产专用设备，半导体器件专用设备，其他电子专用设备，其他专用设备
		7.1.3高效节能电气机械器材制造	发电机及发电机组，电动机，变压器、整流器和电感器，电线、电缆，其他电工器材，家用制冷电器具，家用空气调节器，家用通风电器具，家用厨房电器具，家用清洁卫生电器具，家用美容、保健护理电器具，家用电力器具专用配件，太阳能器具，电光源，照明灯具，灯用电器附件及其他照明器具
		7.1.4高效节能工业控制装置制造	电工仪器仪表，实验分析仪器，供应用仪器仪表，其他专用仪器

战略性新兴产业分类名称、代码			国民经济行业名称
7 节能环保产业	7.1 高效节能产业	7.1.5 绿色节能建筑材料制造	日用塑料制品，水泥制品，轻质建筑材料，黏土砖瓦及建筑砌块，隔热和隔音材料，特种玻璃，技术玻璃制品，玻璃纤维增强塑料制品，金属门窗
		7.1.6 节能工程施工	节能工程施工，工程管理服务，工程监理服务，工程勘察活动，工程设计活动，工业设计服务
		7.1.7 节能研发与技术服务	资源与产权交易服务，会计、审计及税务服务，其他专业咨询与调查，工程和技术研究和试验发展，检测服务，标准化服务，认证认可服务，其他质检技术服务，节能技术推广服务
	7.2 先进环保产业	7.2.1 环境保护专用设备制造	环境保护专用设备，水资源专用机械，家用空气调节器，其他电子设备
		7.2.2 环境保护监测仪器及电子设备制造	实验分析仪器，环境监测专用仪器仪表，核子及核辐射测量仪器
		7.2.3 环境污染处理药剂材料制造	林产化学产品，环境污染处理专用药剂材料
		7.2.4 环境评估与监测服务	环境保护监测，生态资源监测，水资源管理
		7.2.5 环境保护及污染治理服务	畜禽粪污处理活动，污水处理及其再生利用，海洋环境服务，其他海洋服务，标准化服务，自然生态系统保护管理，其他自然保护，水污染治理，大气污染治理固体废物治理，危险废物治理，放射性废物治理，土壤污染治理与修复服务，噪声与振动控制服务，其他污染治理，市政设施管理
		7.2.6 环保工程施工	其他海洋工程建筑，工矿工程建筑，管道工程建筑，环保工程施工，生态保护工程施工，工程管理服务，工程勘察活动，工程设计活动，规划设计管理
		7.2.7 环保研发与技术服务	其他数字内容服务，资源与产权交易服务，其他法律服务环保咨询，其他专业咨询与调查，自然科学研究和试验发展，工程和技术研究和试验发展，标准化服务，认证认可服务，其他质检技术服务，农林牧渔技术推广服务，环保技术推广服务，其他技术推广服务
	7.3 资源循环利用产业	7.3.1 矿产资源与工业废弃资源利用设备制造	金属压力容器，内燃机及配件，气体、液体分离及纯净设备，矿山机械，石油钻采专用设备，环境保护专用设备，其他专用设备，试验机，环境监测专用仪器仪表，地质勘探和地震专用仪器
		7.3.2 矿产资源综合利用	陆地石油开采，陆地天然气开采，铁矿采选，镁矿采选，稀土金属矿采选，其他稀有金属矿采选，黏土及其他土砂石开采，化学矿开采，其他采矿业，其他电力生产
		7.3.3 工业固体废物、废气、废液回收和资源化利用	煤炭开采和洗选业，调味品、发酵制品，酒的制造，纺织业，皮革、毛皮、羽毛及其制品和制鞋业，造纸和纸制品业，炼焦，轮胎，非金属矿物制品业，黏土砖瓦及建筑砌块，黑色金属冶炼和压延加工业，有色金属冶炼和压延加工业，其他金属加工机械，其他文化、办公用机械，其他未列明通用设备制造业，建筑工程用机械，其他专用设备，汽车零部件及配件，金属废料和碎屑加工处理，非金属废料和碎屑加工处理，火力发电，热电联产

战略性新兴产业分类名称、代码			国民经济行业名称
7 节能环保产业	7.3 资源循环利用产业	7.3.4 城乡生活垃圾与农林废弃资源利用设备制造	环境保护专用设备
		7.3.5 城乡生活垃圾综合利用	环境卫生管理
		7.3.6 农林废弃物资源化利用	其他农业专业及辅助性活动，其他林业专业及辅助性活动，畜禽粪污处理活动，其他畜牧专业及辅助性活动，其他渔业专业及辅助性活动
		7.3.7 水及海水资源利用设备制造	建筑装饰及水暖管道零件制造，阀门和旋塞制造，机械化农业及园艺机具制造，水资源专用机械制造，海洋工程装备制造，供应用仪器仪表制造
		7.3.8 水资源循环利用与节水活动	其他水的处理、利用与分配，天然水收集与分配，其他水利管理业
		7.3.9 海水淡化活动	海水淡化处理

注：节选自《战略性新兴产业分类（2018）》。

2. 我国节能环保产业发展概况

2010 年，我国节能环保产业总产值达 2 万亿元，从业人数达 2 800 万人。“十二五”期间，在国家一系列政策支持和全社会共同努力下，我国节能环保产业发展取得显著成效。产业规模快速扩大，2015 年产值约 4.5 万亿元，从业人数达 3 000 多万人。技术装备水平大幅提升，高效燃煤锅炉、高效电机、膜生物反应器、高压压滤机等装备技术水平国际领先，燃煤机组超低排放，煤炭清洁高效加工及利用、再制造等技术取得重大突破，拥有世界一流的除尘脱硫、生活污水处理、余热余压利用、绿色照明等装备供给能力。产业集中度明显提高，涌现出 70 余家年营业收入超过 10 亿元的节能环保龙头企业，形成了一批节能环保产业基地。节能环保服务业保持良好发展势头，合同能源管理、环境污染第三方治理等服务模式得到广泛应用，一批生产制造型企业快速向生产服务型企业转变。

目前，我国节能环保产业发展还面临一些问题，主要有：

（1）创新能力不强。以企业为主体的环保技术创新体系不完善，绝大多数环保企业的科研、设计力量薄弱，缺乏基础性、开拓性、颠覆性技术创新。

（2）结构不合理。一方面，企业规模结构不合理，企业规模普遍偏小，产业集中度低，龙头骨干企业带动作用有待进一步提高；另一方面，产品结构不合理，设备成套化、系列化、标准化、国产化水平低，产品技术含量和附加值不高，国际品牌产品少。

（3）市场不规范。表现在：①地方保护、行业垄断、低价低质恶性竞争现象严重，有些地方政府或部门采取各种方式限定、变相限定单位或个人只能经营、购买、使用本地生产的环保产品或者只能接受指定企业或者个人提供的环境服务等，搞市场封锁；②污染治理设施重建设、轻管理，运行效率低；③市场监管不到位，一些国家明令淘汰的高耗能、高污染设备仍在使用。环境保护相关产业市场混乱的结果是阻碍环境保护相关产业技术进步，挫伤了经营者的积极性。

（4）政策机制不完善。节能环保法规和标准体系不健全，节能、环保标准建设滞后，资源性产品价格改革和环保收费政策尚未到位，财税和金融政策有待进一步完善，企业融资困难，生产者责任延伸制尚未建立。

三、我国节能环保产业发展的建议

为了推动环保产业更快更好地发展，应做好以下5个方面的工作：

（1）加大财税和价格政策的支持力度。中央及地方政府增加预算内投资对节能环保产业给予支持，引导节能环保产业发展；落实节能环保产业税收优惠政策，修订完善节能节水、环境保护专用设备企业所得税优惠目录，落实资源综合利用产品的增值税优惠政策；推进资源性产品价格改革，落实差别电价、完善污水处理服务收费。

（2）强化技术支撑。以创新为驱动，完善以企业为主体的技术创新体系，立足原始创新、集成创新和引进消化吸收再创新，形成更多拥有自主知识产权的核心技术和具有国际品牌的产品，提升装备制造能力和水平，促进产业升级，形成节能环保产业发展新优势。

（3）建立健全绿色金融体系，推动节能环保产业与绿色金融的深度融合。通过大力发展绿色信贷，完善绿色信贷统计制度，鼓励银行业金融机构将碳排放权、排污权、合同能源管理未来收益、特许经营收费权等纳入贷款质押担保物范围，支持绿色债券规范有序发展，引导和支持社会资本建立绿色发展基金等措施，积极开展金融创新，加大对节能环保产业的支持力度。

（4）充分发挥市场在节能环保产业资源配置中的决定性作用，规范市场秩序，形成统一开放、平等准入、竞争有序的市场体系。以提高节能环保供给水平为主线，扶持骨干企业发展。结合“十三五”国家环保工作重点，在污水处理、垃圾处理、大气污染控制、危险废物与土壤污染治理、监测设备等重点领域扶持培育一批核心技术能力强、管理现代化的设备制造骨干企业和能进行重大工程设计、建设、运行的专业化环境服务企业，积极引导中小型企业向专、精、新、特的方向发展。

（5）强化监督管理。严格环保执法监督检查，严肃查处各类违法违规行为，加大惩处力度。加强市场监督、产品质量监督，强化标准标识监督管理。落实招投标各项规定，充分发挥行业协会作用，加强行业自律。整顿和规范环保市场秩序，打破地方保护和行业垄断，打击低价竞争、恶性竞争等不正当竞争行为，促进公平竞争、有序竞争，为环保产业发展创造良好的市场环境。

第五节　产业生态化与生态产业化

2018 年，我国三次产业增加值比重依次为 7.2%、40.7%、52.2%，第三产业已发展成为三次产业的重心，产业结构呈现“三、二、一”的发展模式。尽管如此，我国产业发展仍面临着结构不平衡、发展不充分、资源浪费严重、环境保护不足等问题。面对经济增长与环境污染、资源短缺等之间日益突出的矛盾，我国自 1978 年以来便相继提出了“环境保护”“可持续发展”“生态文明建设”“绿色发展”“绿水青山就是金山银山”等发展战略与发展理念，不断强调经济、资源、环境之间可持续发展的重要性。2018 年 5 月召开的全国生态环境保护会议上，习近平总书记指出，要加快建立健全“以产业生态化和生态产业化为主体的生态经济体系”，这一论断对促进生态保护和经济社会协调发展具有重大指导意义。产业生态化是从产业组织管理的角度出发，进行生产流程的生态化改造，引入环境友好型新技术，通过各类资源循环利用，在实现产出增加的同时保持良好的生态环境效益；产业生态化是产业发展到一定阶段提质增效的必然要求。而生态产业化重点在于盘活生态资源，连接一、二、三产业，通过市场化的手段实现生态资源保值增值。生态产业化是在当前存在城乡二元经济、偏远地区农民期待脱贫致富，城市居民要求提高生活品质、实现绿色消费的背景下产生的，对促进城乡人口和生产要素双向流动、新生产生活模式的产生具有积极意义。

产业生态化和生态产业化作为有机联系的整体，对于解决我国新时期基本矛盾、实现平衡充分发展具有重要意义。产业生态化和生态产业化是前后相继、互为循环的过程。生态产业化强调生态资源的转化与应用，生态产业化是社会现代化、人类对自然资源更好利用的标志，并且在产业化的过程中需要兼顾生态效应，预先设计产业生态化方案，即在开发中保护才会实现生态资源的永续利用。产业生态化通过绿色循环生产管理技术的开发使用，模仿自然生态自循环和自净化的过程，将生产对环境的干扰降到尽可能的低值；产业生态化是对自然规律的服从和尊重，在产品和服务供给的同时为自然资源的恢复和再利用留下空间。因此，产业生态化也是生态产业化再实现的前提。

一、产业生态化与生态产业化概念

1. 产业生态化

产业生态化就是指要按照“绿色、循环、低碳”的产业发展要求，利用先进生态技术，培育发展资源利用率高、能耗低、排放少、生态效益好的新兴产业，采用节能低碳环保技术改造传统产业，促进产业绿色化发展。产业生态化是 21 世纪国家生态文明建设的必然要求，其超越了既往的工业文明观，是人类对人与自然关系认识的新的升华与新的境界。

相对来说，产业生态化的概念产生较早，从 20 世纪中期开始人类意识到工业活动产生了显著负环境效应就开始实践环境友好型的生产方式，例如，以“减量化、资源化、再利用”为原则的循环经济模式，绿色产品标识、新能源的推广使用等。经过发展逐步形成产业生态学（Industrial Ecology，IE）。产业生态学是 20 世纪 80 年代物理学家 Robert Frosch 等模拟生物新陈代谢过程和生态系统循环时开展的“工业代谢”研究。N.Gallopoulos 等首先提出了产业生态系统和产业生态学的概念。产业生态学，是产业经济学研究的一个新方向，是产业经济学与生态学的交叉学科。产业生态学，研究产业组织、产业结构、产业分布、产业关联和产业环境理论。将产业作为典型的人工生态，分析产业的生态现象及其演替规律，从而完成了产业经济研究的范式转换和方法论变革。在产业生态系统的构建过程中，不可避免地要淘汰那些设备陈旧、高物耗、高能耗、污染严重的产业部门和环境负效应严重的产品。在现代社会工农业生产中大力倡导采用高效、低耗、环境污染小、经济效益高的技术，积极调整产业结构，不断地探索既有利于保护环境又能提高企业效益的经营管理模式，实现国民经济的良性循环与持续发展。

我国经过了改革开放后经济的连续较快增长后，产业生态化也是当前阶段实现供给侧结构性改革和经济高质量发展的内在要求，对于中国同国际标准接轨，规避贸易壁垒、减少贸易摩擦有不可忽视的作用；产业生态化也是一个逐步推进的过程，从 20 世纪 90 年代起“清洁生产、循环经济、可持续发展、绿色发展”系列政策指导得到了全社会的广泛响应，生态产业园区、绿色循环园区在各地纷纷建成，生产环境绩效得到显著提高。

2．生态产业化

生态产业（Eco-Industry，ECO），是继经济技术开发、技术产业开发之后发展的第 3 代产业。生态产业是包含工业、农业、居民区等的生态环境和生存状况的一个有机系统。生态产业通过自然生态系统形成物流和能量的转化，形成自然生态系统、人工生态系统、产业生态系统之间共生的网络。生态产业，横跨初级生产部门、次级生产部门、服务部门。生态产业是按生态经济学原理和知识经济规律组织起来的，基于生态系统承载力具有完整的代谢过程及和谐的生态功能的网络型、进化型、复合型产业。

生态产业化立足生态资源，是缩小区域差距的有效途径，是实现农村地区脱贫致富，推进一、二、三产业有机衔接的必然要求；可以更高程度上盘活生态资源，增强放大生态服务功能，是“绿水青山就是金山银山”转化路径的现实体现。生态产业化首先体现在实现农业自然资源的价值转化上，随着技术进步和生产力的不断提高，以农、林、牧、渔为代表的大农业产值也在快速增长，尤其是农业种植业在 2000—2016 年增长了 2 倍，畜牧养殖业受价格影响也在波动中呈显著上涨趋势；林业和渔业只在部分农村地区发展，受自然和技术条件限制，产值增幅相对缓慢。但在 2010 年后，居民水产品消费需求显著增长，带动了渔业的相对快速发展。乡村旅游是生态资源产业化的新方向，在各级政府的扶持和带动下，近年来乡村开展各种形式的生态观光旅游、农事体验游、农家乐等乡村旅游项目，业务具体涉及民宿、特色小镇、乡村旅游综合体等领域，这些乡村旅游项目是农村特色产品对外销售的重要渠道，对农村剩余劳动力就业和收入增长具有积极意义。据统计，2017年乡村旅游接待游客28亿人次，同比增长33%，营业收入达7 400亿元，同比增长29%，从业人员约1 100万人。乡村旅游使750万户农民受益，成为天然的农村产业融合主体。因此，生态产业化的主要推广区域在农村，也是农民脱贫致富的关键。生态资源的挖掘不仅体现在传统的农、林、牧、渔业，还应该向其他非传统资源，如旅游、水、空气等资源开发拓展，资源之间的连接与整合可以产生更高的附加值，形成生态产业化链条，使生态产业化成为联系城乡，打通一、二、三产业的桥梁和纽带。

生态产业化的实现也是逐步推进的过程，需要以产权为主体的制度改革为先导，以公司+农户、合作社、协会等新生产经营模式为支撑，以交通、电信、能源等基础设施的完善为前提，将城市新技术和人力资源引入农村地区生态产业，使依托自然资源的生态旅游、新能源、特色养殖、水资源开发等产业得到规模化、高质量发展；将绿色生态作为企业的核心竞争力，实现附加值的逐步提升和品牌化效益，最终带动广大农村地区脱贫致富。

二、产业生态化与生态产业化实现途径

1. 推动农业向生态农业转型

（1）发展生态、高效、循环农业，生产绿色农产品。生态循环农业是以“循环利用”为发展理念，做到“废弃物—资源”不断循环，既能实现节约资源、清洁生产，又能更大限度地合理利用和配置资源，进一步做到节约、高效。其运行原理为：将农、林、牧、渔业进行有机结合，并将其各自产生的产品和废弃物转化为其他产业所需的要素，实现相互关联和循环利用。目前，农业生产中的典型案例有“农作物—畜牧—沼气”“养殖业—沼气—农作物（种植业）“农作物—养殖业—菌类”等。针对不同区域条件，循环农业的发展可走三大循环模式：①以小农户为中心的小循环农业发展模式，如“猪—沼气—作物”“作物—猪—沼气”“作物—猪/羊—菌类”等发展模式；②以农场主、合作社、农业企业等为中心的中循环模式，如“养殖—化肥—作物”“作物—养殖—化肥”等模式；③以农业产业园区、整个乡/镇/县等为中心的大循环模式。

（2）培育生态农业经营主体，推动区域生态农业发展。生态农业发展不仅要从生产角度实现循环利用，还需根据各地区农作物、农产品资源和优势，优先培育生态农业经营主体（如家庭农场、龙头企业等）。具体做法是通过政府鼓励、支持和引导，将当地种植大户、养殖大户或现有农业企业发展成为当地特色农业经营主体。以农业经营主体为载体，发展地方特色农产品加工业，提升农产品附加值，打开生态农产品的多元化供给市场，并借助实体平台和网络平台等，拓展生态农产品需求市场。与此同时，还可联合相关科研机构或平台，将特色优势农业以“育—繁—推”“产—学—研”等可持续推广模式进行发展。

（3）打造生态农业产业园区，实现生态农业集聚发展。农业产业园区能将农产品从单一、零散经营转变成集群、专业经营，形成农业产业链，实现农业在地域空间上的聚集，是集生产、观光、科技等多功能于一体的综合示范园区。走生态农业产业园区发展道路，可依托各地区优势特色农业，以市场化、多元化推动农业产业园区与小农户有机衔接，推动农业产业化龙头企业与农民合作社、家庭农场、供销合作社等经营主体相互促进，实现生态农业生产要素、生态要素和创新要素的融合与集聚，最终实现农业生态化发展。

（4）发展休闲观光农业，延伸农业生态价值。该路径具有很强的可塑性，其核心思想是因地制宜、因势利导，将农业与二、三产业相结合，打造具有农业价值、旅游价值、地方文化价值的农业衍生产品，使其植根于农业，但又不局限于农业。具体做法可根据各区域特色产业或特有地形，设计出符合当地特色和旅游市场多样化需求的休闲观光农业经营路径，如生态旅游农业、生态体验农业园区、农业生态庄园等。

2．推动工业向生态工业转型

（1）改造升级传统工业企业。该路径力求通过树立生态意识、推行清洁生产、实施绿色管理等方式完成对传统工业企业的改造升级。树立生态意识，即改变传统的“先污染、后治理”观念，鼓励对生产全过程做到生态环保；推行清洁生产，是指在生产过程中要节约原材料和能源，在排放过程中要做到低毒物、低污染甚至零污染，生产的产品要清洁可靠，生产过程中要尽可能接近零排放，减少能耗，形成闭路循环生产，建立低废物或低污染的工业技术系统；实施绿色管理，是指在产前、产中、产后等所有环节均以避免人、财、力等资源浪费为原则，实现节约资源、绿色高效的管理方式。

（2）建立现代生态工业园区。现代生态工业园区，既可以是在传统工业园区的基础上实现转型升级的工业生态经济系统，也可以是新建的以生态发展为理念的工业园区。现代生态工业园区不同于传统工业园区，其生产方式从传统的“设计—生产—使用—废弃”模式转化为“回收—再利用—设计—生产”的循环经济生产模式。生态工业园区以循环生产为主，寻找不同企业产品及副产品间的关联，形成资源共享、产出物互换的产业共生循环链，使上游生产过程中产生的废弃物成为下游所需的生产要素，从而实现循环共生、节能高效、生态环保的发展模式。

（3）鼓励产业共生、融合、循环发展。产业共生是要推动现代生态工业“助一辅三”，实现三次产业的生态有机联动、协同发展。产业融合是要推动第二产业与第一、第三产业实现资源共享、互融互通。产业循环是要实现产品、能源、废弃物等资源的再利用。在此过程中，各产业并非独立，而是形成一条相互关联、高度切合的产业链。例如，可推进农、林、牧、渔等生态农产品的精深加工，创造出更多类型的特色农副产品，树立生态农产品品牌；也可推进制造业的智能化、服务化转型升级，不断融入大数据、互联网、区块链等现代新兴技术，创造出更多形式多样的生态工业新业态、新模式和新增长点等。

（4）培育战略性新兴产业。战略性新兴产业重在发展低能耗、低物耗、大潜力、高效益、重知识、重技术的产业，是未来生态产业发展的重要方向。我国不同区域可根据自身经济基础和产业发展方向，侧重引进和发展相关战略性新兴产业，如通过大数据智能化推动产业数字化、数字产业化，加速建设战略性新兴产业经济先行示范区、国家重要的智能产业基地等。在此建设过程中，一方面以改造升级汽车、电子、装备制造、化工医药、材料、消费品和能源等传统产业为基础，另一方面以新能源、可再生能源、新能源汽车、新材料、生物医药等战略性新兴产业为发展主导方向，重点培育以智能装备、智能手机、智能穿戴设备、智能家居、智能家电等智能制造产品为主的战略性新兴制造业。

3. 推动服务业向生态服务业转型

（1）打造支柱性生态服务业。该路径秉持因地制宜、因势利导原则，根据地区差异，重点打造升级支柱性服务业，使其发展为具有地区特色的支柱性生态服务业。如在自然资源丰富区域，可依托其天然生态资源优势，挖掘地方特色“健康”“保健”食品和相关服务，以及生态旅游资源，大力发展大健康产品（食品、药材等）服务业、自然景观旅游业、生态健康服务业等产业；在主要城区内，也可依托城区要素集聚优势，积极举办各类节庆、会展等重大活动，形成以文化为核心的文化旅游产业。

（2）升级支撑性生态服务业。该路径从资金、技术、人才等角度出发，利用大数据、云计算、互联网和物联网等新兴技术，对传统服务产品和行业进行效能提升，形成智慧旅游、智能金融、智能物流、智能共享等新兴生态服务业。

（3）强化保障性生态服务业。该路径从保障地区、城市生态文明发展角度出发，对农村服务业、公共服务业、人力资源服务业、社会保障服务业等具有保障性特征的产业提出转型升级要求，推动其生态化发展。

（4）培育创新性生态服务业。该路径以“创新、跨界、融合”发展为方向，在新经济环境下，融合三次产业，发展“服务+”创新型生态服务业，如农村电商、网络教育、在线咨询、互联网房产、绿色金融等“服务业+制造业”“服务业+农业”等产业，促进生态服务业的深度开发、广度融合，发展新兴生态服务业。

4. 推动生态资源向生态产业转型

生态资源包含着山水林田湖草等自然资源、气候资源和环境资源等，生态资源产业化，具体来说就是将现有生态资源转化成可增值产品，实现“绿水青山就是金山银山”的价值增值和“区域空间→生态资源→生态产品→生态产业→生态产业系统”的发展。在此过程中，主要环节是引入产权机制和价格机制，实现市场化。市场化的实现，一是要政府、企业、个体三大主体协同推动；二是要深刻认识发展区域经济基础，深入挖掘发展区域资源优势，确定发展定位；三是要因地制宜、因势利导选择适宜的发展方式。对此，提出两条路径：一是侧重不同生态资源、资源禀赋、地理区位等情况，发展优势生态资源产业，走优势生态资源产业化发展道路；二是整合生态资源，发展生态资源融合产业，走生态资源融合发展道路。

（1）优势生态资源产业化发展路径。不同地区生态资源优势不同，可根据当地区位、生态资源、经济基础条件发展不同的优势生态资源产业。绝大多数的生态资源（如林、草、山、水等）都具有多功能性，既可直接将生态资源作为产品进行售卖，又可通过发展生态产业进行生态产品的开发。优势生态资源产业化发展路径遵循“保护—开发—治理多措并举、政府—企业—个体协同推进、生态—人文—产业融合发展”的思路。

（2）生态资源融合发展路径。生态资源融合发展路径不仅注重从资源角度考虑发展，更注重资源整合、空间协同发展。资源整合是从区域整体考虑，整合区域内山水林田湖草等自然资源、人文资源以及其他资源，对区域内已有的或可创造的生态资源优势进行统筹规划，挖掘不同资源之间的相互关联，形成生态主导产业，以主导产业带动其他生态产业的发展，形成高品质、多元化、包容性强的生态产业群。

三、产业生态化与生态产业化融合的实践模式

产业生态化和生态产业化是前后相继、相辅相成的过程。生态产业化的推进需要以产业生态化为前提，例如，农村水资源、土地资源的开发同样需要顾及生态效应，在生态环境承载范围之内实现可持续性；与此同时，以产业生态化为经营组织原则可以节约更多生态资源，为下一阶段的生态产业化奠定基础，并且随着技术水平和管理方法不断优化升级，将会产生更多更有效的生态产业化模式。

以贵州省遵义市赤水市为例，赤水市位于四川和贵州交界地区，因优良水质和独特的环境条件，适宜酿造优质白酒，一些知名白酒产自赤水。当地人认识到赤水市最大的优势和潜力在于生态，在新形势下，赤水市必须处理好经济发展和生态保护之间的关系。为此，赤水地区进行了连续10年的“退耕造竹”行动，使赤水市森林覆盖率由2006年的62.18%提高到2016年的80.78%，竹林面积达到131万亩。生态资源也给赤水农民带来了脱贫致富的新路子，在“全景赤水、全域旅游”观念的带动下，当地依托观光旅游开展山货销售，发展农家乐，开办山地音乐节、中国侏罗纪自行车爬坡赛，与法国蒙特罗市、圣梅达尔市缔结友好城市，开启了赤水旅游国际化、多元化合作的新模式，对赤水市提高国际知名度、宣传生态赤水、弘扬名酒文化起到了积极作用。在生态恢复和重建后赤水市积极发展林下经济，依托130多万亩的规模竹林和优良生态环境，创建“竹乡乌骨鸡”“金钗石斛”“赤水晒醋”等知名品牌；构建起“石上种药、山上栽竹、林下养鸡、水里养鱼”的立体循环生态农业体系，开创了赤水农民致富新道路。

产业生态化是生态产业化的前提和保障，除了退耕造林、发展农业循环经济，赤水市政府对产业结构也进行再调整，淘汰重污染和低效率的落后产能，对酿酒、造纸等行业开展节能减排改造和工艺流程升级。实施产业入园策略，打造绿色低碳产业园，例如，赤天化集团在竹资源加工的基础上延伸产业链、促进资源循环和充分利用，建立由造纸、建材、竹地板、工艺品、生态食品等250多个品种构成的绿色产业体系。赤水河作为两化融合、相互促进的

范例描绘了生态资源循环利用、环境与经济效益兼顾的美好图景，为其他地方利用优势生态资源、推进经济活动与自然环境相协调、实现长期可持续发展提供了有益借鉴。

四、产业生态化与生态产业化建设的思路

产业生态化和生态产业化是我国现阶段衔接城乡，连接一、二、三产业的纽带，通过二者互动发展，促进了城乡之间各类生产资源和人口的双向流动，为提高城市居民消费品质、增加农村地区收入提供了有效的途径；从产业链的角度，通过生态种植—农产品加工—销售服务整体产业链的优化设计，可以进一步提高产业附加值、带动城乡居民就业，使各次产业得到平衡有序发展。产业生态化和生态产业化作为衔接互动的过程，需要从整体上加以统筹推进，把资源利用和保护放在同样重要的位置上，借助先进技术方法、有效政策手段促进资源永续利用，达到环境和经济双重效益，为实现生产和消费的高质量转化开辟道路。

当前产业生态化的落脚点主要在城市及其周边地区，以产业集群和生态产业园区的形式将上下游关联产业布局到特定的区域范围内，实现企业间设施共享和资源集约循环利用。在消费领域，倡导绿色环保理念，以绿色标识、能效标识、消费者补贴的形式引导市场消费倾向，从而反向促进生产的生态化进程。制度改革和创新也是推进产业生态化不可缺少的关键环节，我国从资源税按量征收变为按价征收，环境费改税，到碳排放交易市场的范围逐步扩展都对企业集约节约、绿色环保形成了硬性约束，对整体产业生态化起到了有效推进作用。未来产业生态化需要进一步联系纵向、横向产业，打通生产和消费领域，实施生产者责任延伸和消费者教育及利益返还策略，将绿色循环从产业内拓展到产业间，从生产领域拓展到包括生产、销售、消费在内的全社会领域。

生态产业化当前应重点从农村推进，把挖掘生态资源市场价值、改造提升生态服务供给的数量和质量作为关键领域，通过各类先进稀缺生产要素的有机融合提升生态产品及服务的附加值。例如，现代农业技术与地方特色化种养殖的结合、先进管理运营方式同生态观光旅游业的结合、电子商务同农副产品销售的结合等；尤其是在人口稀少、生态资源丰富的偏远地区，需要将引资和引智作为生态产业化的先导，在经营规模和经营品质上达到能够持续盈利的水平。生态产业化的关键是打造关联共生的产业网络，例如，积极发展生态旅游相关产业，从门票旅游向餐饮、住宿、生产、销售的综合旅游产业转变；整合城乡电信、运输、农副产品加工行业，逐步降低生态产业化的实际成本；推进产业链条延伸、城市和农村相衔接，从而实现产业结构优化升级和城乡居民共同富裕的目标；生态产业化过程中也需要注意生态资源非排他性的公共属性，在市场边界划分、后期利益分配方面需要兼顾公平与效率，使生态产业化在和谐的社会氛围内得到有序推进。

产业生态化和生态产业化作为整体提出是我国现阶段既要发展经济又要保护环境的背景下的内在要求，将资源利用和生态维护放在同等重要的位置，为经济和环境的平衡与互动发展指明了前进方向。

第六节 贸易与环境

一、贸易与环境

在世界贸易额不断加大的同时，全球环境污染问题日益严重，因此，贸易与环境的关系问题越来越被人们所关注，对此问题的研究也越来越多。通过研究发现，贸易其实并不是环境恶化的根源，环境对贸易的影响也并不显著。重要的是我们如何通过合适的政策来协调好二者的关系，使经济走上可持续发展的道路。要找寻贸易与环境和谐发展的有效途径，必须先研究贸易与环境的相关关系。

1．贸易与环境关系

（1）贸易对环境的促进作用

一方面，国际贸易的发展使全球范围内的供给与需求更加紧密地联系了起来，使各国的自然资源都能得到充分的利用，极大地提高了资源的利用效率，实现了资源在全球范围内的优化配置。各国可以利用本国的最优资源禀赋和自身优势，扩大经营范围及经营规模，提高国民收入和福利水平。收入水平提高了，就有能力购买先进的设备来改善生态环境，可以有充分的资金处理环境问题，改善和保护本国的环境，提高人们的环保意识，促进环保事业的发展。这是全球范围内的良性循环。

另一方面，国际贸易还可以推动环境保护先进技术在全球范围内的扩散。一些发展中国家环保技术还比较落后，可以通过开发本国优势资源进行国际贸易，在参与国际贸易的过程中，自然会引进发达国家环境保护的先进技术设备和产品以及环保先进技术服务，弥补本国环保技术开发的不足，避免了很多科研和开发的弯路，从而对发展中国家环境保护的管理制度、政策体系、环保法规的制定与完善起到了促进作用。

（2）贸易对环境的负面影响

国际贸易在促进经济发展的同时，因为产出的增加必然加速各国自然资源的耗费，不加限制的贸易自由化会导致生态环境恶化和破坏在全球蔓延，甚至会带来生态危机和环境灾难，因此贸易对生态环境会带来许多负面影响，具体体现在：

第一，为了极大地增加出口，出现不顾生态环境盲目开发产品、开采资源的现象，如我国青海省为了创造外汇收入，过度开采冬虫夏草，破坏了草场生态环境。另外，海洋开发与运输的日益增长使得沿海地区的经济发展迅速，但同时也使得海洋的污染面积日益扩大。中国科学院院士刘瑞玉谈到，海洋资源已经十分匮乏，渤海以及南海的对虾都已绝种，将来恐怕连鱼都没有了。

第二，一些发达国家将自己国家的污染产业和有害废弃物向发展中国家转移，以及发展中国家过度开发资源密集型产品导致的负面影响。发达国家环境保护法律法规相当健全，一些对环境破坏严重的产业很难在本国发展，环境保护管理制度严格导致企业治污成本很高。所以，他们会利用发展中国家环保法律法规还不是很健全的漏洞，将污染产业和工业废弃物通过贸易转移至发展中国家，这对发展中国家会造成极大的负面影响。另外，野生动植物及其产品的贸易活动给发展中国家以及欠发达国家带来了外汇收入，但是，如果以商业利益为目的过度开发，就不利于本国资源的保护和发展，甚至有可能导致这些发展中国家和欠发达国家的资源危机和生态危机。

第三，国际贸易会间接导致国家间的资源掠夺。全球性生产和消费的膨胀，会导致全球资源和能源的大量耗费，环境恶化。由于各国资源的不均衡，贸易自由化就会使一些国家对另一些国家产生资源依赖。一般情况下，环保标准高的发达国家会进口大量发展中国家的原材料和初级产品，由于重视本国的可持续发展战略，也鼓励和引导本国企业去利用发展中国家的资源，而把高污染、高能源消耗的工业产业转移到发展中国家，而保护本国的自然资源和环境质量。环保标准高的发达国家将重度污染的工业企业建在这些发展中国家中，转嫁了环境破坏和工业污染，利用这些国家的廉价资源与劳动力实现其利润的最大化及污染的转嫁。这是一种间接的资源掠夺，是贸易与环境的负相关关系。

2．贸易与环境协调发展的途径

我国是世界上最大的发展中国家，也是世界上经济和对外贸易增长速度最快的国家之一。为了使我国对外贸易与环境走向良性循环，必须协调好两者关系，做好 3 个方面的工作：

（1）坚持科学的发展观，走可持续发展之路。坚持以科学发展观作为我国发展对外贸易和环境保护的指导思想，建立并完善可持续发展的政策与法律体系，继续参与国际环保合作，及时调整贸易发展模式，坚持贸易结构优化战略，由数量型出口转向质量型和绿色型出口，提升产品质量。协调好进出口贸易的平衡发展，坚持无污染、无公害产品进口的原则，加强有利于环境保护的技术与设备的引进，走一条对外贸易和环境可持续发展的道路。

（2）逐步实现环境成本内在化。环境成本是指开采、生产、运输、使用、回收和处理商品，解决环境污染和生态破坏所需的费用。我国的低端贸易产品在国际市场上的主要优势就是价格优势，将环境成本纳入产品的价格势必会影响我国对外贸易的原有优势，影响企业的经济效益。但从长远来看，若能够使环境成本内在化，贸易活动带来的环境问题就能够受到最大限度的抑制，环境成本内在化就会消除或减少其对环境的损害，就会成为消费者、企业内在的要求和自觉的行动。因此，从理论上来说，环境成本内在化是解决我国环境问题以及协调贸易与环境发展的最根本途径。

（3）加强国际交流合作。①主动完善我国的国内立法，承担保护自然环境的国际义务，提高 PPM 标准（指针对产品的生产过程和加工方法所制定的特定的环境标准），提高我国国际竞争力。②积极参与国际环境问题的谈判和讨论，提高我国在国际舞台上的话语权。③争取更多地利用国际金融机构提供的优惠“环保基金”贷款以及发达国家每年提供的环保资金，来完善我国的环境设备和技术。④及时掌握国际规定，对各国最新的技术法规、标准、标志方面等标签在草案阶段的动态了解清楚，才能不受或少受形形色色的技术性壁垒的制约，使我国经济得到持久地健康发展。

二、绿色贸易壁垒

1. 基本概念

绿色贸易壁垒又称为环境贸易壁垒，是指进口国（主要是发达国家）以保护本国环境、自然资源和人体健康为目标，通过制定一系列严格的环保标准，对商品进口进行严格限制的手段和措施。绿色贸易壁垒产生的主要原因有：

（1）人们环保意识的不断提高。随着人们对环境问题认识的不断深入和生活质量的不断改善，人们的环境意识也日益提高。消费者在选购商品时，更加注重产品对环境的影响。有关资料显示，77%的美国人表示，企业的绿色形象会影响他们的购买欲；94%的意大利人在选购商品时会考虑绿色因素；82%的德国消费者和67%的荷兰消费者在超市购物时，会考虑环保问题。因此，随着绿色经济时代的来临，那些不利于环境保护的产品在国际市场会面临许多障碍。

（2）世界贸易组织规则的允许。世贸组织规则中规定了“环保例外权”，这为成员国利用环境保护要求设置贸易保护措施提供政策支持。如《技术性贸易壁垒协议》中规定：“不能阻止任何成员方按其认为合适的水平采取诸如保护人类和动植物的生命与健康以及保护环境所必需的措施。”只要这些措施“不对情况相同的成员方造成武断的或不公正的歧视对待”或者“不对国际贸易构成变相的限制”以及“符合本协议的规定”。在《实施卫生与动植物检疫措施协议》《服务贸易总协定》中也有类似条款。

（3）贸易保护主义的新发展。按照世贸组织的规定，国际贸易中关税水平不断降低，传统的非关税壁垒的作用明显减弱。为保护本国产业免受进口商品冲击，各国贸易保护主义便更多地借助环保名义来阻挡外国商品进口，贸易中的环境保护措施纷纷出台，使绿色贸易壁垒成为新的贸易壁垒。

2. 绿色贸易壁垒的主要表现形式

目前，绿色贸易壁垒的主要形式有：

（1）绿色关税和市场准入。发达国家以保护环境为名，对一些污染环境、影响生态环境的进口产品征收进口附加税，或者限制、禁止进口。例如，美国对原油和某些进口石油化工制品征收环境进口附加税。

《关税和贸易总协定》（GATT）中的环境条款中第2条就对进口产品征收税费方面有明确规定，各缔约方在不违反国民待遇的前提下，按自己的环保计划自行决定如何对进口产品征收以保护环境为目的的环境税费。

（2）绿色技术标准。发达国家的科技水平较高，他们在环境保护的名义下，通过立法手段，制定严格的环保技术标准，将发展中国家的产品排斥在本国市场之外。

例如，国际标准化组织（ISO）于1993年组建了环境管理委员会（TC207），制定了一套关于组织内部如何建立、实施和审核环境管理的通用标准——ISO 14000 系列标准。实施ISO 14000系列标准是为了规范企业等组织以达到节约资源，减少环境污染，促进经济持续发展、健康发展的目的。

（3）绿色环保标志。它是一种贴在产品或其包装上的图形，表明该产品不但质量符合标准，而且在生产、使用、消费、处理过程中符合环保要求，对生态环境和人类健康均无损害。目前已有50多个国家和地区实行了各自的环保标志计划，而发达国家的环保标志的特点是技术标准高，一般发展中国家的产品很难满足，这势必对我国的出口市场形成一道"绿色屏障"。

（4）绿色包装制度。绿色包装是指能节约资源、减少废物、用后易于回收再用、易于自然分解、不污染环境的包装。发达国家为推动"绿色包装"的进一步发展，纷纷制定有关法规。我国的包装材料落后、不易处理、可回收率低，这就造成了我国许多产品因为包装问题无法出口。例如，我国的电子产品在包装中大量使用EPS泡沫塑料作为缓冲垫衬材料，这种材料体积大、回收困难、废弃物不易处理，已引起了欧美等地区的关注，正面临完全被禁用的危险。

（5）绿色卫生检疫制度。乌拉圭回合谈判通过的《卫生与动植物措施协议》规定成员方政府有权采取措施，保护本国人民与动植物的健康。但是，在实际操作中，发达国家往往以此作为控制从发展中国家进口的重要手段。我国出口的农产品和食品由于生产条件和水平的限制，在农药及有毒物残留量、动植物的病虫害、卫生检疫制度、农产品和食品加工中添加剂等方面达不到标准，造成的禁止进口和退货、索赔等案例已发生多起，给我国的农产品和食品出口带来了巨大的损失。

《实施动植物卫生检疫措施协议》规定"各成员可以实施或维持比以有关国际标准、准则或建议为依据的措施所提供的保护水平更高的动植物卫生检疫措施，但要有科学依据，……"该协定虽然承认签约方有权采取必要的环保措施，但同时不禁止采取高于国际标准的措施，也没有明确规定环保措施的实施限度。因此各发达国家假借环保之名，为其实施贸易保护提供了"灰色区域"，基于此各国才得以实施绿色贸易壁垒。

3. 绿色贸易壁垒对我国外贸的影响

绿色贸易壁垒具有名义上的合理性、形式上的合法性、保护范围的广泛性、保护方式的隐蔽性和灵活性等特点。绿色贸易壁垒对我国外贸产生了比较大的影响。

（1）阻碍了我国出口贸易的发展。美国、日本、欧盟等发达国家和地区是我国主要的出口市场，这些国家在环保方面有较强的优势，他们凭借自身优势，在世界贸易组织中极力要求将贸易与环境两者紧密挂钩，并制定针对发展中国家的过分苛刻的环境标准，这将使得我国产品出口市场范围面临缩小的可能。近年来，我国出口贸易所遇到的绿色壁垒成为出口的最主要障碍。据统计，仅在 2000 年，遭受绿色壁垒限制的出口贸易金额超过 450 亿美元，严重影响了出口企业的经济效益。

（2）削弱了产品的竞争力。绿色贸易壁垒要求将环境科学和生态科学的原理运用到产品的生产、加工、储备、运输和销售过程中，形成一个完整的无公害、无污染的环境管理体系。为了达到发达国家的绿色环境标准，我国外贸企业需要履行有关环境保护的检验、测试、认证、技术鉴定等繁杂手续，还要在包装、卫生检疫等方面做出调整，这势必使产品的中间费用及附加费用增多，产品的出口成本大幅增加，削弱了产品的国际竞争力。

（3）倒逼企业提高自身生产标准。回顾我国对外贸易进程，规则效应的产生多出于被动。绿色环保标志、ISO 14000 标准、绿色包装要求等，被引入时被视为“贸易壁垒”的成分高于被视为有益压力的成分。这些环境标准和要求在短期内增加了企业负担，限制了产品出口，但从长远看，其利用市场的力量倒逼企业提高自身生产标准，起到了改善环境的效果。

4．我国应对绿色贸易壁垒的对策

随着国际贸易的发展，绿色贸易壁垒越来越成为国际贸易中的重大障碍。积极应对国外的绿色贸易壁垒挑战，规范和促进我国对外贸易的良性发展具有十分重要的现实意义。

（1）高度关注和积极应对绿色贸易壁垒。世界贸易已跨入“绿色时代”，绿色壁垒将成为欧美继“特保”之后，限制中国产品出口的另一张王牌。我们企业要积极面对挑战，冲破种种障碍。同时，我国应该正视困难、大力提高绿色环保的意识，规范标准，努力缩小同发达国家的距离，积极争取国际组织的环保技术与资金支持，发展绿色产业，为我国外贸持续稳定的发展开辟一条切实可行的道路。

（2）完善环境标志产品标准。目前世界上，约有 20 个国家和地区推行了环境标志制度，我国应尽快完善并实施“国内绿色标志”工作，在出口产品的质量标准、制造工艺和产品认证方面，应参照国际标准和准则，争取国际社会认可；积极鼓励企业争取国际绿色认证，积极发展无污染的高科技产品出口，严格限制乃至禁止高污染、高能耗产品的生产和出口。

（3）加强国际交流合作，争取国际力量来抵制贸易壁垒。利用一些相关的条款和国际组织的协议，联合发展中国家，抵制发达国家利用绿色壁垒来限制我国产品。加强与发达国家及其他各国的合作，争取协同力量，抵制和抗衡发达国家的不公正条款。积极主动地通过谈判、统一认识，减少多边贸易摩擦，为我国参与全球积极发展和市场竞争打好基础。

（4）对国外污染严重产业和不合标准的产品向我国转移的情况实行监管。发达国家在设置绿色壁垒的同时，正将污染严重产业和产品转移到发展中国家。我国对此应提高警惕，加强进口商品的管理、审查、检测，坚决杜绝危险、有毒的废旧物资进口，以保证我国居民的身体健康和生态环境免遭破坏。

（5）建立绿色贸易壁垒预警机制。我国应该建立专门的绿色贸易壁垒信息收集和咨询机构，加强对国外绿色贸易壁垒的研究，密切关注国外绿色贸易壁垒的最新动态，及时发布预警信息。首先，要加强通报咨询网站建设，建立交叉结合的绿色贸易壁垒信息收集网。其次，要发挥跨国企业和驻外使领馆的作用，定期收集、整理、发布国外绿色贸易壁垒的最新动态。最后，充分发挥行业协会和消费者团体等非政府组织的作用，密切联系企业，及时通报绿色贸易壁垒动态，使我国的出口产品达到国外绿色贸易壁垒的要求。

本章小结

循环经济是指在生产、流通和消费等过程中进行的减量化、再利用、资源化活动的总称。减量化、再利用、资源化是循环经济的3R原则，小循环、中循环、大循环是循环经济的3种循环模式。发展循环经济是建设生态文明的客观要求，是转变经济发展方式的有效途径，是实现节能减排目标的必由之路。我国非常重视发展循环经济，循环经济发展取得了明显成效也面临一些问题，需要通过依法推进和完善评价指标体系、编制发展规划、加强技术研发和推广应用、完善政策体系、推进园区循环化改造等措施，推进循环经济发展。

低碳经济是以低能耗、低污染、低排放为基础的经济模式，实质是能源高效利用、清洁能源开发、追求绿色GDP的问题，核心是能源技术和减排技术创新、产业结构和制度创新以及人类生存发展观念的根本性转变。面对不断增长的能源、资源、环境压力，中国政府提出了加快建设资源节约型、环境友好型社会的重大战略构想。发展低碳经济是实现科学发展观的需要，是优化产业结构、转变经济增长方式的重要途径，是解决我国能源安全的有效措施，是依靠技术进步和创新支撑跨越式发展的可能路径，是我国应对国际挑战的重要途径。为了发展我国的低碳经济，需要采取的措施有：编制低碳经济发展规划、构建适应低碳要求的现代产业体系、大力推进低碳技术研发、发展低碳城市。

本章阐述了产业生态化与生态产业化概念，用推动农业、工业、服务业以及生态资源转型来介绍产业生态化与生态产业化的实现途径，并介绍实践模式及建设的思路。

通过对节能环保产业的节能分析，我们应该认识到环保产业在环境保护中的作用，掌握节能环保产业与市场的组成、现状与发展对策。

通过对贸易与环境关系的分析，我们应该了解贸易与环境关系，掌握绿色贸易壁垒的概念、类型和危害，认识环境殖民主义的危害。

复习思考题

1．名词解释：

绿色经济　环境保护产业　环境保护相关产业　节能环保产业　绿色贸易壁垒　循环经济　3R原则　小循环　中循环　大循环　温室效应　低碳经济

2．谈谈你对绿色发展的认识。

3．查阅相关资料，寻找我国绿色农业、绿色工业以及绿色服务业发展的典型案例。

4．简述“生态文明建设考核目标体系”与“绿色发展指标体系”的区别。

5．谈谈你对循环经济的认识。

6．简述我国发展低碳经济的必要性。

7．简述我国环保产业的现状与发展对策。

8．简述环境保护市场的组成。

9．如何进行园区循环化改造？

10．结合实际，谈谈如何实现低碳生活。

11．简述发展低碳经济的主要对策。

12．简述贸易与环境的关系。

13．谈谈你对绿色贸易壁垒的认识。

14．辨析生态产业化与产业生态化的概念。

15．分析如何进行产业生态化和生态产业化融合发展。

16．库布齐治沙龙头企业亿利集团，30 年坚持对库布齐沙漠进行综合治理，成为中国走向世界的一张绿色名片，践行了“绿水青山就是金山银山”理念，让荒漠、荒山变成美丽的绿洲，更创造了上千亿元的沙漠经济产业。请分析其如何实现产业生态化与生态产业化。

17．请结合产业生态化和生态产业化理论及实现途径，说说如何实现乡村振兴。

参考文献

[1] 李建平，李闽榕，赵新力. 二十国集团（G20）经济热点分析报告[M]. 北京：经济科学出版社，2016.

[2] 中国农业科学院中国农业绿色发展研究中心. 中国农业绿色发展报告 2018[M]. 北京：中国农业出版社，2019.

[3] 盛馥来，诸大建. 绿色经济：联合国视野中的理论、方法与案例[M]. 北京：中国财政经济出版社，2015.

[4] 付伟，罗明灿，陈澄. 绿色经济与绿色发展评价综述[J]. 西南林业大学学报（社会科学），2017，1（4）：25-29.

[5] 马荣. 循环经济助经济发展方式转变和高质量发展[EB/OL].（2019-08-05）[2021-1-11]. http：//www.cfgw.net.cn/2019-08/05/content_24880322.htm.

[6] 陆学，陈兴鹏. 循环经济理论研究综述[J]. 中国人口·资源与环境，2014，24（5）：204-208.

[7] 《巴黎协定》评估与对策研究课题组.《巴黎协定》主要内容解读与评估[C]. 中国智库经济观察，2017，8：319-324.

[8] 伏绍宏、谢楠. 我国低碳经济政策问题研究[J]. 天府新论，2020（1）：124-130.

[9] 段娟. 中国绿色低碳发展道路的实践探索及其启示[J]. 宁夏社会科学，2019（6）：28-35.

[10] 李淑文. 中国环境产业现状分析与战略选择[J]. 中国人口·资源与环境，2017（5）：25-28.

[11] 黄立新. 我国发展环保产业的必要性及对策建议[J]. 新西部，2016（3）：47-51.

[12] 木其坚. 节能环保产业政策工具评述与展望[J]. 中国环境管理，2019，11（6）：44-49.

[13] 王鹏辉. 我国节能环保产业的发展现状与发展路径研究[J]. 企业科技与发展，2019（10）：1-2.

[14] 李克国. 环境经济学（第三版）[M]. 北京：中国环境出版社，2014.

[15] 解振华. 领导干部循环经济知识读本[M]. 北京：中国环境科学出版社，2005.

[16] 李克国. 低碳经济概论[M]. 北京：中国环境科学出版社，2011.

[17] 胡少维. 促进我国低碳经济发展的政策建议[J]. 发展研究，2010（6）：64-65.

[18] 辛立哲. 我国发展低碳经济的战略对策[J]. 经济研究参考，2012（12）：43-45.

[19] 周宏春. 我国发展低碳经济的现实意义与重点任务[J]. 企业文明，2010（5）：19-23.

[20] 中国人民大学气候变化与低碳经济研究所. 低碳经济[M]. 北京：石油工业出版社，2010.

[21] 徐大伟，王子彦，谢彩霞. 工业共生体的企业链接关系的分析比较——以丹麦卡伦堡工业共生体为例[J]. 工业技术经，2005，24（1）：63-66.

第六章　环境价值与环境损害评估

人类的任何社会经济活动，包括政策、规划和开发项目都会对环境及自然资源配置造成影响。因此，需要评估这些影响的范围，以确定是否应该颁布或执行某项政策，是否应该开发和建设某个项目。费用效益分析，就是评估这些影响，它是评价项目合理性的最普遍应用的方法。费用效益分析通过对环境影响进行价值评估，从而把人们对环境的关注纳入项目的可行性研究中。

费用效益分析又称成本效益分析、效益费用分析、经济分析、国民经济分析或国民经济评价等。大多数政府部门和国际机构都将费用效益分析作为其主要的项目评估方法。费用效益分析和财务分析对项目评价的角度不同。财务分析从自身的角度出发，仅考虑自身的利益；而费用效益分析则是从整个社会的角度出发，分析项目对整个国民经济的净贡献大小，包括对就业、收入分配、外汇及环境等方面的社会影响。因此，两种分析存在较大区别。

第一节　环境费用-效益分析理论与评价技术

一、环境费用-效益分析的理论基础

（一）环境费用-效益分析发展历程

费用效益分析在 19 世纪就产生了。1844 年法国工程师杜波伊特发表了题为《市政工程效用的评价》的论文，提出了“消费者剩余”的思想。这种思想发展成为社会净效益的概念，成为费用效益分析的基础。1936 年美国颁布的《洪水控制法》提出要检验洪水控制计划的可行性，要求对“任何人来说”效益都必须超过费用。在此期间，美国把这种方法用于改进港口和内河航运等公共工程项目上。第二次世界大战期间美国将费用效益分析方法运用于军事工程上，战后，又进一步应用到交通运输、文教卫生、人员培训、城市建设等方面的投资项目评价上。1950 年，美国联邦机构流域委员会的费用效益小组发表了《关于流域项目经济分析实践的建议》，第一次把当时并行独立发展的两门学科，即实用项目

分析与福利经济学联系起来。20 世纪 60 年代费用效益分析的应用扩展到其他领域，如公路运输、城市规划和环境质量管理。而后，费用效益分析得到了较快发展。近年来，美国、英国、法国、日本、加拿大等国家也普遍应用了费用效益分析方法，它的应用范围也在不断扩展，现在已扩展到对发展计划和重大政策的评价。

20 世纪 80 年代，费用效益分析用于我国的环境保护工作中，目前已取得长足进展。

（二）环境费用-效益分析的基本概念

1．环境破坏和污染引起的经济损失

人类活动有时破坏或污染了环境，使环境的某些功能退化，给社会带来危害，造成了经济损失，这就是环境破坏或污染的经济损失。

环境破坏或污染引起的经济损失可分为直接经济损失和间接经济损失两类。直接经济损失是直接造成产品的减产、损坏或质量下降所引起的经济损失，间接损失是由于环境资源功能的损害影响其他生产和消费系统而造成的经济损失。

2．环境保护措施的效益和费用

为了改善和恢复环境或防止环境恶化，人类采取了各种措施，减少环境破坏和污染引起的经济损失，减少物料流失，增加了产品，给人类带来了效益。这个效益称为环境保护措施的效益，它包括环境改善带来的效益和直接经济效益。环境保护的直接经济效益主要是物料流失的减少，资源、能源利用率的提高，废物综合利用，废物资源化等产生的效益。环境改善带来的效益是环境污染或破坏造成经济损失的减少。

环境保护设施、公共事业投资以及环境保护设施的运转费，就是费用效益分析中的费用。这里应当注意的是，费用往往包括环境保护设施运行带来的新的污染损失，这也可算作环境保护设施的负效益。例如，洗煤设施减少了由于燃煤中含硫和灰分过高引起大气污染带来的经济损失，然而洗煤水又可能污染水体。在这种情况下，费用效益分析就不可忽略新的污染损失。

3．社会贴现率

费用效益分析所研究的问题，往往跨越较长的时间。因此，在费用效益分析中，必须考虑时间因素。如果在现在可以得到效益和若干年后得到同样的效益两者之间选择，通常人们希望选择前者。原因有三：第一，人们有一种自然的偏爱，即觉得现在得到比将来得到的要好。这是人们思想普遍存在的短见。第二，人们因害怕死去而无法享受到将来的消费。国外有人曾做过调查，由于这种原因产生的年贴现率，40～44 岁的人是 0.4%，80～84 岁的人为 1.5%。第三，也是最主要的，是边际效用递减规律的作用。按照这个规律，只要总的消费水平是随时间而增加的，单位消费的效用就会随时间的推迟而递减。因此，需对将来才能得到的消费进行折减。也就是说，人们随着消费水平的提高，每元钱的消费就会变得越来越不重要。例如，现在每人平均收入是 100 元，那么，每增加 1 元的效用比

10 年后的每人平均收入为 1 000 元时的 1 元钱的效用要有用得多。因此，为了比较不同时期的费用和效益，人们对未来的费用和效益打一个折扣，在经济计算中，用贴现率作为折扣的量度。考虑了一定贴现率的未来的费用和效益称为费用或效益的现值。把不同时间（年）的费用和效益化为同一年的现值，使整个时期的费用或效益具有可比性。

计算公式如下：

$$\mathrm{PVC}=\sum_{t=1}^{n}\frac{C_t}{(1+r)^t} \tag{6-1}$$

$$\mathrm{PVB}=\sum_{t=1}^{n}\frac{B_t}{(1+r)^t} \tag{6-2}$$

式中：PVC——总费用的现值；

PVB——总效益的现值；

C——第 t 年的费用；

B——第 t 年的效益；

r——贴现率；

t——时间（通常以年为单位）。

在每年发生等量的费用或效益的情况下，以上公式可简化为

$$\mathrm{PVC}=C_t\frac{(1+r)^{t+1}-1}{r(1+r)^t} \tag{6-3}$$

$$\mathrm{PVB}=B_t\frac{(1+r)^{t+1}-1}{r(1+r)^t} \tag{6-4}$$

根据贴现率的概念，较长远的未来效益的现值就比较小。例如，100 年后的 100 元的现值，当贴现率为 5%时，仅为 0.76 元，贴现率为 10%时，几乎为 0 元。在考虑有长远效益的项目时，随着时间的推移，未来年代效益的现值逐渐减少，而对累计效益的现值贡献也越来越小，使累计效益的现值趋近于一个极限值。例如，每亩农田每年产生 400 元的效益（B_t），贴现率（r）为 5%时，其累计效益的现值为

$$\begin{aligned}\mathrm{PVB}&=\lim_{t\to\infty}B_t\frac{(1+r)^{t+1}-1}{r(1+r)^t}\\&=\frac{1+r}{r}\cdot B_t\\&=\frac{1+5\%}{5\%}\times 400\\&=8\,400\text{（元）}\end{aligned} \tag{6-5}$$

（三）环境费用-效益分析的步骤

1．弄清问题

费用效益分析的任务，是评价解决某一环境问题的各方案的费用和效益。然后通过比较，从中选出净效益最大的方案并提供决策。因此，在费用效益分析中，首先必须弄清楚环境工程或政策的目标、分析环境问题所涉及的地域范围、列出解决这一环境问题的各个对策方案、明确各个对策方案跨越的时间范围。

2．环境功能的分析

环境问题带来的经济损失的产生，是由于环境资源的功能遭到了破坏，反过来影响经济活动和人体健康。环境资源的功能是多方面的，为了核算环境问题带来的经济损失，首先要弄清楚被研究对象的功能是什么。例如，森林的功能有提供木材、林产品、固结土壤、涵养水分、调节气候、保护动植物资源等；河流的功能有为工农业、人民生活提供水源，发展渔业，航运，观赏，娱乐，防洪等。要对这些功能进行定量的评价。例如，森林的涵水能力，据云南省测定为 6 000 m^3/hm^2，河北省测定为 4 078 m^3/hm^2；据全国统计，草原的载畜能力，正常草原为 0.07 头羊/亩。通常这种环境功能是因地而异的，需要实地测定或调查。

3．确定环境破坏的程度与环境功能损害的关系，即剂量-反应关系

环境破坏或被污染，环境功能就受到了损害，两者之间的定量关系是进行费用效益分析的关键，通常可以用科学实验或统计对比调查（与未被污染的地方或本地污染前进行比较）而求得。例如，据统计、对比调查，退化草原的载畜能力由正常草原的 0.07 头羊/亩降到 0.022 头羊/亩。据国外大量研究资料表明，当大气中 SO_2 浓度大于 0.06 mg/m^3 时，可使农作物减产 4%～5%。我国关于剂量-反应关系还没有比较完整的资料，目前虽已开始研究，但还远远不能满足决策分析的要求。

4．弄清各种对策方案改善环境的程度

对策方案改善环境功能的效益取决于对策方案改善环境的程度。例如，某方案可以使原来污染了的大气质量改善，SO_2 的浓度从 200 mg/m^3 降至 50 mg/m^3，而另一方案仅可以从 200 mg/m^3 降至 150 mg/m^3。前者的效果好于后者。显而易见，改善环境的程度是方案对比的一个重要依据。

5．计算各个对策方案的环境保护效益

根据方案可以使环境功能改善多少，即受纳体的反应，来计算各种方案环境改善的效益。同时，还要计算各种方案的直接经济效益，如综合利用、各种资源回收的效益等。

6．计算各种对策方案的费用

对策方案的费用包括投资、运转费用以及环保措施带来的新的污染损失。

7．费用与效益现值的计算

按费用和效益形成的时间计算其现值。计算公式见式（6-1）～式（6-4）。

8．费用与效益的比较

费用与效益的比较通常用以下两种方法：

（1）净现值法

一项环境对策的实施需要费用，实施后带来效益，用净效益的现值来评价该项环境对策的经济效益，计算公式如下：

$$PVNB = PVDB + PVEB - PVC - PVEC \tag{6-6}$$

式中：PVNB——环境保护设施净效益的现值；

PVDB——环境保护设施直接经济效益的现值；

PVEB——环境保护设施使环境改善效益的现值；

PVC——环境保护设施费用的现值；

PVEC——环境保护设施带来新的污染损失的现值。

比较各方案的净效益现值，以其中净效益现值最大者为最优方案。

（2）效益与费用比较

求出各种方案的效益现值与费用现值之比，其比值δ最大者为最优方案，计算公式如下：

$$\delta = \frac{PVDB + PVEB}{PVC + PVEC} \tag{6-7}$$

净现值法描述的是该方案可以获得的净效益现值的大小，而效费比法描述的是获得效益现值与花费费用现值的倍数，当 PVNB＞0 时，$\delta>1$；PVNB＝0 时，$\delta=1$；PVNB＜0 时，$\delta<1$。

二、环境影响的费用和效益评价技术

环境费用-效益分析的主要问题在于如何计算环境改善带来的效益和环境污染或破坏造成的损失。本节对常用的方法进行介绍。

（一）直接市场价值法（或生产率法）

这种方法把环境看成是生产要素。环境质量的变化导致生产率和生产成本的变化，从而引起产值和利润的变化，而产值和利润是可以用市场价格来计量的。市场价值法就是利用因环境质量变化引起的产值和利润的变化来计量环境质量变化的经济效益或经济损失。

1．土壤流失的减少可以保持甚至增加山地农作物的产量

如图 6-1 所示，执行与不执行土壤保持规划的两种情况比较表明，土壤保护规划由于增加了生产率而得到了效益，这种生产率方面的得益是可以测量的，如图 6-1 阴影面积所示，总的经济效益可以用稻谷的增产量乘以它的市场价格来计算。

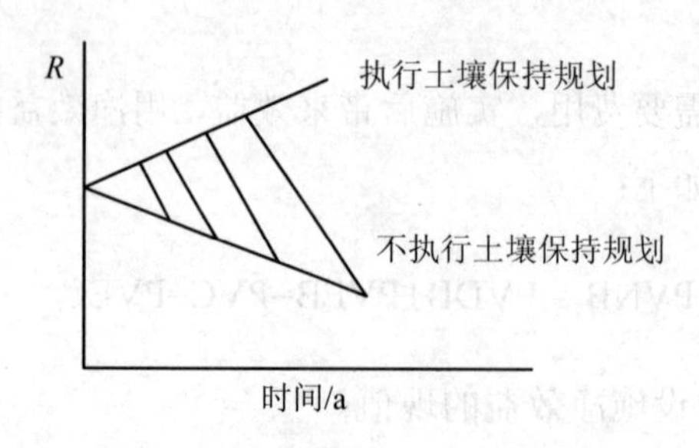

图 6-1 土壤保持规划的效益示意图

计算公式为

$$L = \sum P_i \Delta R_i \quad (6\text{-}8)$$

式中：L——环境污染或破坏造成损失的价值；

P_i——i 产品市场价格；

ΔR_i——i 产品污染或破坏减少的产量。

2．灌溉水水质的改善

例如，盐分降低可以提高作物的生产率。产量的增加乘以产品的价格可以作为水质改善的效益。计算公式同式（6-8）。

3．化工厂空气污染

化工厂造成空气污染对化工厂周围的农业生产率有不利影响，损失农作物的产量的经济价值可以作为减少污染所得到的利益。计算公式为：

$$L = \sum P_i \bullet S_i \bullet q_{0i} \alpha_i \quad (6\text{-}9)$$

式中：L——环境污染或破坏造成损失的价值；

P_i——i 产品市场价格；

S_i——i 产品的面积；

q_{0i}——污染前农作物 i 的产量；

α_i——农作物 i 的减产百分数。

例如，某地大气环境中 SO_2 浓度超过其对农作物影响的阈值 0.06 mg/m^3，就会引起农作物减产。设此农作物亩产 q 为 500 kg，污染程度属于轻度污染，使农作物减产百分数α为 5%，污染农田面积 S 为 1 000 亩，该农作物价格 P 为 1 元/kg，设污染前农作物产量为 q_0，则大气 SO_2 浓度超标引起农作物损失 L 为

$$
\begin{aligned}
L &= P \cdot S \cdot q_0 \alpha = P \cdot S \cdot q\alpha / (1-\alpha) \\
&= 1 \times 1\,000 \times 500 \times 5\% / (1-5\%) \approx 26\,316(\text{元})
\end{aligned}
$$

（二）机会成本法

当某些资源应用的经济效益不能直接估算时，机会成本法是一种很有用的评价技术。任何一种自然资源都存在许多相互排斥的备选方案，为了做出最有效的选择，必须找出社会经济效益最大的方案。资源是有限的，且具有多种用途，选择了一种使用机会就放弃了其他使用机会，也就失去了相应的获得效益的机会。我们把其他使用方案中获得的最大经济效益，称为该资源选择方案的机会成本。

【6-1】资源 M 有 A、B、C、D 四种使用方案。A、B、C 三种方案所获得效益分别为 1 000 元、2 000 元、3 000 元，而 D 方案效益难以计算，如果按 D 方案进行使用，就失去了按照 A、B、C 方案使用 M 资源的机会，A、B、C 方案中获得的最大经济效益为 3 000 元。那么，3 000 元就是 M 资源按 D 方案使用时的机会成本。

【6-2】某城市水资源短缺引起工业生产减产或停产，造成经济损失，该城市工业用水 1×10^8 t 可创国民收入 10×10^8 元，若部分水体受污染，丧失了工业水源的功能，致使城市缺少 0.2×10^8 t 工业用水，则这部分水污染的经济损失为 2×10^8 元。

必须注意，资源必须是稀缺的，资源污染的损失才是机会成本，否则机会成本为零。

（三）防护费用法

当某种活动有可能导致环境污染时，人们可以采取相应的措施来预防或治理环境污染。用采取上述措施所需费用来评估环境危害的方法就是防护费用法。

例如，锦州合金厂自 20 世纪 50 年代到现在存放了铬渣 25×10^4 t，占地 50 多亩，渣中含可溶性铬 1%左右，由于长期受雨雪淋溶，铬渗入地下，致使方圆 3 万亩内 1 800 眼井受到六价铬污染，井水不能饮用。为了防止地下水继续污染，便建立了一座铬渣混凝土防护堵，围墙长 800 m，平均深度 14 m，工程投资 4.21×10^6 元，涉及的投资费用就是铬渣污染引起的经济损失的最低估计。

据辽宁电厂报道，建厂初期大气环境质量较好，符合设计要求，变电所瓷瓶的灰尘一般为 2～3 年清扫一次。而自从章党水泥厂建成投产后，便增加清扫次数，防腐剂绝缘材料消耗量增大，每年防护费为 3×10^4～9×10^4 元，这个费用便可认为是章党水泥厂排放颗粒物，引起大气污染经济损失的最低估计。

（四）恢复费用法或重置成本法

假如导致环境质量恶化的环境污染或破坏无法得到有效的治理，那么，就不得不用其他方式来恢复受到损害的环境，以便使原有的环境质量得以保持。将受到损害的环境质量恢复到受损害以前的状况所需要的费用就是恢复费用。恢复费用又被称为重置成本，这是因为随着物价和其他因素的变动，上述恢复费用往往远远高于原来的产出品或生产要素价格。

例如，开矿引起地面塌陷，影响农业生产，可以用开垦荒地的办法来弥补。在水土保持研究案例中，高原地区的土壤由于水土流失而受到损害，研究者把重置失去的土壤和营养的成本当作水土保持的收益。

（五）影子工程法

影子工程法是恢复费用法的一种特殊形式，影子工程法是在环境破坏后，人工建造一个工程来代替原来的环境功能，用建造新工程的费用来估计环境污染或破坏所造成的经济损失的一种方法。

例如，森林生态效益的计量。森林每年给社会带来多少效益不易计算，可以假定森林不存在，而用另外的办法来取得现有森林对社会的效益究竟每年要花多少钱，这笔费用作为森林的效益。

对于森林涵养水分功能，实测单位面积森林涵养水分量，而后算出总的涵养量，用库存同等水量水库的基建费和运行费，作为森林涵养水源的效益；对于森林固土功能，算出该地区的总固土能力，而后用拦蓄泥沙工程代替，产生的费用作为森林固土功能的效益；对于森林制氧功能，算出制多少氧气，而后用市场价来计算，计算结果作为森林的制氧效益。把这些效益都加起来，则为森林的效益。日本林野厅按此方法计算的森林生态效益，相当于日本 1972 年的全国财政支出，是经济效益的几倍。

（六）人力资本法

环境质量的变化对人类健康有很大影响，与健康影响有关的货币损失有 3 个方面：①过早死亡、疾病或者病休造成的损失；②医疗费开支增加；③精神或心理上的代价。为了评价环境污染对人体健康造成的货币损失，经济学家们提出了很多方法，人力资本法是发展最快的一种。

人力资本法将人看作劳动力，是生产要素之一。在污染的环境下生活或工作，人会生病或过早地死亡，耽误生产或丧失劳动力，不能与正常人一样为社会创造财富，还要社会负担医疗费、丧葬费，并且还需要他人（非医务人员）护理，因而又耽误了他人的劳动工时。这些都是社会的经济损失，人力资本法将环境污染引起人体健康的经济损失分为直接经济损失和间接经济损失两部分。

直接经济损失有预防和医疗费用、死亡丧葬费。

间接经济损失有病人和非医务人员护理、陪住耽误劳动工时造成的损失。

而舒适性损失，如病人的病痛、家属的悲伤由于很难用货币度量，因此不在人力资本法评价的范围之内。

人力资本法的主要计算公式为：

直接经济损失：患病　$L_{11}=\alpha R_p C$　（6-10）

死亡　$L_{12}=\alpha R_d (C+B)$　（6-11）

间接经济损失：患病　$L_{21}=\alpha L_d P$　（6-12）

死亡　$L_{22}=\alpha LL P$　（6-13）

式中：L_{11}、L_{12}——直接经济损失；

L_{21}、L_{22}——间接经济损失；

α——环境污染因素在发病或死亡发生原因中所占的百分数；

R_p——患病人数；

R_d——死亡人数；

C——每个患者的医疗费用；

B——每个死亡者的丧葬费；

L_d——病人和陪住人员耽误的劳工日；

P——人均国民收入额；

LL——死亡与平均寿命相比损失的劳动日总数。

环境污染对健康的影响，一般表现为常见病的发病率或死亡率的增加。例如，大气污染使支气管疾病和肺癌的发病率增加。费用效益分析中一个重要问题是弄清楚环境污染因素在这些常见病的发病原因中占多大比重，而公式中的α通常是通过对污染地区和无污染地区的流行病学调查和对比分析而求得的。

人力资本法评价的不是人的生命价值，而是在不同环境质量的条件下，人因为发病或死亡对社会贡献的差异，以此作为环境污染对人体健康影响产生的经济损失。

（七）资产价值法

在其他条件大致相同的情况下，周围环境质量的不同导致同类资产的价格差异，用这一价格差异来衡量环境质量的货币价值，这种方法叫作资产价值法。

采用资产价值法，应该具备以下条件：①房地产市场比较活跃；②人们认识到环境质量是财产价值的相关因素；③买主比较清楚地了解当地的环境质量或者环境随着时间的变化情况；④房地产市场不存在扭曲现象，交易是明显而清晰的。

例如，房地产的价格。房地产的价格由多种因素决定，概括起来有 3 个方面：①房产本身的特性（如面积、房间数量、房间布局、朝向、建筑结构、附属设施、楼层等）；②房产所在地区的生活条件（如交通、商业网点、当地学校的有无及质量、健身与娱乐设施、犯罪率高低等）；③房产周围的环境质量（如空气质量、水质质量、噪声高低、绿化条件等）。在前两方面大致相同的情况下，环境质量的差异将影响房产的价格，周围的环境质量越好，房产的价格就越高；反之，房产的价格就越低。其他条件相同时，房产的价格差异，体现了环境质量的价值。

（八）旅行费用法

旅行费用法是用旅行费用作为替代物来衡量人们对旅游景点或其他娱乐物品的价值。通常，旅游景点是免费的或门票很低，游客从旅游中得到的效益往往远远高于门票。为了估计游客的支付意愿（即需求函数），使用旅行费用作为替代物来估计旅游景点的价值。

使用旅行费用法应该具备以下条件：①这些地点是可以到达的，至少在一定的时间范围内可以到达；②所涉及的场所没有直接的门票及其他费用，或者收费很低；③人们到达这样的地点，要花费大量的时间或者其他开销。

例如，用旅行费用法对某一特定地点（假设是一个自然保护区）的价值进行评估。

确定旅行人次与旅行费用之间的关系：为了获得有关旅行出发地区（旅行距离）、旅行费用以及其他有关的社会经济特征的资料，首先要对该保护区的游客进行访问。然后，把所访问的旅游者的出发地区按距离远近划分为 4 个旅行费用不断增加的区域，最后确定每个区域的人口总数。有关数据见表 6-1。

表 6-1 某自然保护区的旅游人数与旅行费用的有关信息

区域	人口/人	平均旅行费用/元	总旅游人数/人	旅游率/（人/1 000 人）
第 1 区域	1 000	1	400	400
第 2 区域	2 000	3	400	200
第 3 区域	4 000	4	400	100
远于第 3 区域	—	—	0	—
总计旅游人数	1 200			—

如果该保护区不收取门票费，在一个特定时间范围内（例如，1 年），每个地区的旅游人次是旅行费用和社会经济变量的函数。旅行费用包括交通费用、住宿费用和比不旅行时多消耗的食品费用。

设每单位人群的旅游人次为 V（在本例中为每千人的旅游人数，即 $V/1\,000$）。对每次旅行的平均费用作图，或者用统计方法确定每千人的旅游人次与旅行费用之间的关系。本例假设这个关系为一条直线，并由式（6-14）给出：

$$V/1\,000 = 500-100C \tag{6-14}$$

这条曲线就称为“全经验曲线”。它表明旅游者到达保护区的实际支付部分。

- 确定消费者剩余：通过逐步增加门票费，来确定消费者剩余。

1）当保护区门票费为 0 元时，一年中来此游览的总人数为 1 200 人，得到图 6-2 中需求曲线的 A 点。

2）设门票费为 1 元，把门票费加到旅行费用上，于是，来自第 1 区域的旅游者，每次旅游的费用就变成 2 元（旅行费用 1 元加上门票费 1 元）。根据上面的函数关系式，可以对每一个区域计算新的旅游率。如表 6-2 所示，现在的旅游人数下降到 500 人。

表 6-2 门票费为 1 元时，旅游人数与旅行费用的有关信息

区域	人口/人	旅行费用/元	旅游率/（人/1 000 人）	总旅游人数/人
第 1 区域	1 000	2	300	300
第 2 区域	2 000	4	100	200
第 3 区域	4 000	5	0	0
远于第 3 区域	—	—	—	0
总计旅游人数	500			

3）分别设门票费为 2 元、3 元、4 元，利用旅游率与旅行费用之间的关系计算出总旅游人数，见表 6-3。

表 6-3 门票费改变时，总旅游人数的变化

因门票费而增加的费用/元	总旅游人数/人
0	1 200
1	500
2	200
3	100
4	0

4）根据表 6-3 绘制图 6-2 的需求曲线，并计算出总消费者剩余（需求曲线以下的面积），则：

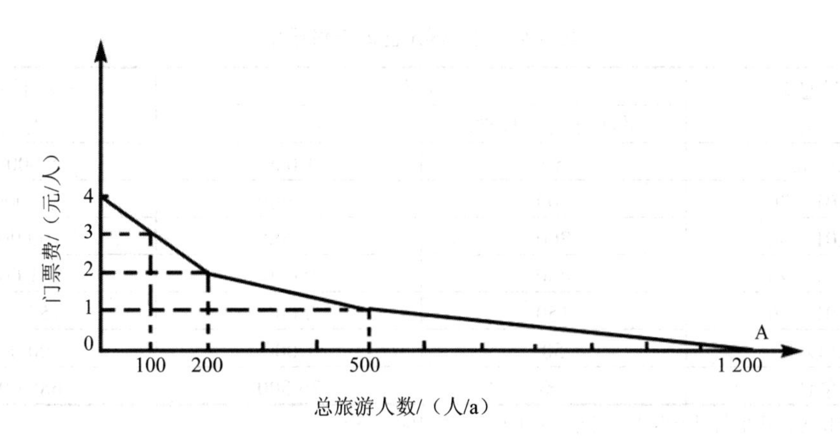

图 6-2 保护区的经验需求曲线

（1 200−500）/2×1 元 = 350 元　　　　（500−200）/2×1 元 = 150 元

（500−200）×1 元 = 300 元　　　　（200−100）/2×1 元 = 50 元

（200−100）×2 元 = 200 元　　　　（100−0）/2×1 元 = 50 元

（100−0）×3 元 = 300 元

总计：1 400 元　　　　或：1 400/1 200 = 1.167 元/每次游览

把消费者剩余与旅行费用相加，就可以得到旅游者的支付意愿总和，即通过旅行费用法计算的该保护区的价值。

（九）投标博弈法

投标博弈法是被询问者参加某项投标过程确定支付要求或补偿的愿望的方法。例如，对某一公园的价值估算，可询问公园的使用者，为了维持公园的开放是否愿意每年支付10 元。如果回答是肯定的，所支付费用继续提高，每次增加 1 元，一直提高到回答否定时为止。如果对开始要求支付的 10 元就不同意，就采用相反的程序，直到肯定为止。从询问中找到愿意支付的准确数据。

例如，一个沿着河流的森林娱乐区，这个区域过去一直为居民免费提供娱乐功能，有人建议开发这个区域，如果这样，居民就不能进入娱乐区娱乐了。在制定该区域管理规划之前，对这个地区的用户进行了调查，调查要求被访问的用户能代表每年娱乐季节用户的全部人口，误差在允许范围之内（如 4%）。

询问的问题形式如下：①为了维持你继续在这个娱乐地区出入，你愿意每年支付多少钱？②每年付给你多少钱，你才愿意放弃在这个娱乐区出入？

通过访问调查，得出个人支付意愿和接受赔偿的全部数据，基于此可以计算出该娱乐区每人每年的价值（表 6-4、表 6-5）。

表 6-4　出入娱乐区的支付愿望

支付愿望/美元	人数		总支付愿望*/美元
	采样总人口的 5%	总人口	
0～10	50	1 000	5 000**
10.01～20	100	20 000	30 000
20.01～30	200	4 000	100 000
30.01～40	450	9 000	351 000
40.01～50	150	3 000	155 000
50 以上	50	1 000	100 000
总计	1 000	20 000	685 000

注：*人口乘以支付愿望范围的中值，对于 50 以上中值取 100 美元；

**即 1 000×（0+10）/2=5 000 美元。

表 6-5 对失去出入娱乐区的权利而接受赔偿的愿望

接受赔偿的愿望/美元	人数		总接受赔偿的愿望*/万美元
	采样人口的 5%	人口	
0～20	50	1 000	1**
20～50	100	2 000	7.5
50～100	200	4 000	30
100～200	450	9 000	135
200～300	150	3 000	75
300 以上	50	1 000	50
总计	1 000	20 000	298.5

注：*总人口乘以接受赔偿愿望范围的中值，对于 300 元以上中值取 500 美元；

**即 1 000×（0+20）/2=10 000 美元。

根据表 6-4、表 6-5 中调查结果，可以求出娱乐的年经济效益在支付愿望 68.5 万美元至赔偿愿望 298.5 万美元之间，即每人每年娱乐价值为 34.25～149.25 美元。

在使用投标博弈法时，询问会产生偏差。一般来说，出现偏差主要有以下几个方面：①策略偏差：回答者试图以不真实的方式来影响结果。②信息偏差：产生于回答者一方缺乏全面的信息。③起点偏差：投标博弈法的核心是要知道对于假想的环境质量改变的支付意愿（或赔偿或两者）。④假想偏差：投标博弈法要求使用照片，以便向回答者提供令人信服的质量变化情况，并准确描述可能发生的变化。虽然能产生如上偏差，但只要我们注意，就可能很好地消除这种影响。

第二节 生态环境损害评估

一、生态环境损害评估基本概念

《生态环境损害鉴定评估技术指南 总纲》将生态环境损害定义为：因污染环境、破坏生态造成大气、地表水、地下水、土壤等环境要素和植物、动物、微生物等生物要素的不利改变，以及上述要素造成的生态系统功能的退化。

面对环境污染和生态破坏，需要全面、准确评估其实际的损害，让生态环境的污染者、破坏者承担其不当行为的全部后果，从而有效遏制环境污染与破坏行为，实现环境公平正义。环境费用-效益分析是评估环境损害的理论方法，在此基础上，应建立环境损害鉴定评估政策框架，科学客观地判断环境污染或破坏与环境损害之间的因果关系，确定环境损害的赔偿数额。

1．美国和欧盟环境损害评估现状

美国自然资源损害评估方面主要有《联邦水污染控制法》（CWA）、《综合环境反应、赔偿和责任法》（CERCLA，也称为《超级基金法》）和《油污法案》（OPA）3 部法律。《联邦水污染控制法》的目的是消除地表水域的污染排放，《超级基金法》主要是针对历史污染场地的清理和有害物质的治理，而《油污法案》主要是对溢油事故的响应。美国的自然资源损害评估技术导则中，环境损害评估以将受损环境资源与生境修复至基线状态作为首选方案和最终目标，利用文献总结、现场勘察监测、模型模拟、实验分析等技术方法，必要时辅以专项研究，有选择地开展污染物运移扩散模拟、敏感受体暴露途径和毒性分析、物理损害结果量化、污染修复与生态修复方案设计、资源环境损害经济评估，得到自然资源或自然资源提供的生态环境服务的损害量，以及相应的修复方案。

欧盟于 2000 年颁布了《环境民事责任白皮书》，将环境损害概括为生物多样性损害和场地污染损害两种形式，设立了行为人对自然资源损害的民事责任。2004 年欧盟制定了《预防和补救环境损害的环境责任指令》，对环境损害的预防与补救（环境修复）制定了环境损害评估及责任制度，规定了环境损害的修复目标，对于水体、受保护物种和自然栖息地，要使其服务功能修复到基线状态；对于土地损害，需要满足不会对人类健康产生重大风险的标准。欧盟环境责任指令（ELD，2004/35/CE）推荐在评估环境损害和选择适合修复项目时采用资源等值法（REM），包括初始评估、确定和损害量化、确定和量化增益、确定补充和补偿性修复措施的规模、监测和报告 5 个阶段。

2．我国环境损害评估

我国进入了快速工业化和城镇化的关键时期，发达国家二三百年前出现的环境问题在我国已集中显现。据最高人民法院统计资料，环境损害赔偿案件近年来增速达到 25%，因环境损害引起的侵权赔偿纠纷已成为民事审判的热点和难点，亟须建立、完善环境损害鉴定评估技术体系。同时，环境损害鉴定也是环境执法的基础。王金南院士指出，“环境监察执法亟需环境损害鉴定评估这样一把钢尺”。客观合理的环境损害界定是保证行政处罚公平公正的基石，通过环境损害鉴定评估的严格程序和技术规范确定的环境损失数额是行政处罚的可靠依据。

环境损害评估涉及生态环境、农业、自然资源、卫生等部门，这些部门已经组织编制环境损害评估相关的技术规范，详见表 6-6。

目前，各部门颁布的生态环境损害评估方法各有侧重，损害范围的界定与评估方法有所差别，适用于不同领域。本教材重点介绍《环境损害鉴定评估推荐方法（第Ⅱ版）》《生态环境损害鉴定评估技术指南　总纲》《突发生态环境事件应急处置阶段直接经济损失核定细则》。

表 6-6　我国环境污染损害鉴定评估法律政策依据

时间	法律法规	相关内容
2004 年	中华人民共和国野生动物保护法	明确了因污染环境造成野生动物损害的调查处理
2007 年	海洋溢油生态损害评估技术导则	对海洋环境污染造成的生态环境损害量化评估方法进行了规定
2007 年	农业环境污染事故损失评价技术准则	对农业环境污染事故损害评估做出了原则性的规定，评估范围、评估主体和工作程序还缺乏配套规定
2008 年	中华人民共和国水污染防治法	因水污染受到损害的当事人，有权要求排污方排除危害和赔偿损失
2008 年	渔业污染事故经济损失计算方法	对水域污染渔业养殖和天然鱼类损害的评估技术做了明确规定
2011 年	关于开展环境污染损害鉴定评估工作的若干意见（环发〔2011〕60 号）	以严重危害公众环境安全的水污染事故和重金属污染事故为突破口，开展重点领域技术规范的研究制定工作。同时，选择省市试点
2013 年	中共中央关于全面深化改革若干重大问题的决定	提出“对造成生态环境损害的责任者严格实行赔偿制度”
2013 年	突发环境事件应急处置阶段污染损害评估工作程序规定（环发〔2013〕85 号）	规范突发环境事件应急处置阶段污染损害评估工作，及时确定事件级别
2014 年	中华人民共和国环境保护法	第 47 条、第 48 条、第 64 条、第 65 条、第 66 条对环境污染损害鉴定评估工作进行了相关的规定
2014 年	环境损害鉴定评估推荐方法（第Ⅱ版）	在借鉴国内外环境损害鉴定评估方法并总结国内外环境损害鉴定评估实践经验的基础上，对《环境污染损害数额计算推荐方法（第Ⅰ版）》进行了修订
2014 年	突发环境事件应急处置阶段环境损害评估推荐方法	规定了环境损害评估的工作程序、评估的具体内容、评估所采取的方法以及评估报告的编写等
2014 年	最高人民法院关于审理环境民事公益诉讼案件适用法律若干问题的解释	确立了生态环境损害赔偿的法律基础，为开展环境损害鉴定评估提供了依据并界定了环境损害鉴定评估的目的、内容和要求
2014 年	最高人民法院关于审理环境民事公益诉讼案件适用法律若干问题的解释	该司法解释明确了环境损害事实调查的内容、因果关系分析的程序和原则，以及环境损害鉴定评估的主要内容。确立了生态环境损害赔偿的法律基础，为开展环境损害鉴定评估提供了依据并界定了环境损害鉴定评估的目的、内容和要求
2015 年	关于审理环境侵权责任纠纷案件适用法律若干问题的解释	明确了环境损害事实调查的内容、因果关系分析的程序和原则，以及环境损害鉴定评估的主要内容
2015 年	司法部　环境保护部关于规范环境损害司法鉴定管理工作的通知	明确环境诉讼中需要解决的专门性问题，并规定了环境损害司法鉴定的主要领域，对环境损害鉴定评估技术规范提出了明确需求
2015 年	关于审理环境民事公益诉讼案件适用法律问题的解释	对环境污染责任归责原则、责任构成以及数人侵权责任划分、环境公益诉讼的举证责任、责任划分等问题予以明确
2016 年	“两高”关于办理环境污染刑事案件适用法律若干问题的解释	2013 年“两高”解释的“升级版”。将生态环境损害因素纳入考量范围，将“造成生态环境严重损害”规定为“严重污染环境”的情形之一

时间	法律法规	相关内容
2016 年	生态环境损害鉴定评估技术指南 总纲	明确了生态环境损害鉴定评估的术语定义、工作程序、评估内容与范围以及评估工作应遵循的原则、损害调查、因果关系分析、损害实物量化和损害价值量化等内容
2016 年	生态环境损害鉴定评估技术指南 损害调查	在《生态环境损害鉴定评估技术指南　总纲》设定的技术体系框架下，规范生态环境损害鉴定评估过程中的调查工作
2017 年	生态环境损害赔偿制度改革方案	对 2015 年试点方案进行了补充调整：一是增加赔偿权利人，提高赔偿工作效率；二是授权地方细化启动生态环境损害赔偿的具体情形，降低启动赔偿工作的门槛；三是健全磋商机制，赋予赔偿协议强制执行效力；四是完善赔偿诉讼规则及适用，做好赔偿诉讼与公益诉讼的衔接
2017 年	关于生态环境损害鉴定评估虚拟治理成本法运用有关问题的复函（环办政法函〔2017〕1488 号）	虚拟治理成本法属于环境价值评估方法之一，在目前的环境损害鉴定评估实践中得到了较广泛的应用。此文件对该方法的适用情形和计算方法做出进一步修订和补充说明
2018 年	生态环境损害鉴定评估技术指南 土壤与地下水	规定了涉及土壤与地下水的生态环境损害鉴定评估的工作程序、技术要点等内容
2018 年	生态环境损害赔偿制度改革方案	明确了赔偿范围、责任主体、索赔主体、损害赔偿解决途径等，形成相应的鉴定评估管理、技术体系、资金保障和运行机制
2020 年	中华人民共和国民法典	第一千二百二十九条规定了因污染环境、破坏生态，侵权人应当承担侵权责任。第一千二百三十五条规定了承担损失的范围：生态功能损失、生态环境损害调查与鉴定费用；清除污染与修复生态环境费用；防止损害的发生和扩大所支出的合理费用
2020 年	突发生态环境事件应急处置阶段直接经济损失评估工作程序规定 突发生态环境事件应急处置阶段直接经济损失核定细则	通过扩充概念含义、调整或增加计算方法、设置核定标准等方式，对典型案例中梳理出的所有问题，以及预计以后工作中可能会出现的问题，给出核定原则或方法；在制定原则中，以解决实际问题为首要目的，以历史案例中的实际处理经验为基础，充分考虑相关工作人员的意见，保障对相关问题的处理方式或方法贴合实际、符合应用需求，并且结合案例进行了举例说明，加深评估人员对相关内容的认识和理解

二、《环境损害鉴定评估推荐方法（第Ⅱ版）》简介

1．基本概念

环境损害：指因污染环境或破坏生态行为导致人体健康、财产价值或生态环境及其生态系统服务的可观察的或可测量的不利改变。

鉴定评估：指鉴定评估机构按照规定的程序和方法，综合运用科学技术和专业知识，评估污染环境或破坏生态行为所致环境损害的范围和程度，判定污染环境或破坏生态行为与环境损害间的因果关系，确定生态环境恢复至基线状态并补偿期间损害的恢复措施，量化环境损害数额的过程。

人身损害：指因污染环境行为导致人的生命、健康、身体遭受侵害，造成人体疾病、伤残、死亡或精神状态的可观察的或可测量的不利改变。

财产损害：指因污染环境或破坏生态行为直接造成的财产损毁或价值减少，以及为保护财产免受损失而支出的必要的、合理的费用。

生态环境损害：指由于污染环境或破坏生态行为直接或间接地导致生态环境的物理、化学或生物特性的可观察的或可测量的不利改变，以及提供生态系统服务能力的破坏或损伤。

应急处置费用：指突发环境事件应急处置期间，为减轻或消除对公众健康、公私财产和生态环境造成的危害，各级政府与相关单位针对可能或已经发生的突发环境事件而采取的行动和措施所发生的费用。

事务性费用：指污染环境或破坏生态环境行为发生后，各级政府与相关单位为保护公众健康、公私财产和生态环境，减轻或消除危害，开展环境监测、信息公开、现场调查、执行监督等相关工作所支出的费用。

生态系统服务：指人类或其他生态系统直接或间接地从生态系统获取的收益。生态系统的物理、化学或生物特性是生态系统服务的基础。

基线：指污染环境或破坏生态行为未发生时，受影响区域内人体健康、财产和生态环境及其生态系统服务的状态。

环境修复：指生态环境损害发生后，为防止污染物扩散迁移、降低环境中污染物浓度，将环境污染导致的人体健康风险或生态风险降至可接受风险水平而开展的必要的、合理的行动或措施。

生态恢复：指生态环境损害发生后，为将生态环境的物理、化学或生物特性及其提供的生态系统服务恢复至基线状态，同时补偿期间损害而采取的各项必要的、合理的措施。

期间损害：指生态环境损害发生至生态环境恢复到基线状态期间，生态环境因其物理、化学或生物特性改变而导致向公众或其他生态系统提供的服务的丧失或减少，即受损生态环境从损害发生到其恢复至基线状态期间提供生态系统服务的损失量。

永久性损害：指受损生态环境及其服务难以恢复，其向公众或其他生态系统提供服务能力的完全丧失。

可接受风险水平：指综合考虑科学、社会、经济和政治因素，依据危害性和脆弱性分析、成本效益分析、技术手段的可行性分析等确定的人体健康或生态系统的可容忍的风险水平。

2．总则

（1）评估工作原则：规范合法原则、科学合理原则、公平客观原则。

（2）工作内容：环境损害鉴定评估的主要工作内容包括污染物属性鉴别、损害确认、因果关系判定和损害数额量化。

人身损害鉴定评估：包括因环境污染导致受害人发生疾病、伤残、死亡等健康损害的确认，污染环境行为与人身损害间的因果关系判定和人身损害数额评估3部分内容。

财产损害鉴定评估：包括因环境污染导致的财产损毁或价值减少以及清除财产污染支出的额外费用等财产损害的确认、污染环境或破坏生态行为与财产损害间的因果关系判定和财产损害数额评估3部分内容。

生态环境损害鉴定评估：包括生态环境基线的确定、生态环境损害的确认、污染环境或破坏生态行为与生态环境损害间的因果关系判定、生态环境损害修复或恢复目标的确定、生态环境损害评估方法的选择、环境修复或生态恢复方案的筛选、环境修复或生态恢复费用的评估等内容。

应急处置费用鉴定评估：包括污染清理、污染控制、应急监测、人员转移安置等费用合理性的判别与数额的计算。

事务性费用鉴定评估：包括环境监测、信息公开、现场调查、执行监督等费用合理性的判别与数额的计算。

（3）工作范围：确定空间范围和时间范围。

空间范围：综合利用现场调查、环境监测、生物监测、模型预测或遥感分析（如航拍照片、卫星影像等）等方法初步确定人身损害、财产损害或生态环境损害的可能范围，在此基础上开展环境损害确认和因果关系判定，最终确定人身损害、财产损害、生态环境损害与应急处置费用及其他事务性费用鉴定评估的空间范围。

时间范围：环境损害鉴定评估的时间范围因损害类型不同而存在差异。人身损害鉴定评估的时间范围以污染环境行为发生日期为起点，持续至污染环境行为导致人身损害的可能的最大潜伏期为止。财产损害鉴定评估的时间范围根据损害对象、损害性质和赔偿方式等具体情况确定。生态环境损害评估的时间范围以污染环境或破坏生态行为发生日期为起点，持续到受损生态环境及其生态系统服务恢复至生态环境基线为止。

3．环境损害确认

环境损害确认包括基线的确认以及人身损害、财产损害、生态环境损害、应急处置费用及其他事务性费用的确认。

基线确认：①利用污染环境或破坏生态行为发生前评估区域的历史数据，数据来源包括常规监测、专项调查、统计报表、学术研究等收集的反映人群健康、财产状况和生态环境状况等的历史数据；②利用未受污染环境或破坏生态行为影响的相似现场数据，即“对照区域”数据；③通过构建污染物浓度与人体健康指标、财产损害程度、生物量或生境丰度等损害评价指标之间的剂量-反应关系模型来确定基线。

4．因果关系判定

污染环境行为与环境损害间的因果关系判定包括环境暴露与环境损害间的因果关系判定和环境污染物从源到受体的暴露路径的建立与验证两部分。

5．人身、财产损害评估

（1）人身损害数额：按《最高人民法院关于审理人身损害赔偿案件适用法律若干问题的解释》计算；精神损害抚慰金按《最高人民法院关于确定民事侵权精神损害赔偿责任若干问题的解释》计算。

（2）财产损害：财产损毁或实际价值减少。

固定资产损失：指因污染环境或破坏生态行为造成固定资产损毁或价值减少带来的损失，采用修复费用法或重置成本法计算。如果完全损毁，采用重置成本法计算；如果部分损毁，采用重置成本法或修复费用法计算。

固定资产损失＝重置完全价值×（1－年平均折旧率×已使用年限）×损坏率

其中：年平均折旧率=（1－预计净残值率）×100%/折旧年限

流动资产损失：指生产经营过程中参加循环周转，不断改变其形态的资产，如原料、材料、燃料、在制品、半成品、成品等的经济损失。流动资产损失按不同流动资产种类分别计算并汇总。

流动资产损失＝流动资产数量×购置时价格－残值

农产品财产损失：指环境污染或生态破坏导致的农产品产量减少和农产品质量受损的经济损失，按照《农业环境污染事故司法鉴定经济损失估算实施规范》（SF/ZJD 0601001）、《渔业污染事故经济损失计算方法》（GB/T 21678）和《农业环境污染事故损失评价技术导则》（NY/T 1263）计算。

林业损失：指由于环境污染或生态破坏造成林产品和树木损毁或价值减少，将林业资源本身的损害列入生态环境损害评估。林产品和树木损毁的损失利用直接市场价值法计算，评估方法参见农产品财产损失计算方法。

清除财产污染的额外支出：财产损害还包括为防止财产因环境污染造成进一步损毁而支出的清除财产污染的费用，包括工厂清理受污染工业设备的费用支出、水厂清理管道和生产设备的费用支出、渔民清理渔具的费用支出以及其他清除财产污染的费用。对于清除财产污染的额外支出，通过审核额外支出费用的票据后进行计算。

（3）应急处置费用：按照《突发环境事件应急处置阶段环境损害评估技术规范》进行评估。

（4）事务性费用：按实际支出进行汇总统计。

6．生态环境损害评估

（1）评估方法

生态环境损害评估方法包括替代等值分析方法和环境价值评估方法。替代等值分析方法包括资源等值分析方法、服务等值分析方法和价值等值分析方法。

资源等值分析方法是将环境的损益以资源量为单位来表征，通过建立环境污染或生态破坏所致资源损失的折现量和恢复行动所恢复资源的折现量之间的等量关系来确定生态恢复的规模。资源等值分析方法的常用单位包括鱼或鸟的种群数量、水资源量等。

服务等值分析方法是将环境的损益以生态系统服务为单位来表征，通过建立环境污染或生态破坏所致生态系统服务损失的折现量与恢复行动所恢复生态系统服务的折现量之间的等量关系来确定生态恢复的规模。服务等值分析方法的常用单位包括生境面积、服务恢复的百分比等。

价值等值分析方法分为价值-价值法和价值-成本法。价值-价值法是将恢复行动所产生的环境价值贴现与受损环境的价值贴现建立等量关系，此方法需要将恢复行动所产生的效益与受损环境的价值进行货币化。衡量恢复行动所产生的效益与受损环境的价值的计算需要采用环境价值评估方法。价值-成本法首先估算受损环境的货币价值，进而确定恢复行动的最优规模，恢复行动的总预算为受损环境的货币价值量。

环境价值评估方法包括直接市场价值法、揭示偏好法、效益转移法和陈述偏好法。

（2）基于恢复目标的生态环境损害评估步骤

基于恢复目标的生态环境损害评估，应首先确定修复或恢复的目标，即将受损的生态环境恢复至基线状态，或修复至可接受风险水平，或先修复至可接受风险水平再恢复至基线状态，或在修复至可接受风险水平的同时恢复至基线状态。对于部分工业污染场地，可根据再利用目的修复至可接受风险水平。

按恢复目的的不同，可将恢复划分为基本恢复、补偿性恢复和补充性恢复。

基本恢复的目的是使受损的环境及其生态系统服务复原至基线水平；补偿性恢复的目的是补偿环境从损害发生到恢复至基线水平期间，受损环境原本应该提供的资源或生态系统服务；如基本恢复和补偿性恢复未达到预期恢复目标，则需开展补充性恢复，以保证环境恢复到基线水平，并对期间损害给予等值补偿。

如果环境污染或生态破坏导致的生态环境损害持续时间不超过一年，则仅开展基本恢复；否则，需要同时开展基本恢复与补偿性恢复。

基本恢复方案的筛选与确定：基本恢复是在确认生态环境损害发生、确定其时空范围并判定污染环境或破坏生态行为与生态环境损害间因果关系的基础上，选择合适的替代等值分析方法，确定最优的恢复方案，估算实施最优恢复方案所需的费用。

补偿性恢复方案的筛选和确定：补偿性恢复是在基本恢复方案的基础上，选择合适的替代等值分析方法，评估期间损害并提出补偿期间损害的恢复方案，估算实施恢复方案所需的费用。

补充性恢复方案的筛选和确定：开展恢复方案的实施效果评估，如果基本恢复或补偿性恢复未达到预期效果，应进一步筛选并确定补充性恢复方案，实施补充性恢复。

（3）永久性生态环境损害的评估

在进行生态环境损害评估时，如果既无法将受损的环境恢复至基线，也没有可行的补偿性恢复方案弥补期间损害，或只能恢复部分受损的环境，则应采用环境价值评估方法对受损环境或未得以恢复的环境进行价值评估。

（4）现值系数

在进行生态环境损害评估时，考虑公共环境资源的时间价值，计算环境的期间损害时需要利用现值系数进行折算，现值系数体现的是人们消耗公共物品的时间偏好。现值系数包括复利率和贴现率，对过去的损失利用复利率进行复利计算，对未来损失利用贴现率进行贴现计算。对于环境资源类物品，现值系数推荐采用 2%～5%。

三、《生态环境损害鉴定评估技术指南　总纲》简介

1．基本概念（略）

2．生态环境损害鉴定评估

鉴定评估范围：以污染环境或破坏生态行为发生日期为起点，持续到受损生态环境及其生态系统服务恢复至基线为止。空间范围需综合利用现场调查、环境监测、遥感分析和模型预测等方法，依据污染物的迁移扩散范围或破坏生态行为的影响范围确定。

鉴定评估内容：调查污染环境、破坏生态行为，以及生态环境损害情况；鉴定污染物性质；分析污染环境或破坏生态行为与生态环境损害之间的因果关系；确定生态环境损害的性质、类型、范围和程度；计算生态环境损害实物量，筛选并给出推荐的生态环境恢复方案，计算生态环境损害价值量，开展生态环境恢复效果评估。

鉴定评估工作程序：生态环境损害鉴定评估工作包括鉴定评估准备、生态环境损害调查、因果关系分析、生态环境损害实物量化、生态环境损害价值量化、报告编制和生态环境恢复效果评估。鉴定评估实践中，应根据鉴定评估委托事项开展相应的工作，可根据鉴定委托事项适当简化工作程序。必要时，针对生态环境损害鉴定评估中的关键问题，开展专题研究。

生态环境损害调查确认：收集分析污染环境、破坏生态行为的相关资料，开展现场踏勘和采样分析等，掌握污染环境、破坏生态行为的基本情况。收集分析生态环境损害的相关材料，确定生态环境基线，开展生态调查、环境监测、遥感分析、文献查阅等，确认评估区域生态环境与基线相比是否受到损害，识别生态环境损害的类型。

基线的确定方法：①利用污染环境或破坏生态行为发生前评估区域近三年历史数据确定基线；②利用未受污染环境或破坏生态行为影响的相似现场（对照区域）数据确定基线；③利用模型确定基线；④参考环境基准或国家和地方发布的环境质量标准，如 GB 3095、GB 3096、GB 3097 等确定基线。

因果关系分析：因果关系分析应以存在明确的污染环境或破坏生态行为和生态环境损害事实为前提；污染环境行为与生态环境损害间因果关系分析的主要内容包括环境污染物（污染源、环境介质、生物）的同源性分析、污染物迁移路径的合理性分析、生物暴露的可能性分析和生物发生损害的可能性分析；破坏生态行为与生态环境损害间的因果

关系分析。

生态环境损害实物量化：对生态环境质量的损害，一般以特征污染物浓度为量化指标；对生态系统服务的损害，一般选择指示物种种群密度、种群数量、种群结构、植被覆盖度等指标作为量化指标。生态环境损害实物量化方法主要包括统计分析、空间分析、模型模拟。

3．生态环境损害恢复方案筛选与价值量化

生态环境损害价值主要根据将生态环境恢复至基线需要开展的生态环境恢复工程措施的费用进行计算，同时，还应包括生态环境损害开始发生至恢复到基线水平的期间损害。生态环境恢复费用包括工程费，设备及材料购置费，替代工程建设所需的土地、水域、海域等购置费用和工程建设费用及其他费用，采用概算定额法、类比工程预算法编制。污染环境行为发生后，为减轻或消除污染对生态环境的危害而发生的阻断、去除、转移、处理和处置污染物的污染清理费用，以实际发生费用为准，并对实际发生费用的必要性和合理性进行判断。

四、《突发生态环境事件应急处置阶段直接经济损失核定细则》简介

1．突发环境事件应急处置阶段环境损害评估概述

适用范围：本细则适用于突发生态环境事件应急处置阶段直接经济损失核定工作，不适用于核设施及有关核活动发生的核与辐射事故造成的辐射污染事件的直接经济损失核定。

核算范围：突发生态环境事件应急处置阶段直接经济损失包括人身损害、财产损害和应急处置阶段可以确定的生态环境损害的数额，应急处置费用以及应急处置阶段可以确定的其他直接经济损失。其中，应急处置费用包括污染处置费用、保障工程费用、应急监测费用、人员转移安置费用以及组织指挥和后勤保障费用等。

核定程序：直接经济损失核定工作程序包括基础数据资料收集、数据审核、确定核定结果 3 个主要阶段。

损害量化：包括直接经济损失和生态环境损害两大部分。

2．直接经济损失核算

直接经济损失包括应急处置费用、人身损害、财产损害 3 个部分：

（1）应急处置费用包括污染处置费用、保障工程费用、应急监测费用、人员转移安置费用 4 个部分：

污染处置费用：污染处置费用是指从源头控制或者减少污染物的排放，以及为防止污染物继续扩散，而采取的清除、转移、存储、处理和处置被污染的环境介质、污染物和回收应急物资等措施所产生的费用。污染处置费用计算方法有两种，方法一：污染处置费用 = 材料费和药剂费+设备或房屋、场地租赁费+应急设备维修或重置费+人员费+后勤保障

费+其他。方法二：对于工作量能够用指标进行统一量化的污染处置措施，可以采用工作量核算法，根据事件发生地物价部门制定的收费标准和相关规定或调查获得的费用计算。

保障工程费用：保障工程费用是指应急处置期间为了保障受污染影响区域公众正常生产生活，以及为了保障污染处置措施能够顺利实施而采取的必要的应急工程措施所产生的费用，主要包括道路整修、场地平整、管线引水、车辆送水、自来水厂改造等措施产生的费用。保障工程费用 = 材料费和药剂费+设备或房屋租赁费+应急设备维修或购置费用+人员费+后勤保障费+其他。

应急监测费用：应急监测费用是指应急处置期间，为发现和查明环境污染情况和污染范围而进行的采样、监测与检测分析活动所产生的费用。应急监测费用的计算方法有两种：方法一：应急监测费用 = 材料费和药剂费+设备或房屋租赁费+应急设备维修或购置费用+人员费+后勤保障费+其他；方法二：样品数量（单样/项）×样品检测单价+样品数量（点/个/项）×样品采样单价+运输费+其他。

人员转移安置费用：人员转移安置费用是指应急处置期间，疏散、转移和安置受影响和受威胁人员所产生的费用。

（2）人身损害费用：指在应急处置阶段可以确定的、因突发生态环境事件污染造成的人员就医治疗、误工、致残或者致死产生的相关费用。人身损害需要有专业医疗或鉴定机构出具的鉴定意见，或者相关政府部门出具的正式文件。就医治疗的按照“人身损害费用 = 医疗费+误工费+护理费+交通费+住宿费+住院伙食补助费+营养费+其他”计算。致残的需增加残疾赔偿金、残疾辅助器具费、被扶养人生活费、后续康复护理治疗费。致死的需增加丧葬费、被抚养人生活费、死亡赔偿金等。

（3）财产损害费：指因环境污染或者采取污染处置措施导致的财产损毁、数量或价值减少的费用，包括固定资产、流动资产、农产品和林产品等损害的直接经济价值。财产损害费用 = 固定资产损害费用+流动资产损害费用+农产品损害费用+林产品损害费用+其他。

3．生态环境损害

生态环境损害包括突发环境事件发生后短期内可量化的生态环境损害和生态功能丧失的损害。突发生态环境事件对生态环境造成损害，不能在应急处置阶段恢复至基线水平、需要对生态环境进行修复或恢复，且修复或恢复方案及其实施费用在环境损害评估规定期限内可以明确的，生态环境损害数额计入直接经济损失，费用根据修复或恢复方案的实际实施费用计算。

五、案例分析：某地下水污染事件环境损害鉴定评估

（一）项目背景

项目地点位于某市低山丘陵区村庄内，2015 年 5 月，当地村民发现自用大口井地下水

疑似受到污染。经当地环保局调查，调查区部分点位地下水中氯化物、氨氮超过《地下水质量标准》（GB/T 14848—93）III 类水标准。村内大口井北侧分布有 1 家洗煤厂、2 家稀土抛光材料有限公司、1 家盐酸厂。2016 年 11 月起，受当地环保局委托环境保护部环境规划院环境风险与损害鉴定评估研究中心对该起地下水污染事件展开环境损害鉴定评估工作。

（二）基线确定及损害确认

根据《生态环境损害鉴定评估技术指南　总纲》（环办政法〔2016〕67 号）与《生态环境损害鉴定评估技术指南　土壤与地下水》（环办法规〔2018〕46 号）中规定的基线确定原则，因无法获取历史数据，采用未受污染环境行为影响且与调查区处于同一水文地质单元的相似现场，即“对照区域”数据确定基线。以指标值超过基线 20%为判定依据，确认调查区 2015—2017 年地下水受到损害，指标主要涉及氯化物和氨氮。

（三）因果关系判定

1．污染源识别

（1）洗煤厂：根据当地环保局提供的信息，洗煤厂并未从事生产经营活动，且洗煤厂下游临近区域地下水中氯化物、氨氮浓度相对较低，排除该企业。

（2）稀土厂 1：厂内存放有氨水储罐及其他盛放不明物质的容器，容器表面物质中氯化物和氨氮百分含量较高，该厂某生产工艺曾经进行过试生产等活动，产生了含氯离子及铵根离子的高浓度废水，未发现相应废水处理设备，因此判断该废水被直接排放，现场发现已封存硬化的排放槽。

（3）盐酸厂：厂内盐酸储罐开裂，固定罐体的金属环有受酸腐蚀溃烂痕迹，储罐下墙体和地面有受酸腐蚀痕迹。此外，该厂脱色工艺所使用的材料如重复利用会产生大量含氯离子、氨氮、铁离子等物质的废水，而该厂并未建设相关废水处理设施，没有相关处理记录，如存在上述工艺，可能直接将废水排放至环境中。

（4）稀土厂 2：生产工艺相对简单，未发现疑似排污生产环节，排除该厂。

2．场地探测

利用地下管线探测仪，对疑似污染企业周边地下金属管线进行探测排查。地表至地面以下 6 m 范围内未探测到金属材质的偷排暗管，如存在污染物排放，排放方式应为非金属管道暗排、倾倒直排或遗撒泄漏等。

3．补充钻探与采样检测

第一期补充调查重点考虑盐酸厂包气带氯化物等污染物含量及酸碱度情况。

第二期补充调查旨在进一步查明污染物来源，开展水文地质试验，获取水文地质参数等信息，取样分析调查区背景地下水水质、现状地下水水质。

第三期补充调查重点查明调查区地下水空间分布差异和变化，全面获取调查区地下水补径排条件，构建完整的污染源—污染迁移路径—受体证据链。

4．地质和水文地质调查与分析

调查区位于古河道及河道旁侧阶地，基岩以上地层以中砂-粗砂-砾石为主。古河道两侧的山丘为天然分水岭，形成了相对独立的小型水文地质单元，疑似污染源企业、主要水质调查点均位于该单元内。调查区存在片麻岩透镜体。调查区地下水主流向为自北东向南西，疑似污染源企业位于相对上游位置，大口井位于下游位置，区域地下水受上游径流补给、丘陵侧向补给及降水入渗补给，排泄方式主要为蒸发排泄及人工开采。大口井附近由于经常抽取地下水，形成一定规模降落漏斗。

5．污染物分布特征分析

利用 SPSS 等统计分析软件、ArcGIS 等绘图软件，基于各期地下水水质调查数据，对污染物相关性、时空分布、变化趋势等进行综合分析。

（1）污染特征

根据相关性分析结果，多种污染物共存反映既有稀土生产污染的特征，又有盐酸生产企业污染特征。稀土厂 1 附近黏土层对氯化物和氨氮迁移的阻滞系数不同，导致氨氮长期在稀土厂 1 调查点周边聚集，而氯化物则迁移至下游地区。

（2）污染来源

调查区地下水流场上游背景点及分水岭外侧调查点地下水氯化物、氨氮均未超标，判断污染来源于古河道内部。稀土厂 1 在 2014 年以前某生产工艺运行时存在直排行为，该厂旁调查点位附近始终是氯化物、氨氮两种污染物的浓度峰值区；盐酸厂内盐酸储罐可能发生泄漏，其生产工艺可产生大量含氯离子、氨氮等污染物的废水。综合分析认为稀土厂 1 为主要污染来源，盐酸厂为次要污染来源。

（3）排污特征及迁移路径

根据污染物浓度时空分布及变化规律，综合判断该场地地下水污染源主要为瞬时源，受到降雨及丰水期、枯水期水位变化影响，表现为间歇性释放特征。古河道是污染物迁移的优先路径。

（四）损害实物量化

1．损害范围和程度

利用 ArcGIS 10.3 中的空间分析模块对评估区地下水中特征污染物氯化物、氨氮进行插值以获取污染物空间分布情况。根据计算结果，2015 年损害面积为 1.41 km^2，2016 年损害面积为 1.65 km^2，2017 年损害面积为 1.50 km^2。根据调查结果，以评估区含水层平均厚度为 10 m 计，相应受损害的含水层体积分别约为 1 410 万 m^3、1 650 万 m^3 和 1 500 万 m^3。

2．受损地下水资源量

由于流经评估区的地下水资源受到评估区污染物的影响，水资源原有使用功能丧失。评估区天然地下水资源量等于天然补给量与天然排泄量的差值。根据计算结果，评估区2015—2017年每年受损的地下水资源量分别为21.56万m^3、21.69万m^3和21.59万m^3，总计为64.84万m^3，年均为21.61万m^3。

（五）生态环境损害恢复方案与价值量化

1．恢复目标

评估区地下水环境恢复包括基本恢复和补偿性恢复。基本恢复目标为恢复地下水中氯化物、氨氮浓度至基线水平，补偿性恢复目标为补偿地下水期间损害。

2．期间损害

（1）地下水资源损失量　根据《环境损害鉴定评估推荐方法（第Ⅱ版）》（环办〔2014〕90号），可采用替代等值法中的资源等值法量化期间损害，得到期间损害为304.9万m^3。

（2）每恢复1 m^3地下水效益的确定　按评估区地下水30年恢复到基线水平，产生100年的环境效益计，修复1 m^3地下水效益为20.53贴现年。

（3）补偿性恢复量　补偿性恢复量＝地下水资源损失量/单位地下水恢复效益＝14.86万m^3。

3．恢复方案

根据替代等值分析方法，建议采用建设生活污水处理厂的方案作为评估区地下水从现状恢复至标准值以及补偿期间损害的替代性恢复方案，替代性修复的地下水资源量合计为36.47万m^3。污水处理厂投资费用与运行处理费用合计约为854万元。评估区下游具有饮用功能的地下水已经自然恢复，满足《地下水质量标准》（GB/T 14848）中Ⅲ类水标准，但根据《生态环境损害鉴定评估技术指南　土壤与地下水》的要求，应计算基于风险的修复目标值到基线水平之间的这部分损害。评估区及其下游未达基线的受损地下水资源采用监测自然衰减的方式进行恢复，监测自然衰减的总费用约为263.4万元。综合考虑基本恢复费用、补偿性恢复费用和村民净水费用共计6.9万元，本案例的生态环境损害共约为1 125万元。

第三节　生态系统服务价值评估方法与案例分析

一、生态系统服务价值评估发展历程

1．国外发展历程

自古以来人类社会都依赖生态系统服务而生存，在人类文明的进程中人们早就认识到

生态服务功能退化的根源是生态破坏。但生态系统服务功能作为一个科学问题来研究起源于20世纪六七十年代的美国。直到1982年和1992年，Ehrlich提出并完善生态系统服务功能概念后，这一术语才逐渐被人们所认可。1997年，美国生态学会负责人Daily的课题组出版了名为*Nature's Sevices：Societal Dependence on Natural Ecosystems*的学术论文集，从生态系统服务功能的定义、分类、机理等方面对自然生态系统服务功能进行了较为系统的研究。同年，Costanza等发表在*Nature*上的*The Value of the World's Ecosystem Services and Natural Capital*一文，进一步从科学上明确了生态系统服务价值估算的原理和方法，在学术界引起了极大响应，推动了世界范围内生态系统服务功能研究的热潮。联合国在全球生态系统服务功能评估中发挥了重要作用，2001年，联合国环境规划署启动了为期4年的"千年生态系统评估"（Millennium Ecosystem Assessment，MA）国际合作项目，这是人类历史上首次对全球生态系统的过去、现在及未来状况进行评估，MA项目掀起了全球范围内开展生态系统服务功能研究的高潮。受MA的启发，联合国环境规划署在2007年和2012年分别启动了"生态系统服务与生物多样性经济学"（The Economics of Ecosystems and Biodiversity，TEEB）和"生物多样性与生态系统服务科学政策平台"（Science-Policy Platform on Biodiversity and Ecosystem Services，IPBES）两个项目，到目前为止全球多个国家参与以上项目，并且定期召开相关会议推动项目的进展。可见，生态系统服务功能一直都是国际上生态学等交叉学科研究的热点领域。

自2001年MA启动以来，最近20年国外对生态系统服务功能研究的热点主要集中在生态系统服务功能的定义、功能与分类，货币价值转化方法，评估模型的研发，生物多样性与生态系统服务功能的关系，土地利用与生态系统服务的关系，气候变化与生态系统服务的关系，生态系统服务权衡协同与生态系统管理，生态系统服务功能变化对生态安全和人类福祉的影响等方面。其中生物多样性与生态系统服务功能的关系、生态系统服务功能变化对生态安全和人类福祉的影响是未来研究的热点。

2．国内发展历程

20世纪五六十年代，国内学者开展了以"森林防护与水文作用"为中心的相关研究。到90年代国内开始对生态系统服务功能的概念进行译名和定义。受Costanza等研究成果的启发，国内学者开始对森林、草地、湿地等生态系统服务功能评估进行探索与实践。

2001年以后，由于受联合国"千年生态系统评估"（MA）、"生态系统服务与生物多样性经济学"（TEEB）和"生物多样性与生态系统服务科学政策平台"（IPBES）等国际合作项目的影响，我国生态系统服务功能的评估进入了快速发展时期，从机理到实践，积累了大量成果。研究人员多、研究尺度广、生态系统类型多样、方法技术先进，并出台了行业部门的森林、湿地、海洋等生态系统功能评估规范。森林生态系统服务功能方面，在国家尺度上，余新晓、王兵等分别估算了中国森林生态系统服务功能价值，同时王兵等还对中国森林生态系统服务功能价值的区域差异进行了研究；2008年我国林业部门颁布了《森林生态系统服务功能评估规范》（LY/T 1721—2008），推动了我国不同尺度下森林生态系统服务功能研究的热潮，2020 年该行业标准上升为国家标准（GB 38582—2020）。湿地生态系统服务功能评估方面主要代表人物有崔丽娟等，2017 年崔丽娟等起草的林业行业标准《湿地生态系统服务功能评估规范》（LY/T 2899—2017），为湿地生态系统服务功能评估提供了规范方法；在草地生态系统服务功能评估方面，谢高地等研究了青藏高原高寒草地生态系统服务价值，赵同谦等研究了中国草地生态系统服务功能价值；在海洋生态系统服务评估方面，比较有代表性的学者有陈尚、王其翔等，陈尚等还起草了海洋行业标准《海洋生态资本评估技术导则》（GB/T 28058—2011）。农田生态系统服务功能评估方面比较有代表性的学者有孙新章、谢高地等。在综合评价方面主要代表性学者有欧阳志云、傅伯杰等。

2013 年以来，随着习近平生态文明思想逐步形成，有关生态系统服务功能评估的研究更注重理论与实践相结合。未来研究的重点领域有生态系统服务功能评估机理、人类活动对生态系统服务功能与福祉的影响、生物多样性与生态服务功能的关系、生态服务功能的尺度特征、生态系统服务功能与生态安全的关系、生态系统服务与生态管理等。

二、生态系统服务价值类型

1．直接价值

直接价值指生态系统服务功能中可直接计量的价值，是生态系统生产的生物资源的价值，如粮食、蔬菜、果品、饲料、鱼以及薪材、木材、药材、野味、动物毛皮、食用菌等，这些产品可在市场上交易并在国家收入账户中得到反映，但也有相当多的产品被直接消费而未进行市场交易。除上述实物直接价值外，还有部分非实物直接价值（无实物形式但可以为人类提供服务或直接消费），如生态旅游、动植物园观赏、科学研究对象等。

2．间接价值

间接价值指生态系统给人类提供的生命支持系统的价值。这种价值通常远高于其直接生产的产品资源价值，它们作为一种生命支持系统而存在。例如，固定 CO_2 和释放 O_2、水土保持、涵养水源、气候调节、净化环境、生物多样性维护、营养物质循环、污染物的吸收与降解、生物传粉等。

3．选择价值

选择价值指个人和社会对将来能利用（这种利用包括直接利用、间接利用、选择利用和潜在利用）生态系统服务功能的支付意愿（WTP）。选择价值的支付意愿可分为下列 3 种情况：为自己将来利用、为自己子孙后代将来利用（部分经济学家称之为遗产价值）、为别人将来利用（部分经济学家称之为替代消费）。选择价值是一种未来价值或潜在价值，是在做出保护或开发选择之后的信息价值，是难以计量的价值。对服务功能价值的估价是以关于该功能的知识量或信息量为基础的，如果我们对被评价对象没有掌握任何知识或信息，谈论它的价值是毫无意义的，无论是对它的未来价值、当前价值还是历史价值都是如此。但这些并不代表选择价值无关紧要，只是我们不知道、无法估算而已。例如，1979 年在墨西哥一座小山上发现一种正要被清除的多年生植物，后来用它杂交出了多年生玉米，据估计由此创造出每年 68 亿美元的价值。现在人类种植的作物和饲养的家畜家禽都存在逐步退化问题，而新品种的培育都需要野生物种，仅从这一点考虑，生态系统提供的选择价值对人类的生存和发展都是十分重要的。

4．遗产价值

遗产价值指当代人将某种自然物品或服务保留给子孙后代而自愿支付的费用或价格。遗产价值还可体现在当代人为他们的后代将来能受益于某种自然物品和服务的存在的相关知识而自愿支付的保护费用。例如，为使后代人知道我们地球上存在金丝猴、大熊猫等而自愿捐钱捐物。遗产价值反映了一种人类的生态或环境伦理价值观，即代间利他主义。关于遗产价值存在两种观点：一种认为它是面向后代人对自然的使用的，因而可以归为选择价值的范畴；另一种观点认为遗产价值的概念是指能确保自然物品和服务的永续存在，它仅作为一种自然存在的知识遗产而保留下来，并不牵涉未来的使用问题，所以它可归属存在价值范畴。目前，学术界一般都将它单独列出，与选择价值和存在价值并列。

5．存在价值

存在价值也称内在价值，是指人们为确保生态系统服务功能的继续存在（包括其知识保存）而自愿支付的费用。存在价值是物种、生境等本身具有的一种经济价值，是与人类的开发利用并无直接关系但与人类对其存在的观念和关注相关的经济价值。对存在价值的估价常常不能用市场评估方法，因为基于成本效益对一个物种的存在进行精确分析，显然是不会得到任何有意义的结果的，在处理存在价值评价问题上只能应用一些非市场的方法（如支付意愿），尤其是伦理学、心理感知、认识论等哲学甚至宗教学方法。

生态系统服务功能的总价值是其各类价值的总和，即

$$\text{TEV（总价值）} = \text{UV} + \text{NUV} \tag{6-15}$$

式中，UV（使用价值）包括直接使用价值（DUV）、间接使用价值（IUV）和选择价值（OV）；NUV（非使用价值）包括遗产价值（BV）和存在价值（XV）。因此，总价值可表示为

$$\text{TEV} = \text{UV}+\text{NUV}=（\text{DUV}+\text{IUV}+\text{OV}）+（\text{BV}+\text{XV}） \tag{6-16}$$

对生态系统服务功能的评估，目前还处于探索阶段。根据经济学、环境经济学和资源经济学的研究成果，对生态系统服务功能的经济价值评估采用较多的方法如表 6-7 所示。

表 6-7 生态系统服务功能经济价值评估常用方法

类别	具体方法	备注
市场价格法	市场价值法	以生态系统提供的商品价值为依据，可直接反映在收益账目上
	费用支出法	以人们对某种环境效益的支出费用来表示该效益的经济价值，包括总支出法、区内支出法和部分费用法 3 种形式
替代法		通过估算替代品的花费而代替估算某些环境效益或服务的价值的一种方法
生产成本法	机会成本法	任何资源都存在许多相互排斥的待选方案，把失去使用机会的方案中能获得的最大效益称为该资源选择方案的机会成本
	恢复和保护费用法	一种资源被破坏，可把恢复它或保护它不受破坏所需的费用作为该环境资源被破坏所带来的经济损失
	影子工程法	是恢复费用技术的一种特殊形式，即生态环境被破坏后，人工建造一个工程来代替原来的环境功能所需的费用
环境偏好显示法	旅行费用法（TCM）	寻求利用相关市场的消费行为来评估环境物品的价值，通过旅行费用（交通费、门票费和旅游点的花费等）代替某项生态系统服务的价值
	享乐价格法（HPM）	其原理是人们赋予环境质量的价值可通过他们为优质环境物品享受所支付的价格来计算，常用于房地产价值评估
	规避行为和防护费用法	如当周围环境正被或可能被破坏，人们将购买一些商品或服务来帮助保护周围环境，并保护自己免受其害的费用
条件价值评估法（CVM）		也叫意愿调查法，即直接向调查对象询问对减少环境危害的不同选择所愿意支付的价值

三、案例分析（秦皇岛市森林植被生态服务功能价值分析）

以赵忠宝等研究的秦皇岛市森林植被生态服务功能价值为例，介绍森林生态系统服务功能价值。

秦皇岛市（39°24′N～40°37′N，118°34′E～119°51′E）地处河北省东北部，燕山山脉东段。陆域总面积为 781 200 hm^2，地形总体北高南低，北部是高山，中部是丘陵山地，南部是沿海冲积平原。气候类型属于暖温带半湿润大陆性季风气候，年平均气温为 11℃，年平均降水量为 634.3 mm，无霜期为 162～188 d。土壤类型有棕壤、褐土、风沙土、潮土、滨海盐土等 8 个土类。地带性植被类型为暖温带落叶阔叶林和温带针叶林。落叶阔叶林树种以栎属、椴属、桦属、杨属、柳属等为主，针叶林以油松为主，灌木以荆条、酸枣、鹅耳枥、沙棘、锦鸡儿等为主。2015 年秦皇岛市林地面积为 396 568 hm^2，活立木总蓄积量为 5 132 084 m^3。

秦皇岛市森林植被生态服务功能价值评估参照联合国“千年生态系统评估”（Millennium Ecosystem Assessment，MA）提出的生态系统服务功能分类方法和我国国家林业局颁布的

《森林生态系统服务功能评估规范》（LY/T 1721—2008）标准，从支持服务功能、调节服务功能、供给服务功能和文化服务功能 4 个方面，构建秦皇岛市森林生态系统服务的分类指标体系，共 10 类评价指标、23 项具体功能指标（表 6-8）。

表 6-8　秦皇岛市森林生态系统服务评价指标体系

服务类型	服务功能	功能指标	评价方法
供给服务	林木产品	木材	市场价值法
	林副产品	水果	市场价值法
调节服务	固碳释氧	固定 CO_2	碳税法
		释放 O_2	市场价值法
	净化空气	释放负离子	造林成本法
		吸收 SO_2	影子工程法
		吸收 NO_x	影子工程法
		滞尘	影子工程法
		降低噪声	影子工程法
		杀菌	造林成本法
	涵养水源	调节水量	影子工程法
		净化水质	影子工程法
	保育土壤	固土	影子工程法
		保肥（N、P、K）	市场价值法
		农田防护	市场价值法
支持服务	林木营养物质积累	N、P、K	市场价值法
	保护生物多样性	物种保护	成果参照法
文化服务	科研与教育价值	科研与教育	成果参照法
	森林游憩价值	景观与美学、旅游	专家咨询法

经过评估，供给服务功能、调节服务功能、支持服务功能和文化服务功能的 23 项功能量指标的价值量如表 6-9 和表 6-10 所示，2015 年森林生态服务功能总价值为 407.21 亿元；2010 年森林生态服务功能总价值为 312.72 亿元，2005 年森林生态服务功能总价值为 277.48 亿元。在所评估的林分中，针叶林中的油松、阔叶林中的柞树是秦皇岛市生态服务功能的主要树种。

表 6-9 秦皇岛市森林生态服务功能价值量汇总 单位：万元

评价项目	评价指标	功能量指标	2015 年价值量	2010 年价值量	2005 年价值量
供给服务功能	林木产品	木材	26 313.98	27 163.65	28 013.32
	林副产品	林果	491 249.58	403 041.15	290 997.56
调节服务功能	固碳释氧	固定 CO_2	366 029.85	361 132.91	356 235.97
		释放 O_2	147 605.19	147 161.35	146 717.51
	净化空气	释放负离子	1 830.94	1 879.40	1 927.85
		吸收 SO_2	7 947.21	8 297.21	8 647.20
		吸收 NO_x	27 649.86	151 799.53	275 949.20
		滞尘	142 987.67	148 614.70	154 241.72
		降低噪声	88 617.6	84 432	81 148.8
		杀菌	67 975.44	59 355.85	50 736.25
	涵养水源	调节水量	419 129.29	422 230.39	425 331.49
		净化水质	55 076.12	55 483.63	55 891.13
	防风固沙	固土	99 890.32	98 365.85	96 841.38
		保肥	30 106.87	29 647.40	29 187.92
		防风	17 191.89	16 374.17	15 556.45
支持服务功能	林木营养物质积累	N、P、K	41 918.88	41 792.83	41 666.78
	保护生物多样性	物种保护	279 404.36	279 990.92	280 577.48
文化服务功能	科研与教育价值	科研与教育	130 347.27	127 199.34	124 051.40
	休闲价值	景观与美学、旅游	1 630 800	663 210	311 085
合计			4 072 072.32	3 127 172.28	2 774 804.41

表 6-10 秦皇岛市森林生态服务功能价值量汇总 单位：亿元

年份	供给服务功能	调节服务功能	支持服务功能	文化服务功能	合计
2015	51.76	147.20	32.13	176.11	407.21
2010	43.02	158.48	32.18	79.04	312.72
2005	31.90	169.84	32.22	43.51	277.48

从表 6-9 和表 6-10 中可知，2005—2015 年，森林生态服务功能总价值呈增加趋势，增加了 46.75%，其中供给服务功能价值、文化服务功能价值表现为增加趋势，尤其是文化服务功能价值大幅提升，增加了 304.73%；而调节服务功能价值和支持服务功能价值表现为下降趋势，其中调节服务功能价值下降比较明显，下降了 13.33%。产生这种现象的原因主要表现在两个方面：一方面是随着经济的发展、环境的变化，人们渴望自然、回归自然的需求越来越高，秦皇岛市的森林资源为人们回归自然、森林游憩提供了便利条件，文化服务功能价值将随着经济的发展、生态文明意识的提升而逐年增加。同时秦皇岛也是我国

重要的教学、科研实践基地，在科研与教育方面具有重要的功能价值。另一方面是林地面积虽然有所增加，但发挥主要生态服务功能的林分面积，如针叶林面积减少了 27.96%，而落叶林仅增加了 6.19%，所以造成了调节服务功能价值和支持服务功能价值呈下降趋势。

与同期秦皇岛市 GDP 相比，2015 年森林生态服务价值占秦皇岛市同期 GDP（2015 年 GDP 为 1 250.44 亿元）的 32.56%，河北省的 1.37%（2015 年河北省 GDP 为 2.98 万亿元），全国的 0.06%（2015 年我国 GDP 为 68.91 万亿元）。

本章小结

环境费用-效益分析的步骤一般包括弄清问题、环境功能的分析、确定环境破坏的程度与环境功能损害的关系、弄清各种对策方案改善环境的程度、计算各个对策方案的环境保护效益、计算各种对策方案的费用、费用与效益现值的计算、费用与效益的比较等步骤。

环境影响的费用和效益评价技术主要包括市场价值法或生产率法、机会成本法、防护费用法、恢复费用法或重置成本法、影子工程法、人力资本法、资产价值法、旅行费用法和投标博弈法。

生态环境损害是指因污染环境、破坏生态造成大气、地表水、地下水、土壤等环境要素和植物、动物、微生物等生物要素的不利改变，以及上述要素构成的生态系统功能的退化。国内外均非常重视生态环境损害评估工作。我国的生态环境损害主要依据是《环境损害鉴定评估推荐方法（第Ⅱ版）》《生态环境损害鉴定评估技术指南　总纲》《突发生态环境事件应急处置阶段直接经济损失核定细则》。

环境损害鉴定评估包括了基本概念、环境损害评估的工作范围、环境损害确认、因果关系判定和环境损害评估方法。

本章介绍了生态系统服务功能价值评估在国内外的发展历程、生态系统服务价值类型及其评估方法，并以秦皇岛市森林植被生态系统服务功能价值为例，介绍森林生态系统服务功能价值核算指标体系、评价方法和核算结果。本章内容可为生态系统服务功能价值评估的研究提供理论和案例分析依据。

复习思考题

1. 环境费用-效益分析有哪些步骤？
2. 环境影响的费用和效益评价有哪几种常用方法？
3. 如何理解机会成本法？
4. 什么叫旅行费用法？使用时应该具备哪些条件？
5. 什么叫投标博弈法？使用时应注意消除哪些偏差？
6. 如何确定环境损害评估的工作范围？
7. 环境损害确认包括哪些内容？

8．污染环境行为与环境损害间的因果关系判定包括哪些内容？

9．解释生态环境损害、生态环境损害评估、基线3个概念。

10．简述生态环境损害的构成及评估方法。阐述环境损害评估方法。

11．简述生态系统服务功能价值评估的国内外发展历程。

12．简述生态系统服务价值类型及评估方法。

参考文献

[1] 马中. 环境与自然资源经济学（第三版）[M]. 北京：高等教育出版社，2019.

[2] 刘鸿亮. 环境费用-效益分析方法及实例[M]. 北京：中国环境科学出版社，1988.

[3] 国家环境保护局. 环境影响评价经济分析指南[M]. 北京：中国环境科学出版社，1988.

[4] 李克国. 环境经济学（第三版）[M]. 北京：中国环境出版社，2014.

[5] 董小林. 环境经济学[M]. 北京：人民交通出版社，2019.

[6] 薛达元，包浩生，李文华. 长白山自然保护区森林生态系统间接经济价值评估[J]. 中国环境科学，1999，19（3）：247-252.

[7] 吴健. 环境经济评价——理论、制度与方法[M]. 北京：中国人民大学出版社，2012.

[8] 曾贤刚. 环境影响经济评价[M]. 北京：化学工业出版社，2003.

[9] 彼得・伯克. 环境经济学[M]. 北京：中国人民大学出版社，2013.

[10] 查尔斯・科尔斯塔德. 环境经济学[M]. 北京：中国人民大学出版社，2011.

[11] 环境保护部. 环境损害鉴定评估推荐方法（第 II 版）[M/OL].（2014-10-24） [2021-01-10]. http://www.mee.gov.cn/gkml/hbb/bgt/201411/t20141105_291159.htm.

[12] 王金南，於方，齐霁，等. 环境损害鉴定评估：环境监察执法的一把“钢尺”[J]. 环境保护，2015，43（14）：16-19.

[13] 於方，张衍燊，徐衍燊.《生态环境损害鉴定评估技术指南　总纲》解读[J]. 环境保护，2016，44（20）：9-11.

[14] 於方，张衍燊，赵丹，等. 环境损害鉴定评估技术研究综述[J]. 中国司法鉴定，2017（5）：18-29.

[15] 於方，张衍燊，徐伟攀.《生态环境损害鉴定评估技术指南　损害调查》解读[J]. 环境保护，2016，44（20）：16-19.

[16] 於方，赵丹，王膑，等.《生态环境损害鉴定评估技术指南　土壤与地下水》解读[J]. 环境保护，2019，47（5）：19-23.

[17] 生态环境部. 关于印发生态环境损害赔偿磋商十大典型案例的通知[EB/OL].（2020-04-30）[2021-01-10]. http://www.mee.gov.cn/xxgk2018/xxgk/xxgk06/202005/t20200506_777835.html.

[18] 李清. 检视与破局：生态环境损害司法鉴定评估制度研究——基于全国19个环境民事公益诉讼典型案件的实证分析[J]. 中国司法鉴定，2019（6）：1-9.

[19] 张红振，王金南，牛坤玉，等. 环境损害评估：构建中国制度框架[J]，环境科学，2014，35（10）：

4015-4030.

[20] 中共中央办公厅，国务院办公厅. 生态环境损害赔偿制度改革方案[EB/OL].（2017-12-17）[2021-01-10]. http：//www.gov.cn/home/2017-12/17/content_5247954.htm.

[21] Ehrilich PR，Ehrilich AH. The value of biodiversity[J]. Ambio，1992，21：219-226.

[22] Costanza R，D'Arge R，De Groot R，et al. The value of the world's ecosystem services and natural capital[J]. Nature，1997，387（15）：253-260.

[23] Zhongxin Chen，Xinshi Zhang. Value of ecosystem services in China[J]. Chinese Science Bulletin，2000，45（10）：870-876.

[24] Helena Castro，Paula Castro. Mediterranean marginal lands in face of climate change：Biodiversity and ecosystem services[M]. Climate Change-Resilient Agriculture and Agroforestry，2019.

[25] Rebecca S. Snell，Ché Elkin，et al. Importance of climate uncertainty for projections of forest ecosystem services[J]. Regional Environmental Change，2018，18（7）：1-15.

[26] 欧阳志云，王如松，赵景柱. 生态系统服务功能及其生态经济价值评价[J]. 应用生态学报，1999，10（5）：635-640.

[27] 鲁春霞，谢高地，张钇锂，等. 中国自然草地生态系统服务价值[J]. 自然资源学报，2001，16（1）：47-53.

[28] 王兵，任晓旭，胡文. 中国森林生态系统服务功能及其价值评估[J]. 林业科学，2011，47（2）：145-153.

[29] 赵忠宝，李克国. 区域生态系统服务功能及生态资源资产价值评估——以秦皇岛市为例[M]. 北京：中国环境出版集团，2020.

[30] 崔丽娟. 鄱阳湖湿地生态系统服务功能价值评估研究[J]. 生态学杂志，2004，23（4）：47-51.

[31] 赵同谦，欧阳志云，贾良清，等. 中国草地生态系统服务功能间接价值评价[J]. 生态学报，2004，24（6）：1101-1110.

[32] 谢高地，鲁春霞，肖玉，等. 青藏高原高寒草地生态系统服务价值评估[J]. 山地学报，2003，21（1）：50-55.

[33] 陈尚，任大川，夏涛，等. 海洋生态资本理论框架下的生态系统服务评估[J]. 生态学报，2013，33（19）：301-310.

[34] 谢高地，肖玉. 农田生态系统服务及其价值的研究进展[J]. 中国生态农业学报，2013，21（6）：645-651.

[35] 傅伯杰，周国逸，白永飞，等. 中国主要陆地生态系统服务功能与生态安全[J]. 大学科普，2014，8（1）：11.

47(5):[illegible]

[20] [illegible][EB/OL]. 2017-12-15[2021-01-16]. http://www.gov.cn/zhengce/2017-12/17/content_5247954.htm

[21] Ehrlich PR, Ehrlich AH. The value of biodiversity[J]. Ambio, 1992, 21(3): 219-226.

[22] Costanza R, D'Arge R, de Groot R, et al. The value of the world's ecosystem services and natural capital[J]. Nature, 1997, 387(15): 253-260.

[23] Zhongwu Chen, Xinshi Zhang. Value of ecosystem services in China[J]. Chinese Science Bulletin, 2000, 45(10): 870-876.

[24] [illegible] Gaston, [illegible]. Mediterranean marginal lands in face of climate change: Biodiversity and ecosystem services[M]. Climate Change Resilient Agriculture and Agroforestry, 2019.

[25] Rebecca S. Snell, Chris Elkin, et al. Importance of climate uncertainty for projections of forest ecosystem services[J]. Regional Environmental Change, 2018, 18(7): [illegible]

[26] [illegible]

[27] [illegible]

[28] [illegible]

[29] [illegible]

[30] [illegible]

[31] [illegible]

[32] [illegible]

[33] [illegible]

[34] [illegible]

第三篇　环境经济制度体系

本篇包括环境经济政策、环境保护投资、环境税与环境收费、生态环境损害赔偿与生态保护补偿、金融政策在环境保护中的应用、排污权交易 6 章。第七章环境经济政策主要内容包括环境政策的经济学分析、环境经济政策的作用和实施条件、中国环境经济政策体系。第八章环境保护投资的主要内容包括概述、我国环境保护投资、我国环境保护投融资体制改革。第九章环境税与环境收费的主要内容包括税收与环境、环境保护税、环境收费。第十章生态环境损害赔偿与生态保护补偿的主要内容包括环境损害赔偿制度、生态保护补偿制度。第十一章金融政策在环境保护中的应用的主要内容包括绿色金融、绿色信贷、环境污染责任保险。第十二章排污权交易的主要内容包括排污权交易的理论基础、中国的排污权交易制度分析。

第七章　环境经济政策

党的十九届四中全会通过的《中共中央关于坚持和完善中国特色社会主义制度　推进国家治理体系和治理能力现代化若干重大问题的决定》第十部分"坚持和完善生态文明制度体系，促进人与自然和谐共生"提出了4项举措："实行最严格的生态环境保护制度""全面建立资源高效利用制度""健全生态保护和修复制度""严明生态环境保护责任制度"。建设生态文明，是一场涉及生产方式、生活方式、思维方式和价值观念的革命性变革，必须依靠制度、依靠法治，必须加快制度创新，增加制度供给，完善制度配套，强化制度执行，让制度成为刚性的约束和不可触碰的"高压线"。环境经济政策是生态文明制度的重要组成部分，建立、完善环境经济政策是运用经济手段保护环境的有效途径。从发达国家的实践历程可以看出，建立和实施一套全方位、多领域、全局性的宏观环境经济政策，能以较低的成本达到有效控制污染的目的。通过实施环境经济政策，可以把环境治理转化为经济发展的动力，解决环境治理与经济发展的矛盾，实现经济发展与生态环境保护共赢。

第一节　运用经济手段保护环境

一、政府在环境保护中的作用

1．环保靠政府

中华人民共和国成立70年以来，政府与市场的关系受经济发展水平、思想认识水平、经济政治体制改革等因素的影响而不断调整、不断变迁。1992年以后，我国进入政府与市场关系完善期。党的十四大提出了我国经济体制改革的目标是建立社会主义市场经济体制，提出"要使市场在社会主义国家宏观调控下对资源配置起基础性作用"。党的十八大提出"更大程度更广范围发挥市场在资源配置中的基础性作用"。党的十八届三中全会把市场在资源配置中的"基础性作用"修改为"决定性作用"。党的十九大再次强调"使市场在资源配置中起决定性作用"。党的十九届四中全会通过的《中共中央关于坚持和完善中国特色社会主义制度　推进国家治理体系和治理能力现代化若干重大问题的决定》进一步明确了我国全面改革的方向（专栏7-1）。2020年3月，中共中央办公厅、国务院办公厅印发的《关于构建现代环境治理体系的指导意见》中明确指出：“以坚持党的集中统一领导为统领，以强化政府主导作用为关键，以深化企业主体作用为根本，以更好动员社会组织和公众共同参与为支撑，实现政府治理和社会调节、企业自治良性互动，完善体制机制。”

专栏 7-1　中共中央关于坚持和完善中国特色社会主义制度　推进国家治理体系和治理能力现代化若干重大问题的决定（有关政府与市场关系的论述摘录）

坚持公有制为主体、多种所有制经济共同发展和按劳分配为主体、多种分配方式并存，把社会主义制度和市场经济有机结合起来，不断解放和发展社会生产力的显著优势……

优化政府职责体系。完善政府经济调节、市场监管、社会管理、公共服务、生态环境保护等职能，实行政府权责清单制度，厘清政府和市场、政府和社会关系。深入推进简政放权、放管结合、优化服务，深化行政审批制度改革，改善营商环境，激发各类市场主体活力。健全以国家发展规划为战略导向，以财政政策和货币政策为主要手段，就业、产业、投资、消费、区域等政策协同发力的宏观调控制度体系。完善国家重大发展战略和中长期经济社会发展规划制度。完善标准科学、规范透明、约束有力的预算制度。建设现代中央银行制度，完善基础货币投放机制，健全基准利率和市场化利率体系。严格市场监管、质量监管、安全监管，加强违法惩戒。完善公共服务体系，推进基本公共服务均等化、可及性。建立健全运用互联网、大数据、人工智能等技术手段进行行政管理的制度规则……

必须坚持社会主义基本经济制度，充分发挥市场在资源配置中的决定性作用，更好发挥政府作用，全面贯彻新发展理念，坚持以供给侧结构性改革为主线，加快建设现代化经济体系……

健全劳动、资本、土地、知识、技术、管理、数据等生产要素由市场评价贡献、按贡献决定报酬的机制……

加快完善社会主义市场经济体制。建设高标准市场体系，完善公平竞争制度，全面实施市场准入负面清单制度，改革生产许可制度，健全破产制度。强化竞争政策基础地位，落实公平竞争审查制度，加强和改进反垄断和反不正当竞争执法。健全以公平为原则的产权保护制度，建立知识产权侵权惩罚性赔偿制度，加强企业商业秘密保护。推进要素市场制度建设，实现要素价格市场决定、流动自主有序、配置高效公平。强化消费者权益保护，探索建立集体诉讼制度。加强资本市场基础制度建设，健全具有高度适应性、竞争力、普惠性的现代金融体系，有效防范化解金融风险……

建立以企业为主体、市场为导向、产学研深度融合的技术创新体系，支持大中小企业和各类主体融通创新，创新促进科技成果转化机制……

健全现代文化产业体系和市场体系，完善以高质量发展为导向的文化经济政策……

推进市场导向的绿色技术创新，更加自觉地推动绿色循环低碳发展……

市场决定资源配置是市场经济的一般规律，我国着力解决市场体系不完善、政府干预过多和监管不到位等问题，大幅减少政府对资源的直接配置，让市场在所有能够发挥作用的领域都充分发挥作用，推动资源配置实现效益最大化和效率最优化。

市场在资源配置中起决定性作用，而不是全部作用。我国社会主义市场经济体制仍要发挥党和政府的积极作用。政府的职责和作用主要是保持宏观经济稳定，加强和优化公共服务，保障公平竞争，加强市场监管，维护市场秩序，推动可持续发展，促进共同富裕，弥补市场失灵。更好发挥政府作用，不是要更多发挥政府作用，而是要在保证市场发挥决定性作用的前提下，管好那些市场管不了或管不好的事情。

“市场在资源配置中起决定性作用”“更好发挥政府作用”，二者是有机统一的。在社会主义市场经济体制下，环境保护必须依靠政府，原因如下：

（1）在环境保护领域，市场失灵非常突出。市场经济体制下，由于垄断、信息不全、经济外部性和公共商品存在等原因，会出现市场失灵。在环境保护领域，由于生态环境资源的产权不明晰、生态环境资源的公共商品属性、环境污染及生态破坏的负外部性、生态建设及环境保护的正外部性、生态环境信息的稀缺性和不对称性、生态环境资源无市场和自然垄断等原因，必然出现生态环境资源配置的市场失灵。换句话说，在环境保护领域，市场失灵尤其突出。

实践证明，政府调控是纠正市场失灵的有效手段。因此，应该加强政府对环境保护的干预的力度，即环保靠政府。

（2）环境保护是一项基本国策。我国已经把环境保护列为一项基本国策，环境保护是政府的一项基本职能。《中华人民共和国环境保护法》第六条明确规定“地方各级人民政府应当对本行政区域的环境质量负责”。根据这一规定，政府应该在环境保护中发挥主导作用，即环保靠政府。

（3）环境保护事业涉及面广。环境保护几乎涉及社会经济生活的各个方面，单靠某个部门或几个部门的力量不能完成环境保护的任务，只有依靠政府的力量才能做好环境保护工作。在市场经济体制下，环境保护是政府的基本职能，政府在环境保护中的职能在逐步加强。《环境保护法》第十条规定：国务院环境保护主管部门，对全国环境保护工作实施统一监督管理；县级以上人民政府环境保护主管部门，对本行政区域环境保护工作实施统一监督管理。环境质量是公共资源和公共服务，环境保护需要进一步强化政府的作用。

2．政府如何进行环境保护

需要指出的是，“环保靠政府”不等于政府包揽环境保护的一切活动。“环保靠政府”是指依靠政府在环境保护中的组织、协调作用。而政府则利用法律的、经济的、行政的、技术的、教育的手段保护环境。通过政府在环境保护中的组织、协调，强化市场主体的环境保护责任。

制定环境政策是政府保护环境的重要职责。随着经济发展及环境问题的变化，世界各国的环境政策也在不断变化。环境政策手段的发展变化情况见表 7-1。

表 7-1 环境政策手段的发展趋势

年代	20 世纪 70 年代	20 世纪 80 年代	20 世纪 90 年代及 2000 年之后
环境政策	命令—控制手段 污染治理 法规 单一介质 增长极限	市场手段 预防和防止 法规改革 环境税费 可交易许可证 定价政策 多介质 消费者需求	混合途径 长远规划 可持续发展 法规与经济措施 寿命周期分析 污染预防与控制 自愿协商 对话

二、运用经济手段管理环境的必要性

在社会主义市场经济体制下，需要依靠政府的力量来管理、保护环境。政府则主要依靠法律手段和经济手段保护环境。运用经济手段管理环境的必要性可以从 3 个方面来说明：

1．环境问题实质是个经济问题

环境问题实质上是个经济问题，一方面解决环境问题必须利用经济手段；另一方面，市场经济是一种利益经济，市场主体的行为主要受利益机制驱动，利用经济手段解决环境问题，可以对市场主体的环境行为施加一定的经济刺激，从而促使其采取积极、主动的措施保护环境。

2．市场经济体制的需要

发达国家的经验表明，经济手段是解决经济外部性问题的有效途径。这一点，可以通过图 7-1 说明：图中，MB 代表企业的边际效益曲线，MSC 代表边际社会成本曲线，MPC 代表边际私人成本曲线，t 代表税收（收费）水平或补贴水平。图 7-1（a）说明经济机制对企业外部不经济性（如向环境排放污染物）的影响：受利益机制的驱使，企业的最佳生产水平（排污量）为 Q（此时 MPC = MB）；若从社会角度看，企业的最佳生产水平（排污量）为 Q^*（此时 MSC = MB）。通过征收环境税（或排污费）t，企业边际私人成本曲线由 MPC 变为 MPC+t，此时，企业的生产水平（排污量）将调整为 Q^*（此时 MSC+t =MB），这说明通过经济手段可以刺激企业主动削减排污量。图 7-1（b）说明经济机制对企业外部经济性行为（如植树造林）的影响：在现行体制下，植树造林的直接经济效益较低（如图中 MB 曲线所示），若通过经济手段，给植树造林一定的补贴，则植树造林的边际效益曲线将变为 MB+t，此时，植树造林的规模将达到 Q^*，这说明通过经济手段可以刺激市场主体主动进行外部经济性的活动（如植树造林）。总之，经济手段可以有效地引导市场主体主动地从事有利于环境保护的活动。

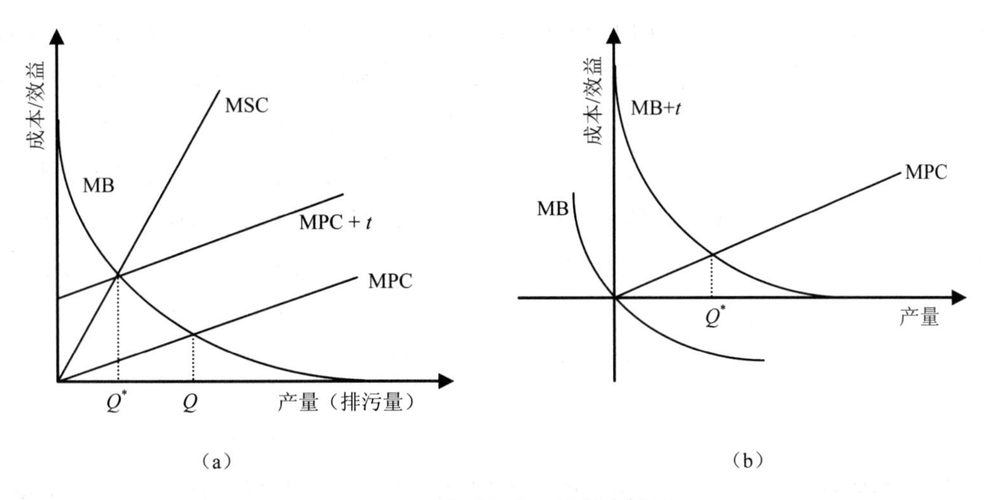

图 7-1 经济手段的环境效果分析

3．环境保护及生态文明建设的需要

环境保护与经济发展密切相关，解决环境问题离不开经济政策的支持。从国际发展趋势看，积极运用环境经济政策是环境管理改革的重要方向。过去 20 多年，环境经济政策的发展非常迅速，并快速走向国际环境领域，如在气候变化领域利用 CDM 机制、排放贸易、碳税等政策。国际上最新的环境政策分类为利用市场、创建市场、法规标准、信息和自愿四大类。从环境与发展的国际进展情况看，市场手段在降低环境保护成本、提高行政效率、减少政府补贴和扩大财政收入诸多方面，具有行政命令手段所不具备的显著优点。

从国内看，环境经济政策是实现环境保护历史性转变的必然要求和内在要求。目前，公众对环境恶化、雾霾等问题“民怨沸腾”，但一说到资源税、环境税等改革，又会因其“加税”特征引发一片反对声浪。从现实来看，以政府行政手段为主的选择式“关、停、并、转”虽然仍被反复强调，但其操作空间有限，仅适合为数不多的大型企业；以法规划定“准入”技术标准的“正面清单”方式，逻辑上可以用来规范中小企业，但若以此为主来操作，一定会产生为数众多、防不胜防的“人情因素”和设租寻租，发生事与愿违的种种扭曲和不公。真正可靠的转型升级出路和可充当主力的调控长效机制，是通过改革，以经济手段为主，在公平竞争中让市场力量充分发挥优胜劣汰作用，把真正低效、落后、过剩的产能挤出去，进而引出一个绿色、低碳、可持续的经济社会发展的“升级版”。

我国环保工作进入了一个新的历史阶段。环境形势发生了多方面的变化，仅靠传统的环境管理方式，即单一的命令强制方式远远不够了，需要采取综合运用法律、经济、技术和必要的行政办法等诸多方面的政策措施，甚至需要彻底改变生产和消费方式、改变社会文化才能取得长期效果。

环境保护是生态文明建设的主阵地，环境经济政策是实现环境保护法规制度建设的重要保障和基石。党的十九大报告强调“深化资源性产品价格和税费改革，建立反映市场供求和资源稀缺程度、体现生态价值和代际补偿的资源有偿使用制度和生态补偿制度”。

2018 年 5 月 18—19 日，全国生态环境保护大会在北京召开，会议标志着我国将开启新时代生态环境保护工作的新阶段。随后，中共中央、国务院颁布了《中共中央　国务院关于全面加强生态环境保护　坚决打好污染防治攻坚战的意见》，明确了打好污染防治攻坚战的时间表、路线图、任务书。文件用比较长的篇幅论述了“健全生态环境保护经济政策体系”（专栏 7-2），由此可见环境经济政策在环境保护工作中的重要地位。

专栏 7-2　中共中央　国务院关于全面加强生态环境保护　坚决打好污染防治攻坚战的意见（节选）

十、改革完善生态环境治理体系

（一）完善生态环境监管体系。（略）

（二）健全生态环境保护经济政策体系。资金投入向污染防治攻坚战倾斜，坚持投入同攻坚任务相匹配，加大财政投入力度。逐步建立常态化、稳定的财政资金投入机制。扩大中央财政支持北方地区清洁取暖的试点城市范围，国有资本要加大对污染防治的投入。完善居民取暖用气用电定价机制和补贴政策。增加中央财政对国家重点生态功能区、生态保护红线区域等生态功能重要地区的转移支付，继续安排中央预算内投资对重点生态功能区给予支持。各省（自治区、直辖市）合理确定补偿标准，并逐步提高补偿水平。完善助力绿色产业发展的价格、财税、投资等政策。大力发展绿色信贷、绿色债券等金融产品。设立国家绿色发展基金。落实有利于资源节约和生态环境保护的价格政策，落实相关税收优惠政策。研究对从事污染防治的第三方企业比照高新技术企业实行所得税优惠政策，研究出台“散乱污”企业综合治理激励政策。推动环境污染责任保险发展，在环境高风险领域建立环境污染强制责任保险制度。推进社会化生态环境治理和保护。采用直接投资、投资补助、运营补贴等方式，规范支持政府和社会资本合作项目；对政府实施的环境绩效合同服务项目，公共财政支付水平同治理绩效挂钩。鼓励通过政府购买服务方式实施生态环境治理和保护。

（三）健全生态环境保护法治体系。（略）

（四）强化生态环境保护能力保障体系。（略）

（五）构建生态环境保护社会行动体系。（略）

2020 年 3 月，中共中央办公厅、国务院办公厅印发的《关于构建现代环境治理体系的指导意见》中明确指出：“坚持市场导向。完善经济政策，健全市场机制，规范环境治理市场行为，强化环境治理诚信建设，促进行业自律。”同时，还对“健全价格收费机制”“加强财税支持”“完善金融扶持”等环境经济政策提出了具体要求。文件体现了以环境经济政策为重要内容来构建环境治理体系，通过环境经济政策，把环境治理转化为经济发展的动力，协调生态环境保护与经济发展的关系，实现经济发展与生态环境保护共赢。

第二节　环境经济政策

一、环境经济政策的概念

环境经济政策是环境政策的一个重要组成部分，是指根据环境经济理论和市场经济原理，运用财政、税收（收费）、信贷、价格、投资、市场等经济杠杆，调整利益相关者的环境行为，实现经济社会可持续发展的机制和制度。

与传统的行政手段“外部约束”相比，环境经济政策是基于市场原理的“内在约束（激励）”力量，它以内化环境成本为原则，对各类市场主体进行基于环境资源利益的调整，从而建立保护和可持续利用资源环境的激励和约束机制。

环境经济政策一般具有明显的利益刺激因素，其目的是纠正环境问题的外部不经济性，使外部费用内部化。环境经济政策以市场为基础，着重于间接宏观调控，通过市场信号的改变，影响政策对象的经济利益，以引导其改变行为；同时给予政策对象一定的行为决策权，允许他们选择以最适合自身的方式，履行保护环境的责任，以充分发挥政策对象的积极性、主动性，提高其自觉参与意识。因此，与命令—控制型政策相比，环境经济政策具有政策执行成本低和管理更加灵活的特点。在市场经济体制下，环境经济政策是协调经济发展与环境保护之间关系的有效手段。

20 世纪 70 年代初，市场经济国家，尤其是经济合作与发展组织就积极倡导应用环境经济手段，并取得了许多成功的经验。目前，环境经济政策已经成为发达国家环境保护的重要政策工具。

20 世纪 70 年代末期开始实施的排污收费制度标志着我国开始在环境保护领域应用环境经济政策，此后，环境经济政策在我国得到不断发展。尤其是党的十八大以来，党和国家更加重视发挥环境经济政策在生态环境保护中的重大作用，不断推进环境政策改革与创新，仅 2017 年，国家层面出台的环境经济政策相关文件就达 42 个。

《“十三五”环境政策法规建设规划纲要》对环境经济政策发展提出了明确目标：“强化环境经济政策的顶层设计，提高政策的系统性、针对性和可操作性，争取在进一步实现环境成本内部化方面迈出坚实步伐。”相信在党和国家的高度重视、各方的积极推动下，环境经济政策在生态环境保护和高质量发展中将扮演更加重要的角色。

二、环境经济政策功能

环境经济政策是国家宏观经济政策的有机组成部分，是指令控制型政策的一种必要补充，在经济建设和社会发展中发挥着重要作用。

1. 行为激励功能

运用环境经济政策手段，借助于市场机制的作用，可以使经济外部性内部化。环境经济政策可以对市场主体（政府、企业、个人）的环境行为施加经济刺激，对有利环境保护的行为给予经济奖励，对于破坏环境和生态的行为给予经济处罚，以此促使市场主体主动选择有利于环境保护的行为。

2. 筹集环保资金功能

通过实施环境经济政策，可以筹集一定的资金，用于环境保护和提高可持续发展能力的建设。

三、影响环境经济政策实施效果的因素

环境经济政策目标能否实现，取决于社会、经济、政治甚至文化等背景条件的约束。具体表现为以下几个方面：

1. 政策的可接受程度

环境经济政策实施后，会影响一些部门、地区和团体的利益。不同的利益集团将从自身利益角度出发反对或支持政策的实施，最后的结果将取决于这两股力量的对比以及它们对政治决策过程的影响。当反对的力量强大到足以影响政治决策过程时，该项环境经济政策就会被修改乃至被放弃。

2. 体制变革的可行性

环境经济政策是一种克服市场“失灵”和促使外部不经济性内部化的手段。因此，它的实施需要对现行管理体制进行变革。只有当这种变革在资金、管理和技术上可行时，才能为环境经济政策的实施提供支持，否则政策将难以执行。

3. 公平性的考虑

环境经济政策涉及经济利益的再分配，如环境保护税的纳税人并不一定是税负的最终承担者，因此，必须全面衡量环境经济政策对不同对象（如企业、政府和居民）以及不同收入阶层的影响，确保政策的有效性。

4. 政策的执行成本

执行成本低是环境经济政策的基本特点之一，如果某项政策的实施操作成本很高，这项政策就偏离了制定环境经济政策的最初意愿，即以较少的成本达到环境保护的目的。这项政策在实施过程中将会产生很大阻力，从社会的观点来看，它也不是一项经济有效的政策。

5．对市场竞争力的担心

一些行业部门和地方政府认为，实施环境经济政策会给企业造成经济负担，影响企业的经济效益，最终会影响本部门和地方产品的市场竞争力乃至国际贸易水平。因此，这些行业部门和地方政府可能对于某一环境经济政策持消极或抵触态度，这种态度和行为也会干扰环境经济政策的实施。

四、实施环境经济政策的外部条件

为了保证环境经济政策的实施，需要具备一定的外部条件，包括相关法律的保障、竞争性市场的存在、实施能力的支持、政府行为的合理化等。

1．相关法律的保障

市场经济本质上是法制经济。环境经济政策只有在相应的法律保障下，才具有合法性和权威性。完善的生态环境法律体系和严格的生态环境执法是环境经济政策推进的基础。环境经济政策的实施，又是环境法律法规严格执行的必要保障。如果某项环境经济政策与现行法律相冲突，除非修改有关法律条文，否则政策是不可行的。如果拟议的环境经济政策与现行法律不相悖，也必须获得法律认可，法律应赋予政策合法地位，确认政策的合法性。为了有效地实施此项政策，还需要由法律制度来明确地界定产权，并提供给政府采用此政策的法定权威，同时还需要明确政策施行的主管部门，还要授权主管部门制定政策的实施细节和管理规定。新修订的《中华人民共和国环境保护法》明确了财税、价格、采购、生态保护补偿制度、环境税费、环境财政预算、环境污染责任保险等环境经济政策。

2．竞争性市场的存在

环境经济政策是政府通过经济刺激手段，向受控对象传递市场信号，以达到改变受控对象行为的目的所采用的工具。要有效地实施环境经济政策，就必须发展较为完备的竞争性市场，否则信息传递就失去了有效的中介，其结果是导致信息中断或失真。不连续的信号会导致政策管理对象反应迟钝或不发生反应，影响环境经济政策的实施效率；失真的市场信号会产生同样的结果，有时甚至会再加重市场的扭曲程度，而背离了此项政策制定的初衷。

3．实施能力的支持

环境经济政策的有效实施需要具体实施规章，需要实施机构人力、物力和财力的支持。例如，排污收获制度的实施，需要制定具体的实施细则和详细的收费标准，建立负责费用征收、资金使用和管理的环境监理机构。

环境经济政策的有效实施还需要有完备的信息监测与信息管理系统的支持。有效运用经济激励制度需要了解许多信息，如有关各种激励制度的成本和收益状况的信息、受益者和受害者的范围信息、污染控制技术和制度可应用的机会和范围信息等。这些信息可以为环境经济政策的制定提供科学依据，以明确政策目标，建立高效的经济激励制度。完备的信息监测与信息管理系统也有助于提高环境经济政策的实施效率和公平性。

4. 政府行为的合理化

政府有宏观调节职能，能够通过政策及政策组合手段来调节、控制、引导、规范各经济主体的行为和市场运行。政府的行为应该合理化，如有配套的机构、有具备较高管理水准的管理人员、有较高的政策水平，这些是环境经济政策有效实施的基本保障。①要考虑制度和政策环境，环境经济政策体系建设须在既定的制度和政策环境约束下进行；②体系中的政策要素及结构设置要合理，环境经济政策体系中的政策工具类型及配置方式影响体系的效果和效率；③体系中政策要素之间要协调，制定和实施某一项环境经济政策可能会对其他有关环境经济政策产生协同或拮抗效应。

五、环境经济政策体系

目前，世界各国总结出来的环境经济政策主要基于两类理论：第一类是基于新制度经济学观点，即“科斯手段”，认为明晰产权对环境问题重要。第二类是基于福利经济学观点，即“庇古手段”，认为税收收费制度非常重要。综合看来，各国的经济环境政策都具有几个共性：①各国的环境经济政策普遍体现为一种政府对经济间接的宏观调控。②利用经济手段来引导企业将污染成本内部化。③各国政府部门间在环境问题上的政策协调越来越紧密，都倾向一种混合的管理制度。④各国的环境政策逐步从“秋后算账”向“全程监控”转变。在市场机制下，环境经济政策包括以下几个方面：

（1）环境资源核算与价格政策。①资源核算政策，通过对环境资源的科学核算建立有效的环境资源有偿使用制度；②资源及相关产品价格政策。

（2）财政政策。利用财政政策支持和促进环境保护是环保靠政策的重要途径。环境经济政策的财政政策主要包括财政收入政策（如环境税、绿色税收政策等）和财政支出政策。

（3）绿色金融政策。应用于环境保护中的金融政策主要包括绿色信贷政策和污染责任保险政策。

（4）环保投入政策。环境保护需要资金的投入，建立、完善环保投入政策是保障环境保护资金投入的需要。

（5）生态保护补偿与生态环境损害赔偿政策。对生态保护、生态建设等有外部经济性的活动，给予生态保护补偿；对造成生态环境污染或破坏等外部不经济性的活动，应该要求活动主体支付生态环境损害赔偿。

（6）环境市场政策。环境市场政策是利用市场机制保护环境的政策手段，如排污权交易、押金制度、污水处理费、垃圾处理费等。

六、环境经济政策的优缺点

1. 优点

环境经济政策具有以下优点：

（1）灵活性。一般来说，经济政策允许污染者自己选择合适的方式达到规定的标准，如交排污费、购买排污许可证、投资治理污染等。

（2）环境经济政策可以提供经济刺激。市场经济是一种利益经济，在市场经济体制下，市场主体的行为主要受经济利益驱使。通过实施经济政策，可以对市场主体的行为（尤其是和环境直接相关的行为）提供经济刺激，引导人们积极、主动地保护环境。

（3）筹集专项资金。通过实施经济政策，可以筹集到专项资金，用于环境保护。如我国通过实施排污收费制度，为我国的环境保护事业筹集到大量资金。

2．缺点

环境经济政策具有以下缺点：

（1）环境效果的不确定性。经济政策实施后，污染者会根据自身的情况做出不同的选择，其环境效果就表现出不确定性。如环境保护税与排污许可证制度相比，环境保护税的环境效果不确定，而排污许可证制度的环境效果比较确定。

（2）经济政策存在政治障碍。一般来说，经济政策会增加市场主体的成本开支，因而容易引起产业部门、政府部门以及公民的反对（表 7-2）。

表 7-2　管制手段与经济政策的比较

比较项目	管制手段	经济政策
企业自主性	无	有
政策灵活	无	有
经济激励性	无	有
执行成本	较大	较小
环境效果	确定	不确定
筹集资金	不能	能
政治障碍	较弱	较强
适用的体制	计划经济或市场经济	市场经济

第三节　中国的环境经济政策

一、中国的环境经济政策概况

1982 年，国务院发布了《征收排污费暂行办法》，标志着我国开始利用环境经济政策保护环境。受计划经济体制的影响，1992 年以前，环境经济政策在我国环境保护中作用十分有限。1992 年，我国提出建立社会主义市场经济体制，环境经济政策逐步被重视。“大气十条”“水十条”“土十条”以及《关于全面加强生态环境保护　坚决打好污染防治攻坚战的意见》《关于构建现代环境治理体系的指导意见》《关于加快推进生态文明建设的意见》等文件中均高度重视环境经济政策。目前，我国已经初步建立了适应社会主义市场经济体制及环境保护要求的环境经济政策体系，包括国家环境经济政策和地方环境经济政策。国家层面的环境经济政策主要包括环境财政政策、环境税费政策、环境资源定价政策、绿色金融政策、绿色贸易政策、排污权交易政策、生态补偿政策、行业环境经济政策等方面。

二、“十三五”环境经济政策建设规划评估

目前，国家高度重视环境经济政策在加速绿色发展转型、深入推进生态文明建设、提升改革效能方面的作用与成效。为了更好地推进环境经济政策建设，生态环境部（原环境保护部）先后制定和实施了《“十二五”全国环境保护法规和环境经济政策建设规划》《“十三五”全国环境保护法规和环境经济政策建设规划》（以下简称《规划》）。根据《规划》要求，“十三五”期间，要通过改革创新构建激励约束并重、系统框架较为完整、针对性和可操作性较强的环境经济政策体系。

生态环境部环境规划院是我国环境经济政策体系的主要技术支持单位，每年都会在环境经济政策研究和试点进展基础上，编制并发布年度环境经济政策研究与试点项目进展报告。璩爱玉等对《规划》中期进展进行了系统评估。首先，将《规划》分解为 3 个层次实施评估：目标层（1 个目标）、领域层（7 个领域）、任务层（28 项具体任务）。其次，对 28 项任务系统评估，评估指标包括政策制定、政策执行、政策效果等。其中，政策制定方面考虑是否出台了相关法律法规、政策文件；政策执行主要是考虑政策文件落实情况；政策效果主要是指政策实施后产生的影响，包括对污染减排、环境质量改善的推动作用，对企业环境行为的改善作用，筹集资金等。最后，通过对政策制定、政策执行和政策效果的综合评判来最终确定各项规划任务进度的评估结论。评估结论分为 3 类：①进展一般（包括没有进展、进展较小或进展一般），需要加快推进；②进展较好，但是面临不少问题，需要进一步推进和完善；③进展良好，需要稳中求进。

评估结论：①《规划》实施总体进展良好。《规划》中的 28 项任务总体进展良好（表 7-3），其中，绿色信贷、环境信息披露制度、环境污染强制责任险、企业环境信用体系、环保电价、排污权交易制度等 13 项规划任务进展良好；企业环境信息的共享机制、生态环境损害赔偿制度、资源税改革等 11 项规划任务进展较好；环境信用建设内容“入法”、绿色供应链构建等 4 项规划任务进展较小或者进展一般，需要加快推进。②环境经济政策的效果显著。“十三五”时期，国家高度重视加强环境经济政策的顶层设计，深入推进政策改革与创新，政策体系不断完善，环境经济政策在生态文明建设和生态环境保护工作中的地位

快速上升。环境经济政策改革取得了重要进展和显著成效，主要表现在：完善的环境经济政策体系已经基本建立、深化环境经济政策改革为生态文明建设提供了新动能、环境经济政策日益成为推进绿色生产与绿色消费的长效政策机制。

表 7-3　“十三五”环境经济政策建设规划中期评估结果

目标层	领域层	任务层	评估结果
构建激励约束并重、系统框架较为完整、针对性和可操作性较强的环境经济政策体系	1. 着力构建绿色金融体系	(1)及时将企业环境违法违规信息等企业环境信息纳入金融信用信息基础数据库，建立企业环境信息的共享机制，为金融机构的贷款和投资决策提供依据，引导金融机构将企业环境信用信息作为信贷审批、贷后监管的重要依据	进展较好
		(2)鼓励各类金融机构加大绿色信贷的发放力度；推动银行间绿色债券市场发展，为环境治理提供更为充足的资金保障	进展良好
		(3)推动完善上市公司和发债企业强制性环境信息披露制度，对属于重点排污单位的上市公司，研究制定并严格执行对主要污染物达标排放情况、企业环保设施建设和运行情况以及重大环境事件的具体信息披露要求，加大对伪造环境信息的上市公司和发债企业的惩罚力度	进展良好
	2. 依法推动绿色保险制度改革	(4)按程序推动制定修订环境污染强制责任保险相关法律或行政法规，研究制定实施性规章；选择环境风险较高、环境污染事件较为集中的领域，依法将相关企业纳入应当投保环境污染强制责任保险的范围	进展良好
		(5)鼓励保险机构发挥在环境风险防范方面的积极作用，对企业开展“环保体检”，为加强环境风险监管提供支持；加快定损和理赔进度，及时救济污染受害者，降低对环境的损害程度	进展良好
	3. 推进生态环境损害赔偿制度改革	(6) 2016—2017 年，在吉林、江苏、山东、湖南、重庆、贵州、云南开展生态环境损害赔偿制度改革试点。从 2018 年开始，在全国试行生态环境损害赔偿制度。到 2020 年，力争在全国范围内初步构建责任明确、途径畅通、技术规范、保障有力、赔偿到位、修复有效的生态环境损害赔偿制度	进展较好
		(7)继续推动环境损害鉴定评估工作。在《生态环境损害鉴定评估　总纲》框架下，开展《生态环境损害鉴定评估技术指南　土壤和地下水》《生态环境损害鉴定评估技术指南　污染物性质鉴别》《生态环境损害鉴定评估技术指南　替代等值分析法》等技术方法的研究工作，进一步完善生态环境损害鉴定评估技术方法体系；继续开展对鉴定评估从业人员的技术培训，提升工作能力。加强环境损害司法鉴定机构建设，为环境损害司法鉴定提供支撑	进展较好
	4. 加快环境信用体系建设	(8)研究推动环境信用建设内容“入法”，纳入环境保护和其他相关法律法规中	进展一般
		(9)规范并完善环境信用信息归集、分类、管理，将环境管理中依法获取的各种信息逐步归集汇总，形成较为全面的环境信用信息，与全国信用信息共享平台等对接，提供有关部门参考使用，并依法向社会公开	进展较好
		(10)继续指导地方环保部门落实《企业环境信用评价办法（试行）》《关于加强企业环境信用体系建设的指导意见》。及时总结、提炼地方环境信用体系建设的实践经验，向全国环保部门宣传推广。强化相关培训，指导地方环保部门较为全面地掌握环境信用体系建设的业务知识、技术方法	进展良好

<table>
<tr><th>目标层</th><th>领域层</th><th colspan="2">任务层</th><th>评估结果</th></tr>
<tr><td rowspan="18">构建激励约束并重、系统框架较为完整、针对性和可操作性较强的环境经济政策体系</td><td rowspan="13">5. 推动完善重点领域重点经济政策</td><td rowspan="4">完善资源环境价格机制</td><td>（11）完善资源环境价格机制，全面反映市场供求、资源稀缺程度、生态环境损害成本和修复效益等因素</td><td>进展较好</td></tr>
<tr><td>（12）推动有关部门落实调整污水处理费和水资源费征收标准政策，提高垃圾处理费收缴率，完善再生水价格机制</td><td>进展良好</td></tr>
<tr><td>（13）研究完善燃煤电厂环保电价政策，加大高耗能、高耗水、高污染行业差别化电价水价等政策实施力度</td><td>进展良好</td></tr>
<tr><td>（14）推动深化脱硫脱硝除尘超低排放环保电价政策，研究将脱汞纳入环保电价</td><td>进展良好</td></tr>
<tr><td rowspan="4">完善绿色税收政策</td><td>（15）推动和配合有关部门，完善企业所得税、增值税环保优惠政策，修订相关优惠目录</td><td>进展较好</td></tr>
<tr><td>（16）参与和推动资源税改革，逐步将资源税扩展到占用各种自然生态空间范畴</td><td>进展较好</td></tr>
<tr><td>（17）推动落实环境保护、生态建设、新能源开发利用的税收优惠政策</td><td>进展较好</td></tr>
<tr><td>（18）继续推动将部分“高污染、高环境风险”产品纳入消费税征收范围、取消出口退税商品目录和禁止加工贸易商品目录</td><td>进展一般</td></tr>
<tr><td colspan="2">（19）建立健全排污权初始分配、有偿使用和排污交易制度，推进排污权有偿使用和交易试点</td><td>进展良好</td></tr>
<tr><td colspan="2">（20）推动有关部门加大环境保护财政资金投入，提高资金使用效率。规范环境治理市场环境</td><td>进展良好</td></tr>
<tr><td colspan="2">（21）规范环境治理市场环境</td><td>进展较好</td></tr>
<tr><td colspan="2">（22）继续按照国家有关规定推进相关地区开展跨地区生态保护补偿试点，研究推进省级区域内横向补偿</td><td>进展良好</td></tr>
<tr><td colspan="2">（23）引导重点行业和企业构建绿色供应链，推动和配合有关部门研究制定相关激励机制</td><td>进展一般</td></tr>
<tr><td rowspan="2">6. 深化综合名录制定与运用</td><td colspan="2">（24）继续更新环境保护综合名录（以下简称综合名录），提供给有关部门参考使用；完善综合名录制定程序和规范，广泛征求意见、强化专家论证、开展成效评估</td><td>进展良好</td></tr>
<tr><td colspan="2">（25）推动综合名录与地方环境管理需求紧密结合，研究地方对重点行业、产品环境管理的经验做法和问题，融入综合名录制定全过程中予以综合分析；将综合名录制定过程中形成的环境经济信息提供给地方环保部门，服务环境管理。引导行业协会和企业将综合名录融入行业绿色供应链构建、企业绿色采购中，发挥综合名录对绿色生产的引导作用</td><td>进展一般</td></tr>
<tr><td rowspan="3">7. 开展环境经济核算研究</td><td colspan="2">（26）不断完善环境经济核算相关技术指南，研究建立生态系统生产总值核算体系，适时将核算结果提供给有关部门、地方政府及其环保部门进行参考</td><td>进展较好</td></tr>
<tr><td colspan="2">（27）继续指导地方绿色GDP2.0核算试点，结合地方实际研究提出核算细则，深化区域和行业核算技术指南，并根据核算结果提出推动地方绿色转型的政策建议</td><td>进展良好</td></tr>
<tr><td colspan="2">（28）国家统计局开展编制自然资源资产负债表试点工作</td><td>进展较好</td></tr>
</table>

资料来源：“‘十三五’环境经济政策建设规划中期评估研究”成果。

三、我国环境经济政策存在的主要问题

1．环境经济政策作用空间有待拓展

我国的环境经济政策还不健全。从社会再生产过程看，环境经济政策主要集中在生产环节，用以调节流通、分配、消费行为的环境经济政策仍不完善。即使在生产环节，也仍然缺乏直接针对污染排放和生态破坏行为征收的独立环境税，尚未建立起完善的排污权有偿使用和交易政策体系。在对外贸易合作方面，还未建立起指导和规范“走出去”企业环境行为的政策体系。

2．一些重要环境经济政策缺乏法律法规支撑

目前，我国一些重要环境经济政策，如排污权有偿使用和交易、生产者责任延伸和环境责任保险等环境经济政策，尚缺乏明确、具体的法律法规依据。这些政策在试点后的全面推行将面临法律障碍。

3．现有政策之间协调不够、配套措施不足、技术保障不力

排污权有偿使用与环境税费之间需要进一步协调，环境污染风险评估和污染损害评估技术规范尚不完善，污染源实时监测监控网络和执法监管体系不够完善，一定程度上阻碍了环境经济政策的全面和有效推行。

4．环境损害成本的合理负担机制尚未形成

环境损害成本的合理负担机制主要有环境资源产品定价机制、收费机制和税收机制等。建立这些机制有利于环境损害成本内化为市场主体的生产成本，从根本上解决“资源低价、环境无价”导致的资源配置不合理问题。目前该机制尚未有效形成，市场主体加大环保投资、防控环境风险的内在动力不足，绿色信贷、环境污染责任保险、绿色证券等环境经济政策的有效实施缺乏根本推动力。

四、完善我国的环境经济政策

我国高度重视建立系统、公平、合理、长效的环境经济政策体系，环境经济政策体系建设正面临前所未有的机遇。我国环境保护工作全面调整到以环境质量改善为主线，应该尽快建立、完善环境质量导向的环境经济政策体系，充分发挥环境经济政策手段在环境质量改善中的调控、激励、引导和规制功能。同时，应该发挥环境经济政策在环境质量改善、生态文明建设中的核心制度作用。

环境经济政策是新时期生态文明建设的重要手段，推动我国环境经济政策改革创新可以促进绿色经济转型，克服行政控制手段的弊端，促进技术创新。

面对国内外的环境经济发展形势，我国的环境经济政策虽然已经开始发挥作用，但是和环境保护工作的需要之间仍有较大差距。根据习近平生态文明思想、《中共中央关于坚持和完善中国特色社会主义制度　推进国家治理体系和治理能力现代化若干重大问题的决定》

《中共中央关于全面深化改革若干重大问题的决定》《关于全面加强生态环境保护　坚决打好污染防治攻坚战的意见》《生态文明体制改革总体方案》《“十三五”生态环境保护规划》的有关要求，继续加强环境经济政策研究与试点工作，争取在环境财政税收、区域生态补偿、绿色资本市场、排污权交易等方面取得突破，并最终建立健全有利于环境保护和污染减排的环境经济政策体系。我国环境经济政策改革的重点内容有：

1．推进环境经济政策的法制化建设

目前，我国正在推进的一些重要环境经济政策，如排污权有偿使用和交易、生态补偿和环境责任保险等，在国家层面尚缺乏明确、具体的法律法规依据。没有上位法律法规依据指导，地方试点具有很大的盲目性，试点探索也面临着法律上的障碍。必须重视环境经济政策的法制化建设，根据各类别环境经济政策试点进展，结合我国市场化进程以及经济发展阶段和水平，抓住时机，把地方试点成熟经验上升到法律法规层次，更好地指导地方开展环境经济政策实践。

2．改革环境资源价格形成机制，优化环境资源的合理配置

环境资源价格形成的非市场化，是导致大量资源无偿或低价开采的重要原因之一。应加快资源价格形成机制改革，形成能够灵活反映市场供求关系、资源稀缺程度和环境损害成本的资源性产品价格形成机制，促进结构调整、资源节约和环境保护，加快环境资源产权改革。建立边界清晰、权能健全、流转顺畅的环境资源产权制度，在市场交易的基础上，充分考虑自然资源和环境的公共产权，促使环境资源有偿使用、适度竞争成为环境资源价格形成的市场基础。建立生态产品核算体系，通过价格支持，将环境资源价值反映到要素价格中，对于具有正外部性的使用者内化其环境收益，从而优化资源的合理配置。

3．明确环境经济政策革新的方向，建立健全环境经济政策体系

按照国家经济体制改革总体要求确立环境经济政策发展方向。我国经济体制改革是全面深化改革的重点，经济体制改革的核心是处理好政府和市场的关系，使市场在资源配置中发挥决定性作用和更好发挥政府作用。深化经济体制改革的基本方向是市场化、法治化和民主化，其目标是建立健全社会主义市场经济体制。环境经济政策改革、创新必须服从经济体制改革的要求，加快完善绿色税收体系、绿色金融体系、绿色贸易政策体系、环境市场体系、生态环境补偿与追偿体系，突出总量减排、质量改善、风险防范和区域均衡发展四大主题，逐步形成适合生态文明建设、生态环境保护、社会主义市场经济体制要求的环境经济政策体系。

环境经济政策体系包括许多具体的政策，需要完善各项环境经济政策，同时更应该重视环境经济政策体系内以及环境经济政策与宏观经济政策的协调。从 OECD 成员国环境经济政策实践经验来看，OECD 成员国普遍重视政府部门间在环境问题上的政策协调性，强调环境经济政策应融入宏观经济政策中。我国在推行环境经济政策过程中，不仅在一些环境经济手段与其他环境政策的兼容性和关联度上还有待加强，而且环境经济政策体系内部的各政策之间也要加强政策的协调性，减少政策之间的内耗，提高环境经济政策体系的效率。如排污权有偿使用与排污交易政策要处理好与污染物总量控制、环境影响评价、“三同时”等政策的关联与兼容等。

4．重视环境经济政策实施能力建设

从多年来我国环境经济政策实践的经验可看出，由于过于重视一些政策的制定和出台，而不重视政策实施的配套措施和能力支撑建设，我国许多政策的执行力严重弱化，甚至一些政策未能全面和深入推行下去。任何环境经济政策的顺利实施都需要一系列的配套条件和能力支撑，如监测监管技术、市场环境、配套措施、人员经费能力保障等，如果其中一项或若干项配套不到位，那么对政策的推开就会产生阻碍。如“十二五”期间开征环境保护税，就需要做好环保部门和税务部门的征管职责转化的体制改革配套，以及做好人员编制能力配套、部门合作能力配套、征管部门的技术能力配套等，也需要进一步强化环保部门的监测监管能力，以提高环境保护税的征收率。

强化部门间的协调和配合，推进环境经济政策实践。环境经济政策是一类综合型政策，首要政策目标是利用经济激励手段来促进环保工作的开展。从政策制定和实施的部门分工来看，国家宏观经济部门是主导部门，往往环保部门、资源管理部门是配合部门。一项环境经济政策的出台往往需要多个部门之间的协调和配合才能实现，加快推进环境经济政策需要强化部门之间的联合，搭建有效的环境经济政策制定和实施的部门间合作机制和平台，特别是要求以开展环境保护为主要职能的环保行政主管部门要发挥其在环境经济政策制定过程中的积极性和主动性。

5．要高度重视开展环境经济政策评估，提高环境经济政策实施效率

应该看到的是，尽管各种环境经济政策遍地开花、地方试点层出不穷，但是其对节能减排的作用依然存在很大的争议。不少环境经济政策的设计、执行以及相应的政策效果、效率和效能缺乏系统有效的跟踪和评估，从而使得有关政府决策部门无法系统、深入地了解政策实施的成效以及政策推行面临的关键性障碍因素，地方试点的经验也无法上升到国家制度层面，这也造成在国家层面难以更为有效地进一步推进有关政策的深入试点探索。今后要高度重视构建环境经济政策评估机制，加快出台《推进开展环境经济政策评估的若干指导意见》《环境经济政策评估技术规范》等政策文件，推进在不同层面和不同地区、行业部门开展环境经济政策评估，促进早日形成环境经济政策动态评估机制，就主要环境经济政策的进展从政策制定、政策执行、政策绩效、机构建设等方面系统跟踪评估，不断提高环境经济政策的实施效率，更好地发挥其在环境保护工作中的激励、约束和润滑作用。

6．发挥财政转移支付功能，推动环境资源区间流动

健全财政转移支付制度，将环境因素纳入财政转移支付体系。①逐年加大环境保护财政支出，提高环境保护支出占财政支出的比重，国家财政用作环境保护经费的增长幅度，应当高于国家财政经常性收入的增长幅度。全国环境保护财政支出应当占国内生产总值适当的比例，并逐步提高。②加大政府转移支付力度，促进生态环境保护均衡发展。③建立国家生态补偿专项基金，使生态系统服务补偿、流域补偿、重要生态功能区补偿、资源开发补偿落实到位。

我国将更加重视建立系统、公平、合理、长效的环境经济政策体系，环境经济政策体系建设正面临前所未有的机遇。但同时也要看到，推进环境经济政策体系建设还面临一系列挑战。我国的环境经济政策体系仍不够完善，许多环境经济政策手段的调控功能还没有充分发挥出来，环境成本内部化机制还不健全，市场化工具手段的运用还不够充分。“十四五”期间，我国环境经济政策改革与创新任重道远（专栏 7-3）。

专栏 7-3　国家“十四五”环境经济政策改革路线图（节选）

1.“十三五”时期环境经济政策在环境治理中发挥显著成效（略）

2.“十四五”环境经济政策改革形势与需求（略）

3.“十四五”环境经济政策改革思路与框架

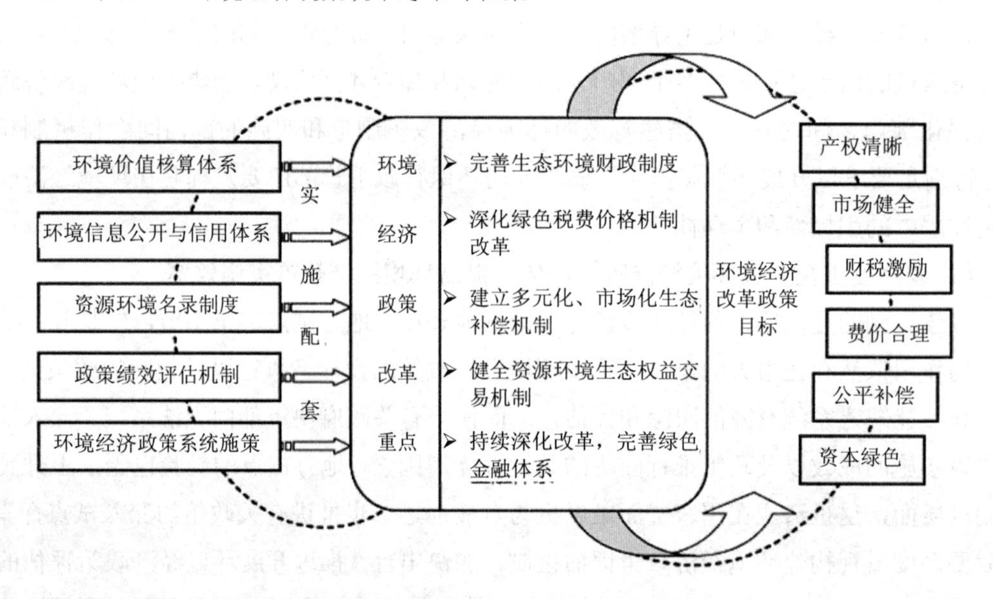

4.“十四五”环境经济政策改革重点

4.1　完善生态环境财政制度

4.2　深化绿色税费价格机制改革

4.3　建立多元化、市场化生态补偿机制

4.4　健全资源环境生态权益交易机制

4.5　持续深化改革完善绿色金融体系

5.“十四五”环境经济政策实施配套

5.1　构建生态环境核算体系

5.2　推动环境信息公开和信用体系建设

5.3　继续深化资源环境名录研究与应用

5.4　建立政策执行绩效评估机制

5.5　强化环境经济政策优化组合调控

国家“十四五”环境经济政策改革路线图

政策领域	2021—2023 年	2024—2025 年
生态环境财政政策	建立中央环保财政资金的生态环境质量改善绩效机制；建立环保投入稳定增长机制；建立生态环境保护财政账户；完善生态环境保护补贴机制	推进中央和地方生态环境财权和事权相匹配财政体制机制改革；补贴从生产端为主调整到消费端为主，补贴方向调整为针对生态环境技术创新应用
绿色税费价格政策	继续深化环境保护税收改革，推动将挥发性有机物等特征污染物纳入征收范围，研究将二氧化碳排放纳入环境保护税征收范围，研究完善固体废物、污水处理厂环境保护税政策；加大对节能环保企业、环境污染第三方治理、生态环境保护 PPP 项目的税收优惠激励；优化机动车相关税收政策；继续推进资源税改革，扩大消费税征税范围；持续完善资源要素价格形成机制	建立全成本覆盖的污水处理收费政策；建立健全覆盖成本并合理盈利的固体废物处理收费机制；对具有重要生态功能的区域确定统一的生态产品价格；建立由市场供求决定的要素价格体制；同步推进价格体制与产业结构调整升级
多元化、市场化生态补偿机制	推动出台国家重点生态功能区转移支付测算办法；研究出台生态补偿机制实施技术指南；研究出台生态补偿标准制定技术指南；研究出台生态补偿条例；推进跨省界流域上下游生态补偿机制建设，探索建立长江、黄河流域以及京津冀等区域性补偿机制；推动建立国家绿色发展基金；推动海洋生态补偿，研究建立海洋生态环境损害赔偿责任制度；建立生态综合补偿资金机制	建立体现生态价值与代际补偿的资源有偿使用制度和生态补偿制度；建立完善的重要生态功能地区的发展权补偿机制；基本形成健全的多元化、市场化生态补偿机制；不断健全海洋、湿地等要素领域生态补偿机制；研究出台生态补偿法
资源环境生态权益交易机制	继续推动排污权交易，探索建立区域间、不同污染物之间，以及点源与面源之间的二级市场交易机制；研究推动碳市场行业范围拓展到钢铁、水泥、化工等其他重点行业，完善全国碳交易平台和市场；探索资源使用权市场化交易；建立水资源取用权出让、转让和租赁的交易机制	推进粤港澳大湾区和长三角区域建立区域碳交易市场；推进节能量、用能权、用水权和绿色电力证书等交易制度探索；研究制定产能置换指标交易实施办法；推进协同建立健全用能权、用水权、排污权、碳排放权初始分配制度；继续完善资源产权体系，建立健全归属清晰、权责明确、流转顺畅、保护严格、监管有效的自然资源产权制度

政策领域	2021—2023 年	2024—2025 年
绿色金融政策	引导鼓励长江等重点流域以及粤港澳大湾区等重点区域探索设立绿色发展基金；推进省级地方设立土壤污染防治基金；鼓励企业、金融机构发行绿色债券；推进环境污染责任险立法工作；研究制定环境污染责任保险投保指南、环境污染责任保险；风险评估指南、环境污染强制责任保险管理办法；鼓励银行金融机构设立绿色金融数据中心构建绿色金融政策配套项目库	不断健全绿色信贷指南、企业环境风险评级标准、上市公司环境绩效评估等标准和规范；出台支持绿色债券的财政激励政策健全环保信用评价制度，将环境信用作为企业信贷、发行绿色债券等的基础条件；推动建立长江经济带、京津冀等重点区域"互认互用"评价结果机制；健全上市公司环境信息强制性披露、定期报告披露机制
政策实施配套保障	推进开展生态环境价值核算方法体系研究；指导和鼓励地方开展生态环境价值核算探索；推进编制自然资源资产负债表；完善企业环境信息公开制度；健全上市公司环境信息强制性披露、定期报告披露机制；继续加强环境综合名录、节能环保名录等环境保护相关名录的研究与实施；加强环保名录清单在贸易、税收、金融等领域的基础作用；扩大环境综合名录的覆盖范围，将环境影响严重的"双高"产品纳入综合名录；出台环境政策的成本效益评估技术指南；出台环境经济政策应用工具包；建立生态产品供给激励经济政策机制	出台生态环境价值核算的规范文件；推进环境信息公开渠道多元化、覆盖全面化；健全环保信用评价制度，将环境信用作为企业信贷、发行绿债等的基础条件；完善对环保领域失信企业联合惩戒、守信企业联合激励制度；完善绿色技术清单或名录工作，加大对技术创新的财税优惠激励；继续推进完善绿色采购清单；建立环境经济政策绩效评估机制；建立政策风险防范机制；建立环境经济政策的第三方评估机制；持续推进能效、水效、环保"领跑者"制度建设；基本建立有效的绿色供应链制度

资料来源：董战峰，陈金晓，葛察忠，等. 国家"十四五"环境经济政策改革路线图[J]. 中国环境管理，2020（1）：5-13。

本章小结

在市场经济体制下，环境保护必须依靠政府，政府则利用法律的、经济的、行政的、技术的、教育的手段保护环境。通过政府在环境保护中的组织、协调，强化市场主体的环境保护责任。

环境问题实质上是个经济问题，解决环境问题必须利用经济手段。

环境经济政策是环境政策的一个重要组成部分，是指根据环境经济理论和市场经济原理，运用价格、税收、信贷、投资、微观刺激和宏观经济调节等经济杠杆，调整利益相关者的环境行为，实现经济社会可持续发展的机制和制度。

环境经济政策具有行为激励、筹集环保资金和资金配置的功能。环境经济政策的实施效果会受到政策的可接受程度，体制变革的可行性、公平性，政策的执行成本，对市场竞争力的担心等多种因素的影响。因此，要充分发挥环境经济政策的作用，需要建立、健全相关法律的保障体系，完善市场机制，提高环境经济政策的实施能力，规范政府行为。

环境经济政策具有灵活性、可以提供经济刺激、筹集专项资金等优点，同时也有环境效果的不确定性、存在政治障碍等缺点。

我国已经初步建立了适应社会主义市场经济体制及环境保护要求的环境经济政策体系，主要进展有：国家加快了环境经济政策制定的步伐、地方积极开展环境经济政策试点工作、环境经济政策成效初步显现。

我国环境经济政策存在主要问题有：环境经济政策作用空间有待拓展；一些重要环境经济政策缺乏法律法规支撑；现有政策之间协调不够、配套措施不足、技术保障不力；环境损害成本的合理负担机制尚未形成。

环境经济政策是新时期落实科学发展观、构建生态文明社会、实现建设小康社会目标的一个很好的切入点。我国环境经济政策改革创新的重点措施有：推进环境经济政策的法制化建设；改革环境资源价格形成机制，优化环境资源的合理配置；明确环境经济政策革新的方向，建立健全环境经济政策体系；重视环境经济政策实施能力建设；重度重视开展环境经济政策评估，提高环境经济政策实施效率；发挥财政转移支付功能，推动环境资源区间流动。

复习思考题

1. 简述政府在环境保护的作用。
2. 简述环境政策的发展趋势。
3. 简述环境经济政策的作用机理。
4. 谈谈你对环境经济政策的认识（概念、组成、功能、优缺点、实施条件等）。
5. 简述我国的环境经济政策。
6. 简述我国环境经济政策存在的问题与改革思路。
7. 以某一行业（钢铁、水泥、电镀等行业）为例，谈谈环境经济政策对企业绿色转型、高质量发展的影响。
8. 谈谈你对环境经济政策在打赢污染防治攻坚战中的作用的认识。

参考文献

[1] 董战峰，陈金晓，葛察忠，等. 国家“十四五”环境经济政策改革路线图[J]. 中国环境管理，2020，12（1）：5-13.

[2] 董战峰，李红祥，葛察忠，等. 国家环境经济政策进展评估报告 2018[J]. 中国环境管理，2019，11（3）：60-64.

[3] 环境保护部环境与经济政策研究中心课题组. “十三五”时期我国环境经济政策创新发展思路、方向与任务[J]. 经济研究参考，2015（3）：32-41.

[4] 璩爱玉，董战峰，李红祥，等. “十三五”环境经济政策建设规划中期评估研究[J]. 中国环境管理，2019，11（5）：20-25.

[5] 习近平. 推动我国生态文明建设迈上新台阶[J]. 资源与人居环境，2019（3）：6-9.

[6] 中共中央，中共中央关于坚持和完善中国特色社会主义制度推进国家治理体系和治理能力现代化若干重大问题的决》[R]. 2019.11.

[7] 中共中央，国务院. 关于全面加强生态环境保护坚决打好污染防治攻坚战的意见[R]. 2018.6.

[8] 中共中央办公厅，国务院办公厅. 关于构建现代环境治理体系的指导意见[R]. 2020.3.

[9] 中共中央，国务院. 关于加快推进生态文明建设的意见[R]. 2015.4.25.

[10] 李海棠. 全球城市环境经济政策与法规的国际比较及启示[J]. 浙江海洋大学学报（人文科学版），2019，36（5）：28-36.

[11] 环境保护部. “十二五”全国环境保护法规和环境经济政策建设规划[R]. 2011.11.

[12] 王金南，蒋洪强，葛察忠. 积极探索新时期下的环境经济政策体系[J]. 环境经济，2008（1）：25-29.

[13] 董战峰，李红祥，龙凤，等. “十二五”环境经济政策建设规划中期评估[J]. 环境经济，2013（9）：10-21.

[14] 程翠云，秦昌波. 坚守生态文明建设的主阵地推动环境经济政策改革创新[EB/OL].（2013-07-29）.http：//cpc.people.com.cn/BIG5/n/2013/0729/c367366-22367808.html.

[15] 董战峰，葛察忠，高树婷，等. 新时期我国环境经济政策体系建设面临挑战[J]. 环境经济，2012（10）：15-21.

[16] 董战峰，王慧杰，葛察忠，等. 七年，环境经济政策进展几何？——基于政策文件出台数量变化的描述性统计分析[J]. 环境经济，2013（9）：22-29.

[17] 董战峰，葛察忠，高树婷，等. “十二五”环境经济政策体系建设路线图[J]. 环境经济，2011（6）：35-47.

[18] 李克国. 环境经济学（第三版）[M]. 北京：中国环境出版社，2014.

[19] 李克国，张宝安，魏国印，等. 环境经济学[M]. 北京：中国环境科学出版社，2007.

[20] 马中. 环境与资源经济学概论[M]. 北京：高等教育出版社，2000.

[21] 王金南. 环境经济学[M]. 北京：清华大学出版社，1994.

[22] 沈满洪. 环境经济手段研究[M]. 北京：中国环境科学出版社，2001.

[23] 王金南，陆新元，杨金田. 中国与 OECD 的环境经济政策[M]. 北京：中国环境科学出版社，1997.

[24] 罗勇，曾晓非. 环境保护的经济手段[M]. 北京：北京大学出版社，2002.

[25] 王娅. 环境保护需要观念创新和机制创新[N]. 中国环境报，2002-06-15.

[26] 李克国. 中国的环境经济政策[J]. 生态经济，2000，96（11）：39-42.

[27] 弗里德希・亨特布尔格. 生态经济政策[M]. 葛竞天，等译. 大连：东北财经大学出版社，2005.

第八章　环境保护投资

第一节　基本概念

一、投资

1．投资的含义

投资是一个经济学范畴。任何一个社会，或任何一个国家，总要从社会总产品的积累基金和补偿基金中，拿出一定的份额来从事建立、恢复和发展生产力的活动，以实现生产资料和生活资料的简单再生产和扩大再生产。这种经济活动称为投资。

投资的含义大体可以分为狭义的投资和广义的投资两种。所谓狭义的投资，只限于证券投资，具体的投资方式包括公司股票、公司债券、政府公债以及其他有价证券等。所谓广义的投资，是指以获利为目的的资本使用，其表现形式为资本的收益或增值，或两者兼有。凡是购进各种证券，运用资本增添机器设备、建筑物、原料、能源等产生新生产的活动均为投资。

经济学界对投资的定义说法不一，但归纳起来都包括以下两个内容：①把投资看成一种资本或资金的购买性支付活动，即把投资看成是一定经济实体为了某种收益而预先将资本（或资金）支付出去的一种经济活动，它是以获得一定收益和增值为前提的；②把投资看成是一种风险活动，即投资获得的收益是不固定的，获得投资收益必须承担一定的风险。因此，可以对投资的定义进行如下概括：投资是一定经济实体为获得预期收益而运用资本（或资金）所进行的一种风险性经济活动。

2．投资的分类

投资有多种分类方法。按投资的主体划分，可分为政府投资（包括中央政府投资和地方政府投资）、企事业和集体投资（包括国外政府、金融机构和企业投资）及个人投资。

根据投资预期目标的差别，可分为经济性投资和政策性投资，前者以直接获取利润或者预期的经济效益为目的，后者则不以近期的直接经济收益为目的，而希望达到广泛的社会效益和长远的战略目标，评价其效果的标准主要在于该投资能否达到政策预期的特定目标。各类工业投资、农业投资、某些第三产业投资属于经济性投资；各类社会福利性质的投资，如教育、卫生、某些文化、体育设施投资则属于政策性投资。

另外，按照产业结构的不同，投资还可以分为第一产业投资、第二产业投资、第三产业投资等。

总之，投资是个多层次的经济概念。可以概括地说，投资就是在进行社会总生产中为获得经济效益、社会效益和环境效益而进行的直接或间接的资金投入。

二、环境保护投资的含义及特点

1．环境保护投资的含义

环境保护投资就是社会各有关投资主体从社会的积累基金和各种补偿基金中，拿出一定的数量用于防治环境污染、维护生态平衡及与其相关联的经济活动，环境保护投资的目的是促进经济建设与环境保护的协调发展，使环境得到保护和改善。

2．环境保护投资的特点

（1）投资主体的多样性

环境保护投资的主体极其广泛，既可以是政府投资（包括中央政府和地方政府投资），也可以是企业投资（包括国营和私营企业投资）或者个人投资。

（2）投资主体与利益获取者往往不一致

一般投资主体与利益获取者基本一致；而环境保护投资的效益则不同。环境保护投资的效益表现在环境保护投资区域内各个领域，表现在整个社会。例如，工厂投资建设污水处理设施，由于占用了工厂资金，增加了运行费用，影响了资金积累，短期内可能会对工厂的经济发展速度和产品价格产生影响；但对整个社会来说，由于减少了污水排放，改善了环境质量，其环境效益和社会效益是巨大的。投资主体是工厂，而效益获取者是全社会，投资主体与利益获取者不一致。

（3）投资效益主要表现为环境效益和社会效益

环境保护投资效益主要表现为环境效益和社会效益，直接的经济效益不明显。但有的环境投资项目也有很好的经济效益，综合性很强。例如，使用型煤是解决城市大气污染的一项重要环境保护措施。投资推广型煤，减少了二氧化硫排放量，提高了大气质量，获得了环境效益；同时节约了煤炭的使用量，节省了煤矿投资，获得了经济效益，此外还改善了居民的生活环境，保障了居民的健康，降低了发病率，又获得了社会效益。

（4）投资效益的价值难以用货币进行计量

环境保护投资不同于一般的固定资产投资，除少数情况外（如工业“三废”的综合利用），大多数环境保护投资不产出具有直接经济效益的产品。因此，计量环境保护投资产出的价值就有很大的难度。在目前的环境经济计量水平下，用货币准确计量环境保护投资效益，特别是环境效益、社会效益难度很大。例如，对某些环境保护设施的投资，其经济效益可由生产量的提高或原材料的节省来计算，但投资的社会效益和环境效益在很多情况下难以用货币进行计量。

（5）微观效益与宏观效益的不一致性

环境保护的微观效益与宏观效益不一致。由于各个污染源（即工矿企业等）逸散出来的一些污染物，都会在全球各地理的、行政的和经济的区划之间进行横向的交叉迁移，还会在水、气、土壤等圈层之间进行竖向的相互流动，致使这些污染物相遇后，在物理、化学和生物的作用下，使环境的危害程度发生变化，产生了相加、拮抗或协同等错综复杂的消长关系。所以，对环境保护的经济效益，除了进行单项的、局部的考察外，还必须进行多层次、多结构以至总体性的综合评价。

（6）近期效益与远期效益的不一致性

污染物对环境的危害具有滞后性。仅以对人体健康的影响为例，化肥、农药和一些重金属对人体的危害，除大剂量的毒素直接入口中毒外，有些物质的微量甚至痕量的毒素，还会随着在食物链中的富集，而增加到使人生病甚至死亡的程度。至于污染物中的致畸或致突变等遗传因子的危害，则更要到下一代人，甚至隔几代人的身上，才能显现出来。因而对环境保护经济效益，除进行当时的和近期的考察外，还必须进行长期的动态分析。

通过以上对环境保护投资内涵和特点的分析，可以看出，环境保护投资既是国民经济和社会发展固定资产投资的重要组成部分，又是不同于一般固定资产投资而具有自身特点的相对独立的投资类型。

三、环境保护投资的界定原则

1．目的性原则

凡是以治理污染、保护生态环境、提高环境保护监督管理能力与科技发展能力为直接目的的投入，均被界定为环境保护投入。

2．效果性原则

某些工程或设施的建设，或某些经济和社会活动，其主要目的不直接或不仅是保护环境，但在其取得经济效益和社会效益的同时，也有保护和改善环境的效果，具有显著的环境效益。对这类具有特殊的保护和改善环境效果，同时又是保护和改善环境的主要手段的设施、设备或工程的投入也应计算在环境保护投入的范围之内，或者按一定比例部分地界定为环境保护投入。例如，城市煤气化、集中供热设施的建设，既有显著的节能效益和方便人民生活的社会效益，又是城市大气污染综合整治的主要手段，这方面的投入应属于环境保护投入。

第二节　环境保护投资的来源与效益

一、我国环保投资来源

1984年6月，城乡建设环境保护部、国家计划委员会、国家科学技术委员会、国家经济委员会、财政部、中国人民建设银行、中国工商银行联合发布了《关于环境保护资金渠道的规定的通知》，对环境保护资金渠道进行了明确规定：

1．一切新建、扩建、改建工程项目（含小型建设项目），必须严格执行“三同时”的规定，并把治理污染所需资金纳入固定资产投资计划。对各级计划，经济、建设和环境保护部门都要在这方面严格把关。

2．各级经委、工交部门和地方有关部门及企业所掌握的更新改造资金中，每年应拿出7%用于污染治理，对于污染严重、治理任务重的地区，用于污染治理的资金比例可适当提高。企业留用的更新改造资金，应优先用于治理污染，企业的生产发展基金可以用于治理污染。

3．大、中城市按规定提取的城市维护费，要用于结合基础设施建设进行的综合性环境污染整治工程，如能源结构改造建设、污水及有害废弃物处理等。

4．企业交纳的排污费要有 80%用作企业或主管部门治理污染源的补助资金。其余部分由各地环境保护部门掌握，主要用作环境保护部门监测仪器设备购置的补助、监测业务活动经费不足的补贴、地区综合性污染防治措施和示范科研的支出，以及宣传教育、技术培训、奖励等方面，不准挪作与环境保护无关的其他用途。

5．工矿企业为防治污染、开展综合利用项目所生产的产品实现的利润，可在投产后5年内不上交，留给企业继续治理污染，开展综合利用。

工矿企业为消除污染、治理“三废”、开展综合利用项目的资金，可向银行申请优惠贷款。属于技术改造性质的，可向工商银行申请贷款，属于基建性质的，可向建设银行申请贷款。

工矿企业用自筹资金和交纳排污费单位用环境保护补助资金治理污染的工程项目，以及因污染搬迁另建的项目，免征建筑税。

6．关于防治水污染问题，应根据河流污染的程度和国家财力情况，提请列入国家长期计划，有计划、有步骤地逐项进行治理。

7．环境保护部门为建设监测系统、科研院（所）、高等院校以及治理污染的示范工程所需要的基本建设投资，按计划管理体制，分别纳入中央和地方的环境保护投资计划，这方面的投资数额要逐年有所增加。

8．环境保护部门所需科技三项费用和环境保护事业费，应由各级科委和财政部门根据需要和财力可能，给予适当增加。

我国没有颁布新的环保投资渠道，上述 8 条投资渠道仍然有效。但是，有些投资渠道目前已经很难执行，如综合利用利润提成用于治理污染的投资。《中华人民共和国环境保护税法》自 2018 年 1 月 1 日起施行，该法要求依法征收环境保护税，不再征收排污费。在市场经济体制下，我国的环境保护投资渠道有了新的拓展，主要包括 4 个方面：

（1）个人投资。随着人们环境意识的不断提高和环境经济政策的日益完善，个人对环境保护的投资不断增加，个人对环境保护的投资包括直接投资（如个人投资建设污染治理设施和进行生态建设）和间接投资（如对环境保护工作的捐款，缴纳污水处理费、垃圾处理费等）。

（2）国外赠款。一些发达国家和国际组织（如世界银行、亚洲银行）十分关注中国的环境保护事业，对中国的环境保护工作给予了资金和技术的支持。

（3）通过发行股票、债券、彩票等形式，筹集环境保护投资。

（4）环境保护财政支出。2007 年 1 月，依据财政部制定的《政府收支分类改革方案》和《2007 年政府收支分类科目》，我国首次单独设立了“211 环境保护”支出功能科目。

二、我国环保投资现状

从表 8-1 可以看出，我国的环保投资占 GDP 的比例总的趋势也是逐步上升，“六五”期间为 0.5%，“七五”期间为 0.69%，“八五”期间为 0.73%，“九五”期间为 0.93%，“十五”期间为 1.32%，“十一五”期间为 1.39%，“十二五”期间为 1.43%。

表 8-1　我国历年环境污染治理投资状况及其占同期 GDP 的比例

五年计划	污染治理投资总量/（亿元，当年价）	投资总量占 GDP 的比例/%
“六五”期间（1981—1985 年）	166.23	0.50
“七五”期间（1986—1990 年）	476.42	0.69
“八五”期间（1991—1995 年）	1 306.57	0.73
“九五”期间（1996—2000 年）	3 600	0.93
“十五”期间（2000—2005 年）	8 393.9	1.32
“十一五”期间（2006—2010 年）	21 623.3	1.39
“十二五”期间（2011—2015 年）	41 689	1.43

中国环境统计年报表明，2015 年国家环境污染治理投资总额为 8 806.3 亿元，占 GDP 的比例为 1.28%，2016 年我国环境污染治理投资总额为 9 219.80 亿元，占 GDP 的 1.24%；2017 年我国环境污染治理投资总额为 9 538.95 亿元，占 GDP 的 1.15%。

2020 年 7 月 28 日上午，生态环境部召开 7 月例行新闻发布会，生态环境部科技与财务司司长表示，“十三五”期间生态环境部配合财政部管理的生态环境资金有 4 项，累计下达 2 248 亿元。其中，水污染防治专项资金 783 亿元，大气污染防治专项资金 974 亿元，土壤污染防治专项资金 285 亿元，农村环境整治专项资金 206 亿元。

三、我国环境污染治理投资使用结构

表 8-2 列出了“七五”“八五”“九五”“十五”“十一五”和“十二五”期间我国环境污染治理投资使用结构。新建项目环保投资占环保总投资的 1/4 以上，老企业环保投资占总投资的比例逐年减少，到“十二五”期间仅约占 1/12；城建基础设施环保投资占总投资的比例在“十五”期间达到 59.83%。

表 8-2 环境污染治理投资使用结构 单位：%

年份	新建项目环保投资占投资总量的比例	老企业环保投资占投资总量的比例	城建基础设施环保投资占投资总量的比例
“七五”期间	26.57	41.18	32.25
“八五”期间	27.91	35.54	36.55
“九五”期间	25.56	21.08	53.36
“十五”期间	25.31	14.86	59.83
“十一五”期间	36.46	11.18	44.86
“十二五”期间	33.50	8.50	58.00

“十三五”期间生态环境部配合财政部管理的生态环境资金累计下达 2 248 亿元，其中，下达水污染防治资金 783 亿元，重点支持长江经济带生态保护修复、流域上下游横向生态补偿、重点流域水污染防治等。资金对各地消减劣 V 类断面、建立重点流域生态补偿机制、解决黑臭水体、改善环境质量都发挥了很大的支撑作用。

“大气污染防治资金 974 亿元，其中 2020 年是 250 亿元，比 2016 年增加了约 119%。资金主要用于京津冀、长三角、汾渭平原等重点区域开展大气污染治理，包括冬季清洁取暖试点。资金对重点区域大气污染防治起到了重要的作用。”生态环境部有关官员介绍说，“土壤污染防治专项资金 285 亿元，重点支持土壤污染状况详查、受污染土壤管控修复、重金属污染防治等。农村环境整治资金 206 亿元，支持农村生活污水垃圾处理、规模化以下畜禽养殖污染治理等，对改善农村环境质量起到非常重要的作用”。

“十四五”期间，生态环境部希望继续加强在大气、水、土壤、农村等领域的资金投入。

四、我国环境保护投资存在的主要问题

我国环境保护投资存在的问题较多，概括起来主要问题有：

1．投资总量不足，比例偏低

我国环境污染治理投资总额从2015年的8 806.3亿元增加到2017年的9 539亿元，但环保投入总量不足，财政用于生态环境保护的投资占GDP的比重依然过低，从2015年的1.28%下降到2017年1.15%，下降了0.13个百分点。从数据可以看出，尽管我国的环境污染治理投资总量有了较大增长，但占GDP的比例仍然偏低。这是造成我国环境污染日趋严重的主要原因之一。根据发达国家的经验，一个国家在经济高速增长时期，环保投入要在一定时间内持续稳定占到GDP的1%～1.5%，这样才能有效地控制住污染；达到2%～3%才能使环境质量得到明显改善。目前，世界上一些发达国家污染治理投资占GDP的比例已达到2%以上。但我国的污染治理投资不但总量少，而且所占GDP的比例一直偏低，"六五"期间为0.50%，"七五"期间为0.69%，"八五"期间达到0.73%，"九五"期间达到0.93%，"十五"期间达到1.32%，"十一五"期间达到1.39%，"十二五"期间达到1.43%。表明我国环保投资还需进一步加大力度。

2．环保投资效率低

国家环境保护局于1984—1987年进行的全国工业废水处理设施运行情况的调查结果表明，在调查的5 556套工业废水处理设施中，因报废、闲置、停运等没运行的设施占32%，运行处理设施占68%；而在运行的治理设施中有52.4%的设施有效运行率不足50%，只有30.7%的设施有效运行率大于80%，有16.9%的设施运行有效率为50%～80%，运行设施的总有效率为44.9%。调查结果显示我国工业废水处理设施只有不足1/3发挥作用，有2/3以上的投资没有发挥效益，可见投资效益是多么低。

尽管在严格的环境监管要求下，我国现有存量治污设施运行效率总体有所提高，但总体而言，我国环保投资效率不高的现象较为普遍，突出表现在城镇和农村环境污染治理设施和工业污染治理设施的建设和运营管理的效率不高，特别是设施不能正常运行或未达到设计的预期效率和效果。一方面，长期以来存在环境污染治理基础设施重建设、轻运营的问题，资金以工程建设投入为主，缺乏必要的运行经费保障，造成了不少环境污染治理设施的闲置和浪费。另一方面，政府投资环境污染治理项目绩效考评机制不完善，缺乏后期的跟踪问效。财政资金使用与绩效挂钩机制不健全，资金使用方式以购买工程为主，我国环保财政资金的使用尚未充分与绩效挂钩，财政资金使用绩效与资金分配、后续资金的拨付之间的联动机制尚不完善。

3．环保投资渠道不合理

在美国、英国、法国等OECD国家和韩国、波兰等新工业化国家，超过50%的污染削减和控制投资是由私营部门直接实现的，个别国家的这个比例甚至超过70%。环保投资占

GDP 的比例逐年提高，得益于私人投资占环境保护投资比重的提高；市场经济越发达，环保投资市场化程度越高，环保投资力度也就越大，环境质量改善越明显。

4．项目实施基础薄弱

“十二五”期间，环保项目实施基础薄弱也是环保投资领域突出问题之一。对谋划项目的工作主动性不高，项目实施基础工作不扎实，很多地方存在争取资金后才开始谋划项目的错误认识，影响了环保项目投资效率和使用效益。项目前期准备工作明显不足、把关不严、缺乏统筹安排，导致申报的项目质量不高、项目材料不翔实、落地性不强。

五、环保投资的效益

环境保护投资的效益表现为环境效益、经济效益、社会效益 3 个方面：

1．环境保护投资的环境效益

环境保护投资的环境效益主要表现在：①环境保护投资提高了企事业单位的污染治理水平，增强了国家在防治污染方面的综合国力；②环境保护投资有效地促进了各地区、各部门的自然生态保护，为社会经济的持续发展提供了必要的物质基础；③环境保护投资使环境质量有所改善、生态破坏有所遏制。

2．环境保护投资的经济效益

环境保护投资的经济效益主要表现在：①环境保护投资有效地节约了资源和能源，促进了企业经济效益的提高；②环境保护投资极大地促进了企业采用新技术，加速了企业的技术改造，提高了企业的技术水平；③环境保护投资减少了企业某些环境支出，促进了企业资金的流通和再生产；④环境保护投资利用“三废”产出了一些产品。

3．环境保护投资的社会效益

环境保护投资的社会效益主要表现在：①环境保护投资促进了各类城市基础设施的建设，改善了人民的生活条件和生活质量；②环境保护投资减少了各类污染纠纷和民事纠纷，促进了社会的稳定；③环境保护投资保护了珍贵的文化遗产，推动了社会文化事业的发展，如为自然保护区的建设提供了生态系统的天然“本底”，保护了珍稀动植物，保护了生物多样性等；④环境保护投资扩大了就业机会，促进了环保产业的发展；⑤环境保护投资促进了完善的环境管理体系的形成，推动了环境保护科学技术的发展。

第三节　我国环境保护投融资体制改革

环保投融资包括两个方面：环保投资和环保融资。环保融资就是以环保的名义将社会闲散资金聚集起来的经济活动，融资的渠道主要有政府融资、企业融资、其他非政企部门的融资。就中国这个大环境来说，环保投资期限长，回报率低，所以政府部门是主要的资金来源。环保投资就是将环保融来的资金用到环保领域（如防止环境污染、环保产品生产、生活环境治理、资源循环利用、污染治理等），原本环保融资的非政府部门比例就很低，在环保投资方面一定要保护投资者的自信心，注意投资的方式、技巧，提高环保投资的收益率。在这个方面，政府肩负重任，应处理好环保投融资的方方面面以促进环保产业健康、快速发展。

一、我国环境保护投融资现状与问题

“十三五”以来，中央持续强化生态环境保护资金投入保障，国家环境污染治理投资、中央环保专项资金规模等逐年增长，对生态环境质量改善起到了重要资金支撑作用，环境污染防治力度不断加大，防治成效日益显现，大气、水、土壤等环境质量明显改善。当前，生态文明建设和绿色发展领域的庞大需求，构成了整个环保产业发展的机遇和动力。我国环境保护投融资现状主要体现在：环境保护投融资发展迅速，PPP 投融资模式加快形成。

（1）环境污染治理投资大幅提升，环境基础设施投资快速增长。根据相关统计资料，2017 年我国环境污染治理投资总额为 9 539 亿元，比 2001 年增长 7.2 倍，年均增长 14%。其中，城镇环境基础设施建设投资 6 086 亿元，增长 8.3 倍，年均增长 14.9%；工业污染源治理投资 682 亿元，增长 2.9 倍，年均增长 8.9%；当年完成环境保护验收项目环境保护投资 2 772 亿元，增长 7.2 倍，年均增长 14.1%。2017 年，我国城镇环境基础设施建设投资 6 086 亿元，比 2001 年增长 8.3 倍。其中，燃气投资 567 亿元，增长 5.9 倍；集中供热投资 778 亿元，增长 7.6 倍；排水投资 1 728 亿元，增长 6.1 倍；园林绿化投资 2 390 亿元，增长 12.2 倍；市容环境卫生投资 623 亿元，增长 9.8 倍。

（2）PPP 投融资模式在环境保护领域得到推进。2015 年 4 月，随着财政部和环境保护部的《关于推进水污染防治领域政府和社会资本合作的实施意见》（财建〔2015〕90 号）的出台，政府和社会资本合作投资（PPP）模式在我国的环境保护产业领域有了长足的进步。目前，我国运用 PPP 投资模式的投资项目主要集中在煤电火力发电、市政污水处理、城市固体垃圾焚烧处理、危废处理等收益相对较高且较为稳定的环保产业领域。

虽然我国环境保护投融资发展迅速，但也存在一些问题：

（1）从环保产业发展角度来看，短期和长期资金缺口仍然巨大。从短期来看，党中央、国务院部署了打赢环境保护和污染治理的七大标志性战役，包括打赢蓝天保卫战，打好柴油货车污染治理、城市黑臭水体治理、渤海综合治理、长江保护修复、水源地保护、农业农村污染治理攻坚战。实施七大标志性战役和土壤污染治理环保投资总需求约为 4.3 万亿元，直接用于购买环保产业的产品和服务的投资约为 1.7 万亿元，间接带动环保产业增加值约为 4 000 亿元。从资金的实际划拨和使用情况来看，虽然环保投资保持持续增加，但国家各项生态环境规划的资金需求与实际资金供给不匹配，依照国际经验，全社会环保投资达到 GDP 的 2%～3%时，才能支撑环境质量改善。国务院批准的《全国城市生态保护与建设规划》提出到2020年，环保投入占 GDP 的比例应不低于 3.5%。根据 GDP 增长率估算，2018 年中国 GDP 约为 88 万亿元，相匹配的理想环保投资应为 3 万亿元左右，但从 2018 年环保产业实际投资总量看，距离理想投资目标尚有较大资金缺口。此外，目前统计口径的环保投资包括大量园林绿化、产业结构调整补助等资金，实际用于环境治理工程和运营服务的资金严重不足。

（2）内外因素造成环保产业投融资困境。在发展需求旺盛、政策空间和利好不断的客观条件下，中国环保产业仍然遭遇了严重的投融资困境，其中包括债务问题严重、融资渠道萎缩、资金成本急升、信用风险剧增等困境。从 2017 年年末开始，我国金融“去杠杆”的力度不断加大。随着“资管新规”和 PPP 清库等工作的实施，环保产业中此前由于早期大幅扩张导致的资金压力进一步升高。与此同时，一些环保企业由于资金空转抬高实体企业融资成本，杠杆无序扩张、刚性兑付等问题开始显现。

与此同时，整体经营状况趋紧的情况下，部分环保企业的债务违约事件，使资本市场的信心产生了波动。如 2018 年上半年，盛运环保、神雾环保、凯迪生态等债务违约和东方园林发债失利等事件导致了资本市场信心的波动。与此同时，伴随着国内外整体经济形势发展的不确定性增强，资本市场整体的风险偏好降低，对于环保企业融资投放则更加紧缩。具体来看，环保产业遭遇的投融资困境，主要源于和体现在长期积累的以下问题：①股权质押风险高；②PPP 项目慎贷甚至停贷；③融资成本和期限错配问题严重；④融资两极分化，中小企业融资难度进一步加大等。此外，如环保产业价税政策执行慢或执行不到位、地方政府的不科学执法等问题也对环保企业造成较大影响。

总的来看，我国环境保护领域投融资总量呈扩张态势，但规模仍然偏小；投资年增幅屡创新高，但存在不稳定性；资金来源渠道不断拓展，但主体单一格局并未改变；环保投融资作用重要，但资金效益使用效率不高。近年来，环保投融资政策的制定和完善虽然推进较快，但在政策基础、配套政策、体系政策、激励政策、监管政策等方面仍然存在一定问题。

二、环境保护主要投融资领域

我国环境保护主要投融资领域分 4 个，分别是环境基础设施建设投融资，主要指污水和垃圾处理设施建设的投融资；工业污染治理投融资；生态环境保护投融资；应对全球环境问题的投融资。

1．环境基础设施建设投融资

环境基础设施主要包括城镇污水处理设施和城镇垃圾无害化处理处置设施。环境基础设施建设工艺复杂，占地面积大，土建工程规模大，所需设备繁多，往往需要巨额投资。以城市污水处理设施建设为例，主要包括五大部分：污水处理厂的新建、现有污水处理设施的技术改造、污水管网、污泥处理处置设施和中水回用设施等，投资规模较大。总的来看，城市环境基础设施建设是城市基础设施建设的重要组成，同时也是环境保护领域所需投资最大的一部分。

以污水设施建设为例，建设资金来源包括政策性资金和社会资金两部分，其中，政策性资金的主要来源包括三大部分：①政府财政资金拨款；②国债资金；③国际金融组织优惠贷款。随着环境基础设施行业市场化的推进，越来越多的社会资金参与其中，主要进入方式包括两种：①通过地方城投公司作为纽带引入社会资本。地方城投公司是地方政府市政基础设施建设的投融资平台，一方面具有较强的地方政府背景，另一方面又以公司形式融合了多样化的市场融资手段，是集政策性资金与市场性资金于一体的投资者。②市场资金通过社会资本企业进入城镇环境基础设施项目。这类企业通常是投资运营型的环保企业，主要靠自筹资金投资环境基础设施项目。

2．工业污染治理投融资

工业污染治理项目通常只包括工业企业的末端治理项目，涉及多个领域，包括工业废水处理项目，如工业废水处理设施建设与改造；工业废气处理项目，如烟气脱硫脱硝设施建设与改造、工业除尘等项目；工业固体废物处理及利用项目，如工业固体废物处理处置、危险废物收运与处理、煤矸石发电等综合利用项目等。工业污染治理项目的投资事权主体为工业企业。

目前我国工业污染治理共有三大资金渠道：①政策性资金，主要包括企业缴纳的排污费通过财政体系重新分配，以及中央及地方预算内资金等政策性较强、使用成本较低的资金渠道。②企业靠自身积累形成的自有资金，这类资金不需要额外的投融资费用，主要包括公司设立时股东投入的股本或增资扩股时的股本金、企业留存收益中提取的生产发展资金和其他类型的专项资金、计提折旧资金、闲置资产变现等。③金融机构贷款，包括商业银行贷款及国际金融组织贷款等，金融机构贷款对于工业企业而言是借入资金，需要支付一定的投融资费用。

3．生态环境保护工程投融资

生态环境保护工程主要包括两大类型：一是重点生态功能区和自然保护区建设，二是生态环境修复。在生态功能区和自然保护区建设方面，涉及的环保工程主要包括林业资源建设、植被建设、草原围栏建设、水土保持工程、草原鼠虫害综合防治等。在生态环境修复方面，涉及的环保工程主要包括沙化土地治理，湿地、湖泊、流域生态环境修复，矿山生态环境修复，水土流失治理等。

生态工程建设初期的投资改造项目大多集中在社会效益比较明显、直接经济效益较差的基础性工程上，不仅需要巨额资金投入，而且建设周期长，项目建设风险较大。一般来说，此阶段的投资活动主要由政府和相关国际组织开展。生态工程建设中后期，由于政府早期的建设投入，尤其是基础性的配套工程和有关的政策、管理规则的到位，使得生态工程项目从建设到管理趋于高效，生态工程的各种效益（包括社会效益和经济效益）也日益显著，风险降低。这个阶段，生态工程的盈利预期增强，与初期相比，对于投资者来说投资需求减少，部分项目开始有一定的盈利能力。

基于生态工程项目的特征可知，各级政府是生态工程项目的投资事权主体。部分具有一定盈利能力的项目也能够吸引社会资本的参与。政府的投资来源主要为财政预算内资金，重大工程建设部分通过财政预算内资金安排，也可以通过市场方式进行融资和运营。目前，生态保护工程建设资金的主要来源是各项税收，但我国尚没有独立的生态环境税，因此直接以生态保护为目的的资金渠道主要是依靠生态环境补偿费、矿产资源补偿费等生态补偿制度，这些制度直接体现了使用者付费、受益者付费和破坏者付费的原则。

4．应对全球环境问题的投融资

进入 20 世纪 80 年代以来，全球环境问题日益突出。不仅发生了区域性的环境污染和大规模的生态破坏，而且出现臭氧层破坏、气候变化、生物多样性丧失、持久性有机污染物污染等问题，严重威胁着全人类的生存和发展。为此，国际社会在经济、政治、科技、贸易等领域逐渐形成广泛的合作关系，针对各主要全球环境问题签订了多个国际环境公约，一个庞大的国际环境公约体系正在迅速建立，以促进世界各国联合治理全球环境问题。

全球环境问题是一种超越单一主权国家的国界和管辖范围的全球性问题，这就意味着解决全球环境问题涉及各国政府的事权划分。鉴于导致全球环境退化的各种不同因素，各国负有共同但有差别的责任。这种差别主要体现在发达国家和发展中国家之间。一方面，全球环境退化在历史上主要是在发达国家工业化过程中造成的；另一方面，目前发达国家掌握大部分的重要技术和财力资源。基于这两方面原因，同时考虑到发展中国家还存在发展经济的需求，发达国家应该承担更多的责任。解决全球环境问题的主要资金机制是：建立全球性的环境保护基金，由各国政府提供资金来源，由国际金融组织以及联合国相关部门共同管理、监督资金的使用，对项目成果进行评估以积累相关经验。

为保证发展中国家缔约方能够顺利履行其在国际环境公约下承诺的义务，大部分国际环境公约都指定了相应机构向发展中国家提供履约资金。

目前，全球范围内针对全球环境问题的规模较大的资金机制主要有两个：一个是全球环境基金，另一个是蒙特利尔多边基金。蒙特利尔多边基金于 1993 年开始正式运作，是《关于消耗臭氧层物质的蒙特利尔议定书》框架下为帮助发展中国家履约而设立的资金机制，负责支付发展中国家淘汰消耗臭氧层物质活动的额外费用。全球环境基金成立于 1991 年，致力于鼓励发展中国家开展对全球有益的环境保护活动。1994 年，全球环境基金开始承担国际环境公约的资金机制职能。目前，全球环境基金负责为 3 个主要的全球环境问题提供履约资金，包括生物多样性丧失、气候变化和持久性有机污染物问题。

如在臭氧层保护领域，自中国签订保护臭氧层公约和议定书以来，在实施淘汰消耗臭氧层物质的具体项目时，蒙特利尔多边基金的赠款是中国履约最主要的资金来源。在生物多样性领域，全球环境基金是中国履约最主要的资金来源。除了接受国际资金援助外，中国政府在生物多样性保护领域也投入了大量资金。特别是在加入《生物多样性公约》后，中国各级政府加大了生物多样性保护的力度，建设了各类保护区，并实施了许多保护动植物、生物多样性的国家及地方项目，从而加强了对各种类型生态系统的保护，以及对生物多样性特别是濒危物种的就地和异地保护。

三、创新环境保护投融资机制

现阶段我国环境保护投融资机制仍不够完善，依旧不能完全适应和满足新时代生态文明建设的需要。“十四五”需要继续创新环境保护投融资机制，深入推进绿色金融政策与创新金融产品，为生态环境保护提供更多资金投入，为企业实施绿色发展转型提供行为激励，形成完善的绿色资本市场。

1．推动建立绿色发展基金或环境基金

区域流域重点推进绿色发展基金，地方重点推进环境基金，突出财政资金的综合统筹、优化使用，突出资本市场的引入。引导和鼓励长江等重点流域以及粤港澳大湾区等重点区域探索设立绿色发展基金，统筹推进区域协同发展与保护。深入推进省级土壤污染防治基金的设立，按照“谁污染、谁付费”原则，明确治理主体归责，调动政府、企业、金融机构、社会资本等各方主体的积极性，形成多元化的资金投入模式。鼓励社会资本设立多式联运产业基金，拓宽投融资渠道，加快运输结构调整和多式联运发展。

2．健全绿色资本市场

鼓励企业、金融机构发行绿色债券，募集资金主要用于支持生态修复、污染治理、发展绿色产业等领域。实施绿色金融激励政策，强化财政税收政策与绿色金融的协同，建立绿色投融资财政支持机制，对绿色金融活动给予税收优惠，出台支持绿色债券的财政激励政策，补贴绿债发行。

四、环境保护投融资模式

1．传统环境保护投融资模式

（1）政府投资——政府管理模式

这是一种传统的和通行的财政环保投资管理模式。其基本思路与做法是，由政府投资于环境污染治理及相关设施领域，形成国有资产，并由政府组建的和能够体现政府政策目标的专门机构对这种国有资产的营运过程进行管理。这种管理模式有以下基本特征：①项目投资主体主要是各级政府。②由各级政府及其业务主管部门负责项目建设和运营。③这种模式主要适用于投资规模大、建设周期长、具有服务共享特征、运作经济效益偏低的环境基础设施的建设与管理，如大型污染预防与治理基础设施、城市污水处理设施、流域综合治理等。

（2）政府与金融机构投资——委托管理模式

这种模式的基本特征：①项目投资主体主要是各级政府及金融机构。②项目实施过程中的组织与管理，可划分为3种类型：一是大、中型基础设施项目实施过程，宜在金融机构的参与下，由各级政府及其业务主管部门负责管理；二是中、小型基础设施项目和区域性环境基础设施项目实施过程，宜在金融机构的参与下，由相关政府及其业务主管部门管理；三是有些小型基础设施项目和小型环保产业开发项目的实施过程，宜在政策性金融机构的参与下，由相关工商企业组织负责。③项目建成后，其运作过程的管理应采取委托管理方式。④这种模式的适用范围较广，但生态效益、社会效益显著而经济效益偏低的项目不宜采用。

（3）政府补助——工商企业管理模式

政府提供部分资助，工商企业相关产业组织负责管理，是国际上通行的一种极其重要的政府支持环境保护的投资运作模式。从运作的机理及近年来的实践效果看，在废弃物综合利用等一些小型基础设施项目投资与建设中，可选择和运用这种模式。其基本思路是通过政府提供必要的财政补助，来调动工商企业增加对环保投资的积极性。这种管理模式有以下基本特征：①项目投资主体是工商企业微观组织，政府只提供部分必需的投资性财政补助或补贴。②项目投资过程中的组织与管理，宜在各级政府及其业务主管部门的统一规划与监督下，由出资和将来受益的工商企业负责。③其运作过程的管理也主要应该由这些组织负责。④这种模式的适用范围也较广，适用范围包括：在保证环保规划和重点污染治理计划不受影响的前提下，经济效益相对较高的项目（如废渣治理与综合利用、清洁生产工艺技术改造）以及环保产业产品的研制、开发、生产和应用等项目。

（4）政府补贴—商业银行介入——工商企业管理模式

这种模式的基本思路是，通过政府为商业银行提供必要的信用担保或一定比例的利息率补贴，一方面，为商业银行参与环境保护项目投资分散和转移部分风险，鼓励其增加对环境保护及其相关产业领域的投资；另一方面，为工商企业开展商业性融资降低门槛。通过这两种效应，可以在一定程度上解决环境污染治理区域范围内企业内部资本积累能力弱和财政对环境保护投资不足等问题。事实上，这是一种借鉴金融市场机制和通过商业银行的介入，以较低的财政投资来支持环境保护的有效措施。这种管理模式有以下基本特征：

1）项目投资主体是工商企业等相关产业组织，政府以第三方身份为商业银行经营环保贷款提供担保承诺和部分利息率补贴，商业银行作为投资中介组织，为工商企业经济组织提供短期和长期商业性贷款。目前存在的主要问题是，由于工商企业组织的资信等级很低，政府提供的信用担保和补贴不足（许多地方政府及其财政部门往往拒绝提供担保），商业银行在环境保护投资中经营商业性贷款的机会成本和风险太高，因而其提供的商业性贷款占比相当小，而且主要属于短期信贷。在 WTO 框架下，政府必须迅速改变这种状况。

2）项目实施过程中的组织与管理，应在政府的监督及商业银行的参与下，由工商企业相关产业组织负责。其中政府主要监督项目选择和投资方向是否符合政府环境保护政策和总体规划，商业银行参与管理的主要目的是监督商业性贷款使用的有效性，以便保障其贷款的回收。

3）按照该管理模式投资形成的资产也主要属于非国有资产。因此，项目建成并投入运行后，其运作过程应按照商业化运作原则，由工商企业等相关产业组织负责经营与管理。

4）这种模式应用的基本条件是项目建成后运行的经济效益及资金偿还能力较高，即项目运行的产业利润要达到或高于社会平均利润率水平，而且，项目的投资、经营和管理者要具有一定的投资能力和相应的经营管理能力。具体而言，在环境保护投资过程中应采用该模式并加以扶持的项目包括经济效益较好的小型城市废水、固体废物处理基础设施建设，经济效益较好的环保产品生产和转化项目，经济效益较好的环保产品加工、储存、运输、贸易等产业项目，项目区域范围内的其他经济效益较好的相关环保服务业项目。

2．新型环境保护投融资模式

PPP（Public-Private-Partnership）模式即政府与私有组织合作的投资模式（也称公私合营模式），是指政府与私人组织之间，为了提供某种公共物品和服务，以特许权协议为基础，彼此之间形成的一种伙伴式的合作关系，并通过签署合同来明确双方的权利和义务，以确保合作顺利完成，最终使合作各方达到比预期单独行动更为有利的结果。

公私合营模式（PPP），以其政府参与全过程经营的特点受到国内外广泛关注。PPP 模式将部分政府责任以特许经营权方式转移给社会主体（企业），政府与社会主体建立起“利益共享、风险共担、全程合作”的共同体关系，政府的财政负担减轻，社会主体的投资风险减小。PPP 模式比较适用于公益性较强的废弃物处理或其中的某一环节，如有害废弃物处理和生活垃圾的焚烧处理与填埋处置环节。

本章小结

环境保护投资就是社会各有关投资主体从社会的积累基金和各种补偿基金中，拿出一定的数量用于防治环境污染、维护生态平衡及与环境保护相关联的经济活动，其目的是促进经济建设与环境保护的协调发展，使环境得到保护和改善。环境保护投资的特点包括投资以企业为主、投资主体与利益获取者往往不一致、投资效益主要表现为环境效益和社会效益、投资效益的价值难以用货币进行计量、微观效益与宏观效益的不一致性、近期效益与远期效益的不一致性。

我国环保投资渠道主要包括基本建设项目“三同时”的环保投资、更新改造投资中的环保投资、城市基本建设中的环保投资、排污费补助用于治理污染的投资等方面。环境污染治理资金来源也主要是以上几个方面。

本章阐述了我国环境保护投融资现状与问题，介绍了环境保护主要投融资领域，结合目前我国投融资领域改革，介绍了环境保护领域投融资体制机制创新情况，并归纳分析传统与新型环境保护投融资模式。

复习思考题

1. 简述环境保护投资的内涵和特点。
2. 简述环境保护投资的界定原则。
3. 环境污染治理投资的资金来源有哪几方面？
4. 我国环境保护投资存在的主要问题有哪些？
5. 简述我国环境保护投融资存在的问题。
6. 分析不同环境保护投融资模式的优缺点。

参考文献

[1] 逯元堂，陈鹏，吴舜泽，等. 明确“十二五”环境保护投资需求　保障环境保护目标实现[J]. 环境保护，2012，40（8）：53-55.

[2] 董战峰，李红祥，葛察忠，等. 环境经济政策年度报告 2016[J]. 环境经济，2017（11）：11-33.

[3] 董战峰，郝春旭，葛察忠，等. 环境经济政策年度报告 2018[J]. 环境经济，2019（7）：12-39.

[4] 董战峰，葛察忠，郝春旭，等. 环境经济政策年度报告 2019[J]. 环境经济，2020（8）：12-31.

[5] 董战峰，葛察忠，高树婷，等. 新时期我国环境经济政策体系建设面临挑战[J]. 环境经济，2012（10）：15-21.

[6] 董战峰，陈金晓，葛察忠，等. 国家“十四五”环境经济政策改革路线图[J]. 中国环境管理，2020，12（1）：5-13.

[7] 石磊，谭雪. 环保投入需要有力财政制度保障[N]. 中国环境报，2013-08-15（2）.

[8] 郭朝先，刘艳红，杨晓琰，等. 中国环保产业投融资问题与机制创新[J]. 中国人口・资源与环境，2015，25（8）：92-99.

[9] “十一五”中央环保投资达 1564 亿元[N]. 人民日报，2011-01-14（16）.

[10] 李克国. 环境经济学（第三版）[M]. 北京：中国环境出版社，2014.

[11] 张坤民. 中国环境保护投资报告[M]. 北京：清华大学出版社，1992.

[12] 国家环境保护总局规划与财务司. 国家环境保护“十五”计划读本[M]. 北京：中国环境科学出版社，2002.

[13] 王金南. 浅析市场经济下的环境保护投入机制[N]. 中国环境报，2002-02-01.

[14] 刘军民，苏明. 创新财政环保投入方式　提高环保投资效率[J]. 环境经济，2010（9）：26-30.

[15] 张雪梅. 我国环保投资机制及决策方法研究[M]. 北京：地质出版社，2010.

[16] 苏建龙. 我国城市污水处理产业化市场化探讨[N]. 中国环境报，2002-06-19.
[17] 常纪文. 城市污水集中处理市场化模式研究[J]. 环境保护，2002，30（2）：39-41.
[18] 董小林. 环境经济学[M]. 北京：中国环境出版集团，2019.
[19] 靳杭. 环保产业领域引入 PPP 投资模式探讨[J]. 中国环保产业，2017（4）：21-24.
[20] 王丽，刘长松，王新玉. 我国环境保护领域投融资研究[J]. 金融发展研究，2015（7）：61-66.
[21] 常杪，田欣. 环境保护投融资——方法与实践[M]. 北京：中国环境出版社，2014.
[22] 李树. 中国环保产业发展的投融资策略选择[J]. 经济社会体制比较，2014（3）：60-69.

第九章　环境税与环境收费

生态环境具有公共商品属性，市场失灵比较明显。财税政策是保障政府提供基本环境服务的重要物质基础，在某种程度上决定着环境保护效果和环境质量的优劣。20 世纪 70 年代以来，我国政府通过加大投入、制定排污收费政策、减免税等多项直接和间接措施积极参与生态环境治理。环境税与环境收费是环境经济政策的重要组成部分，是控制污染的有效手段。目前，我国十分重视环境税与环境收费。党的十八届三中全会通过的《中共中央关于全面深化改革若干重大问题的决定》指出："加快资源税改革，推动环境保护费改税。"本章将全面介绍环境税和环境收费。

第一节　环境税

一、运用税收手段保护环境

税收是指国家为了向社会提供公共产品，满足社会共同需要，按照法律的规定，参与社会产品的分配，强制、无偿取得财政收入的一种规范形式。税收是国家（政府）公共财政最主要的收入形式和来源。税收的本质是国家为满足社会公共需要，凭借公共权力，按照法律所规定的标准和程序，参与国民收入分配，强制取得财政收入所形成的一种特殊分配关系。它体现了一定社会制度下国家与纳税人在征收、纳税的利益分配上的一种特定分配关系。税收具有强制性、无偿性、固定性。税收具有对宏观经济的调控、对收入分配的调节、对服务资源的保障等功能。我国的税收起源于夏朝，当时税赋征收采用的是"贡"。中华人民共和国成立后，经过不断改革形成了现在的税收制度（专栏 9-1）。

专栏 9-1　全面深化改革时期的税制税种改革（2013 年以后）

自 2013 年以后，中国进入了全面深化改革时期，税制改革随之全面深化，并取得了一系列重要进展。

2013 年 11 月，中国共产党第十八届中央委员会第三次全体会议通过了《中共中央关于全面深化改革若干重大问题的决定》。决定中提出：改革税制，稳定税负。完善地方税体系，逐步提高直接税比重。推进增值税改革，适当简化税率。调整消费税征收范围、环节和税率，把高耗能、高污染产品和部分高档消费品纳入征收范围。逐步建立综合与分类相结合的个人所得税制。加快房地产税立法并适时推进改革，加快资源税改革，推动环境保护费改税。完善以税收、社会保障、转移支付为主要手段的再分配调节机制，加大税收调节力度。坚持使用资源付费，谁污染环境、谁破坏生态谁付费原则，逐步将资源税扩展到占用各种自然生态空间的情形中。

2016 年 3 月，第十二届全国人民代表大会第四次会议批准了《中华人民共和国国民经济和社会发展第十三个五年规划纲要》。纲要中提出：按照优化税制结构、稳定宏观税负、推进依法治税的要求全面落实税收法定原则，建立税种科学、结构优化、法律健全、规范公平、征管高效的现代税收制度，逐步提高直接税比重。全面完成营业税改增值税改革，建立规范的消费型增值税制度。完善消费税制度。实施资源税从价计征改革，逐步扩大征税范围。清理和规范相关行政事业性收费和政府性基金。开征环境保护税。完善地方税体系，推进房地产税立法。完善关税制度。加快推进非税收入管理改革，建立科学规范、依法有据、公开透明的非税收入管理制度。深化国税、地税征管体制改革，完善税收征管方式，提高税收征管效能。推行电子发票。降低增值税税负和流转税比重，清理和规范涉企基金，清理不合理涉企收费，减轻企业税费负担。建立矿产资源国家权益金制度，健全矿产资源税费制度。加快建立综合和分类相结合的个人所得税制度。将一些高档消费品和高消费行为纳入消费税征收范围。

2018 年 9 月公布的十三届全国人民代表大会常务委员会立法规划，提出了增值税、消费税和房地产税等 10 个税种的立法和修改税收征管法等规划。

这一时期深化税制改革已经采取的主要措施如下：

完善货物和劳务税制：自 2012 年起，经国务院批准，财政部、国家税务总局逐步实施了营业税改征增值税的试点。其中，2016 年全面推行此项试点；2017 年废止了营业税暂行条例，修改了增值税暂行条例。此外，调整了增值税的税率、征收率，统一了小规模纳税人的标准。在消费税方面，经国务院批准，财政部、国家税务总局陆续调整了部分税目、税率。在关税方面，进口关税的税率继续逐渐降低。2018 年，全国人民代表大会常务委员会通过了车辆购置税法，自 2019 年 7 月起施行。

完善所得税制：在企业所得税方面，2017 年和 2018 年，全国人民代表大会常务委员会先后修改了企业所得税法的个别条款。经国务院批准，财政部、国家税务总局等单位陆续作出了关于部分重点行业实行固定资产加速折旧的规定；提高企业研究开发费用税前加计扣除比例的规定；购进单位价值不超过 500 万元的设备、器具允许一次性扣除的规定；提高职工教育经费支出扣除比例的规定；小微企业减征企业所得税的规定，而且减征的范围不断扩大，等等。在个人所得税方面，2018 年，全国人民代表大会常务委员会修改了个人所得税法，主要内容是调整居民个人、非居民个人的标准，部分所得合并为综合所得征税，调整税前扣除和税率，完善征管方面的规定，自 2019 年起实施。此外，经国务院批准，财政部、国家税务总局等单位陆续联合作出了关于上市公司股息、红利差别化个人所得税政策，完善股权激励和技术入股有关所得税政策，科技人员取得职务科技成果转化现金奖励有关个人所得税政策等规定。

完善财产税制：逐步调整资源税的税目、税率。2016 年，根据中共中央、国务院的部署，财政部、国家税务总局发布《关于全面推进资源税改革的通知》，自当年 7 月起实施，改革的主要内容是扩大征税范围和从价计税方法的适用范围。2017 年和 2018 年，全国人民代表大会常务委员会先后通过了船舶吨税法、耕地占用税法，分别自 2018 年 7 月、2019 年 9 月起施行。2019 年 8 月 26 日，十三届全国人民代表大会常务委员会第十二次会议通过了资源税法，自 2020 年 9 月起施行。

此外，2016 年、2017 年，全国人民代表大会常务委员会先后通过了环境保护税法、烟叶税法，分别自 2018 年 1 月、7 月起施行。

至今，中国的税制有 18 个税种，即增值税、消费税、车辆购置税、关税、企业所得税、个人所得税、土地增值税、房产税、城镇土地使用税、耕地占用税、契税、资源税、车船税、船舶吨税、印花税、城市维护建设税、烟叶税和环境保护税。企业所得税、个人所得税和资源税等税种实现了法定。

资料来源：国家税务总局官网。

人类的各项活动都会对经济和环境产生影响，根据影响结果，我们可以把人类活动分为 9 种类型，见表 9-1。

表 9-1　人类活动对经济、环境的影响

对经济的影响	对环境的影响		
	环境有利	环境中性	环境不利
经济有利	Ⅰ（+，+）	Ⅱ（+，0）	Ⅲ（+，−）
经济中性	Ⅳ（0，+）	Ⅴ（0，0）	Ⅵ（0，−）
经济不利	Ⅶ（−，+）	Ⅷ（−，0）	Ⅸ（−，−）

在市场经济体制下，人们的行为主要受经济利益的驱动。因此，人们会主动从事对经济有利的活动，即从事表 9-1 中的Ⅰ、Ⅱ、Ⅲ活动。为了实现可持续发展，人们应该从事对环境有利或中性的活动，即表 9-1 中的Ⅰ、Ⅳ、Ⅶ、Ⅱ、Ⅴ、Ⅷ活动。

在现实生活中，对经济和环境都有利的Ⅰ类活动比较少，人们也会自觉拒绝对环境不利、对经济也不利或中性的Ⅸ、Ⅵ类活动。人们会主动从事对经济有利而对环境不利或中性的Ⅲ、Ⅱ类活动，而不愿从事对环境有利、对经济不利或中性的Ⅶ、Ⅳ类活动。这说明市场机制不能自动实现保护环境的目的，也就是出现了市场失灵。

为了实现可持续发展，我们需要纠正环境保护领域的市场失灵，发达国家的经验表明，税收手段是纠正市场失灵的有效途径。通过税收手段的调节，可以将Ⅳ、Ⅶ类活动变成Ⅰ类活动，将Ⅴ、Ⅷ类活动变成Ⅱ类活动，从而使人们在各种活动中主动保护环境，实现经济与环境的可持续发展。

税收手段在解决环境问题中的作用可以通过图 9-1 说明：图 9-1 中，MB 为企业的边际效益曲线；MPC 代表企业的边际私人成本曲线，即没有考虑经济外部性时企业的边际私人成本曲线；MSC 指企业的边际社会成本曲线，即考虑经济外部性时（污染损失）的边际成本。受利益机制的驱使，企业的最佳生产水平为 Q（此时 MPC = MB）。从社会角度看，企业的最佳生产水平应该为 Q^*（此时 MSC = MB）。通过征收环境税（税率为 t），企业边际私人成本曲线由 MPC 变为 MPC + t，此时，企业的生产水平将调整为 Q^*（此时 MSC + t = MB）。由此可以看出，通过征收环境税，可以促使企业治理污染，保护环境。

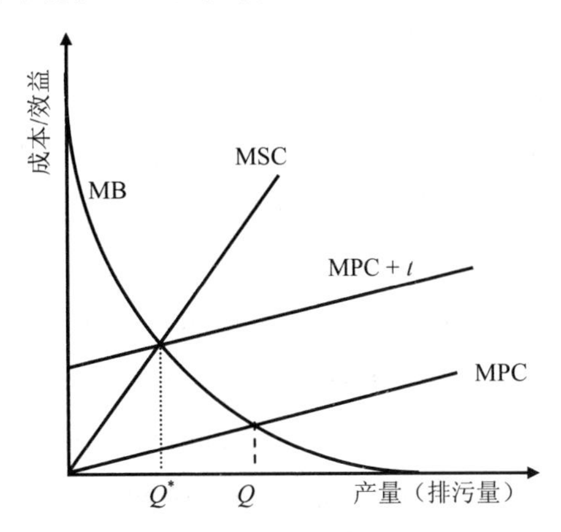

图 9-1 环境税收效果分析

此外，通过税收手段，还可以筹集专项资金，从而增加环境保护的资金投入。

税收手段是一项重要的宏观经济调控手段，同时，税收政策在环境保护工作中也可以发挥重要作用，税收政策在环境保护中的应用主要有 3 个方面：

（1）差别税收。差别税收又称税收差异，即对不同的征税对象，采用不同的税率。对符合环境保护要求的企业、个人实施优惠的税收政策；对不符合环境保护要求的企业、个人实施严格的税收政策。如《中华人民共和国清洁生产促进法》第三十五条规定：对利用废物生产产品的和从废物中回收原料的，税务机关按照国家有关规定，减征或者免征增值税。根据《中华人民共和国企业所得税法》，企业购置环境保护专用设备的投资额，可以按照一定比例实行税额抵免。《企业所得税法实施条例》规定：企业购置并实际使用列入

《环境保护专用设备企业所得税优惠目录》范围内的环境保护专用设备的，该专用设备投资额的10%可以从企业当年的应纳税额中抵免；当年不足抵免的，可以在后5个纳税年度中结转抵免。为了落实这一政策，财政部、国家税务总局、环境保护部等5部门联合公布了《关于印发节能节水和环境保护专用设备企业所得税优惠目录（2017年版）的通知》（财税〔2017〕71号）。

（2）设置环境税。环境税的详细内容将在本节后面论述。

（3）按环境保护及生态文明的要求对税制进行修订。

二、环境税

1．基本概念

环境税的思想源于20世纪20年代英国福利经济学家庇古（Arthur C. Pigou）。庇古在其1920年出版的著作《福利经济学》中，最早开始系统地研究环境与税收的理论问题。庇古认为由于私人的最优导致社会的非最优，环境污染存在负的外部性，所以需要设计一种制度来使外部性内部化，并提出征收庇古税以解决外部性问题。20世纪80年代，为了解决日益突出的环境问题，OECD的一些国家为了解决经济发展与环境的矛盾，开始进行绿化税制的改革实践，并取得了一定的成效。

按照OECD对环境税的定义，环境税是以对环境有负面影响的物质或替代物为税基的一种税。OECD（1996）在《环境税的实施战略》一书中通过列举的方式给出了环境税的构成，包括排污税、产品税、使用费和税收减免等。国际财政文献局（IBFD）在《国际税收词典》（第二版）中关于环境税的定义是："对污染企业或者污染物所征收的税，或对投资于防治污染和环境保护的纳税人给予的减免。"在OECD建立的与环境相关的经济政策数据库中，将环境税（与环境相关的税收，environmentally related taxes）定义为："政府征收的具有强制性、无偿性，针对特别的与环境相关税基的任何税收。税收具有无偿性，即政府为纳税人提供的利益与纳税人缴纳的税款之间没有对应关系。"

欧盟统计局根据税基将环境税划分为能源税（energy taxes）、交通税（transport taxes）、污染税（pollution taxes）和资源税（resource taxes）。能源税的税基为能源产品，包括汽油、柴油、其他燃料油、天然气、煤炭和电力，碳税也属于能源税的范畴。交通税主要是指与机动车的保有和使用相关的税种。资源税主要是指对取水、森林和诸如沙砾的原材料征收的税种。

国内对环境税有广义和狭义两种看法。广义的环境税是指税收体系中与环境、资源利用和保护有关的各种税种和收费的总称。广义的环境税既包括狭义的环境税，也包括与环境和资源有关的税收政策，包括资源税、消费税、车船税以及增值税和企业所得税等税种的一些与环境保护相关的税收规定。

狭义的环境税主要是指对开发、保护和使用环境资源的单位和个人，按其对环境资源的开发利用、污染、破坏和保护程度进行强制、无偿的征收或减免税费的一种制度安排，如硫税、碳税、能源税等，也称为独立环境税。

国内一般将环境税划分为污染排放税、污染产品税、碳税等。污染排放税是对污染物（如废气、污水和固体废物等）排放征收的环境税种；污染产品税是对有潜在污染的产品（如能源燃料、机动车、臭氧损耗物质、化肥农药、含磷洗涤用品、汞镉电池等）征收的环境税种；碳税是对产生二氧化碳的煤、石油、天然气等化石燃料征收的环境税种。

环境税是为了保护环境而征收的税，以及最初并不是为保护环境而征税，但是从长远看来对环境保护产生影响，或者后来逐渐从保护环境的立场来修改、增加或减免的税。就其内容来讲可以划分为针对破坏、污染相关行为征收的税和其他税种中与保护环境和资源利用相关的规定。环境税并不是单一的税种，而是一整套的税收体系。

污染者付费原则是环境税征税的理论依据，该原则出发点是商品价格应充分体现生产成本和消耗的资源，利用经济手段将污染防治的资源重新分配以减少污染、合理使用环境资源。通过征收环境税，可以实现污染排放产生的外部不经济性内部化。

2．环境税的双重红利理论

“双重红利”假说可以追溯到庇古（1932）关于“庇古税”的论述，“庇古税”有双重效应：纠正市场外部性从而提高市场效率以及改善环境质量。这是“双重红利”思想的萌芽。1968年，Tullock等提出，环境税改革不仅能够改善环境，获得“环境红利”，还能获得优化税制结构、提高就业水平、推动经济增长、促进社会公平等“非环境红利”。1991年，Pearce在研究碳税改革时首次正式提出了“双重红利”这一术语，用碳税收入代替扭曲性税种的收入可以获得“双重红利”：环境改善（第一重红利），扭曲性税种造成的效率损失减小（第二重红利）。

3．发达国家的环境税

环境税是一种新型的“绿色”税种，环境税作为一种管制工具被越来越多的国家所关注，目前，环境税已经成为发达国家环境保护领域的重要手段，新型“绿色环境税收”体系逐渐被构架起来。2014年，OECD国家环境相关税收占GDP的比重为1.56%（图9-2），占税收收入的5.07%。

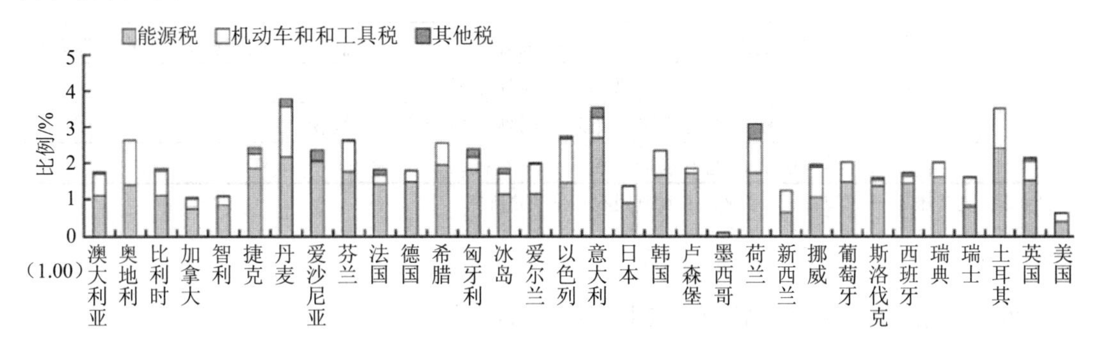

图9-2　OECD国家环境相关税收占GDP的比重

资料来源：祁毓，环境税费理论研究进展与政策实践。

欧美国家征收的环境税主要包括能源税、交通税、污染税等（表 9-2）。

表 9-2　部分发达国家环境税体系构成情况

国家	税类	税种
美国	能源税	联邦：燃料替代税、商业航空燃油税、柴油税、汽油税、内河燃油税等 地方：阿拉巴马润滑油税、车炳燃油税、水电税、阿拉斯加电气合作税等
	交通税	联邦：燃油税、重型车辆高速公路使用税、重型卡车和拖车税 地方：阿拉巴马车辆注册费、阿拉斯加商业客轮消费税、汽车燃油税等
	污染税	联邦：臭氧消耗税、石油泄漏责任税 地方：阿拉巴马干洗注册费、危险废弃物费、废轮胎环境费等
	其他	地方：阿拉巴马采掘费、跨区采掘费，阿拉斯加渔业营业税、渔业资源入境税、采矿牌照税、海鲜发展税、轮胎费等
德国	能源税	电力税、交通能源税、加热燃料税、核燃料税
	交通税	车辆税、航空税
日本	能源税	航空燃油税、柴油税、汽油税、液化石油气税、地方汽油税、石油和煤炭税等
	交通税	汽车购置税、汽车税、轻型汽车税、汽车吨位税
丹麦	能源税	矿物油税、CO_2税、煤炭税、电税、天然气税、汽油税
	交通税	机动车强制保险税
	污染税	购物袋消费税、氯化溶剂税、零售容器税、臭氧破坏税、氮税、农药税、硫税等
	其他	电灯和电气保险丝税、矿产资源税、轮胎税
瑞典	能源税	电力能源税、燃油能源税、CO_2税、核动力税
	交通税	车辆税、交通拥堵税、道路交通保险税
	污染税	核废料减少和储存税、氮氧化物排放税、农药税、硫税、垃圾税、水污染费
	其他	天然砾石税
法国	能源税	国内电力消费税、天然气税、矿物油税
	交通税	公司车辆税、车辆轮轴税
	污染税	航空噪声污染税、一般污染行为税
英国	能源税	矿物油税
	交通税	航空乘客税、汽车消费税
	污染税	垃圾填埋税
荷兰	能源税	汽油税、能源税、矿物油（除汽油外）、消费税、燃料税（煤炭税）、矿物油储备税
	交通税	车辆税、重型车辆税、乘用车和摩托车税
	污染税	航空噪声税、水污染税、市政排污费、包装税、垃圾税
	其他	狩猎执照费、地下水抽取税、自来水税

资料来源：刘建徽等，"双重红利"视阈下中国环境税体系构建研究。

发达国家的环境税各有特色，其共同特点有：

（1）征收范围广，税种多样化。国外环境税以能源税为主，征收范围涉及环境污染和环境资源保护。征税对象包括自然资源，生态资源，能源产品和污染物排放以及高耗能、高耗材行为等。征收税种包括能源税、硫税、二氧化碳税、水污染税、垃圾税、轮胎税、固体废物税、机动车税、电池税等。

（2）注重税率差别和税收减免。在环境税制设计上注重税率差别和税收减免，限制性与鼓励性措施并举，发挥税收在环境保护中的作用。

（3）推行“谁污染、谁付费”原则。依据“污染者付费原则”进行补偿成本形式收费，建立起完整的经济与环境相协调发展的税制，使其成为行之有效的经济管理手段。发达国家环境税运行成本低廉，已经产生了明显的环境效益和经济效益。

三、中国的环境税（费）

1. 中国环境税概况

我国虽然在环境税方面起步较晚，但也取得了一系列重要进展。根据我国现行的环境税体系，目前，我国非常重视运用环境税（费）手段保护环境，环境税（费）手段逐步完善。目前，与环境相关的税种（收费）如表 9-3 所示。

表 9-3 中国环境相关税（费）概况

环境税（费）	征收依据	政策内容
环境保护税	中华人民共和国环境保护税法	见本章第二节
资源税	中华人民共和国资源税法	1993 年我国颁布了《资源税暂行条例》，2019 年 8 月 26 日，十三届全国人大常委会第十二次会议表决通过了《中华人民共和国资源税法》，对在我国领域和管辖的其他海域开发应税资源的单位和个人征收资源税。资源税税目税率表确定的应税资源共 164 种。大部分税目实施从价计征，少部分实施从量计征。同时，大部分税目将实施幅度税率，省级人民政府可在幅度内自行提出具体税率，仅有原油、天然气、中重稀土等少数资源实施固定税率。2014—2018 年，我国资源税年征收额分别为 1 083.82 亿元、1 034.94 亿元、950.83 亿元、1 353.32 亿元、1 629.90 亿元
消费税	中华人民共和国消费税暂行条例 中华人民共和国消费税暂行条例实施细则 （2008 年修订）	对烟、酒及酒精、鞭炮、焰火、化妆品、成品油、贵重首饰及珠宝玉石、游艇、汽车轮胎、摩托车、小汽车、木制一次性筷子、实木地板等少数消费品征收的一个税种，主要是为了调节产品结构，引导消费方向，筹集资金，同时有一定程度的环境保护作用。2014—2018 年，我国消费税年征收额分别为 8907.12 亿元、10 542.16 亿元、10 217.23 亿元、10 225.09 亿元、10 631.75 亿元
车船税	中华人民共和国车船税法	对中国境内的车辆、船舶的所有人或者管理人，按其适用的计税单位从量定额征收，主要是为了组织收入、控制车船的使用和消费，通过对造成环境污染的车船征收税费，起到一定程度的污染减排作用。2014—2018 年，我国车船税年征收额分别为 541.06 亿元、613.29 亿元、682.68 亿元、773.59 亿元、831.19 亿元

环境税（费）	征收依据	政策内容
车辆购置税	中华人民共和国车辆购置税法	对在中华人民共和国境内购置汽车、有轨电车、汽车挂车、排气量超过 150 mL 的摩托车的单位和个人，征收车辆购置税，车辆购置税的税率为 10%。通过造成环境污染的车辆购置税的征收，起到一定程度的减排作用。2014—2018 年，我国车辆购置税年征收额分别为 2 885.11 亿元、2 792.56 亿元、2 674.16 亿元、3 280.67 亿元、3 452.53 亿元
城镇土地使用税	中华人民共和国城镇土地使用税暂行条例	对在城市、县城、建制镇、工矿区范围内使用土地的单位和个人征收土地使用税，税率为每平方米 0.2～10 元。2014—2018 年，我国城镇土地使用税年征收额分别为 1 992.6 亿元、2 142.04 亿元、2 255.74 亿元、2 360.55 亿元、2 387.60 亿元
耕地占用税	中华人民共和国耕地占用税法	在我国境内占用耕地建设建筑物、构筑物或者从事非农业建设的单位和个人，为耕地占用税的纳税人，应当依照本法规定缴纳耕地占用税，税率为每平方米 5～50 元。2014—2018 年，我国耕地占用税年征收额分别为 2 059.00 亿元、2 097.21 亿元、2 028.89 亿元、1 651.89 亿元、1 318.85 亿元
水资源费（税）	水资源费征收使用管理办法 取水许可和水资源费征收管理条例 关于印发《扩大水资源税改革试点实施办法》的通知	对直接取用地表水、地下水的单位和个人征收水资源费（税）
生活污水处理费	中华人民共和国水污染防治法 国家发展改革委关于创新和完善促进绿色发展价格机制的意见	见本章第三节
生活垃圾处理费	中华人民共和国固体废物污染环境防治法 国家发展改革委关于创新和完善促进绿色发展价格机制的意见	见本章第三节

2．中国环境税（费）应用前景

利用税收手段保护环境是市场经济体制的必然要求。虽然我国已经实施了一些与环境相关的税收，但与发达国家相比，税收手段在我国的环境保护中的作用还没有充分发挥，与环境保护相关的税收种类比较少、税率偏低。

税收体制的改革是一个复杂的系统工程。党的十八届三中全会通过的《中共中央关于全面深化改革若干重大问题的决定》指出："完善税收制度。深化税收制度改革，完善地方税体系，逐步提高直接税比重。推进增值税改革，适当简化税率。调整消费税征收范围、环节、税率，把高耗能、高污染产品及部分高档消费品纳入征收范围。逐步建立综合与分类相结合的个人所得税制。加快房地产税立法并适时推进改革，加快资源税改革，推动环境保护费改税。"

（1）完善现有环境税收体系

根据实际国情逐步完善税种，合理扩大征收范围。①开征碳税，以生产生活中消耗的能源作为征税对象，以减少二氧化碳的排放量；②完善资源税。将水资源、森林资源、生物资源、海洋资源等纳入税收范围内，建立健全的资源税体系；③完善消费税。将“两高一资”产品纳入消费税制度体系，同时对现行消费税税率进行调整。

（2）根据环境保护工作需要，完善差别税收制度

差别税率是环境税中有效的调节手段，美国几乎所有税目都设置了几十个档次详细的差别税率，例如，交通税中的重型车辆高速公路使用税，税率为 75～550 美元/a，设置了 44 档税率。我国的差别税率设置较为简单。

首先，我国应借鉴国际上成熟的税收优惠，进一步扩大现有的税收优惠方式。美国的环境税优惠政策包括直接减税细则、加速折旧制度、企业所得税抵免等多项政策，而且各个州政府还可以根据地方情况制定有利于环境保护的税收优惠政策，如差别征税、先征后退、即征即退等多种税收优惠形式。其次，要完善现行税制中不利于环境保护的优惠政策。如《中华人民共和国环境保护税法》中规定了对农业生产排污暂免征收环境保护税。但是我国农业污染形势十分严峻，此项税收优惠政策并不利于农业生产纳税人对环境保护加以重视，不仅会对环境造成极严重的污染，而且还会违反税法公平原则，因为农业生产排污的税收负担实际是由其他纳税人承担的。因此，现有的税收优惠政策需要改进，针对农业生产排污暂免征收环境保护税，可以设置恰当的触发条件，只有满足预设条件的农业生产才可以享受免征或减征环境保护税的税收优惠。

（3）构建环境税收收入使用制度

国际上针对环境税收收入有几种使用模式：一般性财政收入模式、专款专用模式、收入再循环模式。结合国外的成功经验和我国的实际情况，建议我国采用分类和混合使用的环境税收收入制度。

第一，将资源类环境税税收作为一般收入。政府将环境税收收入用于一般性财政收入，一方面可以弥补财政赤字；另一方面可以使政府具有更大的灵活性，如通过征税为其他社会服务进行筹资。但是这种收入在纳入一般财政收入时，必须在中央和地方财政收入之间做出明确划分。

第二，将与环境污染和损害有关的收入，专门用于环境治理。为实现可持续发展，政府应该将污染者缴纳的污染税类收入投入环境治理中，为我国污染控制和排污技术的研发提供长期资金，实现真正保护环境的目的。此类收入同样也需要在中央和地方财政收入之间做出明确划分。划分到地方政府的收入，地方政府可针对本地区的生态环境，建设环保公共设施，如用作污染物处理设施的投资；分配给中央政府的收入，可用于荒漠治理、水土流失的防治以及大型节能环保项目的开发等。

第二节　环境保护税

一、理论分析

环境保护税是中国环境保护税收体系的一部分，环境保护税是指政府对与环境相关的特定税基所征收的具有强制性、无偿性和一般性的税收收入。

党的十八届三中全会明确提出“推动环境保护费改税”，环境保护税由此逐渐进入中国的政策议程。2015年6月，《中华人民共和国环境保护法（征求意见稿）》首次呈现于公众视野，经过全国人民代表大会常务委员会三次审议，2016年12月25日正式表决，通过了以税负平移为原则、以排放税为实质的《中华人民共和国环境保护税法》，中国财政税收体系完成了从排污费向环境保护税的转变，该法从2018年1月1日起正式实施。

环境财税制度是生态文明制度建设的重要组成部分。随着环境保护工作的深入，党和国家领导对建立环境保护税高度重视，我国将环境保护税作为生态文明建设的一项重要财税制度。环保税法是我国首部“绿色税法”，主要针对企业排污多少来征税，在我国经济迈向高质量发展阶段的当口，开征环保税可以说是恰逢其时。开征环保税，将形成有效约束和激励机制，有利于减少污染物排放，促进生态文明建设。

1．环境保护税的理论基础

我国的环境保护税是基于“庇古税”的税种，价值理论、经济外部性理论和污染者负担原则是其理论基础：

（1）环境资源的价值理论

根据环境经济学理论，环境资源是有价值的，因此对环境资源必须实行有偿使用。

根据环境科学理论，向环境排放污染物，实质上是利用了稀缺的环境容量资源。环境容量资源是一种环境资源，它也具有价值，对环境容量资源也应该实行有偿使用，环境保护税是排污者缴纳的环境容量资源有偿使用费。

（2）经济外部性理论

向环境排放污染物，会造成环境污染，环境污染又会造成社会损害，即产生了外部不经济性。根据环境经济学理论，应该使外部不经济性内部化。因此，排污者向环境排放污染物，应该承担因污染而产生的外部不经济性后果。

（3）污染者负担原则

1972年5月，经济合作与发展组织（OECD）环境委员会提出了污染者负担原则（又称PPP原则，polluter pays principle），即排污者应当承担治理污染源、消除环境污染、赔偿受害人损失的费用。根据PPP原则的要求，各国先后开始征收排污费和环境税。

根据污染者负担的比例，PPP 原则可以分为欠量负担（污染者负担一部分费用）、等量负担（污染者负担全部费用）、超量负担（污染者除负担全部费用外，还需负担追加的罚款）。

2. 环境保护税的作用

（1）经济刺激

通过征收环境保护税，给排污者施加了一定的经济刺激（排污者需支付一定数额的环境保护税），这将促使排污单位产生减少污染物排放量的积极性。如图 9-3 所示，企业的污染物产生量为 Q，曲线代表排污单位的边际污染治理费用，在排污收费水平 t_1 下，企业污染物排放量为 Q_1，此时，企业缴纳的环境保护税（图中 Ot_1CQ_1 的面积，记为 $S_{Ot_1CQ_1}$）与污染治理费用（S_{CQ_1Q}）之和最小；若企业将排污量增加到 Q_3，则企业将增加支付 S_{CDE}；若企业将排污量减少为 Q_2，则企业将增加支付 S_{BCG}。

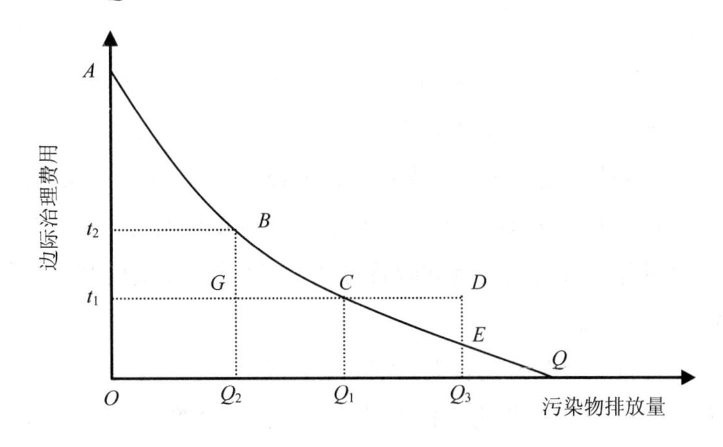

图 9-3　环境保护税的经济刺激作用

另外，若将排污收费水平提高到 t_2，同样道理，企业污染物排放量为 Q_2。由此可以看出，通过征收环境保护税，可以刺激企业治理污染，减少污染物排放量。

在市场经济体制下，可采用税收杠杆针对污染和破坏环境的行为征收环境税，使企业补偿排污造成的环境外部不经济性，实现企业环境外部成本内部化的目的。环境保护税的经济刺激作用表现在以下几个方面：①促进了老污染源的治理；②控制了新污染源的产生；③引导企业走绿色发展之路。

《中华人民共和国环境保护税法》第一条明确指出："为了保护和改善环境，减少污染物排放，推进生态文明建设，制定本法。"实行环境保护费改税，是落实党中央、国务院决策部署的重要举措，有利于提高纳税人环保意识和遵从度，强化企业治污减排责任，实现污染减排的目的。

（2）筹集资金

环境保护税的另一项功能是筹集资金，即通过征收环境保护税，可以筹集到一部分专项资金。根据财政部2018年、2019年财政收支情况，2018年、2019年我国环境保护税收收入分别为207亿元和221亿元。

二、中国环境保护税概述

（一）中国环境保护税发展历程

我国的环境保护税由排污收费平移而来，我国环境保护税发展可以分为排污收费和环境保护税两个阶段：

1. 排污收费阶段

排污收费在我国实施了近40年，我国的排污收费的发展历程分为提出及试行、建立与实施、改革与发展3个阶段：

（1）提出及试行

我国于1973年开始开展环境保护工作，初步制定了环境保护的方针政策。1978年，国务院环境保护领导小组向中央提交了《环境保护工作汇报要点》，1978年12月31日，中共中央79号文件批转了这份《环境保护工作汇报要点》，中共中央在通知中指出："必须把控制污染源的工作作为环境管理的重要内容，排污单位实行排放污染物的收费制度，由环境保护部门会同有关部门制定具体收费办法。"这是国家重要文件中第一次提出在我国建立排污收费制度的设想。

1979年9月，五届全国人民代表大会常务委员会公布的《中华人民共和国环境保护法（试行）》明确规定："超过国家规定的标准排放污染物，要按照排放污染物的数量和浓度，根据规定收取排污费。"《中华人民共和国环境保护法（试行）》的颁布为在我国建立排污收费制度提供了法律依据。

1979年9月江苏省苏州市开始在15个企业开展征收排污费的试点工作。这是我国最早试行排污收费制度的城市。

1979年12月河北省发布文件，确定全省于1980年1月1日起实施排污收费制度，河北省是我国在全省范围内试行排污收费制度最早的省份。

此后，其他省市也相继开始进行征收排污费的试点工作，截至1981年年底，除西藏、青海外，全国其他省、自治区、直辖市都开始了征收排污费的试点工作。

（2）建立与实施（1982年2月—1987年年底）

1982年2月5日，国务院发布了《征收排污费暂行办法》，这标志着排污收费制度在我国正式建立。《征收排污费暂行办法》对征收排污费的目的、对象、收费标准、收费政策、排污费管理、排污费使用等内容做了详细的规定。《征收排污费暂行办法》颁布后，排污收费制度在全国范围推广。

（3）改革与发展

1988 年 7 月 28 日，国务院发布《污染源治理专项基金有偿使用暂行办法》（国务院令第 10 号），由此拉开了我国排污收费制度改革的帷幕。

1991 年 6 月 24 日，国家环境保护局、国家物价局、财政部发布了《关于调整超标污水和统一超标噪声排污费征收标准的通知》，这一文件的发布，使我国的污水超标排污费收费标准略有提高，同时，统一了我国的噪声超标排污费收费标准。

1992 年 9 月 14 日，国家环境保护局、国家物价局、财政部、国务院经贸办发布了《关于开展征收工业燃煤二氧化硫排污费试点工作的通知》，决定对两省（贵州、广东）九市（重庆、宜宾、南宁、桂林、柳州、宜昌、青岛、杭州、长沙）的工业燃煤征收二氧化硫排污费。

1993 年 7 月 10 日，国家计划委员会、财政部发布了《关于征收污水排污费的通知》，这一文件的发布，使我国的污水排污费征收工作全面展开。

1998 年 4 月 6 日，国家环境保护总局、国家发展计划委员会、财政部、国家经济贸易委员会发布了《关于在酸雨控制区和二氧化硫控制区开征二氧化硫排污费扩大试点的通知》，将二氧化硫排污费的征收范围由两省九市扩大到“两控区”。

1998 年 5 月 26 日，国家环境保护总局、国家发展计划委员会、财政部联合发布了《关于在杭州等三城市实行总量排污收费试点的通知》，该文件规定，从 1998 年 7 月 1 起，杭州市、郑州市、吉林市开始进行总量收费的试点工作。三城市实行总量排污收费试点，标志着我国已经初步建立了总量收费制度。

2003 年 1 月 2 日，国务院发布了《排污费征收使用管理条例》（国务院令　第 369 号），该条例替代了《征收排污费暂行办法》，该条例自 2003 年 7 月 1 日起执行。《排污费征收使用管理条例》对排污费征收、使用、管理等方面做了明确的规定。

2003 年 2 月 28 日，国家发展和改革委员会、财政部、国家环境保护总局、国家经济贸易委员会发布了《排污费征收标准管理办法》。

《排污费征收使用管理条例》以及《排污费征收标准管理办法》的颁布，标志着以总量收费为特征的新排污收费制度在我国正式建立。2003 年 7 月—2018 年 12 月，我国全面实施总量收费制度。

2014 年 9 月 1 日，国家发展和改革委员会、财政部、环境保护部颁布了《关于调整排污费征收标准等有关问题的通知》，提高了收费标准，增加了差别收费规定。

2．环境保护税阶段

2007 年，《国务院关于印发节能减排综合性工作方案的通知》（国发〔2007〕15 号）提出研究开征环境税。此后，财政部、国家税务总局等部门确定开展环境税研究；2008 年财政部税政司、国税总局地方税司和国家环境保护总局政策法规司三部门联合正式开启了环境税研究制定工作，我国环境保护税政策开始迈向新的征程。

2011 年 10 月，国务院印发了《关于加强环境保护重点工作的意见》（国发〔2011〕35 号），提出“积极推进环境税费改革，研究开征环境保护税”。

2013 年 11 月，党的十八届三中全会通过了《中共中央关于全面深化改革若干重大问题的决定》，要求加快资源税改革，引入独立环境保护税，推动环境保护费改税。

2015 年 1 月 1 日起实施的新环保法明确提出“依照法律规定征收环境保护税的，不再征收排污费”，预示着我国实施环境保护税将成为必然趋势。

2015 年 4 月，中共中央、国务院印发的《关于加快推进生态文明建设的意见》提出要完善经济政策，健全价格、财税、金融等政策，激励、引导各类主体积极投身生态文明建设，推动环境保护费改税。

2015 年 6 月，财政部、国家税务总局等部门起草了《中华人民共和国环境保护税法（征求意见稿）》及编制说明，公开征求社会各界意见。

2015 年 9 月，《生态文明体制改革总体方案》提出要构建更多运用经济杠杆进行环境治理和生态保护的市场体系，加快资源环境税费改革，加快推进环境保护税立法。

2016 年 12 月，全国人民代表大会常务委员会第二十五次会议上全体表决通过了《中华人民共和国环境保护税法》。2018 年 1 月 1 日，《中华人民共和国环境保护税法》正式在全国范围内施行。

2017 年 12 月 25 日，国务院总理李克强签署国务院令，公布了《中华人民共和国环境保护税法实施条例》。

2018 年 1 月 1 日起，排污费被环境保护税取代，环境保护税法正式施行。

《中华人民共和国环境保护税法》是我国第一部生态税法，标志我国的环境保护从收费制度向征税制度的重大转变，环保“费”改“税”，彰显了国家对治理环境问题的重视与决心。环境保护税能够促进企业环境成本内部化，推动企业转型、产业升级，有利于改善我国生态环境质量，贯彻绿色发展理念，推动绿色税制体系建设。

（二）环境保护税的法律、法规依据

我国环境保护税的法律依据包括《中华人民共和国环境保护税法》。《中华人民共和国环境保护税法》包括总则、计税依据和应纳税额、税收减免、征收管理、附则 5 章 28 条，以及“环境保护税目税额表”“应税污染物和当量值表”两个附表。

《中华人民共和国环境保护税法实施条例》包括总则、计税依据、税收减免、征收管理、附则 5 章 26 条。

（三）环境保护税收标准

我国的环境保护税由排污费制度平移而来，环境保护税与排污费在征收对象、征收范围、计税方法、计税标准等方面有较多的相似之处。我国的环境保护税法规定的税目税额见表 9-4。

表 9-4 环境保护税目税额表

税目		计税单位	税额	备注
大气污染物		每污染当量	1.2～12 元	
水污染物		每污染当量	1.4～14 元	
固体废物	煤矸石	每吨	5 元	
	尾矿	每吨	15 元	
	危险废物	每吨	1 000 元	
	冶炼渣、粉煤灰、炉渣、其他固体废物（含半固态、液态废物）	每吨	25 元	
噪声	工业噪声	超标 1～3 dB	每月 350 元	1.一个单位边界有多处噪声超标，根据最高一处超标声级计算应纳税额 2. 一个单位有不同地点作业场所的，应当分别计算应纳额，合并计征 3. 昼、夜均超标的环境噪声，昼、夜分别计算应纳税额，累计计征 4. 声源一个月内超标不足 15 d 的，减半计算应纳税额 5. 夜间频繁突发和夜间偶然突发厂界超标噪声，按等效声级和峰值噪声两种指标中超标分贝值高的一项计算应纳税额
		超标 4～6 dB	每月 700 元	
		超标 7～9 dB	每月 1 400 元	
		超标 10～12 dB	每月 2 800 元	
		超标 13～15 dB	每月 5 600 元	
		超标 16 dB 以上	每月 11 200 元	

《中华人民共和国环境保护税法》第六条规定，省、自治区、直辖市人民政府统筹考虑本地区环境承载力、污染物排放现状和经济社会生态发展目标要求，在本法所附“环境保护税税目税额表”规定的税额幅度内确定、调整环境保护税税目、税额，报同级人民代表大会常务委员会决定，并报全国人民代表大会常务委员会和国务院备案。2018 年我国各地环境保护税税额标准见表 9-5。

表 9-5 2018 年我国 31 个省（自治区、直辖市）环境保护税税额标准 单位：元/污染当量

地区	大气污染物税额	水污染物税额
北京	12	14
天津	10	12
河北	按区域分档。 一档：主要污染物：9.6，其他污染物：4.8； 二档：主要污染物：6，次要污染物：4.8； 三档：4.8	按区域分档。 一档：主要污染物：11.2，其他污染物：5.6； 二档：主要污染物：7，其他污染物：5.6； 三档：5.6
上海	SO_2：6.65，NO_x：7.6，其他：1.2	COD_5、氨氮：4.8， 其他：1.4

地区	大气污染物税额	水污染物税额
江苏	南京：8.4， 无锡市、常州市、苏州市、镇江市：7， 其他市：5.6	南京市：8.4， 无锡市、常州市、苏州市、镇江市：6， 其他市：4.8
山东	SO_2、NO_x：3 其他：1.2	COD、氨氮、五项重金属污染物：3， 其他：1.4
河南	4.8	5.6
四川	3.9	2.8
重庆	2.4	3
湖南	2.4	3
贵州、海南	2.4	2.8
湖北	SO_2、NO_x：2.4， 其他：1.2	COD、氨氮、总磷、五项重金属污染物：2.8， 其他：1.4
广东、广西	1.8	2.8
山西	1.8	2.1
浙江	1.2， 四项重金属污染物：1.8	1.4， 五项重金属污染物：1.8
福建	1.2	五项重金属、COD、氨氮：1.5， 其他：1.4
内蒙古、辽宁、吉林、黑龙江、安徽、江西、云南、西藏、陕西、甘肃、青海、宁夏、新疆	1.2	1.4

资料来源：张伊丹，葛察忠，段显明，等，环境保护税税额地方差异研究。

对比排污收费标准和环境保护税收标准可以发现，二者在征收对象、范围、税（费）额标准、计税依据上都没有做大的调整。因此，环境保护税改革对依法治污和规范缴纳排污费的企业负担不会明显增加。有些企业污染物排放浓度低于标准，还能享受到税收减免的优惠政策。费改税后，由于税法的刚性和更加严格的管理，被纳入征管范围的小企业总体负担可能会有所增加。

（四）环境保护税纳税人

《中华人民共和国环境保护税法》第二条规定，直接向环境排放应税污染物的企业、事业单位和其他生产经营者为环境保护税的纳税人。

纳税义务发生时间为纳税人排放应税污染物的当日。纳税人应当向应税污染物排放地的税务机关申报缴纳环境保护税。应当如实向税务机关报送所排放应税污染物的种类、数量，大气污染物、水污染物的浓度值，以及税务机关根据实际需要要求纳税人报送的其他纳税资料，纳税人对申报的真实性和完整性承担责任。

纳税人按季申报缴纳的，应当自季度终了之日起 15 日内，向税务机关办理纳税申报并缴纳税款。纳税人按次申报缴纳的，应当自纳税义务发生之日起 15 日内，向税务机关办理纳税申报并缴纳税款。

纳税人申报时，各类污染物排放量核算是重点，也是难点。目前，排污量核算的常用方法有实测法、物料核算法、经验系数法。环境保护税法规定了纳税人申报时的方法和顺序：①纳税人安装使用符合国家规定和监测规范的污染物自动监测设备的，按照污染物自动监测数据计算；②纳税人未安装使用污染物自动监测设备的，按照监测机构出具的符合国家有关规定和监测规范的监测数据计算；③因排放污染物种类多等原因不具备监测条件的，按照国务院环境保护主管部门规定的排污系数、物料衡算方法计算；④不能按照本条第一项至第三项规定的方法计算的，按照省、自治区、直辖市人民政府环境保护主管部门规定的抽样测算的方法核定计算。

（五）计税依据

1．应税大气污染物、应税水污染物的计税依据

根据环境保护税法，应税大气污染物有 44 项，应税水污染物有 44 项，这些污染物的性质有很大差别。为了简化环境保护税收核算方法和依据，沿用排污收费制度提出的污染当量作为计税依据。《中华人民共和国环境保护税法》第七条规定，应税大气污染物、应税水污染物的计税依据是污染物排放量折合的污染当量数。

污染当量是指根据污染物或者污染排放活动对环境的有害程度以及处理的技术经济性，衡量不同污染物对环境污染的综合性指标或者计量单位。同一介质相同污染当量的不同污染物，其污染程度基本相当。

根据污染物或者污染排放活动对环境的有害程度，可以确定污染物或污染排放活动的有害当量，根据污染物或者污染排放活动对生物的毒性，可以确定污染物或污染排放活动的毒性当量，根据污染物或者污染排放活动处理的技术经济性，可以确定污染物或污染排放活动的费用当量，有害当量、毒性当量和费用当量综合为污染当量。《中华人民共和国环境保护税法》附表二规定了应税污染物和污染当量值（表 9-6～表 9-10）：

表 9-6　第一类水污染物污染当量值

污染物	污染当量值/千克	污染物	污染当量值/千克
1．总汞	0.000 5	6．总铅	0.025
2．总镉	0.005	7．总镍	0.025
3．总铬	0.04	8．苯并[a]芘	0.000 000 3
4．六价铬	0.02	9．总铍	0.01
5．总砷	0.02	10．总银	0.02

表 9-7　第二类水污染物污染当量值

污染物	污染当量值/千克	污染物	污染当量值/千克
11. 悬浮物（SS）	4	37. 五氯酚及五氯酚钠（以五氯酚计）	0.25
12. 生化需氧量（BOD）	0.5	38. 三氯甲烷	0.04
13. 化学需氧量（COD）	1	39. 可吸附有机卤化物（AOX）（以Cl计）	0.25
14. 总有机碳（TOC）	0.49	40. 四氯化碳	0.04
15. 石油类	0.1	41. 三氯乙烯	0.04
16. 动植物油	0.16	42. 四氯乙烯	0.04
17. 挥发酚	0.08	43. 苯	0.02
18. 总氰化物	0.05	44. 甲苯	0.02
19. 硫化物	0.125	45. 乙苯	0.02
20. 氨氮	0.8	46. 邻-二甲苯	0.02
21. 氟化物	0.5	47. 对-二甲苯	0.02
22. 甲醛	0.125	48. 间-二甲苯	0.02
23. 苯胺类	0.2	49. 氯苯	0.02
24. 硝基苯类	0.2	50. 邻二氯苯	0.02
25. 阴离子表面活性剂(LAS)	0.2	51. 对二氯苯	0.02
26. 总铜	0.1	52. 对硝基氯苯	0.02
27. 总锌	0.2	53. 2,4-二硝基氯苯	0.02
28. 总锰	0.2	54. 苯酚	0.02
29. 彩色显影剂（CD-2）	0.2	55. 间-甲酚	0.02
30. 总磷	0.25	56. 2,4-二氯酚	0.02
31. 元素磷（以P计）	0.05	57. 2,4,6-三氯酚	0.02
32. 有机磷农药（以P计）	0.05	58. 邻苯二甲酸二丁酯	0.02
33. 乐果	0.05	59. 邻苯二甲酸二辛酯	0.02
34. 甲基对硫磷	0.05	60. 丙烯腈	0.125
35. 马拉硫磷	0.05	61. 总硒	0.02
36. 对硫磷	0.05		

注：同一排放口中的化学需氧量、生化需氧量和总有机碳，只征收一项。

表 9-8　pH 值、色度、大肠菌群数、余氯量污染当量值

污染物		污染当量值
1. pH 值	0～1，13～14	0.06 t 污水
	1～2，12～13	0.125 t 污水
	2～3，11～12	0.25 t 污水
	3～4，10～11	0.5 t 污水
	4～5，9～10	1 t 污水
	5～6	5 t 污水
2. 色度		5 t 水·倍
3. 大肠菌群数（超标）		3.3 t 污水
4. 余氯量（用氯消毒的医院废水）		3.3 t 污水

注：1. pH 为 5～6 指大于等于 5，小于 6；pH 为 9～10 指大于 9，小于等于 10；其余类推。

2. 大肠菌群数和总余氯只征收一项。

表 9-9　禽畜养殖业、小型企业和第三产业污染当量值

类型		污染当量值
禽畜养殖场	1. 牛	0.1 头
	2. 猪	1 头
	3. 鸡、鸭等家禽	30 羽
4. 小型企业		1.8 t 污水
5. 饮食娱乐服务业		0.5 t 污水
6. 医院	消毒	0.14 床
		2.8 t 污水
	不消毒	0.07 床

表 9-10　大气污染物污染当量值

污染物	污染当量值/kg	污染物	污染当量值/kg
1. 二氧化硫	0.95	23. 二甲苯	0.27
2. 氮氧化物	0.95	24. 苯并[a]芘	0.000 002
3. 一氧化碳	16.7	25. 甲醛	0.09
4. 氯气	0.34	26. 乙醛	0.45
5. 氯化氢	10.75	27. 丙烯醛	0.06
6. 氟化物	0.87	28. 甲醇	0.67
7. 氰化氢	0.005	29. 酚类	0.35
8. 硫酸雾	0.6	30. 沥青烟	0.19
9. 铬酸雾	0.000 7	31. 苯胺类	0.21
10. 汞及其化合物	0.000 1	32. 氯苯类	0.72
11. 一般性粉尘	4	33. 硝基苯	0.17
12. 石棉尘	0.53	34. 丙烯腈	0.22
13. 玻璃棉尘	2.13	35. 氯乙烯	0.55
14. 炭黑尘	0.59	36. 光气	0.04
15. 铅及其化合物	0.02	37. 硫化氢	0.29
16. 镉及其化合物	0.03	38. 氨	9.09
17. 铍及其化合物	0.000 4	39. 三甲胺	0.32
18. 镍及其化合物	0.13	40. 甲硫醇	0.04
19. 锡及其化合物	0.27	41. 甲硫醚	0.28
20. 烟尘	2.18	42. 二甲二硫	0.28
21. 苯	0.05	43. 苯乙烯	25
22. 甲苯	0.18	44. 二硫化碳	20

2．应税固体废物的计税依据

固体废物是指在生产、生活和其他活动中产生的丧失原有利用价值或者虽未丧失利用价值但被抛弃或者放弃的固态、半固态和置于容器中的气态的物品、物质以及法律、行政法规规定纳入固体废物管理的物品、物质。危险废物是指列入国家危险废物名录（2016 版）或者根据国家规定的危险废物鉴别标准和鉴别方法认定的具有危险特性的固体废物。

应税固体废物的计税依据是固体废物的排放量，按重量计。

3．应税噪声的计税依据

环境噪声，是指在工业生产、建筑施工、交通运输和社会生活中所产生的干扰周围生活环境的声音。环境噪声污染，是指所产生的环境噪声超过国家规定的环境噪声排放标准，并干扰他人正常生活、工作和学习的现象。

应税噪声的计税依据是噪声超标分贝数。噪声超标分贝数是企业厂界噪声值与噪声排放标准值的差值。

（六）环境保护税收优惠政策

我国的环境保护税的优惠政策包括免征、减征两种：

1．免征

环境保护税法规定的免征情形包括：

（1）不属于直接向环境排放污染物，不缴纳相应污染物的环境保护税：①企业、事业单位和其他生产经营者向依法设立的污水集中处理、生活垃圾集中处理场所排放应税污染物的；②企业、事业单位和其他生产经营者在符合国家和地方环境保护标准的设施、场所贮存或者处置固体废物的；

（2）农业生产（不包括规模化养殖）排放应税污染物的；

（3）机动车、铁路机车、非道路移动机械、船舶和航空器等流动污染源排放应税污染物的；

（4）依法设立的城乡污水集中处理、生活垃圾集中处理场所排放相应应税污染物，不超过国家和地方规定的排放标准的；

（5）纳税人综合利用的固体废物，符合国家和地方环境保护标准的；

（6）国务院批准免税的其他情形。

2．减征

纳税人排放应税大气污染物或者水污染物的浓度值低于国家和地方规定的污染物排放标准的30%的，减按75%征收环境保护税。纳税人排放应税大气污染物或者水污染物的浓度值低于国家和地方规定的污染物排放标准50%的，减按50%征收环境保护税。

（七）污染排放标准

污染排放标准是征收环境保护税的重要依据。根据《中华人民共和国环境保护税法》规定，对应税大气污染物、水污染物浓度低于排放标准一定水平时可享受税收减征优惠，对噪声而言，达标不计征环境保护税，超标才计征环境保护税。

污染物排放标准是对人为污染源排入环境的污染物的浓度或总量所作的限量规定，其目的是通过控制污染源排污量来达到环境质量标准或环境目标。污染物排放标准包括国家污染物排放标准和地方污染物排放标准。地方标准严于国家标准，因此，地方标准优先。国家污染物排放标准又分为综合标准和行业标准，行业标准优先。

1．大气污染物排放标准

大气污染物排放标准包括《大气污染物综合排放标准》（GB 16297—1996），以及 47 项行业标准：《铸造工业大气污染物排放标准》（GB 39726—2020）、《农业制造工业大气污染排放标准》（GB 39727—2020）、《陆上石油天然气开采工业大气污染物排放标准》（GB 39728—2020）、《涂料、油墨及胶粘剂工业大气污染物排放标准》（GB 37824—2019）、《制药工业大气污染物排放标准》（GB 37823—2019）、《挥发性有机物无组织排放控制标准》（GB 37822—2019）、《烧碱、聚氯乙烯工业污染物排放标准》（GB 15581—2016）、《无机化学工业污染物排放标准》（GB 31573—2015）、《石油化学工业污染物排放标准》（GB 31571—2015）、《石油炼制工业污染物排放标准》（GB 31570—2015）、《火葬场大气污染物排放标准》（GB 13801—2015）、《再生铜、铝、铅、锌工业污染物排放标准》（GB 31574—2015）、《合成树脂工业污染物排放标准》（GB 31572—2015）、《锅炉大气污染物排放标准》（GB 13271—2014）、《锡、锑、汞工业污染物排放标准》（GB 30770—2014）、《电池工业污染物排放标准》（GB 30484—2013）、《水泥工业大气污染物排放标准》（GB 4915—2013）、《砖瓦工业大气污染物排放标准》（GB 29620—2013）、《电子玻璃工业大气污染物排放标准》（GB 29495—2013）、《炼焦化学工业污染物排放标准》（GB 16171—2012）、《铁合金工业污染物排放标准》（GB 28666—2012）、《铁矿采选工业污染物排放标准》（GB 28661—2012）、《轧钢工业大气污染物排放标准》（GB 28665—2012）、《炼钢工业大气污染物排放标准》（GB 28664—2012）、《炼铁工业大气污染物排放标准》（GB 28663—2012）、《钢铁烧结、球团工业大气污染物排放标准》（GB 28662—2012）、《橡胶制品工业污染物排放标准》（GB 27632—2011）、《火电厂大气污染物排放标准》（GB 13223—2011）、《平板玻璃工业大气污染物排放标准》（GB 26453—2011）、《钒工业污染物排放标准》（GB 26452—2011）、《硫酸工业污染物排放标准》（GB 26132—2010）、《稀土工业污染物排放标准》（GB 26451—2011）、《硝酸工业污染物排放标准》（GB 26131—2010）、《镁、钛工业污染物排放标准》（GB 25468—2010）、《铜、镍、钴工业污染物排放标准》（GB 25467—2010）、《铅、锌工业污染物排放标准》（GB 25466—2010）、《铝工业污染物排放标准》（GB 25465—2010）、《陶瓷工业污染物排放标准》（GB 25464—2010）、《合成革与人造革工业污染物排放标准》（GB 21902—2008）、《电镀污染物排放标准》（GB 21900—2008）、《煤层气（煤矿瓦斯）排放标准（暂行）》（GB 21522—2008）、《加油站大气污染物排放标准》（GB 20952—2020）、《储油库大气污染物排放标准》（GB 20950—2020）、《煤炭工业污染物排放标准》（GB 20426—2006）、《饮食业油烟排放标准（试行）》（GB 18483—2001）、《工业炉窑大气污染物排放标准》（GB 9078—1996）、《恶臭污染物排放标准》（GB 14554—93）。

2．水污染物排放标准

水污染物排放标准包括1项《污水综合排放标准》（GB 8978—1996），以及60项行业标准：《电子工业水污染物排放标准》（GB 39731—2020）、《船舶水污染物排放控制标准》（GB 3552—2018）、《石油炼制工业污染物排放标准》（GB 31570—2015）、《再生铜、铝、铅、锌工业污染物排放标准》（GB 31574—2015）、《合成树脂工业污染物排放标准》（GB 31572—2015）、《无机化学工业污染物排放标准》（GB 31573—2015）、《电池工业污染物排放标准》（GB 30484—2013）、《制革及毛皮加工工业水污染物排放标准》（GB 30486—2013）、《合成氨工业水污染物排放标准》（GB 13458—2013）、《柠檬酸工业水污染物排放标准》（GB 19430—2013）、《麻纺工业水污染物排放标准》（GB 28938—2012）、《毛纺工业水污染物排放标准》（GB 28937—2012）、《缫丝工业水污染物排放标准》（GB 28936—2012）、《纺织染整工业水污染物排放标准》（GB 4287—2012）、《炼焦化学工业污染物排放标准》（GB 16171—2012）、《铁合金工业污染物排放标准》（GB 28666—2012）、《钢铁工业水污染物排放标准》（GB 13456—2012）、《铁矿采选工业污染物排放标准》（GB 28661—2012）、《橡胶制品工业污染物排放标准》（GB 27632—2011）、《发酵酒精和白酒工业水污染物排放标准》（GB 27631—2011）、《汽车维修业水污染物排放标准》（GB 26877—2011）、《弹药装药行业水污染物排放标准》（GB 14470.3—2011）、《钒工业污染物排放标准》（GB 26452—2011）、《磷肥工业水污染物排放标准》（GB 15580—2011）、《硫酸工业污染物排放标准》（GB 26132—2010）、《稀土工业污染物排放标准》（GB 26451—2011）、《硝酸工业污染物排放标准》（GB 26131—2010）、《镁、钛工业污染物排放标准》（GB 25468—2010）、《铜、镍、钴工业污染物排放标准》（GB 25467—2010）、《铅、锌工业污染物排放标准》（GB 25466—2010）、《铝工业污染物排放标准》（GB 25465—2010）、《陶瓷工业污染物排放标准》（GB 25464—2010）、《油墨工业水污染物排放标准》（GB 25463—2010）、《酵母工业水污染物排放标准》（GB 25462—2010）、《淀粉工业水污染物排放标准》（GB 25461—2010）、《制糖工业水污染物排放标准》（GB 21909—2008）、《混装制剂类制药工业水污染物排放标准》（GB 21908—2008）、《生物工程类制药工业水污染物排放标准》（GB 21907—2008）、《中药类制药工业水污染物排放标准》（GB 21906—2008）、《提取类制药工业水污染物排放标准》（GB 21905—2008）、《化学合成类制药工业水污染物排放标准》（GB 21904—2008）、《发酵类制药工业水污染物排放标准》（GB 21903—2008）、《合成革与人造革工业污染物排放标准》（GB 21902—2008）、《电镀污染物排放标准》（GB 21900—2008）、《羽绒工业水污染物排放标准》（GB 21901—2008）、《制浆造纸工业水污染物排放标准》（GB 3544—2008）、《杂环类农药工业水污染物排放标准》（GB 21523—2008）、《煤炭工业污染物排放标准》（GB 20426—2006）、《皂素工业水污染物排放标准》（GB 20425—2006）、《医疗机构水污染物排放标准》（GB 18466—2005）、《啤酒工业污染物排放标准》（GB 19821—2005）、《味精工业污染物排放标准》（GB 19431—2004）、《城镇污水处理厂污染物排放标准》（GB 18918—

2002)、《畜禽养殖业污染物排放标准》(GB 18596—2001)、《污水海洋处置工程污染控制标准》(GB 18486—2001)、《烧碱、聚氯乙烯工业水污染物排放标准》(GB 15581—95)、《航天推进剂水污染物排放与分析方法标准》(GB 14374—93)、《肉类加工工业水污染物排放标准》(GB 13457—92)、《海洋石油开发工业含油污水排放标准》(GB 4914—85)、《船舶工业污染物排放标准》(GB 4286—84)。

3．噪声排放标准

环境噪声排放标准有:《建筑施工场界环境噪声排放标准》(GB 12523—2011)、《社会生活环境噪声排放标准》(GB 22337—2008)、《工业企业厂界环境噪声排放标准》(GB 12348—2008)。

4．固体废物排放标准

固体废物排放标准有:《一般工业固体废物贮存、处置场污染控制标准》(GB 18599—2020)、《危险废物贮存污染控制标准》(GB 18597—2001)、《危险废物填埋污染控制标准》(GB 18598—2001)、《国家危险废物名录》。

三、环境保护税额计算方法

(一)大气环境保护税额计算方法

1．大气环境保护税收政策

根据《中华人民共和国环境保护税法》,废气环境保护税的收费规定如下:

(1)排污就征税:向环境排放废气,就应缴纳环境保护税。

(2)三因子叠加计征:同一排污口,按污染当量数最多的 3 个污染因子叠加计征环境保护税。

(3)计税标准:大气污染物按每个污染当量 1.2～12 元计征环境保护税。

(4)一个排污者有多个排污口,应分别计算合并征收。

2．大气环境保护税计算步骤

(1)查大气污染物排放标准。

(2)计算污染物当量数。

污染当量数 = 污染排放量/污染当量值

(3)计算某一排放口的污染当量总数。

污染当量总数 = 污染当量数最多的 3 项污染物污染当量数之和

(4)计算某一排污口废气环境保护税。

大气环境保护税 = 计税标准×前 3 项污染物的污染当量数之和

(5)判断是否减免。

排污单位污染物排放浓度低于国家和地方规定的污染物排放标准 30%的,减按 75%征收环境保护税。纳税人排放应税大气污染物或者水污染物的浓度值低于国家和地方规定的污染物排放标准50%的，减按50%征收环境保护税。

【例题】某钢厂（烧结）2010年建设，2020年第二季度废气产生速率为50 000 m^3/h，废气中污染物的浓度为：粉尘5 000 mg/m^3、二氧化硫1 600 mg/m^3、氮氧化物2 000 mg/m^3、氟化物10 mg/m^3。该厂安装了除尘、脱硫、脱硝装置，效率分别为95%、90%、90%。该厂每月生产720 h，计算该厂2020年第二季度应缴纳的大气环境保护税。

解：（1）查大气污染物排放标准。

该厂执行《钢铁烧结、球团工业大气污染物排放标准》（GB 28662—2012），颗粒物、二氧化硫、氮氧化物、氟化物执行的排放标准分别为50 mg/m^3、200 mg/m^3、300 mg/m^3、4 mg/m^3。经过除尘、脱硫、脱硝后，该厂颗粒物、二氧化硫、氮氧化物、氟化物实际排放浓度分别为250 mg/m^3、160 mg/m^3、200 mg/m^3、10 mg/m^3，颗粒物、氟化物超标排放，二氧化硫浓度低于标准值20%，氮氧化物浓度低于标准值33.3%。

（2）计算污染物当量数。

每月废气量 = 50 000×720 = 36×$10^6$$m^3$

每月粉尘排放量 = 10^{-6}×36×10^6×5 000×（1−95%）=9 000 kg/月

粉尘的污染当量数 = 9 000÷4 = 2 250 污染当量

每月二氧化硫排放量 = 10^{-6}×36×10^6×1 600×（1−90%）=5 760 kg/月

二氧化硫污染当量数 = 5 760÷0.95 = 6 063.2 污染当量

每月氮氧化物排放量 = 10^{-6}×36×10^6×2 000×（1−90%）=7 200 kg/月

氮氧化物污染当量数 = 7 200÷0.95 = 7578.9 污染当量

每月氟化物的排放量 = 10^{-6}×36×10^6×10 = 360 kg/月

氟化物的污染当量数 = 360÷0.87 = 413.8 污染当量

（3）计算环境保护税。

污染当量数排序在前三位的是氮氧化物、二氧化硫、粉尘。由于氮氧化物浓度低于标准值33.3%，减按75%征收，二氧化硫、粉尘正常征收，大气环境保护税按1.2元计。

1个月环境保护税 = 7 578.9×1.2×0.75+（6 063.2+2 250）×1.2 = 16 796.85元

第二季度环境保护税 = 16 796.85×3 = 50 390.55元

（二）污水环境保护税的计算方法

1. 污水环境保护税收政策

（1）排污就征税：向环境排放废水，就应缴纳环境保护税。

（2）多因子叠加计征：按照污染当量数从大到小排序，对第一类水污染物按照前五项征收环境保护税，对其他类水污染物按照前三项征收环境保护税。

（3）计税标准：水污染物按每个污染当量1.4～14元计征环境保护税。

（4）同一排放口中的COD、BOD_5、TOC只收一项，大肠菌群数和总余氯量只征收一项。

（5）污染物浓度值低于国家和地方规定的污染物排放标准 30%和 50%的，分别减按75%和 50%征收环境保护税。

（6）一个排污者有多个排污口，应分别计算合并征收。

2．污水环境保护税计算步骤

（1）查水污染物排放标准。

（2）计算污染当量数。

一般污染物污染当量数＝排放量/污染当量值

pH 值、大肠菌群、余氯量的污染当量数＝污水排放量/污染当量值

色度的污染当量数＝污水量×色度超标倍数/污染当量值

色度超标倍数=（实际值－标准值）/标准值

畜禽养殖、小型企业和三产的污染当量数＝污染排放特征值/污染当量值

（3）计算某一污水排放口污染当量总数。

污染当量总数＝第一类水污染物前五项之和+其他类水污染物三项污染当量数之和

（4）计算某一排污口污水环境保护税。

水污染物环境保护税＝税收标准×污染当量总数

（5）判断是否减免。

【例题】某化工厂 1990 年建成投产，2020 年第一季度废水排放情况如下：废水量100 000 m^3/月，污染物排放浓度：COD 为 200 mg/L、BOD 为 80 mg/L、SS 为 150 mg/L、pH 为 4、六价铬为 1 mg/L、总汞为 0.06 mg/L。该厂污水排入Ⅳ类水域，求该厂 2020 年第一季度应缴纳的污水环境保护税。

解：（1）查水污染物排放标准。

该化工厂废水执行《污水综合排放标准》（GB 8978—1996）表 2 中二级标准：COD 为150 mg/L、BOD 为 60 mg/L、SS 为 200 mg/L、pH 为 6～9、六价铬为 0.5 mg/L、总汞为0.05 mg/L，该厂各项污染物均超标，均不会减征。

（2）计算污染物当量数。

COD 排放量＝10^{-3}×100 000×200＝20 000 kg/月

COD 当量数＝20 000 kg/1 kg＝20 000 污染当量

BOD 月排放量＝10^{-3}×100 000×80＝8 000 kg/月

BOD 污染当量数＝8 000 kg/0.5 kg＝16 000 污染当量

SS 月排放量＝10^{-3}×100 000×150＝15 000 kg/月

SS 的污染当量数＝15 000 kg/4 kg＝3 750 污染当量

总汞月排放量＝10^{-3}×100 000×0.05＝5 kg/月

总汞污染当量数＝5 kg/0.000 5 kg＝10 000 污染当量

$$六价铬月排放量 = 10^{-3}\times 100\,000\times 0.5 = 50\ kg/月$$

$$六价铬污染当量数 = 50\ kg/0.02\ kg = 2\,500\ 污染当量$$

$$pH值的污染当量数 = 100\,000t\ 污水/1\ t\ 污水 = 100\,000\ 污染当量$$

（3）计算污染当量总数。

第一类污染物为总汞、六价铬，其他污染物为 pH、COD、SS。

$$污染当量总数 = 10\,000+2\,500+100\,000+20\,000+3\,750 = 136\,250\ 污染当量/月$$

（4）计算污水环境保护税。

$$每月水污染环境保护税 = 1.4\ 元/污染当量\times 136\,250\ 污染当量/月 = 190\,750\ 元/月$$

$$该化工厂2020年第一季度水污染环境保护税 = 190\,750\times 3 = 572\,250\ 元$$

（三）固体废物环境保护税额计算

1．固体废物环境保护税收政策

固体废物环境保护税规定如下：

（1）固体废物排放就一次性征收环境保护税。

（2）不同类型固体废物的环境保护税标准不同。

2．固体废物环境保护税的计算方法

$$固体废物环境保护税 = 固体废物排放量\times 税收标准$$

【例题】某钢铁厂，月生产 30 d，每天产生冶炼渣 10 000 kg，该厂没有专用的废渣贮存场，计算该钢铁厂 2020 年第二季度应缴纳的固体废物环境保护税。

解：冶炼渣属于工业固体废物，收费标准为 25 元/t，2020 年第二季度应缴纳的固体废物环境保护税为：

$$10\,000\times 30\div 1\,000\times 25 = 7\,500\ 元$$

（四）噪声环境保护税额计算

1．超标噪声环境保护税政策

（1）工业噪声超标计征噪声环境保护税。

（2）一个单位边界有多处噪声超标，根据最高一处超标声级计算应纳税额。

（3）昼、夜均超标的环境噪声，昼、夜分别计算应纳税额，累计计征。

（4）一个单位有不同地点作业场所的，应当分别计算应纳额，合并计征。

（5）声源一个月内超标不足 15 d 的，减半计算应纳税额。

（6）夜间频繁突发和夜间偶然突发厂界超标噪声，按等效声级和峰值噪声两种指标中超标分贝值高的一项计算应纳税额。

（7）噪声环境保护税按超标声级计算。

2．噪声超标环境保护税计算步骤

（1）查噪声排放标准。

根据排污单位所处噪声功能区，查《工业企业厂界环境噪声排放标准》（GB 12348—2008），确定各噪声监测点的噪声排放标准。根据《声环境质量标准》（GB 3096—2008），声环境功能区分为0～4类共5种类型，监测点位于不同噪声功能区，执行不同的排放标准。

（2）计算超标噪声值。

超标噪声值＝噪声值−标准值

频繁突发噪声＝峰值噪声−（标准值+10）

偶然突发噪声＝峰值噪声−（标准值+15）

（3）查噪声环境保护税收标准。

（4）确定各点超标噪声环境保护税。

对于噪声超标不足15 d的点，超标噪声环境保护税应该减半征收。

（5）选择、叠加。

在昼间、夜间分别选择税收额最高的一个点的税收额，并进行叠加得到该排污单位超标噪声环境保护税基本值。

（6）确定超标噪声环境保护税。

判断该排污单位噪声超标的厂界是否超过100 m，如果没有超过100 m，按1个单位计算噪声环境保护税；如果超过100 m，则按2个单位计算噪声环境保护税。

【例题】某加工厂，东侧为混合区，南侧为工业区，西侧为交通干线，2020年4—6月监测到该厂东、南、西的昼/夜噪声分别为 68/62 dB、74/60 dB、72/63 dB，在西侧监测到夜间偶然突发噪声为76 dB，位于东侧的1车间月生产13 d，位于南、西侧的2、3车间月生产24 d，计算该厂2020年第二季度应缴纳的超标噪声环境保护税额。

解：（1）查噪声排放标准。

该厂东、南、西侧分别适用《工业企业厂界环境噪声排放标准》（GB 12348—2008）的2、3、4类区域标准，东、南、西侧昼/夜噪声标准值分别为60/50 dB、65/55 dB、70/55 dB。

（2）计算超标噪声值。

东侧昼间超标噪声值＝68−60＝8 dB

东侧夜间超标噪声值＝62−50＝12 dB

南侧昼间超标噪声值＝74−65＝9 dB

南侧夜间超标噪声值＝60−55＝5 dB

西侧昼间超标噪声值＝72−70＝2 dB

西侧夜间超标噪声值＝63−55＝8 dB

西侧夜间偶然突发超标噪声值＝76−（55+15）＝6 dB

（3）查环境保护税收标准。

根据各点超标噪声值，查超标噪声税收标准，结果如下：

东侧昼间噪声超标环境保护税为 1 400 元

东侧夜间噪声超标环境保护税为 2 800 元

南侧昼间噪声超标环境保护税为 1 400 元

南侧夜间噪声超标环境保护税为 700 元

西侧昼间噪声超标环境保护税为 350 元

西侧夜间噪声超标环境保护税为 1 400 元

西侧夜间偶然突发噪声超标环境保护税为 700 元

（4）确定各点超标噪声环境保护税。

东侧噪声超标不足 15 d，超标噪声环境保护税应该减半，东侧昼/夜超标噪声环境保护税为：

$$1\,400 \div 2 = 700 \text{ 元}$$

$$2\,800 \div 2 = 1\,400 \text{ 元}$$

（5）选择、叠加。

在东、南、西侧昼间噪声超标环境保护税中选 1 400 元，在东、南、西侧夜间和西侧夜间偶然突发噪声超标环境保护税中选 1 400 元，昼夜叠加：1 400+1 400 = 2 800 元

（6）确定超标噪声环境保护税。

该厂噪声超标的厂界超过 100 m，按 2 个单位计算，该厂应缴纳的超标噪声环境保护税为：

$$2\,800 \times 2 = 5\,600 \text{ 元}$$

故该厂 2020 年第二季度应缴纳的超标噪声环境保护税额为：

$$5\,600 \times 3 = 16\,800 \text{ 元}$$

第三节　其他环境收费

目前在生态环境保护领域涉及一些收费项目，这些收费项目也是重要的经济政策。中共中央办公厅、国务院办公厅印发的《关于构建现代环境治理体系的指导意见》第二十一条指出："健全价格收费机制。严格落实'谁污染、谁付费'政策导向，建立健全'污染者付费+第三方治理'等机制。按照补偿处理成本并合理盈利原则，完善并落实污水垃圾处理收费政策。综合考虑企业和居民承受能力，完善差别化电价政策。"

一、生活污水处理费

1999 年，我国生活污水排放量首次超过工业废水排放量（生活污水占污水排放总量的

51%），生活污水已成为城市水环境污染的主要原因。根据污染者负担原则，生活污水排放者应该承担相关的处理费用。因此，居民缴纳生活污水处理费已经成为大多数国家的选择。

根据环境经济学理论，污水处理成本是制定污水处理费标准的基础。一般来说，污水处理费用应能够补偿排污管网和污水处理设施的运行成本，以及合理盈利。根据我国的经济状况，城市生活污水处理费标准应该适当提高。目前，我国城市均开征了污水处理费，各地征收标准以及管理办法有差别。

1999 年 9 月 6 日，国家计委、建设部、国家环境保护总局联合发布了《关于加大污水处理费的征收力度建立城市污水排放和集中处理良性运行机制的通知》（计价格〔1999〕1192 号），明确规定在全国范围开征城市生活污水处理费。其主要内容包括：①在供水价格上加收污水处理费，建立城市污水排放和集中处理良性运行机制；②污水处理费应该按照补偿排污管网和污水处理设施的运行维护成本，并合理盈利的原则核定，运行维护成本主要包括污水排放和集中处理过程中发生的动力费、材料费、输排费、折旧费、人工工资及福利费和税金等；③建立健全对污水处理费的征收管理和污水处理厂运行情况的监督制约机制；④切实做好征收污水处理费的各项工作。

国家计委、建设部、国家环境保护总局颁布的《关于印发推进城市污水、垃圾处理产业化发展意见的通知》（计投资〔2002〕1591 号）指出：污水和垃圾处理费的征收标准可按保本微利、逐步到位的原则核定。

国家发展改革委、财政部、住房和城乡建设部发布的《关于制定和调整污水处理收费标准等有关问题的通知》（发改价格〔2015〕119 号）指出：合理制定和调整收费标准。污水处理收费标准应按照“污染付费、公平负担、补偿成本、合理盈利”的原则，综合考虑本地区水污染防治形势和经济社会承受能力等因素制定和调整。收费标准要补偿污水处理和污泥处置设施的运营成本并合理盈利。2016 年年底前，设市城市污水处理收费标准原则上每吨应调整至居民不低于 0.95 元，非居民不低于 1.4 元；县城、重点建制镇原则上每吨应调整至居民不低于 0.85 元，非居民不低于 1.2 元。已经达到最低收费标准但尚未补偿成本并合理盈利的，应当结合污染防治形势等进一步提高污水处理收费标准。未征收污水处理费的市、县和重点建制镇，最迟应于 2015 年年底前开征，并在 3 年内建成污水处理厂并投入运行。

2017 年修订的《中华人民共和国水污染防治法》第四十九条规定：城镇污水集中处理设施的运营单位按照国家规定向排污者提供污水处理的有偿服务，收取污水处理费用，保证污水集中处理设施的正常运行。收取的污水处理费用应当用于城镇污水集中处理设施的建设运行和污泥处理处置，不得挪作他用。

国家发展改革委颁布的《关于创新和完善促进绿色发展价格机制的意见》（发改价格规〔2018〕943 号）第三条“完善污水处理收费政策”指出：加快构建覆盖污水处理和污泥处置成本并合理盈利的价格机制，推进污水处理服务费形成市场化，逐步实现城镇污水处理费基本覆盖服务费用。（一）建立城镇污水处理费动态调整机制。按照补偿污水处理和污泥处置设施运营成本（不含污水收集和输送管网建设运营成本）并合理盈利的原则，制定污水处理费标准，并依据定期评估结果动态调整，2020年年底前实现城市污水处理费标准与污水处理服务费标准大体相当；具备污水集中处理条件的建制镇全面建立污水处理收费制度，并同步开征污水处理费。（二）建立企业污水排放差别化收费机制。鼓励地方根据企业排放污水中主要污染物种类、浓度、环保信用评级等，分类分档制定差别化收费标准，促进企业污水预处理和污染物减排。各地可因地制宜确定差别化收费的主要污染物种类，合理设置污染物浓度分档和差价标准，有条件的地区可探索多种污染物差别化收费政策。工业园区要率先推行差别化收费政策。（三）建立与污水处理标准相协调的收费机制。支持提高污水处理标准，污水处理排放标准提高至一级A或更严格标准的城镇和工业园区，可相应提高污水处理费标准，长江经济带相关省份要率先实施。水源地保护区、地下水易受污染地区、水污染严重地区和敏感区域特别是劣Ⅴ类水体以及城市黑臭水体污染源所在地，要实行更严格的污水处理排放标准，并相应提高污水处理费标准。（四）探索建立污水处理农户付费制度。在已建成污水集中处理设施的农村地区，探索建立农户付费制度，综合考虑村集体经济状况、农户承受能力、污水处理成本等因素，合理确定付费标准。（五）健全城镇污水处理服务费市场化形成机制。推动通过招投标等市场竞争方式，以污水处理和污泥处置成本、污水总量、污染物去除量、经营期限等为主要参数，形成污水处理服务费标准。鼓励将城乡不同区域、规模、盈利水平的污水处理项目打包招投标，促进城市、建制镇和农村污水处理均衡发展。建立污水处理服务费收支定期报告制度，污水处理企业应于每年3月底前，向当地价格主管部门报告上年度污水处理服务费收支状况，为调整完善污水处理费标准提供参考。

目前，我国城市污水处理率逐年提高，生活污水处理费已全面开征，但污水处理费标准差异较大，据《“十三五”环境经济政策建设规划中期评估研究》资料，截至2018年年末，全国大部分设市城市和部分县城、重点建制镇按照国家要求的最低标准将污水处理收费标准调整到位，全国36个大、中城市中，居民污水处理收费标准为0.5～1.42元/m^3，最高的是南京，最低的是太原和乌鲁木齐；非居民收费标准为0.5～3元/m^3，最高的是北京，最低的是乌鲁木齐。部分地区针对重污染企业污水处理费实施加价惩戒激励，如江苏省，对连续两次登上环保信用评级红榜的企业污水处理费加收1元/m^3，南京首批15家企业被执行。

城镇污水处理系统是城市最重要的基础设施之一，我国应该逐步提高城市污水处理水平，推进污水处理产业化、市场化。建立明晰规范的产权关系和完善的法人治理结构，使污水处理企业真正成为自主经营、自负盈亏、自我积累和自我发展的市场主体。

二、城市生活垃圾的处理费

据统计，我国 2018 年年末城镇化率已达 59.58%，我国人均垃圾日产生量超过 1 kg，已经接近发达国家水平。清华大学环境学院教授、固体废物处理与环境安全教育部重点实验室副主任刘建国在 2017 城市垃圾热点论坛上曾披露：我国人口众多，是垃圾产生大国，我国城市每年生活垃圾产生量已经大于 2 亿 t，加上城镇、农村生活垃圾，我国生活垃圾产生量在 4 亿 t 以上。目前，我国的生活垃圾污染问题十分突出，我国的大、中型城市中约 2/3 被垃圾所“包围”。为了解决垃圾污染问题，各级政府持续加大垃圾处理力度，垃圾处理能力逐年提升（表 9-11）。

表 9-11　2013—2018 年城市生活垃圾清运和处理情况

指标	2018 年	2017 年	2016 年	2015 年	2014 年	2013 年
生活垃圾清运量/万 t	22 801.8	21 520.9	20 362.0	19 141.9	17 860.2	17 238.6
无害化处理厂数/座	1 091	1 013	940	890	818	765
生活垃圾无害化处理能力/（t/d）	766 195	679 889	621 351	576 894	533 455	492 300
生活垃圾无害化处理量/万 t	22 565.4	21 034.2	19 673.8	18 013.0	16 393.7	15 394.0
生活垃圾无害化处理率/%	99.0	97.7	96.6	94.1	91.8	89.3

资料来源：国家统计局年度数据。

垃圾清运、处理需要花费大量费用，根据污染者负担原则，垃圾处理费应该由垃圾产生者负担，即居民应该缴纳生活垃圾处理费。生活垃圾处理费是指将生活垃圾从垃圾投放点运往垃圾处置场所进行无害化处理所产生的收集、运输和处置费用。

城市生活垃圾收费可以分为按人收费或按垃圾量收费两种形式，根据我国的实际情况，可先实行按人收费，以后逐步过渡到按垃圾量收费。

2002 年 6 月颁布的《关于实行城市生活垃圾处理收费制度　促进垃圾处理产业化的通知》（计价格〔2002〕872 号）初步建立了生活垃圾收费制度，文件主要包括“全面推行生活垃圾处理收费制度，促进垃圾处理的良性循环”“合理制定垃圾处理费标准，提高垃圾无害化处理能力”“制定科学的计收办法，加强收费管理”“改革垃圾处理运行机制，促进垃圾处理产业化”“规范收费行为，减轻企事业单位和居民的不合理负担”5 个方面内容。

2009 年 6 月，国家发展改革委发布了《垃圾处理收费方式改革试点工作指导意见》（发改价格〔2009〕1729 号），在南京市、武汉市、黄石市、潜江市、长沙市进行垃圾处理收费方式改革试点工作。

2016 年 11 月修订的《中华人民共和国固体废物污染环境防治法》第五条规定：国家对固体废物污染环境防治实行污染者依法负责的原则。这为征收生活垃圾处理费提供了法律依据。

国家发展改革委颁布的《关于创新和完善促进绿色发展价格机制的意见》（发改价格规〔2018〕943号）第四条“健全固体废物处理收费机制”指出：全面建立覆盖成本并合理盈利的固体废物处理收费机制，加快建立有利于促进垃圾分类和减量化、资源化、无害化处理的激励约束机制。（一）建立健全城镇生活垃圾处理收费机制。按照补偿成本并合理盈利的原则，制定和调整城镇生活垃圾处理收费标准。2020年年底前，全国城市及建制镇全面建立生活垃圾处理收费制度。鼓励各地创新垃圾处理收费模式，提高收缴率……（二）完善城镇生活垃圾分类和减量化激励机制。积极推进城镇生活垃圾处理收费方式改革，对非居民用户推行垃圾计量收费，并实行分类垃圾与混合垃圾差别化收费等政策，提高混合垃圾收费标准；对具备条件的居民用户，实行计量收费和差别化收费，加快推进垃圾分类……（三）探索建立农村垃圾处理收费制度。在已实行垃圾处理制度的农村地区，建立农村垃圾处理收费制度，综合考虑当地经济发展水平、农户承受能力、垃圾处理成本等因素，合理确定收费标准，促进乡村环境改善。（四）完善危险废物处置收费机制。按照补偿危险废物收集、运输、贮存和处置成本并合理盈利的原则，制定和调整危险废物处置收费标准，提高危险废物处置能力。综合考虑区域内医疗机构总量和结构、医疗废物实际产生量及处理总成本等因素，合理核定医疗废物处置定额、定量收费标准，收费方式由医疗废物处置单位和医疗机构协商确定……

目前，我国部分地方将生活垃圾收费作为行政事业性收费，部分地方将其作为经营服务性收费来管理。在收费主体上，各地的情况也差异较大，有的由住建、市政、城管、供水、环卫等部门或企业收取，还有的由政府或企业委托小区物业、居委会收取。

三、产品收费

产品收费（product charge）是指对那些在消费过程中产生污染的产品收取费用。这项收费手段的功能主要是直接通过提高产品的价格来实现的，即通过价格上升来减少这些产品的消费量。

产品收费通常有4种形式：

（1）直接针对某种产品收费。如发达国家对化肥、农药、润滑油、含CFC产品、包装材料、化石燃料、轮胎、汽车电池等产品收费。

（2）针对某些产品具有的某种危害特征收费。如根据汽油的含铅量、燃料的含碳量和含硫量收费。直接针对某种产品收费和针对某些产品具有的某种危害特征收费均会使产品的价格上升，从而可以减少人们对污染产品的需求量。

（3）对“环境友好”产品实行价格补贴。即对“环境友好”产品实行负收费，使“环境友好”产品的价格下降，扩大“环境友好”产品的生产与消费。

（4）最低限价。主要用于维持和改善某些具有潜在价值的废弃物的市场，以促使该废弃物不被倾倒而被再利用。例如，废纸回收可以显著地减少焚烧和倾倒的家庭废弃物数量，而废纸市场通常极不稳定，为维持这个市场，可由政府规定最低限价。

产品收费是生产者责任延伸制度的内容之一。生产者责任延伸制度是指将生产者对其产品承担的资源环境责任从生产环节延伸到产品设计、流通消费、回收利用、废物处置等全生命周期的制度。《中华人民共和国循环经济促进法》提出了生产者责任延伸制度，2016 年 12 月 25 日，《国务院办公厅关于印发生产者责任延伸制度推行方案的通知》（国办发〔2016〕99 号）提出了我国生产者责任延伸制度目标为“到 2020 年，生产者责任延伸制度相关政策体系初步形成，产品生态设计取得重大进展，重点品种的废弃产品规范回收与循环利用率平均达到 40%。到 2025 年，生产者责任延伸制度相关法律法规基本完善，重点领域生产者责任延伸制度运行有序，产品生态设计普遍推行，重点产品的再生原料使用比例达到 20%，废弃产品规范回收与循环利用率平均达到 50%”。

四、押金-退款制度

押金-退款制度（deposit refund system）对可能引起污染的产品征收押金（收费），产品报废后，如果将报废的产品送到指定的地点，则退还押金。押金-退款制度可以理解为征税手段和补贴手段的组合使用，当购买可能引起污染的产品时向消费者“征税”，当消费者把报废的产品送到指定的地点时，又将这一税金退还给消费者（这可视为补贴）。

押金-退款制度通常有两种类型：①旨在强化再利用的类型；②旨在刺激循环使用的再利用的类型。

目前，押金-退款制度的应用范围远不如税费手段广，但押金-退款制度在一些特殊的领域仍有其优越之处。如对电池、饮料、容器、含有毒有害物质的包装物等，押金-退款制度非常有效。在 OECD 国家中，有 16 个国家实行玻璃瓶押金-退款制度，12 个国家实行塑料饮料容器押金-退款制度，5 个国家实行金属容器押金-退款制度，这些容器的返还率达到了 60%以上，高的达到了 90%。瑞典和挪威对汽车残骸实行了押金-退款制度，返还率达到了 80%以上。

押金-退款制度在执行过程中应该注意以下问题：①押金-退款占产品的价格比率要适当；②押金-退款制度应该与现有的产品销售和分送系统结合起来，以降低收还押金的管理成本；押金-退款制度应与相关法律、法规及管理制度相协调。

押金-退款制度是一种有效的经济刺激手段，但是，我国的押金-退款制度还不健全。我们应该加强对押金-退款制度的研究，尽快建立适合中国国情的押金-退款制度。

本章小结

环境税与环境收费是环境保护领域应用的重要市场手段，是环境经济政策的重要组成，是控制污染的有效手段。

环境税的思想源于20世纪20年代英国福利经济学家庇古，环境税分广义环境税（税收体系中与环境、资源利用和保护有关的各种税种和收费）和狭义环境税（污染税）。目前，发达国家高度重视运用环境税收手段来保护环境，其征收的环境税主要包括能源税、交通税、污染税等。

我国也非常重视运用环境税（费）手段保护环境，环境税（费）手段逐步完善。我国环境相关的税种（收费）主要有环境保护税、资源税、消费税、差别税收、水资源（税）费、生活污水处理费、生活垃圾处理费和产品收费等。我国环境税（费）存在的主要问题为环境税体系不健全、环境税（费）缺乏弹性。

2018年，我国实施了近40年的排污收费制度画上了圆满的句号，取而代之的是环境保护税。依据环境保护税法，我国对大气污染物、水污染物、固体废物、超标环境噪声征收环境保护税。环境保护税的纳税对象、应税污染物、计税依据、纳税申报、税收标准、减免税政策、环境保护税额核算等构成了完整的环境保护税收政策体系。

生活污水处理费、生活垃圾处理费、产品收费、押金-退款制废弃也是环境税（费）的有机组成。

复习思考题

1．简述税收手段在环境保护中的作用机理。

2．谈谈你对环境税的认识。

3．简述我国的环境税收体系。

4．为什么要征收环境保护税？

5．简述我国环境保护税的发展历程。

6．简述环境保护税的主要作用。

7．排污单位如何进行环境保护税纳税申报？

8．简述环境保护税收优惠政策。

9．什么是污染当量？

10．某牛皮加工厂2000年10月建成，污水排入Ⅳ类水体，2020年6月排放污水量为80 000 t/月，COD排放浓度为300 mg/L，pH为12，SS排放浓度为200 mg/L，BOD排放浓度为150 mg/L，六价铬排放浓度为0.4 mg/L。计算该厂2020年第二季度应缴纳的环境保护税。

11．某锻造厂地处城乡接合部，1989年12月建成投产，排气筒高30 m，2020年10月排污情况如下：废气排放速率为50 000 m^3/h，SO_2排放浓度为800 mg/m^3，粉尘排放浓度为900 mg/m^3，该厂月生产700 h，计算该厂2020年第四季度应缴纳的环境保护税。

12．某工厂地处工业区，北侧为交通干线，该厂厂界为1 000 m，该厂为2020年2月白天生产25 d，夜间生产13 d，经监测，东、南、西、北4个监测点的昼间噪声值分别为64 dB、

62 dB、66 dB、72 dB，夜间噪声值分别为 58 dB、60 dB、62 dB、66 dB，计算该厂 2020 年第一季度应缴纳的环境保护税。

13. 某电镀厂，月生产 30 d，每天产生含六价铬废渣 100 kg，该厂没有专用的废渣贮存场，计算该厂每月应缴纳的固体废物环境保护税。

14. 简述污水处理费、垃圾处理费、产品收费的主要内容。

参考文献

[1] 璩爱玉，董战峰，李红祥，等. “十三五”环境经济政策建设规划中期评估研究[J]. 中国环境管理，2019，11（5）：20-25.

[2] 苏明. 中国环境税改革问题研究[J]. 当代经济管理，2014，36（11）：1-18.

[3] 葛察忠，龙凤，任雅娟，等. 基于绿色发展理念的《环境保护税法》解析[J]. 环境保护，2017，45（Z1）：15-18.

[4] 秦天宝，胡邵峰. 环境保护税与排污费之比较分析[J]. 环境保护，2017，45（Z1）：24-27.

[5] 吴健，陈青. 环境保护税：中国税制绿色化的新进程[J]. 环境保护，2017，45（Z1）：28-32.

[6] 俞敏. 环境税改革：经济学机理、欧盟的实践及启示[J]. 北方法学，2016，10（1）：73-83.

[7] 秦昌波，王金南，葛察忠，等. 征收环境税对经济和污染排放的影响[J]. 中国人口·资源与环境，2015，25（1）：17-23.

[8] 祁毓. 环境税费理论研究进展与政策实践[J]. 国外社会科学，2019（1）：53-63.

[9] 刘晔，周志波. 环境税“双重红利”假说文献述评[J]. 财贸经济，2010（6）：60-65.

[10] 刘建徽，周志波，刘晔. “双重红利”视阈下中国环境税体系构建研究——基于国际比较分析[J]. 宏观经济研究，2015（2）：68-77.

[11] 熊文，刘纪显. 双重红利：我国环境保护税对企业绿色发展激励作用探讨[J]. 环境保护，2017，45（5）：51-54.

[12] 环境保护部环境与经济政策研究中心课题组，原庆丹. “十三五”时期我国环境经济政策创新发展思路、方向与任务[J]. 经济研究参考，2015（3）：32-41.

[13] 高树婷，李晓琼，王金南，等. 中英环境税收政策之异同[J]. 环境经济，2013（7）：54-55.

[14] 芮艳霞. 中国税收制度变迁及其启示探讨[J]. 现代营销（经营版），2018（10）：183-184.

[15] 董战峰，李红祥，龙凤，等. “十二五”环境经济政策建设规划中期评估[J]. 环境经济，2013（9）：10-21.

[16] 俞杰. 环境税“双重红利”与我国环保税制改革取向[J]. 宏观经济研究，2013（8）：3-7.

[17] 王小菲. 我国当前环境经济政策存在问题与对策分析[J]. 现代妇女（理论版），2013（8）：163-165.

[18] 朱厚玉. 我国环境税费的经济影响及改革研究[D]. 青岛：青岛大学，2013.

[19] 马海涛，李升. 中国税收制度改革与发展的思考[J]. 湖南财政经济学院学报，2011，27（6）：94-101.

[20] 王金南. 环境经济学[M]. 北京：清华大学出版社，1994.

[21] 李克国. 环境经济学（第三版）[M]. 北京：中国环境出版社，2014.

[22] 李云燕，张强军. 我国环境税费现状分析与政策选择[J]. 会计之友，2013（18）：79-82.

[23] 李克国. 我国的总量收费制度[J]. 中国环境管理干部学院学报，2000.

[24] 王金南，葛察忠，高树婷，等. 打造中国绿色税收——中国环境税收政策框架设计与实施战略[J]. 环境经济，2006（9）：10-20.

第十章　生态环境损害赔偿与生态保护补偿

第一节　生态环境损害赔偿制度

一、生态环境损害赔偿制度概述

建立健全源头预防、过程严管、后果严惩、损害赔偿的最严格生态环境保护制度体系是构建现代环境治理体系的重要环节。我国现行的人身、财产损害赔偿法律制度体系相对完整，但在公共生态环境损害赔偿制度方面，长期以来存在索赔主体不明确、评估规范不健全、资金管理机制未建立等诸多问题，公共生态环境损害未得到足额赔偿、受损的生态环境未得到及时修复等现象未能杜绝。

党中央、国务院高度重视生态环境损害赔偿工作，党的十八届三中全会明确提出对造成生态环境损害的责任者严格实行赔偿制度。生态环境损害赔偿制度是生态文明制度体系的重要组成部分。推进生态环境损害赔偿制度改革，是深入贯彻落实习近平新时代中国特色社会主义思想和党的十九大精神的具体实践，是生态文明体制改革的重要内容。2015 年，中央办公厅、国务院办公厅印发了《生态环境损害赔偿制度改革试点方案》（中办发〔2015〕57 号）（以下简称《试点方案》），2016 年 4 月，国务院批准在吉林、江苏、山东、湖南、重庆、贵州、云南 7 个省（市）开展生态环境损害赔偿制度改革试点，取得明显成效。在总结各地区改革试点实践经验基础上，2017 年 8 月 29 日中央全面深化改革领导小组第三十八次会议审议通过了《生态环境损害赔偿制度改革方案》（以下简称《改革方案》），2018 年 1 月 1 日在全国试行生态环境损害赔偿制度，力争 2020 年在全国范围内构建“责任明确、途径畅通、技术规范、保障有力、赔偿到位、修复有效”的生态环境损害赔偿制度。制度的实施，由点到面，生态环境损害赔偿和修复的效率得到不断提升，形成了一批可供借鉴的经验和做法，在破解“企业污染、群众受害、政府买单”的困局，积极促进生态环境损害鉴定评估、生态环境修复等相关产业发展，有力保护生态环境和维护人民环境权益上取得了积极进展。2020 年 5 月 28 日，十三届全国人民代表大会第三次会议表决通过的《中华人民共和国民法典》中第七编“侵权责任”的第七章用了 7 个条款对环境污染和生态环境破坏责任和赔偿的基本规则进行了明确。在民法典中规定了公法性质的生态环境损害修复或者赔偿责任，这是民法典的重大突破，体现了民法典对环境保护问题的回应。这为更好地解决生态环境损害赔偿范围、责任主体、索赔主体、索赔途径、损害鉴定评估机构和管理规范、损害赔偿资金等基本问题提供了有力法律依据。

1．生态环境损害赔偿概述

（1）生态环境损害的概念

在讨论人类活动以及污染环境的行为对环境的损害时，大多会用到“环境污染”“环境责任”“环境破坏”“环境损害”等传统理论中的环境侵权的相关概念。环境侵权即是指通过环境的媒介对人身、财产的损害。长久以来，人们都忽视了对自然环境、生态系统等环境资源本身造成的危害，这种损害往往是潜在的、复杂多样的、不易发现而又不可逆转的。“生态损害”“生态环境损害”“自然资源损害”是近些年开始被提及的概念，目前学术界对此并无明确界定。“生态损害”一词主要用于欧洲的立法中，而在美国相关立法中这种损害被称为“自然资源损害”，两者的内涵是一致的，而国内普遍称作“生态环境损害”。生态环境损害是指由环境污染或生态破坏导致的环境资源本身的损害。目前我国的环境立法中，作为基础性环境保护法律的《中华人民共和国环境保护法》尚未明确规定“生态环境损害”的概念，其他环境保护单行法也未针对具体生态环境要素本身的损害进行规定。生态环境损害不同于传统的人身、财产损害，生态环境损害实质是公共环境利益的损害，具有模糊性、公共性和综合性。

《改革方案》将“生态环境损害”界定为“因污染环境、破坏生态造成大气、地表水、地下水、土壤、森林等环境要素和植物、动物、微生物等生物要素的不利改变，以及上述要素构成的生态系统功能退化”。生态环境损害强调的是生态环境要素的功能发生不利改变（生态环境本身的损害）。生态环境损害是因人的行为而导致生态环境的任何组成部分或其任何多个部分相互作用构成整体已经或可能发生的物理、化学、生物性能的重大退化。

（2）生态环境损害赔偿的概念

生态环境损害赔偿是对生态环境本身遭到损害的一种救济制度。“赔偿”不仅仅是指常规中的金钱赔偿，还应包括生态环境的修复。此外，除了赔偿和修复等事后救济外还应包括事前预防，如消除危害、排除妨害等，这样才能更好地贯彻预防原则和损害担责原则。因此，生态环境损害赔偿是指因生态环境要素本身已经遭受或有可能遭受损害的危险，赔偿权利人有权要求行为人承担预防和救济的法律责任。生态环境损害赔偿与传统环境污染损害赔偿有很大不同，生态环境损害赔偿不涉及公民个人人身损害、财产损害和精神损害的赔偿。另外，生态环境损害赔偿也不能等同于生态补偿，在国外生态补偿被称为“对生态环境服务付费”。生态补偿实质上是国家运用政策和经济等手段让受益者付费，通过补偿来改善受损的生态环境，恢复生态环境的功能和价值，生态补偿更侧重于环境经济学中的自然资源的产权保护，强调生态环境外部经济性、非惩罚性，且多表现为征收税费、政府补贴、政策支持、生态工程等。而生态环境损害赔偿是因为生态环境本身可能发生或者已经发生污染或者破坏，从而导致生态环境公共利益受损，国家（政府）为了维护生态环境公共利益通过诉讼或非诉活动要求行为人承担修复或赔偿生态环境的责任，可理解为具有惩罚性。

（3）生态环境损害赔偿的特征

1）生态环境本身是生态环境损害赔偿保护的客体。当生态环境本身已经遭受或可能遭受损害的危险时，是通过生态环境损害赔偿来保护不特定主体的生态环境公共利益，而不是通过生态环境作为媒介，导致受害人的人身、财产或者精神遭到损害，而保护生态环境私益。

2）与目前民法上的环境污染、破坏生态损害赔偿权利人不同，生态环境损害赔偿的赔偿权利人是国务院授权的地方政府，而不是遭受损害的受害人。

3）生态环境损害赔偿拓宽了目前环境污染或破坏损害赔偿的救济程序方式，可以通过磋商、仲裁、环境公益诉讼等途径。最后，生态环境损害赔偿依据其保护的法益来看不属于私法救济范畴而是属于公法救济范畴，但生态环境损害赔偿的本质是环境侵权责任的一种特殊类型，需要《中华人民共和国侵权责任法》加以调整，打破传统环境民事侵权进行创新，建立一种“公法性质、私法操作”的模式。

综上可知，生态环境损害赔偿具有公益性、非排他性、受损主体不特定性、救济程序方式多样性等特征。

（4）生态环境损害赔偿的原则

1）赔偿主体的多元化。由于生态损害的广泛性，任何生存于生态环境的个体或机构都有权利要求相关的损害主体赔偿其相应的损失。换句话说，生存权和生态环境的保护权是每个公民的法定权利，一旦这些权利受到损害，公民就可以通过相关的法律途径要求获得赔偿，这不仅可以大大提高生态损害被提前发现的概率，而且也提高了生态损害的成本，与此同时，在生态损害的举证方面，也应该采取举证责任倒置的原则，即由可能的损害主体举证自己的行为和损害事实之间不存在因果关系，如果举证不出来，则需要承担相应的赔偿责任，这样有利于保护个体赔偿主体的权益。

2）诉讼时效的长期化。由于生态损害的累积性，损害主体所实施损害行为的全部后果可能要经过很长一段时间才能全部显现出来。因此相应地，在对损害主体要求赔偿的诉讼时效上也要进行长期化。更重要的是，有些损害虽然是由相关的企业直接造成的，理应由企业承担直接的赔偿责任，但是企业的这种行为又与相关的主管部门的渎职或者腐败有关，即应该由政府相关部门的负责人承担间接责任，而由于政府官员任期的有限性，很可能在生态损害发生时甚至发生前相关负责人就已经被调离，此时就应该实行环保责任的终身制，以加强其环境保护的责任感。

3）赔偿途径的社会化。由于生态损害后果的严重性，即使在诉讼时效内向损害主体发起损害赔偿的要求，损害主体也很难有能力承担全部的损害后果，但是生态环境本身的重要性又要求必须对相应的损害进行修复，所以这就在损害主体赔偿能力有限性和损害客体修复的必要性之间产生了矛盾。更重要的是，提出损害赔偿的主体与生态环境的关系极为密切，而且提出损害赔偿的主体也能够从生态环境的修复中获得相应的收益，因此从这个角度出发，我们在生态损害赔偿的问题上，应该在“谁损害，谁赔偿”的基础之上，尽可能拓宽生态损害的赔偿渠道，以恢复被破坏的生态环境。

2．生态环境损害赔偿制度

（1）生态环境损害赔偿制度的概念

生态环境损害赔偿制度就是明确生态环境损害赔偿范围、责任主体、索赔主体和损害赔偿解决途径等，形成相应的鉴定评估管理与技术体系、资金保障及运行机制，探索建立生态环境损害的修复和赔偿制度，加快推进生态文明建设。

（2）建立生态环境损害赔偿制度原则

1）依法推进，鼓励创新。按照相关法律法规规定，立足国情和地方实际，由易到难、稳妥有序开展生态环境损害赔偿制度改革工作。对法律未做规定的具体问题，根据需要提出政策和立法建议。

2）环境有价，损害担责。生态环境损害赔偿体现环境资源生态功能价值，促使赔偿义务人对受损的生态环境进行修复。生态环境损害无法修复的，实施货币赔偿，用于替代修复。赔偿义务人因同一生态环境损害行为需承担行政责任或刑事责任的，不影响其依法承担生态环境损害赔偿责任。

3）主动磋商，司法保障。生态环境损害发生后，赔偿权利人组织开展生态环境损害调查、鉴定评估、修复方案编制等工作，主动与赔偿义务人磋商。磋商未达成一致，赔偿权利人可依法提起诉讼。

4）信息共享，公众监督。实施信息公开，推进政府及其职能部门共享生态环境损害赔偿信息。生态环境损害调查、鉴定评估、修复方案编制等工作中涉及公共利益的重大事项应当向社会公开，并邀请专家和利益相关的公民、法人、其他组织参与。

二、生态环境损害赔偿制度的理论基础

生态环境损害赔偿的理论基础应该包含环境权、环境正义和环境公共信托理论。

1．环境权理论

“环境权”的提出在世界范围内得到了广泛承认，环境权是一种基本人权和宪法权利，是一种新兴的基本人权。环境权是环境危机的产物，试图通过基本权利所具有的主观公法权利和客观价值秩序的功能来发挥防止生态环境退化和改善生态环境质量的功能。将生态环境损害所侵害的权益归为环境权，有助于理顺民法和环境法学界关于环境侵权的权益问题。环境权的出现并不是与传统人身和财产权益相争，其出现的目的是为传统人身权益和

财产权益不能涵盖的部分（即生态环境本身的损害）提供权利基础。人类对生态环境所享有的权利在公法领域中是国家保护生态环境义务的价值体现，在私法领域中则是对侵害他人所享有的良好生态环境时需承担的责任。需要明确的是，生态环境本身的损害侵害的是环境权，而不是环境污染或生态破坏造成的私人人身或财产损害，其与传统民法上的环境侵权不一样，也就是说侵害环境权是生态环境损害的前提。环境权为生态环境损害赔偿提供了法理依据。当行为人污染环境或者破坏生态造成相关环境要素本身损害或者有损害的可能时，赔偿权利主体可以主张因生态环境权利遭受损害或有损害的危险而要求义务人承担赔偿或修复等责任。环境权理论为生态环境损害赔偿实践提供了理论基础，生态环境损害赔偿的构成要件、赔偿原则和救济程序方式都是以生态环境本身受损或者有受损之虞为基础而开展的。

2．环境正义理论

生态环境损害赔偿的理论基础之一是环境正义，环境正义的价值理论为生态环境损害赔偿提供了价值导向。从《改革方案》中可以明确地看出在生态环境损害赔偿上需坚持损害担责原则，损害担责原则贯彻了“谁污染、谁赔偿、谁担责”的环境正义理念。行为人污染环境、破坏生态造成生态环境受损理应承担相应的责任。同时环境正义可以弥补现行的传统环境侵权救济重事后补救和对人的救济不足的问题。近年来，生态环境变得越来越脆弱，不管是国内还是国外都出现严重的环境污染和生态破坏，例如，环境污染事件、区域自然资源遭到破坏或者开采过度造成资源短缺甚至枯竭，某些生物物种面临灭绝。在我们倡导生态文明的背景下，生态环境损害赔偿所要保护的利益涉及环境公益和环境私益、环境公益与经济公益、环境公益与经济私益、代际与代内生态环境利益、区域性与全球性的生态环境利益、区域性与区域性之间的生态环境利益等的关系。换句话说，生态环境损害赔偿所调整的利益关系正是环境正义所调整的是人与生态环境要素之间的正义。因此，生态环境损害赔偿需要环境正义作为其理论基础来适时地调整环境利益。

3．环境公共信托理论

除了环境权和环境正义外，环境公共信托理论同样是生态环境损害赔偿必不可少的理论基础。生态环境损害赔偿保护的是生态环境本身，排除了因生态环境损害造成的人身、财产和精神损害，即保护的是生态环境公共利益。虽然生态环境损害赔偿的救济方式是以私法“修复”和“赔偿”的形式展现的，但并不影响生态环境损害赔偿是维护环境公共利益，其本身的公法属性。生态环境本身受到损害，为了维护环境公共利益或者环境权利，公众的环境请求权主体身份和环境资源管理权信托给国家（政府），国家（政府）取得了生态环境损害赔偿权利人的地位。

公共信托理论于 1970 年被美籍教授萨克斯引入环境保护领域。目前各国大多数学者对环境公共信托理论表示赞同和接受。该理论认为：“大气、水流、日光等环境要素是全体人民的‘共有财产’，共有人为了合理利用和保护共有财产，将其委托给国家保护和管理，国家和人民之间的关系是受托人和委托人的关系。”《改革方案》中明确规定了由国务院授权省级、地市级政府以及直辖市所辖的区县政府作为本行政区内生态环境损害赔偿的权利人，从其表述可以看出该规定的生态环境损害赔偿的赔偿权利人符合环境公共信托理论。公民将其管理生态环境的权能委托给国家，国家代表公民行使管理生态环境各要素和保护生态环境公共利益的职责。虽然我国实行人民代表大会制度，但我国坚持人民民主专政，人民代表代表人民行使权利，各级政府要对人民负责，其权利来源于人民，生态环境属于公共财产，人民将管理生态环境的权利委托给国家，国家代表人民管理生态环境，其符合公共信托理论，生态环境损害赔偿制度以环境公共信托理论为理论基础与人民代表大会制度并不冲突。

三、推行生态环境损害赔偿制度的重要意义

生态环境损害赔偿制度是贯彻习近平生态文明思想的重要举措。习近平总书记高度重视生态环境损害赔偿制度，2017 年 5 月，他主持党的十八届中央政治局第四十一次集体学习，强调要落实生态环境损害赔偿制度，2017 年 8 月又亲自主持审议通过《生态环境损害赔偿制度改革方案》，要求把这项改革作为增强“四个意识”、做到“两个维护”的具体要求，全力抓好落实。

生态环境损害赔偿制度是生态环境治理体系和治理能力现代化的重要内容。党的十九届四中全会提出，坚持和完善生态文明制度体系，促进人与自然和谐共生。实行最严格的生态环境保护制度，全面建立资源高效利用制度，健全生态保护和修复制度，严明生态环境保护责任制度。生态环境损害赔偿制度是生态文明制度体系的重要内容，是生态环境保护责任制度的重要方面。这项制度明确授权地方政府作为赔偿权利人，要求其对造成生态环境损害的责任者追究损害赔偿责任，压实了地方政府的生态环境保护职责。以追究损害责任为导向，强化违法主体责任，提高违法成本，充分体现了后果严惩的制度内涵。同时，这项制度以民事法律手段推动生态环境损害赔偿和修复，是对以行政手段为主的管理方式的有效补充。整合各方力量共同推动生态环境质量改善，必将形成行政部门、司法机关密切配合，非政府组织、人民群众共同参与的良好格局。

生态环境损害赔偿制度更是以人民为中心的发展思想的重要体现。党的十九届四中全会明确指出，坚持以人民为中心的发展思想，不断保障和改善民生、增进人民福祉，是我国国家制度和国家治理体系的显著优势。坚持“良好生态环境是最普惠的民生福祉”的基本民生观，也是习近平生态文明思想的核心内容。生态环境损害赔偿制度明确了违法者修复受损生态环境的义务，强化了对修复过程和结果的监督，增强了受损生态环境的修复实效，切实保障了公众生态环境权益。生态环境工作者的初心和使命就是更好满足人民对美好环境的需求，要更加牢固树立“生态惠民、生态利民、生态为民”的理念，以改革的实效提升人民群众对优美生态环境的获得感和幸福感。

四、我国生态环境损害赔偿制度实践及存在的问题

1．我国生态环境损害赔偿制度实践

（1）国家层面

在党的十八届三中全会通过的《中共中央关于全面深化改革若干重大问题的决定》中就提出了“对造成生态环境损害的责任者严格实行赔偿制度”。2015 年年底，作为生态文明体制改革六大配套方案之一的《试点方案》出台，《试点方案》的出台对今后我国生态环境损害赔偿制度改革具有重要指导意义。2016 年，环境保护部（现生态环境部）相继出台了《生态环境损害鉴定评估技术指南　总纲》和《生态环境损害鉴定评估技术指南　损害调查》，规范了生态环境损害鉴定评估工作。2018 年，为保证环境损害司法鉴定准入登记工作的规范性和科学性，司法部和生态环境部联合组织制定了《环境损害司法鉴定机构登记评审细则》，提高准入门槛，摆正鉴定结果的科学性、正规性，防止市场乱象的产生；2018 年 12 月，出台了《生态环境损害鉴定评估技术指南　土壤与地下水》，对地下水与土壤方面的评估给出更科学、合理、全面的评估方法。可见，我国生态环境损害赔偿工作开展过程中已经有了比较具体的政策、技术指导和部门规范，为调查评估以及赔偿诉讼提供了重要依据。2019 年 6 月，最高人民法院发布了《最高人民法院关于审理生态环境损害赔偿案件的若干规定（试行）》，对生态环境损害赔偿诉讼规则做出了全面的规定，除了明确受案范围、管辖权责、起诉条件、举证责任、证据规则之外，还将“修复生态环境”确立为一项独立的民事责任。此外，在生态环境损害赔偿诉讼与公益诉讼的顺位与衔接上，明确了前者的优先顺位。2020 年《中华人民共和国民法典》颁布，特别规定了生态环境损害的修复责任和赔偿责任，这就为环境公共利益救济提供了实体法依据，对于进一步贯彻落实习近平生态文明思想，实行最严格的生态环境保护制度意义重大。

（2）试点省份

政策法规制定方面，各省根据本省实际情况，相继出台了适合本省的《生态环境损害赔偿制度改革实施方案》《赔偿磋商工作办法》《修复效果后评估工作办法》等，为开展生态损害评估以及赔偿磋商等提供了政策支持。

机构建设方面，各省已有多家单位取得了环境损害类司法鉴定许可证，业务范围涉及水污染、大气污染等多个方面。同时，各省培养了一大批专业人才，多人已具备司法鉴定人执业证。

具体案例方面，各省积极探索，通过磋商诉讼，解决各类环境赔偿问题。对于济南市章丘区“10・21”重大非法倾倒危险废物事件试点案例，政府与涉案企业先后经过 4 轮赔偿磋商，其中与 4 家企业磋商成功，达成协议，签订赔偿合同书，与剩余两家企业磋商失败，省政府以赔偿权利人身份对两家企业提起诉讼。

2．生态环境损害赔偿制度存在的问题

近年来我国在生态损害赔偿制度的建设方面取得了重要进展，目前在总结试点经验的基础上，已经在全国范围内对生态损害赔偿制度进行推广，但是从我国目前的生态损害赔偿的实践来看，其仍然存在着如下问题和不足。

（1）我国的生态损害赔偿立法较为滞后，且较为分散，缺乏必要的协调。我国对于生态损害的法律规定主要是散布在《中华人民共和国民法典》《中华人民共和国民法通则》《中华人民共和国环境保护法》《中华人民共和国大气污染防治法》和《中华人民共和国侵权责任法》等法律当中，较为分散，不能够为生态损害赔偿提供系统的法律指导和依据，而且不同法律的效力和层级也存在差异，以至于司法机关在进行判决时无规可循，大大降低了我国生态损害赔偿的司法效率。如《中华人民共和国民法通则》第一百二十四条规定，"违反国家保护环境防治污染规定，污染环境造成他人损害的，应当依法承担民事责任"，也就是说，损害赔偿需要以违反国家规定为前提要件，而《中华人民共和国环境保护法》和《中华人民共和国侵权责任法》则规定"因污染环境造成损害的，污染者应该承担侵权责任"，其中的生态损害赔偿并没有以违背国家规定作为前提要件。此外，《中华人民共和国环境保护法》中是以不可抗力作为免责条款，而《中华人民共和国侵权责任法》则是以第三人过错作为免责条款，这就导致我国的生态损害赔偿立法缺乏必要的协调，使得司法机关无所适从，大大影响了法律的权威性。

（2）我国生态损害的社会化赔偿程度较低，无法对生态环境的保护和恢复起到有效的作用。我们从美、日、法等发达国家的生态损害赔偿实践中可以发现，其社会化赔偿的渠道较广，程度较高，金额也较大，因此能够较好地补偿生态受损者，也能够有效地恢复已经受损的生态环境。但是我国的生态损害赔偿方面则仍然以损害者赔偿和国家赔偿为主，社会化的赔偿渠道较少，程度也较低。这一方面与我国的生态损害赔偿立法有关，因为到目前为止，我国仍然主要将生态损害视为传统民事领域的侵权问题，即主要是生态损害主体对公民人身和财产以及其他权益的侵害，因此生态损害主要是通过民事诉讼的方式来加以解决，即主要是属于私法救济的范畴，其主要强调了生态损害的动态过程。但实际上，生态损害侧重的是整个生态环境而不仅仅是公民的权利受到侵害，其需要依托于多种主体参与诉讼甚至实行美国的环境公益诉讼，因此生态损害赔偿属于公法救济范畴，其主要强调的由损害行为所形成的静态结果。所以，在生态损害赔偿的过程中，要以生态环境的恢复作为主要的目标，由于每一个主体都能够从这种恢复中受益，因此就应该在私法救济和国家赔偿的基础上，提高社会化赔偿的程度。

（3）我国生态损害处罚力度较小，无法起到有效的威慑作用。具体来说，我国对于生态损害的处罚主要分为两种类型，一是行政处罚，二是民事诉讼。但是长期以来，我国对于环境保护的强调不多，而对于经济增长的强调过多，导致我们在发展经济的同时忽视了环境的保护，同时也就对生态损害的行为处罚较轻，这就造成相关责任主体的违法成本低，而守法成本高，因为守法意味着放弃大量的利润，所以在行政处罚较轻的情况下，企业普遍在缴纳少量罚款的基础上继续违法生产，从而赚取大量的灰色利润。因此可以说处罚力度轻间接助长了生态损害的行为。与此同时，受损者也可以通过民事诉讼的方式来维护自身的权益，这同时对生态环境的恢复和保护发挥重要的作用。但是单纯的民事诉讼仅仅以损失赔偿作为目标，而没有要求对生态环境进行恢复，所以从这个角度来讲，民事诉讼对于生态损害的威慑作用仍然不大，从而难以真正遏制生态损害的行为，也难以达到生态恢复和赔偿全部损失的最终目标。

综上，我国在生态损害赔偿的立法、社会化赔偿和处罚力度上都存在较大的不足，这些不足均不利于我国生态损害制度的有效建设，从而不利于我国生态损害赔偿的正常进行和生态环境的恢复与保护。

五、构建并完善我国生态环境损害赔偿制度的建议

生态环境损害赔偿制度改革的总体思路：规范统一是前提，细化落实是保障。规范统一要求制定专门的法律对生态环境损害赔偿制度进行理念、原则、总体框架上的规定，细化落实则针对生态环境损害赔偿制度某一方面的专门问题出台相应的司法解释或管理性、技术性规范。具体来说，应制定专门的“生态环境损害赔偿法”，在此法基础上针对生态环境损害赔偿的专项制度进行特别规范，包括生态环境损害赔偿协商制度、诉讼制度、协商与诉讼衔接制度、生态环境损害评估方法、资金保障和公众参与等方面，形成“1+6”型生态环境损害赔偿改革路径。

1. 研究制定生态环境损害赔偿法

虽然生态环境损害赔偿与民事立法联系紧密，往往由民事法律规范对环境损害赔偿法律问题进行统一的概括调整，但生态环境损害立法与民事立法两者在价值立场及调整对象和调整方式上的本质区别决定了要将生态环境损害赔偿法律关系脱离出民事立法体系，因此有必要针对生态环境损害问题制定专门的“生态环境损害赔偿法”，且应明确这种立法在性质上属于社会法，隶属环境法律范畴而非民事法律体系。

建议加快研究制定我国的“生态环境损害赔偿法”，对生态环境损害赔偿立法目的、法律适用范围、法律原则、基本法律制度、配套法律措施等进行实体和程序的一揽子规定，但这些规定仅为原则性规定，需通过其他规范性文件予以细化。实体方面应包括生态环境损害赔偿归责原则、构成要件、责任内容与范围、责任主体、责任承担方式等，程序方面应当包括生态环境损害赔偿的协商与诉讼途径、诉讼过程中的证据制度、举证责任与证明标准、因果关系认定、协商与诉讼过程中的损害评估与公众参与程序。另外，还应当对环境责任保险、环境基金等社会化赔偿制度做出规定。

2. 建立生态环境损害赔偿协商制度

由政府及其部门作为主体开展的生态环境损害赔偿协商制度是一种注重公民与行政

主体间的交往对话，凸显行政过程的公民参与性的行政治理方式。生态环境损害的修复与赔偿涉及公共环境利益，行政主体与责任主体在平等基础上就修复与赔偿问题进行沟通协商并由公众监督协商过程，有利于平衡公共环境利益，并促进我国行政法治、行政善治的发展。政府作为索赔权利人的理论基础在于，生态环境不为国家垄断，而为全国人民共有，政府接受全民委托对其进行管理与保护，全民将自己所有的诉权也托付给国家，当生态环境受到侵害时，政府有义务为保护公共环境利益不受损害进行索赔。这种公共信托理论转变了将自然资源视为国家垄断财产的思维模式，从公共环境利益保护的角度强化了政府及其部门的履责意识。

3. 构建生态环境损害赔偿诉讼制度

生态环境损害赔偿诉讼问题上仍可通过制定司法解释予以明确或细化：①明确生态环境损害索赔权利人提起生态环境损害赔偿诉讼与环保组织提起环境公益诉讼的优先顺位问题。生态环境的损害本质上是公众生态环境利益的损害，政府机关、环保组织、公民个人都具有起诉资格，但并非所有具有起诉资格的主体均享有同等的主体资格，而应建立起一种双层递进的救济主体结构。具体来说，应当首先从公共利益考量的角度赋予政府优先的救济主体资格，并从对政府的合理规制和公众有效参与的角度，赋予公民、法人及其他组织第二层级的救济主体资格。“第一层级”的主体相对于“第二层级”的主体而言具有优先权，即只有在第一层级的主体不履行维护和救济生态环境公益的情况下，第二层级的主体方能启动救济程序。②明确环境民事公益诉讼和索赔权利人提起的生态环境损害赔偿诉讼中的诉前救济制度。诉前救济制度是指公民、法人或其他组织有证据证明他人正在实施或者即将实施侵犯公众生态环境利益的行为，如不及时制止将会使自身合法权益受到难以弥补的损害的，可以在起诉前向人民法院申请采取责令停止有关行为的措施，诉前禁令可弥补诉讼程序救济生态环境损害滞后性的不足，及时制止污染或破坏生态环境的行为，诉前救济制度包括诉前禁令、诉前财产保全、诉前证据保全等制度。

4. 完善生态环境损害赔偿鉴定评估制度

生态环境损害的评估是确认生态环境损害发生及其程度、认定因果关系和可归责的责任主体、制定生态环境损害修复方案、量化生态环境损失的技术依据，评估报告是生态环境损害赔偿诉讼的重要证据。目前生态环境部已经先后发布了两版《环境损害鉴定评估推荐方法》，客观上为环境司法、执法与管理活动提供了科学依据，但由于立法的缺陷，此推荐方法目前主要适用在突发环境事件应急过程中，环境司法与环境执法过程中的适用情况相对较少。建议根据生态环境损害赔偿制度的总体设计，结合生态环境损害调查、评估，修复方案制定与修复执行等过程，构建适用于不同环节和程序要求的损害评估工作程序，并进一步根据生态环境要素的不同污染和破坏类型，分类建立损害调查、因果关系认定、损害量化、修复方案制定等技术方法体系。

5．明确生态环境损害赔偿资金保障制度

为保障生态环境损害赔偿的社会化分担，协调经济发展与环境保护的关系，在坚持“损害担责”的基础上采取生态环境损害赔偿社会化分担的形式，将责任主体个体责任分散由特定污染行业或由政府财政承担。建议制定“生态环境损害赔偿资金保障意见”，对社会化赔偿资金机制的建立进行顶层设计：①探索建立不同行业的环境责任保险投保方式，明确实行强制责任保险的行业，针对突发和累积性生态环境损害建立不同的保险机构模式；②设计合理的保证金存缴费率，完善典型区域，尤其是矿山生态恢复保证金制度；③建立生态环境损害赔偿基金，明确资金来源和使用、管理与监督机制，赔偿基金旨在先行垫付赔偿金并在支付后向责任者追偿；④探索建立社会化的污染场地修复融资机制，充分利用社会力量投资修复项目，实现资金增值。

6．强化生态环境损害赔偿公众参与制度

为保障生态环境损害赔偿的公平、公正、公开，有必要发挥公众在生态环境损害赔偿过程中的参与或监督作用。建议制定“生态环境损害赔偿公众参与办法”，在生态环境损害调查、评估，修复方案制定与修复执行等过程中，强化公众参与等监督制度，明确公众知情权、参与权与监督权。从索赔权利人与责任人两大主体方面明确信息公开的内容、对象、程序与方式等，对其中涉及公共环境利益的重大事项采取强制信息公开。细化生态环境损害赔偿公众参与机制中公众范围的选择与确定标准，明确公众介入生态环境损害赔偿的时间点，优化听证会、咨询会、论证会、座谈会等参与形式，强化公众意见反馈处理。设立生态环境损害修复与赔偿行政公益诉讼，保障公众参与不力情况下的救济。

第二节 生态保护补偿

一、生态保护补偿制度的由来与发展

“生态保护补偿”一词首次在2004年4月国家环境保护总局等部门联合发布的《湖库富营养化防治技术政策》中出现，文件提到“鼓励针对退耕还湖（林、草）、休耕（养、捕）等开展农业生态保护补偿政策研究”。这是生态保护补偿概念的萌芽和正式出现时期；2008 年《中华人民共和国水污染防治法》第一次在法律中使用“生态保护补偿”，这是生态保护补偿概念的发展时期；2014 年修订的《中华人民共和国环境保护法》第三十一条规定了“生态保护补偿制度”：“国家建立、健全生态保护补偿制度。国家加大对生态保护地区的财政转移支付力度。有关地方人民政府应当落实生态保护补偿资金，确保其用于生态保护补偿。国家指导受益地区和生态保护地区政府通过协商或者按照市场规则进行生态保护补偿。”此后，使用“生态保护补偿”一词的文件逐渐增多，特别是在2016年3月，作为

首个以“生态保护补偿”命名的国家层面文件——《关于健全生态保护补偿机制的意见》颁布后，越来越多的法规政策开始使用这一称谓，“生态保护补偿”得以确立。

生态保护补偿是指在综合考虑生态保护成本、发展机会成本和生态服务价值的基础上，采取财政转移支付或市场交易等方式，由生态保护受益者以支付金钱、物质或提供其他非物质利益等方式，弥补生态保护者的成本支出以及其他相关损失的行为。

“生态保护补偿”概念的发展特点总结如下：

（1）生态保护补偿是“受益者补偿”“保护补偿”的补偿范围的明确。

（2）生态保护补偿的核心主体是保护者与受益者，保护者指生态环境的保护者，受益者指生态环境的受益者。而环境损害赔偿及受偿主体、污染破坏者及单纯的开发资源付费主体与相对方，则不属于生态保护补偿的主体范畴。

（3）生态保护补偿的途径与方式。生态保护补偿的方法和途径很多，按照补偿方式可以分为资金补偿、实物补偿、政策补偿和智力补偿等；按照补偿条块可以分为纵向补偿和横向补偿；按照空间尺度大小可以分为生态环境要素补偿、流域补偿、区域补偿和国际补偿等；按照实施主体和运作机制的差异，大致可以分为政府补偿和市场补偿两大类型。

根据我国的实际情况，政府补偿机制是目前开展生态补偿最重要的形式，也是目前比较容易启动的补偿方式。政府补偿机制是以国家或上级政府为实施和补偿主体，以区域、下级政府或农牧民为补偿对象，以国家生态安全、社会稳定、区域协调发展等为目标，以财政补贴、政策倾斜、项目实施、税费改革和人才技术投入等为手段的补偿方式。政府补偿方式中包括下面几种：财政转移支付、差异性的区域政策、生态保护项目实施、环境税费制度等。

交易的对象可以是生态环境要素的权属，也可以是生态环境服务功能，或者是环境污染治理的绩效或配额。通过市场交易或支付，实现生态（环境）服务功能的价值。典型的市场补偿机制包括下面几个方面：公共支付、一对一交易、市场贸易、生态（环境）标记等。

二、建立生态保护补偿机制的必要性和可行性

1. 必要性

建立生态保护补偿机制是建设生态文明的内在需求。要增强生态保护区地方政府和老百姓保护生态环境的自觉性，使他们充分发挥保护生态环境的主人翁精神，仅仅依靠生态建设工程是远远不够的。必须建立生态保护的长效机制，将生态保护区地方政府和人民群众的切身利益与生态环境的有效保护结合起来，这样才能使生态环境的保护从根本上得到长期保证。

建立生态保护补偿机制是社会主义社会和谐发展的必由之路。通过生态保护补偿政策，可以有效协调地区间、行业间的经济利益，促进社会的和谐发展。

建立生态保护补偿机制还是加强民族地区发展、建设社会主义新农村的需要。我国重

要的生态保护区集中在西部地区和民族地区，这些地区经济社会发展缓慢，人民生活水平低，生存条件差，是扶贫开发和社会主义新农村建设的重点和难点地区，也是社会稳定的重点和敏感区域。建立生态保护补偿机制将促进民族地区发展、促进民族和谐、提升社会主义新农村建设水平。

2．可行性

近几年来，尽快建立生态保护补偿机制的要求已成为社会各界广泛关注的热点问题。全国人民代表大会代表和政协委员多次提案，呼吁尽快建立相关机制和政策。与此同时，学术界也开展了相关的研究工作，特别是关于生态系统服务功能的价值评估和生态系统综合评估等的研究，为生态保护补偿机制建立和政策设计提供了一定的理论依据。此外，中央政府和许多地方积极开展试验示范，探索开展生态保护补偿的途径和措施。2014 年 4 月 24 日修订通过的《中华人民共和国环境保护法》第三十一条提出“国家建立、健全生态保护补偿制度”。2016 年 3 月，国务院办公厅印发了《关于健全生态保护补偿机制的意见》，2018 年 12 月国家发展改革委等 9 部门印发了《建立市场化、多元化生态保护补偿机制行动计划》，这些都充分表明，中国目前已经具备了建立生态保护补偿机制的科学研究基础、实践基础和政治意愿。

三、生态保护补偿的理论基础

1．环境资源价值理论

随着生态环境破坏的加剧和生态系统服务功能的研究，使人们更为深入地认识到生态环境的价值，并成为反映生态系统市场价值、建立生态保护补偿机制的重要基础。人类在进行与生态系统管理有关的决策时，既要考虑人类福祉，同时也要考虑生态系统的内在价值。生态保护补偿是促进生态环境保护的一种经济手段，而对于生态环境特征与价值的科学界定，则是实施生态保护补偿的理论依据。

2．经济外部性理论

根据经济外部性理论，经济外部性应该内部化。生态保护补偿政策是实现经济外部性内部化的有效途径。具体来说，产生外部经济性的行为人，应该从受益人那里获得相应的补偿。

3．生态资本理论

生态系统提供的生态服务应被视为一种资源、一种基本的生产要素，所以必然离不开有效的管理，而这种生态服务或者说是价值的载体即所谓的“生态资本”。生态资本主要包括：能直接进入当前社会生产与再生产过程的自然资源，即自然资源总量（可更新的和不可更新的）和环境消纳并转化废物的能力（环境的自净能力）；自然资源（及环境）的质量变化和再生量变化，即生态潜力；生态环境质量，这里是指生态系统的水环境和大气等各种生态因子为人类生命和社会生产消费所必需的环境资源。而整个生态系统就是通过各环境要素对人类社会生存及发展的效用总和来体现它的整体价值。随着生态产品的稀缺性的日益凸显，人们意识到，不能只向自然索取，而要投资于自然，利用资源环境就要支付相应的补偿。

4．公共产品理论

生态产品在很大程度上属于公共产品。作为公共产品的生态产品，由于消费中的非竞争性往往导致“公地的悲剧”——过度使用，由于消费中的非排他性往往导致“搭便车”心理——供给不足。政府管制和政府埋单是有效解决公共产品相关问题的机制之一，但不是唯一的机制。如果通过制度创新让受益者付费，那么，生态保护者同样能够像生产私人物品一样得到有效激励。

5．可持续发展理论

可持续发展是指既满足当代人的需要，又不对后代人满足其需要的能力构成危害的发展。可持续发展的基本原则包含持续性原则、平等性原则、协调性原则。持续性原则包括生态持续性、经济持续性、社会持续性，这3个原则中生态持续性是前提，经济持续性是基础，社会可持续性是目的。不进行生态保护补偿，可持续发展就不可能实现。可持续发展理论为进行生态保护补偿提供了理论依据。

四、我国生态保护补偿实践及存在的问题

（一）我国的生态保护补偿实践

1．日益重视生态保护补偿政策法规

20世纪90年代初期，我国的生态补偿立法开始起步，包括国家和地方两个层面。

（1）《中华人民共和国宪法》的规定。宪法的规定是建立生态补偿制度的基础。《中华人民共和国宪法》的相关规定有：第九条“国家保障自然资源的合理利用，保护珍贵的动物和植物”；第十条第五款“一切使用土地的组织和个人必须合理地利用土地”；第二十六条“国家保护和改善生活环境和生态环境，防止污染和其他公害。国家组织和鼓励植树造林，保护林木”。《中华人民共和国宪法》的上述规定奠定了生态补偿制度的基石。

（2）与生态补偿有关的法律及规范性文件规定。目前，我国与生态补偿相关的法律法规及规范性文件主要包括《中华人民共和国森林法》《中华人民共和国草原法》《中华人民共和国野生动物保护法》《中华人民共和国水污染防治法》《中华人民共和国防沙治沙法》《中华人民共和国水土保持法》《中华人民共和国农业法》《中华人民共和国土地管理法》《中华人民共和国城市房地产管理法》《土地复垦规定》和《基本农田保护条例》《中华人民共和国矿产资源法》《矿产资源补偿费征收管理规定》等法律法规，这些法律都分别对自身管理领域的生态环境和污染防治等相关内容做了详细的规定，有效保证了生态补偿相关政策的实施。

新修订的《中华人民共和国环境保护法》自2015年1月1日起施行。该法第三十一条规定：国家建立、健全生态保护补偿制度。国家加大对生态保护地区的财政转移支付力度。有关地方人民政府应当落实生态保护补偿资金，确保其用于生态保护补偿。国家指导受益地区和生态保护地区人民政府通过协商或者按照市场规则进行生态保护补偿。

在新环保法制定实施以后，国家层面陆续出台或者修订了一系列有关生态保护补偿的政策法规（表10-1）。

表10-1 近年来国家层面陆续出台或者修订的有关生态保护补偿的政策法规

名称	时间	制定机关	具体内容
中华人民共和国海洋环境保护法	2017年11月	全国人民代表大会常务委员会	第二十四条 国家建立健全海洋生态保护补偿制度
中华人民共和国水污染防治法	2017年6月修正	全国人民代表大会常务委员会	第八条 国家通过财政转移支付等方式，建立健全对位于饮用水水源保护区域和江河、湖泊、水库上游地区的水环境生态保护补偿机制
森林法实施条例	2016年2月	国务院	第十五条 国家依法保护森林、林木和林地经营者的合法权益
退耕还林条例	2016年2月	国务院	第三十五条 国家按照核定的退耕还林实际面积，向土地承包经营权人提供补助粮食、种苗造林补助费和生活补助费
关于加快建立流域上下游横向生态保护补偿机制的指导意见	2016年12月	国务院	生态环境保护能力显著提升，生态保护补偿机制逐步建立健全
关于生态保护补偿机制的意见	2016年4月	国务院办公厅	探索建立多元化生态保护补偿机制，逐步扩大补偿范围，合理提高补偿标准

（3）地方颁布的与生态补偿相关的地方法规、政府规章和规范性文件。地方为实施生态补偿所颁布的与生态补偿相关的地方法规、规章和规范性文件包括2002年《广东省生态公益林建设管理和效益补偿办法》、2003年《江西省鄱阳湖湿地保护条例》、2005年《浙江省人民政府关于进一步完善生态补偿机制的若干意见》、2007年《江苏省环境资源区域补偿办法》、2007年《福建省闽江、九龙江流域水环境保护专项资金管理办法》、2008年《辽宁省东部重点区域生态补偿政策实施办法》、2008年《浙江省生态环保财力转移支付试行办法》等。

在新修订的《中华人民共和国环境保护法》发布以后，各地政府积极落实生态保护补偿政策，相继出台系列政策文件。特别是在2016年5月国务院发布《关于健全生态保护补偿机制的意见》以后，河北、天津、吉林、宁夏、黑龙江、贵州、江西、安徽等省（区、市）陆续出台了地方政策。

2．逐年加大生态保护补偿资金投入力度

全国层面的项目中，天然林保护工程、退耕还林工程、森林生态效益补偿等项目由来已久（表 10-2），并在原有基础上进行了适当调整；与此同时，中央财政根据我国生态文明建设的要求设立了许多大型的生态保护补偿项目。例如，在始于 2008 年的重点生态功能区转移支付的基础上，2011 年中央财政正式在均衡性转移支付项下设立国家重点生态功能区转移支付；同年，在“生态优先”的牧区发展战略指导下，国家开始在全国各大草原牧区及半牧区实施“草原生态保护补助奖励”机制，2016 年国家在 13 省（区）继续推动实施新一轮草原补助奖励项目；2014 年，为支持湿地保护与恢复，中央财政安排湿地生态保护补偿资金支持湿地保护与恢复，启动退耕还湿、湿地生态效益补偿试点和湿地保护奖励等工作；从 2013 年起，国家启动土地沙化封禁保护区的试点，对部分连片沙化土地实施封禁保护；自 2010 年开始，国家通过中央分成海域使用金开展海洋保护区和生态脆弱区的整治修复；2016 年，为实现耕地休养生息，促进农业可持续发展，国家在内蒙古、河北、黑龙江等省份推动开展土地轮作休耕试点工作。

表 10-2　我国现有国家层面的生态保护补偿项目

领域	政策名称	实施区域	起始年份
森林	公益林森林生态效益补助	全国 29 个省（区、市）	2001
	天然林资源保护工程二期	长江上游、黄河上中游地区；东北、内蒙古等重点国有林区	2011
	京津风沙源治理工程二期	北京、天津、河北、山西、内蒙古、陕西 6 个省（区、市）的 138 个县	2013
草原	退牧还草	内蒙古、重庆、四川、贵州、云南、西藏、陕西、甘肃、青海、宁夏、新疆	2003
	新一轮草原生态保护补助奖励	内蒙古、西藏、新疆、青海、甘肃、四川、云南、宁夏、河北、山西、辽宁、吉林、黑龙江	2016
湿地	退耕还湿	内蒙古、吉林、黑龙江的 13 个国家重要湿地和湿地国家级自然保护区	2014
	湿地生态效益补偿	21 个省（区、市）的 21 个国际重要湿地或国家级湿地自然保护区	2014
荒漠	沙化土地封禁保护补助	61 个国家沙化土地封禁保护区	2013
海洋	海岸开发和海洋使用补偿	辽宁、河北、天津、山东、江苏、上海、浙江、福建、广东、广西、海南	2010
水流	水源地生态保护补偿	浙江、江苏、云南、山东、青海、福建、江西、河北、北京、天津、辽宁、上海、西藏	2003
耕地	第一轮退耕还林	25 个省（区、市）和新疆生产建设兵团	2002
	新一轮退耕还林	18 个省（区、市）和新疆生产建设兵团	2014
	耕地轮作休耕	内蒙古、辽宁、吉林、黑龙江、河北、湖南、贵州、云南、甘肃	2016
重点生态功能区	重点生态功能区转移支付	全国划入重点生态功能区的 676 个县	2009

从中央本级支出预算看，涉及生态保护补偿的项目主要有重点生态功能区转移支付、森林生态效益补偿和农业资源及生态保护补助资金等。伴随着我国生态保护补偿案例实践的快速发展，全国每年的生态保护补偿资金投入也明显增加。据不完全统计，我国每年用于生态保护补偿的各类资金投入，从 2011 年的 1 056 亿元快速增加至 2016 年的 1 776 亿元，平均每年增加 144 亿元。从 2011—2016 年中央财政资金与地方财政资金在全国生态保护补偿资金总额中所占比例来看，中央财政资金一直是生态保护补偿资金的主要来源，并且可以预期在短期内仍将是补偿资金的主体部分。对于包括重点生态功能区转移支付、新一轮退耕还林、森林生态效益补偿、天然林保护二期工程以及新一轮草原生态保护补助奖励机制等多个“百亿级”的国家大型生态保护工程，在 2016 年投入约 1 500 亿元。森林生态效益补偿 2015 年预算资金为 1.90 亿元，2016 年预算资金为 1.18 亿元，2017 年预算资金为 1.47 亿元，资金数量保持基本稳定；在农业资源及生态保护补助资金方面，2014 年、2015 年中央财政预算没有单列该项目，2016 年预算中单列支出金额为 212.12 亿元，2017 年资金增长到 218.6 亿元，增幅为 3.1%；在重点生态功能区转移支付方面，2008—2017 年 10 年间国家安排预算资金 3 699 亿元，其中 2017 年为 627 亿元，比 2016 年的预算增加 57 亿元，增幅达到 10%，相较于 2008 年则增长了 10 倍。

在地方资金投入方面，重点领域生态保护补偿资金也在不断增加。以森林生态效益补偿为例，浙江、海南、西藏、广东、江西等省（区）逐年提高了生态保护补偿标准。浙江省补偿标准由 2015 年的 30 元/（亩·a）提高到 2016 年的 35 元/（亩·a），再到 2017 年的 40 元/（亩·a）。西藏 2016 年安排森林生态效益补偿基金 11.08 亿元，2017 年提高到 16.34 亿元，增长了近 50%。

除了各级政府的财政投入，生态保护的其他利益相关方也逐渐参与到生态保护补偿机制中。例如，贵州省茅台酒厂从 2014 年起连续 10 年累计捐赠 5 亿元人民币，用于赤水河流域生态环境保护；在潼南航电枢纽工程水生生态保护补偿以及台州市海洋生态保护补偿案例中，潼南航电枢纽项目和台州市用海企业分别出资进行了实物补偿。但是，来自社会各方的资金投入占生态保护补偿资金总量的比重仍然较小，近年来从未达到我国生态保护补偿资金总额的 1%。

3. 国家指导下横向生态保护补偿机制逐步建立

《中华人民共和国环境保护法》第三十一条第二款规定：“国家指导受益地区和生态保护地区人民政府通过协商或者按照市场规则进行生态保护补偿。”中央政府、广东省政府、福建省政府在汀江—韩江流域实施了生态保护补偿，中央政府、广东省政府、江西省政府在东江流域实施了生态保护补偿，中央政府、天津市政府、河北省政府在滦河流域实施了生态保护补偿，中央政府、浙江省政府、安徽省政府在新安江流域实施了生态保护补偿，中央政府、广东省政府、广西壮族自治区政府在九州江流域实施了生态保护补偿。

4．各地主动探索积极推进生态保护补偿实践

在省级层面之下，各地市、区县乃至乡镇也越发重视生态保护补偿，并因地制宜地展开了诸多实践。其中，江苏省苏州市将多年来生态保护补偿工作的实践和经验，上升为地方性法规，出台了《苏州市生态保护补偿条例》，为苏州市生态保护补偿机制的规范运作提供了法律依据，这一文件的出台同时也成为我国生态保护补偿立法中的重要里程碑。除此之外，江苏省扬州市、无锡市，广东省中山市，山东省青岛市等近年来也都尝试建立了覆盖全市的生态保护补偿机制。2015 年山东省潍坊市建立了弥河流域上下游协议生态保护补偿机制，以临朐、青州、寿光边界断面水质为准，实行上下游双向补偿。与之相类似的市、县级层面的实践还包括云南省大理市与洱源县洱海保护治理生态保护补偿协议、广东省清远市主体功能区生态保护补偿机制等。

（二）生态保护补偿制度实施过程中存在的主要问题

《中华人民共和国环境保护法》在实施过程中虽然取得了较好的经济社会效益，初步实现了政策设计初衷，但也发现了一些问题，这些问题应当引起高度重视。

（1）国家层面生态保护补偿专门立法建设滞后。虽然新修订的《中华人民共和国环境保护法》《中华人民共和国水污染防治法》等立法中已经明确规定了生态保护补偿制度，但这些规定只是原则性的，国家层面生态保护补偿专门立法并未获得实质性推动。

（2）生态保护补偿制度属性与机制要素有待进一步明确。

1）生态保护补偿法律性质不明确。实践中，生态保护补偿常常被错误理解为包含正外部性和负外部性双向的补偿，生态保护补偿制度也常常与资源有偿使用制度、环境保护税费制度和生态损害赔偿制度等混淆。

2）生态保护补偿主体界定不清晰。“谁补偿谁”是流域生态保护补偿制度需要清晰界定的主体要素。实践中存在多种提法，例如，“生态受益者”和“生态保护建设者”，“个人与集体”“企事业单位”和“地方政府”，“所有者”“管理者”“使用者”等，多种提法直接影响到生态保护补偿工作的开展。

3）流域生态保护补偿标准难以确定。实践中标准并不统一，既有从生态保护成本、发展机会成本、生态系统价值等方面确定的，也有依据协议确定的。

五、我国生态保护补偿政策

（一）《国务院办公厅关于健全生态保护补偿机制的意见》

2016 年 4 月国务院办公厅印发了《关于健全生态保护补偿机制的意见》（国办发〔2016〕31 号），主要内容包括：

指导思想：全面贯彻党的十八大和十八届三中、四中、五中全会精神，深入贯彻习近

平总书记系列重要讲话精神，坚持“四个全面”战略布局，牢固树立创新、协调、绿色、开放、共享的发展理念，按照党中央、国务院决策部署，不断完善转移支付制度，探索建立多元化生态保护补偿机制，逐步扩大补偿范围，合理提高补偿标准，有效调动全社会参与生态环境保护的积极性，促进生态文明建设迈上新台阶。

基本原则：①权责统一、合理补偿。谁受益、谁补偿。②政府主导、社会参与。③统筹兼顾、转型发展。④试点先行、稳步实施。

目标任务：到2020年，实现森林、草原、湿地、荒漠、海洋、水流、耕地等重点领域和禁止开发区域、重点生态功能区等重要区域生态保护补偿全覆盖，补偿水平与经济社会发展状况相适应，跨地区、跨流域补偿试点示范取得明显进展，多元化补偿机制初步建立，基本建立符合我国国情的生态保护补偿制度体系，促进形成绿色生产方式和生活方式。

分领域重点任务：①森林：健全国家和地方公益林补偿标准动态调整机制。完善以政府购买服务为主的公益林管护机制。合理安排停止天然林商业性采伐补助奖励资金。②草原：扩大退牧还草工程实施范围，适时研究提高补助标准，逐步加大对人工饲草地和牲畜棚圈建设的支持力度。实施新一轮草原生态保护补助奖励政策，根据牧区发展和中央财力状况，合理提高禁牧补助和草畜平衡奖励标准。充实草原管护公益岗位。③湿地：稳步推进退耕还湿试点，适时扩大试点范围。探索建立湿地生态效益补偿制度，率先在国家级湿地自然保护区、国际重要湿地、国家重要湿地开展补偿试点。④荒漠：开展沙化土地封禁保护试点，将生态保护补偿作为试点重要内容。加强沙区资源和生态系统保护，完善以政府购买服务为主的管护机制。研究制定鼓励社会力量参与防沙治沙的政策措施，切实保障相关权益。⑤海洋：完善捕捞渔民转产转业补助政策，提高转产转业补助标准。继续执行海洋伏季休渔渔民低保制度。健全增殖放流和水产养殖生态环境修复补助政策。研究建立国家级海洋自然保护区、海洋特别保护区生态保护补偿制度。⑥水流：在江河源头区、集中式饮用水水源地、重要河流敏感河段和水生态修复治理区、水产种质资源保护区、水土流失重点预防区和重点治理区、大江大河重要蓄滞洪区以及具有重要饮用水水源或重要生态功能的湖泊，全面开展生态保护补偿，适当提高补偿标准。加大水土保持生态效益补偿资金筹集力度。⑦耕地：完善耕地保护补偿制度。建立以绿色生态为导向的农业生态治理补贴制度，对在地下水漏斗区、重金属污染区、生态严重退化地区实施耕地轮作休耕的农民给予资金补助。扩大新一轮退耕还林还草规模，逐步将25°以上陡坡地退出基本农田，纳入退耕还林还草补助范围。研究制定鼓励引导农民施用有机肥料和低毒生物农药的补助政策。

推进体制机制创新的措施：建立稳定投入机制、完善重点生态区域补偿机制、推进横向生态保护补偿、健全配套制度体系、创新政策协同机制、加快推进法制建设。

（二）《生态综合补偿试点方案》

为贯彻落实党中央、国务院的决策部署，进一步健全生态保护补偿机制，提高资金使用效益，2019 年 11 月国家发展改革委制定了《生态综合补偿试点方案》（发改振兴〔2019〕1793 号）。主要内容包括：

指导思想：（略）

基本原则：先行先试，稳步推进；压实责任，形成合力。

工作目标：到 2022 年，生态综合补偿试点工作取得阶段性进展，资金使用效益有效提升，生态保护地区造血能力得到增强，生态保护者的主动参与度明显提升，与地方经济发展水平相适应的生态保护补偿机制基本建立。

试点任务：①创新森林生态效益补偿制度；②推进建立流域上下游生态补偿制度；③发展生态优势特色产业；④推动生态保护补偿工作制度化。

工作程序：①确定生态综合补偿试点县，在国家生态文明试验区、西藏及四省藏区、安徽省，选择 50 个县（市、区）开展生态综合补偿试点；②报送生态综合补偿实施方案；③做好试点工作的组织；④多渠道筹集资金加大对试点工作的支持。

（三）《生态综合补偿试点县名单》

国家发展改革委印发了《生态综合补偿试点县名单》（发改振兴〔2020〕209 号），确定在安徽省、福建省、江西省、海南省、四川省、贵州省、云南省、西藏自治区、甘肃省、青海省的 50 个县开展生态综合补偿试点。

本章小结

生态环境损害赔偿制度是生态文明制度体系的重要组成部分。本章第一节概述了生态环境损害赔偿概念、特征、原则，阐述了生态环境损害赔偿制度的理论基础、意义、实践及存在的问题，并提出完善制度的建议。

建立生态保护补偿政策有其必要性和可行性。生态保护补偿的理论基础包括环境资源价值理论、经济外部性理论、生态资本理论、公共产品理论和可持续发展理论。我国生态保护补偿进行了多年的实践，取得了长足的进步，但也存在一些问题。国务院办公厅印发的《关于健全生态保护补偿机制的意见》是一个非常重要的文件。国家发展改革委也先后印发了《生态综合补偿试点方案》《生态综合补偿试点县名单》。

复习思考题

1. 简述生态环境损害及生态环境损害赔偿的概念。
2. 简述生态环境损害赔偿制度的理论基础。

3．简述建立生态环境损害赔偿制度的原则。

4．阐述生态环境损害赔偿制度存在的问题。

5．阐述如何完善生态环境损害赔偿制度体系？

6．简要说明生态保护补偿的概念。

7．简述建立生态保护补偿政策的必要性和可行性。

8．简述生态保护补偿政策的理论基础。

9．我国生态保护补偿存在的问题有哪些？

10．健全生态保护补偿机制的基本原则有哪些？

11．简述健全生态保护补偿机制的分领域重点任务。

12．简述健全生态保护补偿机制、推进体制机制创新的内容。

13．简述生态综合补偿试点方案的内容。

参考文献

[1] 王亭玉. 生态环境损害赔偿制度研究[D/OL]. 烟台：烟台大学，2019 [2019-06-02]. https：//kns.cnki.net/kcms/detail/detail.aspx ? dbcode = CMFD&dbname = CMFD201902&filename = 1019655991.nh&v = gV%25mmd2FQ8U6dnf%25mmd2BMV08ijFyQ3n1akpUi6EVdXvg1IshXQotyO72MUkJZj%25mmd2BEvQaz1uf4u.

[2] 竺效. 论生态（环境）损害的日常性预防[J]. 中国地质大学学报（社会科学版），2018，18（2）：60-64.

[3] 袁伟彦，周小柯. 生态补偿问题国外研究进展综述[J]. 中国人口・资源与环境，2014，24（11）：76-82.

[4] 袁珊，贾爱玲. 论生态环境损害民事救济的局限性[J]. 中国环境管理干部学院学报，2017，27（5）：7-10.

[5] 程雨燕. 生态环境损害赔偿磋商制度构想[J]. 北方法学，2017，11（5）：81-90.

[6] 王金南，刘倩，齐霁，等. 加快建立生态环境损害赔偿制度体系[J]. 环境保护，2016，44（2）：26-29.

[7] 王金南. 实施生态环境损害赔偿制度落实生态环境损害修复责任——关于《生态环境损害赔偿制度改革试点方案》的解读[N]. 中国环境报，2015-12-04（2）.

[8] 王洪平. 基于国外经验的生态环境损害赔偿制度建设分析[J]. 生态经济，2018，34（9）：192-196.

[9] 张瑞萍. 论生态环境损害赔偿制度[J]. 渤海大学学报（哲学社会科学版），2017（5）：55-59.

[10] 周新军，柴源. 生态环境损害赔偿法律问题研[J]. 重庆理工大学学报（社会科学），2018（10）：111-118.

[11] 中共中央办公厅，国务院办公厅. 生态环境损害赔偿制度改革试点方案[R/OL].（2015-12-13）[2021-01-10]. http：//www.gov.cn/zhengce/2015-12/03/content_5019585.htm.

[12] 中共中央办公厅，国务院办公厅. 生态环境损害赔偿制度改革方案[R/OL].（2017-12-17）[2021-01-10]. http：//www.gov.cn/zhengce/2017-12/17/content_5247952.htm.

[13] 王玮，韩梅. 生态环境损害赔偿制度写入决定意义重大[N]. 中国环境报，2019-11-13（3）.

[14] 南景毓. 生态环境损害：从科学概念到法律概念[J]. 河北法学，2018，36（11）：98-110.

[15] 马心宇，徐铁兵，马跃涛，等. 生态环境损害赔偿工作开展情况及对策思考[J]. 环境与发展，2019（6）：196，198.

[16] 王金南. 如何完善三江源生态补偿机制[N]. 中国环境报，2012-06-14.

[17] 董战峰，陈金晓，葛察忠，等. 国家“十四五”环境经济政策改革路线图[J]. 中国环境管理，2020（1）：5-13.

[18] 国务院办公厅. 关于健全生态保护补偿机制的意见[R/OL].（2016-04-28）[2021-01-10]. http：//www.gov.cn/zhengce/content/2016-05/13/content_5073049.htm

[19] 江泽慧. 公益林和流域生态补偿机制研究[M]. 北京：中国环境出版社，2013.

[20] 李克国. 环境经济学（第三版）[M]. 北京：中国环境出版社，2014.

[21] 吴乐，孔德帅，靳乐山. 中国生态保护补偿机制研究进展[J]. 生态学报，2019，39（1）：1-8

[22] 欧阳志云，郑华，岳平. 建立我国生态补偿机制的思路与措施[J]. 生态学报，2013，33（3）：686-692.

[23] 中共中央. 关于全面深化改革若干重大问题的决定[R/OL].（2013-11-15）[2021-01-10]. http：//www.gov.cn/jrzg/2013-11/15/content_2528364.htm.

[24] 李文华，刘某承. 关于中国生态补偿机制建设的几点思考[J]. 资源科学，2010，32（5）：791-796.

[25] 李奇伟，常纪文，丁亚琦. 我国生态保护补偿制度的实施评估与改进建议[J]. 发展研究，2018（8）：84-89.

[26] 潘佳，我国生态保护补偿概念的法学界定——基于历史的分析进路[J]. 吉首大学学报（社会科学版），2017，38（4）：46-56.

第十一章　金融政策在环境保护中的应用

第一节　绿色金融

一、绿色金融概述

绿色金融是指为支持环境改善、应对气候变化和资源节约高效利用开展的经济活动，即对环保、节能、清洁能源、绿色交通、绿色建筑等领域的项目投融资、项目运营、风险管理等所提供的金融服务。当前，中国正处于经济发展优化升级的关键时期，绿色产业发展和传统产业的绿色转型需要金融部门更多的支持。中国作为世界主要经济体之一，支撑经济发展的环境资源、自然资源、人力资源等要素正在发生变化，经济发展与资源环境的矛盾日益尖锐，人们也认识到，要解决这一矛盾，必须进行产业结构调整，实现经济绿色转型发展。

二、国际绿色金融的产生和发展

发达国家在绿色金融方面做出了初步尝试，相关立法与准则不断完善，金融产品推陈出新，绿色金融呈现出立体性、多元化的发展趋势。

1992 年，联合国在《21 世纪议程》中提出，发展中国家在实施可持续发展战略过程中，要根据各国情况，实行经济政策改革，必须提高银行信贷、储蓄机构和金融市场领域实现经济可持续发展的能力。其后，联合国环境规划署于 1992 年、1995 年相继推出了《银行界关于环境可持续发展的声明》和《保险业环境举措》，规范金融行业的国际条约不断丰富。2002 年，国际上首个环境与社会风险的项目融资指南——“赤道原则”的提出，具有十分重要的意义。“赤道原则”是世界银行下属的国际金融公司和荷兰银行在伦敦召开的国际知名商业银行会议上提出的一项企业贷款准则。

金融在环保领域的作用越来越被重视，各国纷纷制定和修改国内法律进行金融的绿色改革。不断完善的国际绿色金融立法，为确保绿色金融广泛开展提供了先决条件。目前，国际上各国金融机构为个人和企业提供多种绿色金融产品和服务，绿色金融服务越来越普遍。很多国家银行已经建立了普遍环境报告制度和环境管理系统，经营决策中已经开展环境风险评估，制定环境风险指导意见，防范业务操作过程中带来的影响可持续发展的风险。绿色金融产品不断创新，同时国际金融机构对于可持续发展的认识也从单纯管理环境和社会风险转变为从可持续发展中寻找成长的优势和机会，立志于在绿色金融方面提供更为优质的金融产品和金融创新。部分发达国家加大了对低碳消耗项目的贷款力度，还为碳排放市场设计了更多的金融交易工具，如碳基金、碳资产管理、碳排放交易保险以及碳银行等。

三、我国绿色金融的实践

1. 我国绿色金融的发展历程

随着国际绿色金融的不断发展，我国环保部门和金融部门也认识到绿色金融在环境保护和发展中的作用，开始积极推动和发展绿色金融。绿色金融在我国的发展可分为 3 个阶段：

（1）初始发展阶段（2007—2010 年）

自从 2007 年起，国家环境保护总局就同其他相关部门，相继推出“绿色信贷”“绿色保险”和“绿色证券”，这标志着我国绿色金融体系正式建立。

“绿色信贷”政策于 2007 年由国家环境保护总局、人民银行、银监会联合发布的《关于落实环保政策法规防范信贷风险的意见》中首次提出，此后，我国相继发布了《关于防范和控制高耗能高污染行业贷款风险的通知》《节能减排授信工作指导意见》《中国银行业金融机构企业社会责任指引》等规定和政策。在一系列政策的支持和促进下，我国银行业在绿色金融方面的积极举措取得了阶段性、局部性成果。绿色金融的发展可以督促银行业承担企业社会责任，并刺激金融市场对环境问题予以更多关注。

2007 年由国家环境保护总局出台的《关于环境污染责任保险工作指导意见》标志着我国正式建立环境污染责任保险制度，该意见是国家环境保护总局继绿色信贷政策之后推出的第二项绿色金融政策。

“绿色证券”政策于 2008 年启动，国家环境保护总局发布的《关于加强上市公司环保监管工作的指导意见》，标志着我国开始建立绿色证券机制。绿色证券是指上市公司在上市融资和再融资过程中，要经由环保部门进行环保审核的一项证券模式，其中，环保审核的内容包括上市公司环保核查、上市公司环境信息披露和上市公司环境绩效评估。绿色证券是环境保护措施的一种，更是一项与环境保护相关的证券监管制度，具有通过经济刺激控制污染、通过监督管理企业环境行为、通过减少高风险企业直接融资的机会减少资本风险的转嫁以及与其他环境经济手段互补的重要作用。目前，政府也在大力推进市场主导型绿色证券制度模式、政策机制和实体工作。但相关的制度法规体系存在缺失、环境信息披露的规范性与真实性不能保障、社会参与度不够广泛等问题，制约了绿色证券效果的发挥。

（2）深化发展阶段（2011—2014 年）

在深化发展阶段，我国绿色金融的发展主要以绿色信贷政策体系的建立、发展和逐步完善为主。2012 年，银监会印发的《绿色信贷指引》，成为中国绿色信贷体系的纲领性文件。2013 年，中国银监会下发了《关于绿色信贷工作的意见》，要求各银监局和银行业金融机构应切实将绿色信贷理念融入银行经营活动和监管工作中，认真落实绿色信贷指引要求。2014 年，银监会进一步印发了《绿色信贷实施情况关键评价指标》，将其作为绿色银行评级的依据和基础。由此，中国形成了以《绿色信贷指引》为核心，以绿色信贷统计制度和考核评价机制为两大基石的相对完备的绿色信贷政策体系，对中国银行业金融机构开展绿色信贷进行了有效的规范、促进和激励。同年 4 月，新《中华人民共和国环境保护法》颁布，被称为“史上最严的环保法”。环境立法和修法进程加快，中国绿色政策不断加码。

（3）全面推进阶段（2015 年至今）

自从建立绿色金融体系以来，我国一直持续高度重视并大力支持绿色金融的发展，沿着“自上而下”的顶层推动和“自下而上”的基层探索两条路径来不断推动绿色金融的发展。在制度建设方面，我国着力完善制度框架和激励政策，为绿色金融提供了良好的政策发展环境。

2015 年 4 月，我国制定发布了《关于加快推进生态文明建设的意见》，首次提出要推广绿色信贷、排污权抵押等融资，开展环境污染责任保险试点。2015 年 9 月，中共中央、国务院印发了《生态文明体制改革总体方案》，从信贷、绿色股票指数、绿色债券、绿色发展基金、上市公司披露信息、担保、环境强制责任保险、环境影响评估、国际合作等方面提出了建立绿色金融体系、加快推进生态文明的建设的具体方案。2015 年 10 月，党的十八届五中全会再次明确我国要发展绿色金融，设立绿色发展基金。

2016 年 3 月，“建立绿色金融体系，发展绿色信贷、绿色债券，设立绿色发展基金”再次被写入我国“十三五”规划。2016 年 8 月 31 日，中国人民银行、财政部等 7 部门联合发布了《关于构建绿色金融体系的指导意见》，指导意见定义了绿色金融、绿色金融体系，指出了构建绿色金融体系的重要意义，并提出从大力发展绿色信贷、推动证券市场支持绿色投资、设立绿色发展基金、发展绿色保险、完善环境权益交易市场、支持地方发展绿色金融、推动开展绿色金融国际合作等方面建立多层次的绿色金融市场体系，由此，构建起了较为完整的绿色金融政策体系。2016 年是中国和全球的绿色金融元年。中国发布了全面构建绿色金融体系的指导意见，成为全球最大的绿色债券市场，并且各类绿色金融创新大量涌现。同年，我国在杭州峰会发布《G20 绿色金融综合报告》，提出了提供支持绿色投资的政策信号、推广绿色金融自愿原则、扩大能力建设网络等一系列供 G20 和各国政府自主考虑的可选措施；并出台了推进绿色金融改革的政策措施，如《全国碳排放权交易市场建设方案（发电行业）》，初步建立了全国碳排放权交易体系。我国的绿色金融改革不断推进，绿色金融逐步实现国际与国内统筹发展。

2017 年，中国人民银行出台了《落实〈关于构建绿色金融体系的指导意见〉的分工方案》，为绿色金融体系建设确定了时间表和路线图。同时，绿色债券、绿色信贷、环境信息披露、第三方评估认证等方面的具体政策也逐步落地。我国绿色金融相关制度的不断完善使绿色金融发展有章可循、有据可依。在激励政策方面，我国还陆续出台了支持绿色金融发展的财政、货币和监管等相关政策，如将符合条件的绿色贷款和绿色债券纳入货币政策操作中合格抵质押品范围，将银行业存款类金融机构的绿色信贷和绿色债券业绩纳入宏观审慎评估（MPA）等。

地方政府和市场逐步按“自下而上”的基层探索路径来积极推动我国的绿色金融发展，充分发挥了其主观能动性和创新精神，逐渐形成了推动绿色金融发展的重要原动力。2017年，浙江、江西、广东、贵州、新疆5省（区）的8个市（州、区）获批建立绿色金融改革创新试验区，以绿色金融服务地方经济绿色转型，探索具有区域特色的绿色金融发展模式，初步积累了一定的有益经验。部分地方政府还出台了有针对性的财政贴息及奖补政策，形成了专业化的绿色基金和绿色担保机制，新的绿色金融产品和服务模式不断出台和创新。实践经验表明，“自上而下”的顶层推动和“自下而上”的基层探索模式，实现了中国绿色金融从产生到不断深入发展，共同推动我国绿色金融事业不断进步。

近些年，我国不断扩大绿色金融市场规模，仅2018年，我国发行的绿色债券就超过2 800亿元，银行业金融机构绿色信贷余额为8.23万亿元，绿色企业上市融资和再融资合计224.2亿元，均位居全球前列。2018年，中英还共同发布了“一带一路”绿色投资原则，推动“一带一路”投资绿色化；通过G20、央行与监管机构绿色金融合作网络（NGFS）、中英、中法等多边和双边平台，在全球范围内宣传推广中国绿色金融最佳实践，不断深化国际社会和境外投资者对中国绿色金融市场的认知与参与。在国际上，我国绿色金融多边和双边合作不断深化，影响力和话语权也在提升。

绿色金融产品服务也不断创新，涌现出绿色基金、绿色保险、绿色信托、绿色PPP、绿色租赁等新产品、新服务和新业态，有效拓宽了绿色项目的融资渠道，降低了融资成本和项目风险。绿色基金是指为支持、鼓励和发展绿色环保事业而提供的专项资金。实际上，绿色基金是整个体系中最为灵活的融资方式，也是非常重要的融资渠道。一个新的绿色项目，首先需要进行的是初始股权融资，即启动资金。大多数处在起步阶段的绿色项目，技术上存在一定风险，政策上面临较大不确定性，因此，社会资本进入这些绿色项目的积极性并不高。但当有政府背景的绿色基金进入环保项目的股权融资部分之后，就可以使社会资本对于此类项目的风险厌恶有效下降，使许多环保产业落地生根，各级政府可以充分利用绿色基金，引导和鼓励更多社会资本投入绿色项目中。绿色PPP，其中的PPP被国务院2017年7月发布的《基础设施和公共服务领域政府和社会资本合作条例（征求意见稿）》定义为：政府采用竞争性方式选择社会资本方，双方订立协议明确各自的权利和义务，由社会资本方负责基础设施和公共服务项目的投资、建设、运营，并通过使用者付费、政府付费、政府提供补助等方式获得合理收益的活动。随着我国绿色发展战略的逐步推进和通过绿色金融手段来扶持绿色环保产业的力度逐步加大，绿色PPP应运而生。这种融资模式在投资量大、建设时期长的公共基础建设型项目上有着极大优势。绿色 PPP 模式能够拓宽资金来源渠道，激励社会资本参与绿色环保领域的投资，缓解政府财政支出的压力，是解决绿色环保领域投资总量不足问题的重要举措，但目前绿色 PPP 模式在我国也存在着法律制度建设不完善、政府与企业行为不太规范、民营企业参与率低、风险大和收益率低等问题。

绿色金融在我国开始进入快速发展的时期，绿色金融为我国的绿色发展提供了综合性金融服务，推进了高质量发展，对我国环境质量起到了积极的改善作用。

2．我国绿色金融的新挑战

在前期良好的发展基础上，我国绿色金融目前已经进入纵深发展的新阶段。为推动环境与经济可持续发展、发挥绿色金融在环保中的作用，我国需要积极应对新挑战。

（1）加强理论研究，科学推动绿色金融发展。鉴于环境保护和经济发展的关系，我们需要将环境要素与传统经济学和金融学的理论有机结合，研讨和确定绿色金融的理论基础、定价机制、环境社会效益及其对经济增长和可持续发展的作用机制等内容。

（2）建立标准体系和政策体系，保障绿色金融市场科学发展。我国金融市场需要建立统一的绿色金融标准体系，以规范各类市场主体的金融活动，并与国际绿色金融体系接轨。我国各政策部门也需要不断完善激励奖补机制和制度，提升社会金融主体发展绿色金融的内在动力，实现绿色金融的可持续发展。

（3）鼓励创新，提倡绿色金融产品和服务的多样化。引导和支持社会金融主体创新绿色金融产品和服务模式，增强绿色金融领域的可持续性。

（4）积极参与国际金融管理，推动我国绿色金融市场与国际标准接轨，推动我国绿色金融的深入探索和可持续发展。

第二节　绿色信贷

绿色信贷政策是环境经济政策的重要组成部分之一，发达国家十分重视利用信贷经济杠杆保护环境，信贷经济杠杆在我国也有一定的应用。绿色信贷政策服务于环境保护、生态建设和绿色产业融资，其主要应用途径为若是对环境保护及可持续发展有利的项目，实施优惠的信贷政策，反之，则实施严格的信贷政策。

一、银行业的赤道原则

1．赤道原则的产生与发展

2002 年 10 月，世界银行集团成员国际金融公司（IFC）与荷兰银行在伦敦主持召开了一个由 9 家商业银行参加的金融会议，讨论项目融资中的环境和社会影响问题，制定出一套针对项目融资中社会与环境风险的解决框架。2003 年 2 月，格林威治会议商讨确立统一的金融机构环境与社会风险管理的基准，讨论了“格林威治原则”标准草案，后此草案更名为赤道原则。2003 年 6 月，花旗银行、巴克莱银行、荷兰银行和西德意志州立银行等 7 个国家共 10 家银行宣布实行赤道原则；随后，汇丰银行、摩根大通银行、渣打银行和美洲银行等世界知名金融机构也纷纷接受这些原则。2006 年，赤道原则成员银行对最初的赤道原则进行了修订，修订后的赤道原则于 2006 年 7 月开始施行，后赤道原则经过第二次、第三次修订，2013 年正式施行赤道原则第三版。目前赤道原则正在进行第四次修订。赤道原则的适用范围不断扩大，对信息披露的要求日益提高，对气候变化的关注持续增加，同时赤道原则第四版还关注了目标更新的问题，并重点关注社会影响和人权、气候变化、指定国家和赤道原则的适用范围 4 个关键主题。

截至 2018 年 12 月，遍布全球 37 个国家的 94 家金融机构采纳了赤道原则，这些金融机构大概占据了新兴市场 70%以上的项目融资份额。

2．赤道原则的主要内容

从 2003 年问世以来，赤道原则不断被修订，2013 年 6 月 4 日，赤道原则协会正式对外颁布了赤道原则Ⅲ，并于 2014 年 1 月 1 日起全面实施。赤道原则协会不间断地对赤道原则的内容进行审视、回顾和修订、更新，以保持赤道原则的与时俱进，确保它是最佳实践标准。

赤道原则是一套用以确定、评估和管理项目环境和社会风险的金融行业基准，其主要内容在发展中不断更新。赤道原则的适用范围不断扩大，从原来的项目融资扩大到了项目融资、项目融资咨询服务、符合标准的与公司项目相关的贷款以及过桥贷款；评估范围持续扩大，从原来只做环境评估扩大到环境和社会评估，赤道原则Ⅲ更是增加对人权的关注与要求；对信息披露的要求日益提高，如对赤道原则金融机构（以下简称赤道银行）从无强制的年度报告要求，到增加强制披露年度报告的义务，再到日益细化年度报告的详细要求以及增加了提交协会秘书处的项目名称报告，同时在赤道原则Ⅲ还增加了对客户相关报告的要求；对气候变化的关注持续增加，气候变化成为了尽职调查重点，并要求对于高排放项目进行温室气体替代分析。

赤道原则基于国际金融公司对环境和社会的筛选标准，根据项目的风险程度和潜在影响将项目分为 A 类、B 类和 C 类（表 11-1）。

根据赤道原则，赤道银行要按照环境与社会风险状况对适用范围内的贷款项目进行分类，并结合项目分类评估和环境与社会风险审查，要求客户建立行动计划，签订承诺性条款，并根据项目分类情况必要时需聘请独立外部专家审查项目的环境和社会评估报告、行动计划以及磋商披露的记录等文件，对项目建设和运营实施持续监管，并定期披露在赤道原则方面的实施过程和经验。

表 11-1　赤道原则对贷款项目的分类

类别	赤道原则中的定义	影响
A	有可能对社会或环境造成多种多样的、不可逆转的或前所未有的重大负面影响的项目	①对地方社区有重大影响； ②对生物多样化和自然栖息地有重大影响； ③对文化遗产有重大影响； ④多种多样的实质性影响
B	有可能对社会或环境造成负面影响的项目，但这些影响数量较少、基本上只覆盖本地区、很大程度上可以逆转、可以通过防治和控制污染措施得以改善	①潜在的影响没有 A 类影响那样严重； ②潜在负面影响只覆盖本地区，可以制定出合理措施防治和控制污染
C	对社会或环境造成最小限度的影响或没有影响的项目	对社会和环境造成最小限度的影响或没有影响

资料来源：王帅，国内商业银行绿色信贷政策分析。

3．赤道原则的特点

（1）赤道银行成了环境保护的民间代理人。赤道银行通过督促项目的发起人和借款人，直接监督环境标准和社会标准在项目中的应用，从而实现保护社会和环境的目的。

（2）赤道原则已经成为银行业惯例。赤道原则不是国际条约，接受赤道原则的金融机构无须签订协议，只需宣布遵守赤道原则即可。赤道原则已经成为国际项目融资的社会和环境方面的行业标准和行业惯例，但它具有约定俗成的无法抗拒的权威性。

（3）非政府组织是赤道原则的主要监督力量。非政府组织有强大的社会影响力和公信力，西方国家的社会利益制衡机制中离不开非政府组织。一些非政府组织甚至专门盯住银行业务活动。在执行中，赤道原则离不开非政府组织的参与，因为赤道原则是一套自愿性的指南，缺乏强制执行机制和机构，此时非政府组织的监督尤为重要。

（4）赤道银行的中心工作是进行审慎性审核调查。要审查是否是项目融资，要审查分类是否准确，要对《环境评估报告》《环境管理方案》和贷款协议进行形式和实质审查。

4．赤道原则在我国的实践

我国金融机构与国际金融公司的合作不断深入。兴业银行于 2006 年与国际金融公司签署了《能源效率融资项目（CHUEE）合作协议》（即《损失分担协议》），国际金融公司成为其开发适合中国的能效融资项目的合作伙伴。继兴业银行与国际金融公司合作之后，我国江苏银行、湖州银行也相继采纳赤道原则。2020 年 2 月，重庆农商银行也正式宣布采纳赤道原则，成为我国第四家“赤道银行”。截至 2019 年年末，重庆农商银行贷款余额超过 4 000 亿元，绿色信贷贷款余额超过 180 亿元。

二、绿色信贷在中国的发展

1. 我国绿色信贷政策

我国的绿色信贷政策主要是指国家环境保护总局、中国人民银行、银监会3个部门为了遏制我国高耗能、高污染产业的盲目扩张，于2007年7月12日联合颁布了《关于落实环境保护政策法规防范信贷风险的意见》。该意见规定，对不符合产业政策和环境违法的企业和项目进行信贷控制，各商业银行要将企业环保守法情况作为审批贷款的必备条件之一。金融机构对未通过环评审批或者环保设施验收的新建项目，金融机构不得新增任何形式的授信支持。对于各级环保部门查处的超标排污、未取得许可证排污或未完成限期治理任务的已建项目，金融机构应严格控制贷款。

一般来说，绿色信贷政策包含以下含义：①绿色信贷的目标之一是帮助和促使企业降低能耗，节约资源，将生态环境要素纳入金融业的核算和决策之中，扭转企业污染环境、浪费资源的粗放经营模式，避免陷入先污染后治理、再污染再治理的恶性循环；②金融业应密切关注环保产业、生态产业等发展，注重人类的长远利益，以未来的良好生态经济效益和环境反哺金融业，促成金融与生态的良性循环。

目前，生态环境部、央行、银保监会等政府部门实施绿色信贷政策主要采取以下做法：①央行的政策指导和道义劝说；②银保监会对商业银行信贷活动的监督；③国家和地方环保部门对企业贷款项目的环境评估；④环保与金融监管部门协作管理。

绿色信贷是将环保调控手段通过金融杠杆来具体实现。通过在金融信贷领域建立环境准入门槛，对限制和淘汰类新建项目，不得提供信贷支持；对于淘汰类项目，应停止各类形式的新增授信支持，并采取措施收回已发放的贷款，从源头上切断高耗能、高污染行业无序发展和盲目扩张的经济命脉，有效地切断严重违法者的资金链条，遏制其投资冲动，解决环境问题，也通过信贷发放进行产业结构调整。

2. 绿色信贷的发展

我国的绿色信贷政策起源于20世纪90年代，1995年中国人民银行颁布的《关于贯彻信贷政策与加强环境保护工作有关问题的通知》是我国最早的绿色信贷政策。但是，受多种因素的影响，这项政策的实施效果比较差。

2007年，国家环境保护总局、中国人民银行和银监会联合发布了《关于落实环保政策法规防范信贷风险的意见》，标志我国绿色信贷政策进入新阶段。随后，江苏、浙江等20多个省份的环保部门与金融机构联合出台了绿色信贷的实施方案和具体细则。

同年，中国工商银行率先在国内同业制定绿色信贷政策，全面推进绿色信贷建设，不仅制定出了系统的绿色信贷政策，还确定了严格的环保准入标准，实行“环保一票否决制”。此后，银监会先后出台了《节能减排授信指导意见》《绿色信贷指引》等，指导、规范银行业开展绿色信贷建设。

2008 年，兴业银行公开承诺采纳赤道原则，2009 年在北京成立可持续金融中心。紧随其后的华夏银行、民生银行、招商银行等也都积极开展了绿色金融贷款活动。

2011 年 6 月，环境保护部、中钢协和银监会联合出台了《中国钢铁行业绿色信贷指南》，这是首次由中国政府制定、发布的考虑行业特征的绿色信贷政策文件。

2011 年 9 月 27 日，环境保护部、中国人民银行和银监会又联合启动了绿色信贷评估研究项目，并计划建立“中国绿色信贷数据中心”，为商业银行践行绿色信贷、管理和评估风险提供权威的信息支持。

2012 年 2 月 24 日，银监会发布了《关于印发绿色信贷指引的通知》，指导银行业金融机构按照指引的要求从战略高度推进绿色信贷，加大对绿色、循环、低碳经济的支持，防范环境和社会风险，加强监管和绿色信贷能力建设。在该指引的指导下，2012 年五大银行的绿色信贷取得较快发展。从五大银行各自的社会责任报告来看，2012 年每家银行的绿色信贷规模均在千亿元以上，与 2011 年相比都有不同幅度的增长。

截至 2012 年 10 月，环保部门累计向中国人民银行征信系统提供 8 万多条环境信息，涉及近 7 万家企业，包含 170 万条环保信息的信用报告被提供给各类金融机构。同时，银监会对环保部处罚的 18 家违法企业的贷款余额进行了重点跟踪，并对放贷银行进行了专门的监督。

2013 年 2 月 7 日银监会发布了《关于绿色信贷工作的意见》，积极支持绿色、循环和低碳产业发展，支持银行业金融机构加大对战略性新兴产业、文化产业、生产性服务业、工业转型升级等重点领域的支持力度。同时按照与银监会的信息共享协议，环保部继续指导地方环保部门向金融部门提供企业环境信息。

2015 年，我国银行业开始探索建立问责机制或专责部门，制定有完善配套的绿色信贷政策和分行业指导政策。在我国 16 家 A 股上市银行中，已有 8 家银行参照绿色信贷指引的要求建立了责任制体系。

近几年，我国绿色信贷市场长期保持稳步增长。总体来看，2018 年中国绿色信贷规模呈现持续扩大的趋势，涵盖领域众多，包含节能环保服务信贷和战略新兴产业信贷。2019 年绿色信贷贷款余额突破 10 万亿元。2019 年年末，我国本外币绿色信贷贷款余额为 10.22 万亿元，较年初增长 15.4%，占同期企事业单位贷款的 10.4%。绿色交通项目、可再生能源及清洁能源项目、工业节能节水环保项目的贷款余额及增幅规模位居前列。

3．我国绿色信贷存在的问题

（1）缺乏专门的绿色信贷统一标准和考核机制

由于我国绿色信贷发展较晚，绿色信贷业务目前还处于探索发展阶段。虽然我国主要商业银行在实施绿色信贷的过程中，都坚持“环境一票否决制”，重点支持环保节能型企业的发展，但我国绿色信贷政策都是商业银行根据自身发展状况自行制定的，缺乏统一的绿色信贷标准和考核机制，各大商业银行关于绿色信贷的标准以及解释都存在着较为明显的差别。

（2）绿色信贷法律法规制度不完善

到目前为止，我国虽然制定了一些法律法规，但关于绿色信贷的法律法规仍有待完善。我国的绿色信贷政策多是一些指导性意见，惩罚力度不够，部分法律虽然对“三高”企业处以罚款，但与“三高”企业赚取的高额利润相比，震慑力极小，故而一些高危企业仍然逍遥法外。我国目前还没有专门的法律来对绿色信贷做出明确的规定，如绿色信贷的参与主体的权利与义务方面仍存在分歧，出了事情，参与主体只会相互推脱。

（3）绿色信贷产品单一，创新能力不足

绿色信贷产品种类少，业务量小，同质化严重。各商业银行绿色信贷产品目前依然以项目贷款为主，缺乏对环保企业个性化融资产品或金融服务方案的设计和营销，尤其是对烟气脱硫特许经营、合同能源管理、环保产品政府采购等新兴商业模式，缺乏跟进研究，未能及时创新推出适合的信贷产品。这既难以缓解环保企业，尤其是中小环保企业的融资困难，也影响了银行自身绿色信贷市场的拓展。

（4）监管不到位

在政府绿色信贷政策的积极号召下，国内许多商业银行也开展了绿色信贷这项业务，然而绿色信贷有着风险大、前期投入大、经济周期长、回收成本慢、操作烦琐、工作机制不全等特点，在实施过程中商业银行为追求自身的经济效益，赚取超额利润，难免会放松对“三高”企业的贷款。对此，监管部门没有切实落实实际监管职责。

（5）缺乏绿色信贷激励政策

目前，我国制定了一些关于绿色信贷的法律法规政策，但大多都是约束性的，缺乏激励性政策。就银行而言，由于政府在贴息、税收减免等方面缺乏配套激励措施，加上银行自身关于绿色信贷的体制不健全，前期投入较大，成本高，相对于其他贷款的利润低，故银行开展业务积极性不高。就企业而言，绿色项目风险大，经营周期长，利润存在不确定性，政府又没有实际的关于绿色信贷的激励政策，很多企业往往不会改变现有的生产经营模式，仍继续破坏环境。

（6）缺乏有效的绿色信贷共享机制

由于政府未建立统一的关于企业的绿色信贷披露机制，绿色信贷市场上信息不对称，商业银行、环保部门和企业三方收到的关于绿色信贷的信息存在时间和空间的滞后性。另外，我国大部分商业银行只披露绿色信贷余额和贷款余额指标，而关于信贷业务成本和绩效的指标数据缺乏。商业银行之间绿色信贷信息闭塞，不利于商业银行之间开展关于绿色信贷方面的合作与学习。

4．完善我国绿色信贷政策的措施

（1）规范实施标准

研究制定绿色信贷行业指南，对同一行业内的不同企业，根据落实国家环境政策法规的情况，实施分类管理的信贷政策。

（2）配套相关法律支持

绿色信贷尚未法律化，因此政府或者生态环境部门无法用法律或行政法规的强制措施要求银行对污染项目拒绝发放贷款。只有建立完善的法律制度，才能使绿色信贷制度取得良好效果。

（3）加大绿色信贷的创新力度

大众创新、万众创业已经成为一股潮流，放眼望去绿色信贷也拥有诸多创新方向，如产品创新、贷款方式创新、贷款对象创新等，而绿色信贷的产品创新又可以从发展绿色创新、发展个人的绿色消费结构化产品、发展绿色抵押融资产品 3 个方面着手。

（4）提高绿色信贷水平

加强生态环境部门与人民银行及其分支机构、银监部门之间的协调合作，在国家货币政策和信贷监管政策制定和调整中，更深入、更全面地反映环境保护的要求，发挥绿色信贷对企业环境行为的激励约束作用。积极推动对银行业金融机构的环保培训，对银行业金融机构行之有效的做法进行广泛宣传和必要的表彰。研究制定绿色信贷环境信息管理办法，督促和管理地方环保部门主动、及时、全面地向银行机构公开和提供企业环境信息；研究建立健全对地方环保部门、银行业金融机构实施绿色信贷效果进行评价评估的制度。

（5）构建绿色信贷激励政策机制

生产力决定生产关系，生产关系对生产力具有反作用，符合社会生产的生产关系能推动生产力的发展。在新时期下，我国非常重视供给侧改革，以推动社会生产，我们同样可以建立绿色财税制度来推动绿色经济的发展。一方面，我国可对参与绿色信贷的主体进行财税激励，如大幅减税政策。若企业利用原本的贷款模式所创造的公司利益长期处于亏损状态，而新型的绿色信贷的减税政策的力度又非常大，企业就会改变以往的生产方式，用新型的方式进行生产，以达到盈利的目的。另一方面，可以实行法律激励，借鉴德国、美国的做法实行法律激励，通过立法的形式将绿色信贷的税收、福利加以规定，促进资源公开、公平、高效配置，吸引更多企业转变生产模式。

（6）建立完善的环保信息共享机制

绿色信贷政策得以实施的基本保障就是在政府、生态环境部门和银行业三者之间建立完善的信息沟通及共享机制。以国家确定的节能减排、淘汰落后产能的重点行业，涉重金属行业，对土壤造成严重污染的行业，以及环境风险高、环境污染事故发生次数较多、损害较大的行业为重点，研究制定绿色信贷行业指南，构建地方环保部门向国家报送绿色信贷环境信息的网络途径和数据平台，完善环保信息共享机制。

第三节　环境污染责任保险

一、环境污染责任保险制度概述

1．环境污染责任保险的概念

环境污染责任保险（environmental liability insurance），是基于环境污染赔偿责任的一种商业保险，以企业发生污染事故对第三者造成的损害依法应承担的赔偿责任为标的的保险，也被形象地称为“绿色保险”。环境污染责任保险是随着环境污染事故和环境侵权行为的频繁发生以及公众环境权利意识的不断增强，从公众责任保险、第三者责任保险中逐渐独立出来的。环境污染责任保险是围绕环境污染风险，以被保险人发生污染水、土地或空气等污染事故对第三者造成的损害依法应承担的赔偿责任为标的的保险，它是整个责任保险制度的一个特殊组成部分，也是一种生态保险，投保人以向保险人缴纳保险费的形式，将突发、意外的恶性污染风险或累积性环境责任风险转嫁给保险公司。

利用保险工具来参与环境污染事故处理，可以有效解决环境问题与经济发展之间的矛盾，改善环境状况，有利于分散企业经营风险，促使其快速恢复正常生产；有利于发挥保险机制的社会管理功能，利用费率杠杆机制促使企业加强环境风险管理，提升环境管理水平；有利于使受害人及时获得经济补偿，维护受害者利益，保证企业稳定经营，稳定社会经济秩序，减轻政府负担，促进政府职能转变；保险公司为降低赔付率，也会加强对投保企业的监督，通过保费调整等方式，促使投保企业改善自身环境状况；开拓保险服务领域，促进财险公司保险产品的创新，也可作为排污收费制度的补充。实施环境污染责任保险是维护污染受害者合法权益、防范环境风险的有效手段。

2．环境污染责任保险的产生和发展

（1）国际环境污染责任保险的产生和发展

环境污染责任保险起源于西方，作为环境经济政策的一个重要组成部分，环境污染责任保险在发达国家已有40年历史，是在二战以后经济迅速发展、环境问题日益突出的背景下诞生的，并已日渐成熟。作为一种特殊的责任保险，它有“以法律法规为基础依据、以强制和自愿相结合为投保模式、以有限责任为保障范围、以重大环境风险领域为保障对象和以政府支持协调为工作基础”的一系列特点。20世纪70年代，美国、英国、德国、瑞士等国家开始实施环境污染责任保险。这项制度在国际上的普遍应用，充分说明了环境污染责任保险制度是一种能调动市场力量、加强环境监管的重要政策手段。

（2）国内环境污染责任保险的产生和发展

起始阶段（20世纪90年代至2006年）：20世纪90年代初，我国部分城市开始实施

环境污染责任保险。1991 年，大连、沈阳、长春和吉林等地相继开展此项业务。环境污染责任保险在起始阶段开展得并不成功，到 20 世纪 90 年代中期相关保险产品就退出了市场。

发展阶段（2007—2012 年）：以 2007 年 12 月 4 日由国家环境保护总局与中国保险监督管理委员会联合发布的《关于环境污染责任保险工作的指导意见》为标志，环境保护部、保监会等国家相关行政管理部门积极推动环境污染责任保险，试点在更多的省市和行业展开。该意见发布以后，迅速得到许多保险公司的积极响应，环境污染责任保险产品的推出如雨后春笋，中国人民财产保险、中国平安保险、太平洋保险等多家保险公司的环境污染责任保险产品通过了中国保监会的审核备案并投入市场。我国环境污染责任保险试点进展总体上较为顺利，试点省市基本上都开展了相关业务，江苏、湖南、宁波等进展最为突出。

深化阶段（2013 年以后）：2013 年 2 月 21 日，环境保护部与中国保险监督管理委员会联合发布了《关于开展环境污染强制责任保险试点工作的指导意见》。在此指导意见中，强制投保成为一大亮点。强制投保的企业涉及两种类型，①涉重金属企业；②按地方有关规定应当投保环境污染责任保险的企业。此外，其他高环境风险企业则是被鼓励投保。环境污染强制责任保险成为继机动车第三者强制责任保险后，我国推广实施的第二个全国性强制险种。

新修订的《中华人民共和国环境保护法》第五十二条规定，“国家鼓励投保环境污染责任保险”。2015 年 9 月，党中央、国务院印发的《生态文明体制改革总体方案》中明确：“在环境高风险领域建立环境污染强制责任保险制度。”2016 年 8 月，由人民银行、环境保护部、保监会等 7 部门联合印发的《关于构建绿色金融体系的指导意见》第二十二条规定：“在环境高风险领域建立环境污染强制责任保险制度。按程序推动制修订环境污染强制责任保险相关法律或行政法规，由环境保护部门会同保险监管机构发布实施性规章。选择环境风险较高、环境污染事件较为集中的领域，将相关企业纳入应当投保环境污染强制责任保险的范围。”2018 年 5 月 7 日，生态环境部通过了《环境污染强制责任保险管理办法（草案）》，对环境污染强制责任保险的定义、适应范围、监管机构做出了明确界定，并进一步明确了强制投保范围、保险责任范围、承保投保方式、风险评估与排查、赔偿责任、罚款责任等。在环境高风险领域建立环境污染强制责任保险制度，是贯彻落实党的十九大精神的有力措施和具体行动，是建立健全绿色金融体系的必然要求和重要内容。

3．我国建立环境污染责任保险制度的意义

（1）发挥保险的社会管理功能，是行政管理手段的重要补充。环境污染责任保险制度是一项重要的金融工具，保险公司可以利用环境污染责任保险的费率杠杆机制促使企业加强环境风险管理。企业环境行为与其缴纳的保险费直接相关，发生过污染事故并经保险公司赔付过的企业，其保险费要比之前高出许多，因此，环境污染责任保险制度能够起到激励投保企业预防环境风险的作用，并且可以提升企业环境管理水平和企业的环境保护意识，具有事前预防的功能。同时还具有事后补救、分散风险、隔离风险、降低风险损失等作用。

（2）分散企业风险，避免政府为企业污染埋单。一旦发生污染事件，由于环境污染事故影响范围广，损失数额巨大，赔偿金和污染场地治理恢复费用往往使单一的企业难以承受。在这种情况下，政府往往被推向事件的前台，不得不耗费大量财力、物力、人力，为污染埋单。通过环境污染责任保险等社会化途径，可以将单个企业的风险转移给众多的投保企业，从而使环境污染造成的损害由社会承担，分散了单一企业的经营风险，也能够使企业可以迅速恢复正常的生产经营活动。通过缴纳保费的形式，有效地分散企业的风险，大大减少了环境污染事故对企业经营活动的影响，同时也履行了企业的环境责任。

（3）有利于迅速地使环境污染受害者得到经济补偿和救济，有效地保护受害者。在中国现行的法律和制度中，环境污染受害者可通过民事侵权诉讼的途径寻求赔偿，但是由于权力机构的复杂性，环境侵权案件往往包含许多专业性、技术性问题，有些损害后果也并非立刻显现，导致此类案件审理周期较长，受害人不能在最快的时间得到损失补偿，客观上增加了受害者取得赔偿的难度，甚至激化社会矛盾，也会增加国家财政的负担。即使受害者胜诉，也可能因为企业的赔偿能力不足和“执行难”等原因，难以及时获得赔偿。利用环境污染责任保险来参与环境污染事故的处理，有利于使受害人及时获得经济补偿，避免出现受害者所受损害长期化、复杂化的局面。

二、我国环境污染责任保险的相关法律和政策

改革开放以来，随着我国社会主义法制体系不断建立和完善，与环境污染责任保险相关的法律及制度建设不断发展，初步形成了包括法律、规章、政策性文件以及国际公约在内的一套法律及政策规范，为在我国推动环境污染责任保险提供了重要依据，奠定了重要基础。

1．法律法规

（1）法律

2009 年 12 月 26 日通过的《中华人民共和国侵权责任法》第八章的第六十五条至第六十八条建立了环境污染侵权责任规则，对保护合法环境权益、制裁环境侵权行为、促进社会和谐稳定具有重要意义，为推动环境污染责任保险奠定了重要法律基础。环境污染侵权是指违反国家保护环境、防止污染的规定，污染环境造成他人损害的行为。环境污染责任保险是建立在环境侵权理论基础之上的，环境侵权法的发展促成了环境责任保险制度的诞生。

2011 年实施的《中华人民共和国刑法》修正案，将“重大环境污染事故罪”改为“污染环境罪”，此修订降低了对损害后果的认定要求，拓宽了可构成犯罪的环境污染事故的范围，大大降低了入罪门槛。

2015 年 1 月 1 日起施行的《中华人民共和国环境保护法》第五十二条规定：“国家鼓励投保环境污染责任保险。”这为环境污染责任保险工作提供了基本的法律支撑。2017 年

6 月 28 日，全国人民代表大会就《中华人民共和国土壤污染防治法（草案）》向社会公开征求意见。该草案第六十一条规定：“列入土壤污染重点监控行业名录、从事土壤污染修复等土壤污染高风险的企业应当投保环境污染强制责任保险。具体办法由国务院环境保护主管部门会同保险监管部门制定。”

2020 年 5 月 28 日，十三届全国人民代表大会第三次会议表决通过的《中华人民共和国民法典》第七章规定：“因污染环境、破坏生态造成他人损害的，侵权人应当承担侵权责任”；“违反国家规定造成生态环境损害，生态环境能够修复的，国家规定的机关或者法律规定的组织有权请求侵权人在合理期限内承担修复责任”。

（2）地方政府规章

2008 年年底辽宁省人大批准通过的《沈阳市危险废物污染环境防治条例》，是全国首个以立法的形式确定环境污染责任保险的地方性规章，实现了环境污染责任保险在地方立法上的突破，其第八条规定：“支持和鼓励保险企业设立危险废物污染损害责任险种；支持和鼓励产生、收集、贮存、运输、利用和处置危险废物的单位投保危险废物污染损害责任险种。”2009 年重庆市环保局联合重庆保监局制定《重庆环境污染责任保险试点工作实施方案》，2009 年湖南省保监局与湖南省环保厅联合制定了《关于深入开展环境污染责任保险试点工作的通知》，2012 年内蒙古自治区环保厅联合政府金融办、保监局制定了《内蒙古自治区关于开展环境污染责任保险试点工作的意见》等。

2．政策

（1）国务院文件（表 11-2）

表 11-2　我国近年来直接涉及环境污染责任保险的国务院文件

文件名称	主要内容摘要
国务院关于保险业改革发展的若干意见（国发〔2006〕23 号）	发展安全生产责任、建筑工程责任、产品责任、公众责任、执业责任、董事责任、环境污染责任等保险业务
2009 年节能减排工作安排的通知（国办发〔2009〕48 号）	进一步扩大用于节能减排的企业债券发行规模，研究开展污水处理项目收益债券试点、环境污染责任保险试点
节能减排综合性工作方案	加强节能环保领域金融服务研究，建立环境污染责任保险制度
关于 2008 年深化经济体制改革工作的意见（国办发〔2008〕103 号）	开展环境污染责任保险试点
国务院关于加强环境保护重点工作的意见（国发〔2011〕35 号）	健全环境污染责任保险制度，开展环境污染强制责任保险试点

（2）部委规范性文件

2007 年 12 月 4 日由国家环境保护总局与中国保险监督管理委员会联合发布的《关于环境污染责任保险工作的指导意见》，提出在重点行业（主要是包括生产、经营、储存、运输、使用危险化学品的企业，易发生污染事故的石油化工企业，危险废物处置企业）和区域开展环境污染责任保险的试点工作，提出要逐步建立和完善环境污染责任保险制度。

2013 年 2 月 21 日，环境保护部与中国保险监督管理委员会联合发布了《关于开展环境污染强制责任保险试点工作的指导意见》。该指导意见首次明确了部分行业需强制参加环境污染责任保险。指导意见中首次明确提出了哪些企业需要强制投保，而哪些企业采取鼓励式的自愿投保。其中涉重金属企业［包括重有色金属矿（含伴生矿）采选业、重有色金属冶炼业、铅蓄电池制造业、皮革及其制品业等高环境危害行业］和按地方有关规定应当投保环境污染责任保险的企业需强制投保；同时，国家鼓励石化企业、危险化学品经营企业等化工企业投保。至此，我国以自愿保险为主，以强制保险为辅的环境污染责任保险制度基本建立。

（3）技术标准

《环境风险等级划分技术指南》等指导文件的出台为重点行业推进责任保险提供了技术依据。企业环境风险等级划分是开展环境污染责任保险的基础工作。环境风险评估机构根据投保企业的具体情况对其进行环境风险等级划分，保险公司根据企业环境风险等级划分结果为其提供环境污染责任保险产品。推行企业环境风险等级制，不仅仅是为保险公司制定保费额度提供参考，也是为生态环境部门进行环境管理提供技术依据。

三、我国环境污染责任保险发展前景

1. 我国环境污染责任保险的实施情况

目前，全国 31 个省（区、市）均已开展环境污染强制责任保险试点，覆盖涉重金属、石化、危险化学品、危险废物处置等行业，保险公司已累计为企业提供超过 1 600 亿元的风险保障，在预防环境风险、及时救助污染受害者等方面发挥了积极作用。

2012 年，广东省环保厅与广东省保监局联合出台了《开展环境污染责任保险试点工作的指导意见》，指导意见中确定了重点投保企业名单，提出由广东保监局制定环境污染保险理赔流程，以每年全省环境污染责任保险保费收入的 10%作为理赔专项基金，单独建账滚存使用。

2013 年，安徽省开始在全省试点对涉重金属等 6 类企业使用环境污染强制责任保险。近 3 年内发生过严重污染事故的企业等 6 类企业都得强制购买该险种。同年，江西省环保厅与保监局联合印发了《江西省环境污染强制责任保险试点工作实施方案》，在全省涉重金属等高环境风险行业推行环境污染强制责任保险试点。

2014 年，湖南省政府发布了《关于贯彻落实〈关于开展环境污染强制责任保险试点工作的指导意见〉的通知》，全面推进环境污染强制责任保险试点工作。为了推动环境污染责任保险的推广，通知要求，省保监局要定期组织专家对企业进行风险排查，建立重特大环境污染公害的救助机制，加快推进环境污染强制责任保险管理信息平台的开发与运用。

2018 年 1 月，江西省保监局牵头印发了《赣江新区绿色保险创新试验区建设方案》，内容包括完善绿色保险组织体系，建设绿色保险产业园，建立绿色保险产品创新实验室和产品项目库；拓展绿色保险服务内容，推行环境污染强制责任保险试点等。2 月，厦门市出台了《关于促进厦门市保险行业发展绿色金融的意见》，明确了保费补贴、风险补偿、创新奖励等方面的财政扶持政策。9 月，深圳市福田区政府、深圳市保监局、平安产险深圳分公司、深圳经济特区金融学会绿色金融专业委员会，共同启动绿色保险创新险种——绿色卫士装修污染责任险，该险种成为国内首个承保室内空气环境污染的产品。

2．我国环境污染责任保险发展中面临的问题

总体来看，我国环境污染强制责任保险试点工作取得初步成效，环境污染强制责任保险促进了环境风险防范，有利于及时救济污染受害者。环境污染责任保险的产品性价比逐步提高，我国环境污染强制责任保险平均费率大幅下降，平均费率从 2013 年的 1.49%逐步下降至 2017 年的 1.03%。市场规模表现出较强的政策性，“强制”特色也更明显。然而我国推行环境污染责任保险制度的实施过程中仍存在诸多问题和障碍。

（1）环境污染责任保险责任范围与生态环境损害赔偿制度脱节。目前，我国环境污染责任保险承保责任为人身伤亡或直接财产损失，不包括生态环境损害；承保责任为场所责任，仅承保约定区域内的损害，约定区域外的损害不在承保范围内。结果是责任范围不合理直接导致环境污染责任保险赔付率极低，一般不到 10%，致使一些企业投保意愿降低。

（2）强制责任保险的政策性和商业性定位模糊。所谓强制，是政府履行环境保护职责和维护污染受害者权益的客观选择，是政府对企业存在环境风险的必然要求，其政策性远远大于商业性。然而，试点多年的环境污染责任保险走的是商业化路子，缺少强制性，如谁来强制、强制什么、怎么强制、强制程度等。目前，强制责任保险的定位仍缺乏立法依据，虽然已有一些政策性规定，但仅停留在环保部门管理范围内。

（3）保险行业与生态环境主管部门之间存在信息壁垒，保险责任限额在地方试点存在较大差异性。部分地区试点企业名单制定缺乏明确依据，确定投保企业范围较为随意，有些地方直接下发试点企业名单，要求企业投保，有些地方在政府网站上对试点企业名单进行公示，并设置了异议期等公开程序。

（4）环境污染责任保险的推广缺乏内在推动力。我国的环境污染责任保险在推广理念等方面吸收和借鉴的国际先进的理论和成熟的方法，较好地指导了近年来开展的试点工作。但是，我国在环境污染损害赔偿责任方面的法律规定并不明确，责任追究主要依靠行政处罚，环境事故的民事责任和刑事责任追究制度不完善，而法律赋予的行政处罚额度有限，许多环境事故肇事者只承担了少量的污染损失，社会和地方政府则承担了大部分的损失。受损的环境和生态系统往往并不计入污染损失当中。在环境污染损害赔偿和责任追究制度不完善的情况下，企业既缺乏环境风险防范的意识，也不承担全部污染损害的赔付责任，大多不愿意将环境风险管理纳入经营成本之中，因此也就不具有购买保险的需求，导致环境污染责任保险的推广缺乏内在推动力。

（5）缺乏对投保企业和保险公司的激励机制，保险公司的经营风险较大。在环境污染责任保险设立初期，相关的法律和政策体系非常不完善，投保企业的风险防范预期和保险公司的盈利预期都很难确定，社会对它的了解度不高，参与的投保企业和保险公司数量不多，这不符合保险业最基本的“大数原则”的要求。在缺乏必要激励机制的情况下，保险公司的经营风险增大，同时，投保企业也会因交纳保费增加运营成本而降低在同类企业中的竞争力。考虑到环境污染责任保险具有较强的公益性，以及鼓励更多排污企业参与进来的因素，在试点阶段非常有必要制定可行的优惠政策，对保险公司和投保企业予以支持。

（6）风险评估不能达到控制风险的目标。在风险评估不能达到控制风险目标的情况下，在地方试点中，保险公司一般依赖风险分类手段以及除外责任进行风险控制。大多数环境污染责任保险产品设定了很多除外责任，例如，将企业排污行为导致的损害、渐进性污染导致的损害以及地下储罐损害等均列入除外责任。这样做的后果，除了风险分类条款和责任限额严格限制了企业索赔金额，直接影响环责险赔付率之外，也让企业产生保险公司收了钱就走的印象，严重影响企业投保意愿。

3．我国环境污染责任保险发展对策

（1）建立健全环境污染责任保险的法律法规体系。①修订保险法，将污染责任保险纳入保险法，或者制定污染责任保险法。②修订环境保护法及相关法律，完善污染损害责任划分和认定办法，强化环境损害责任追究制度出台强制保险专门的法规或规章，将强制保险的性质定位、损害对象、强制范围、鉴定评估、定审理赔等纳入法制轨道。明确污染者应承担因污染引发的人员伤亡、财产损害、生态环境修复等产生的费用，加强对环境事件中肇事者的刑事和民事责任追究，强化和落实责任追究，让肇事者切实体会到法律的严肃性及赔偿的强制性，认识到环境风险防范的重要性。

（2）完善环境污染责任保险政策体系。环境污染责任保险是一项公益性的保险产品，它需要国家予以政策支持。我国应参照国际经验积极探索出台适宜的优惠政策，重点研究制定有利于环境污染责任保险推广的财税政策，设立财政专项资金支持环境污染责任保险试点工作，吸引更多的排污企业自愿购买环境污染责任保险。可由国家和地方财政、排污企业以及保险公司共同出资，建立环境污染专项风险基金，用于支付重大环境污染事故赔偿部分以及垫付应急处理费用等；建立环境污染强制责任保险参保企业保费财政补贴制度；推行政府官员环境考核问责制度，强化和落实责任追究制度，形成环境污染强制责任保险发展的内在动力。

（3）制定环境污染责任保险投保和风险评估等相关支撑体系。生态环境部门应根据环境管理重点和需要，制定环境污染责任保险投保指南，确定投保企业范围、投保责任范围与除外责任，促使企业明确其污染者责任，明确权利和义务，同时投保指南也有助于投保企业在投保时选择保险条款；制定环境污染责任保险指南风险等级划分标准，指导保险机构与投保企业合理评估环境污染责任保险风险。制定环境污染责任保险责任限额，为未来制度实施提供基础数据积累。

（4）建立生态环境部门与保监部门的联合工作机制，建立相关信息的共享机制。明确生态环境部门和保监部门各自的职责与分工，加强对保险公司的支持和指导，稳步推进环境污染强制责任保险制度，积极开展全国范围内的环境污染责任保险培训，加强环境污染责任保险相关的基础研究，加大环境污染责任保险的投入，提升相关机构在环境污染责任保险方面的研究和政策支持能力。将环境污染责任险作为一个独立险种，使其担负起督促企业进行相关污染防控的责任。

本章小结

绿色金融政策，是指通过金融工具和服务推动私人和公共资源投向环境友好型项目的监管政策、激励机制和机构设置。

绿色信贷政策服务于环境保护、生态建设和绿色产业融资，其主要应用途径为若是对环境保护及可持续发展有利的项目，实施优惠的信贷政策，反之，则实施严格的信贷政策。

赤道原则明确了融资项目中的环境和社会标准，要求金融机构对项目的环境和社会影响进行综合评估，以确定是否为项目进行融资。绿色信贷的本质在于正确处理金融业与可持续发展的关系。

绿色信贷政策包含以下含义：①绿色信贷的目标之一是帮助和促使企业降低能耗，节约资源，将生态环境要素纳入金融业的核算和决策之中，扭转企业污染环境、浪费资源的粗放经营模式，避免陷入先污染后治理、再污染再治理的恶性循环；②金融业应密切关注环保产业、生态产业等发展，注重人类的长远利益，以未来的良好生态经济效益和环境反哺金融业，促成金融与生态的良性循环。

环境污染责任保险，是基于环境污染赔偿责任的一种商业保险，是以企业发生污染事故对第三者造成的损害依法应承担的赔偿责任为标的的保险。利用保险工具来参与环境污染事故处理，可以有效解决环境问题与经济发展之间的矛盾，改善环境状况，有利于分散企业经营风险，促使其快速恢复正常生产；有利于发挥保险机制的社会管理功能，利用费率杠杆机制促使企业加强环境风险管理，提升环境管理水平；有利于使受害人及时获得经济补偿，维护受害者利益，保证企业稳定经营，稳定社会经济秩序，减轻政府负担，促进政府职能转变；也会强化对投保企业的监督，促使投保企业改善自身环境状况。

复习思考题

1. 什么是绿色金融政策？
2. 什么是银行业的赤道原则？
3. 银行业的赤道原则的主要内容是什么？

4．银行业赤道原则的意义是什么？

5．绿色信贷政策包含哪些含义？

6．我国绿色信贷存在哪些问题？

7．什么是环境污染责任保险？

8．请简述环境污染责任保险在我国的产生和发展。

9．请论述我国建立环境污染责任保险的意义。

10．请简述我国目前环境污染强制责任保险存在的问题。

11．请论述我国环境污染责任保险的发展对策。

参考文献

[1] 查然，聂飞榕. 赤道原则的产生、发展与实践[J]. 金融经济，2008（16）：108-109.

[2] 李克国. 环境经济学（第三版）[M]. 北京：中国环境出版社，2014.

[3] 葛察忠，翁智雄，段显明. 绿色金融政策与产品：现状与建议[J]. 环境保护，2015，43（6）：17-22 .

[4] 马骏. 中国绿色金融的发展与前景[J]. 经济社会体制比较，2016（6）：6-8.

[5] 中国人民银行等七部门.《关于构建绿色金融体系的指导意见》[R/OL].（2016-08-22）[2020-07-20]. http://www.gov.cn/xinwen/2016-09/01/content_5104132.htm.

[6] 马中，刘青扬，谷晓明，等. 发展绿色金融，推进供给侧结构性改革[J]. 环境保护，2016，44（16）：33-37.

[7] 王俊，王春伟. 创新驱动和绿色发展的支持性政策研究[J]. 胜利油田党校学报，2016（29）：99-103.

[8] 郝睿. 我国银行业绿色信贷的发展现状及问题研究[D]. 北京：首都经济贸易大学，2017.

[9] 郭金龙，周小燕. 对环境污染责任保险赔偿机制的思考[J]. 环境保护，2017，45（10）：18-21.

[10] 廖理，马骏. 绿色金融的探索与实践[J]. 清华金融评论，2017（10）：2.

[11] 章家宝，曾煜. 供给侧改革下我国绿色信贷法律问题研究——基于商业银行角度[J]. 产业与科技论坛，2017（16）：29-30.

[12] 李红玉. 中国环境经济政策的特点与优化思路[J]. 现代经济信息，2017（20）；6-7，9.

[13] 安国俊，王文. 绿色金融发展回顾与展望[R/OL].（2018-6-13）[2020-07-20]. http://www.rdcy.org/index/index/news_cont/id/47295.html.

[14] 孙宏涛，曹宏嘉. 英国环境污染责任保险镜鉴（下）[N]. 中国保险报，2018-09-26.

[15] 闫怀艳，吴秋房，万佳. 我国绿色金融发展现状及前景研究[J]. 金融经济，2018（10）：8-10.

[16] 国家环境经济政策研究与试点项目技术组，王金南，董战峰，等. 国家环境经济政策进展评估报告：2017[J]. 中国环境管理，2018，10（2）：14-18.

[17] 马国行. 我国绿色金融发展问题与对策探讨[J]. 财经界，2018（11）：65.

[18] 朱文英，曹国志，於方，等. 全面推进环责险仍需强化制度保障[J]. 环境经济，2019（1）：33-37.

[19] 兴业银行. 赤道原则的发展现状与组织管理——赤道原则发展与实践系列报告[R/OL].（2019-02-22）

[2020-07-27]. http：//finance.sina.com.cn/stock/stockzmt/2019-02-22/doc-IhrFq zka8041397.shtml.

[20] 徐世龙. 绿色金融创新发展的中国经验[J]. 甘肃金融，2019（12）：1.

[21] 魏旭辉，郑焕刚. 我国绿色金融发展分析[J]. 现代经济信息，2019（23）：256.

[22] 董战峰，陈金晓，葛察忠，等. 国家“十四五”环境经济政策改革路线图[J]. 中国环境管理，2020，12（1）：5-13.

[23] 马中，周月秋，王文. 中国绿色金融发展研究报告 2019[M]. 北京：中国金融出版社，2020.

第十二章　排污权交易

环境可持续是保证国家经济高质量发展的基础和前提。控制主要污染物排放总量，打好污染防治攻坚战，推动经济高质量发展是未来我国经济健康发展的根本要求。为此，我国制定和实施了排污权交易制度用以控制污染排放总量。国家《“十三五”生态环境保护规划》提出，完善市场机制，推行排污权交易制度。建立健全排污权初始分配和交易制度，落实排污权有偿使用制度，推进排污权有偿使用和交易试点，加强排污权交易平台建设。鼓励新建项目污染物排放指标通过交易方式取得，且不得增加本地区污染物排放总量。推行用能预算管理制度，开展用能权有偿使用和交易试点。排污权交易，是以社会治污成本最小化为目的的环境经济政策。“十三五”期间，排污权交易与总量控制政策相结合，成为控制建设项目总量指标的重要手段之一。本章重点介绍排污权交易的基本理论、方法、实践。

第一节　排污权交易的理论基础

一、排污权交易概述

排污权指排放者在环境保护监督管理部门分配的额度内，并在确保该权利的行使不损害其他公众环境权益的前提下，依法享有的向环境排放污染物的权利。排污权交易是指在一定区域内，在污染物排放总量不超过允许排放量的前提下，内部各污染源之间通过货币交换的方式相互调剂排污量，从而达到减少排污量、保护环境的目的。

排污权交易起源于美国。美国经济学家戴尔斯于 1968 年最先提出了排污权交易的理论，并首先被美国国家环境保护局（EPA）用于大气污染源及河流污染源管理。面对二氧化硫污染日益严重的现实，EPA 为解决新建企业发展经济与环保之间的矛盾，在实现《清洁空气法》所规定的空气质量目标时提出了排污权交易的设想，引入了“排放减少信用”这一概念，并围绕排放减少信用从 1977 年开始先后制定了一系列政策法规，允许不同工厂之间转让和交换排污削减量，这也为企业针对如何进行费用最小的污染削减提供了新的选择。而后德国、英国、澳大利亚等国家相继开展了排污权交易的实践。

20世纪80年代，中国开始引入排污权交易制度，1987年上海进行的关于水污染排放权的转让是最早的关于排污权交易的案例。2001年4月，国家环境保护总局与美国环保协会签署了“推动中国二氧化硫排放总量控制及排放交易政策实施的研究”项目，选择试点进行排污权交易示范工作，推动了排污权交易的发展。2007年，在浙江嘉兴建成第一个排污权交易中心。

我国从2007年开始，国务院有关部门组织江苏、浙江、天津、湖北、湖南、内蒙古、陕西、河北和河南等11个省（区、市）开展排污权有偿使用和交易试点。2014年8月，国务院印发了《关于进一步推进排污权有偿使用和交易试点工作的指导意见》，要求到2015年年底前试点地区全面完成现有排污权单位的排污权核定，到2017年年底基本建立排污权有偿使用和交易制度，试点实施有效推动了污染减排。

目前，排污权交易仍然是各国关注的重要环境经济政策之一。

二、排污权交易的理论基础

排污权是具有价值的稀缺资源，是企业发展所需的基本生产要素，企业在获得排污权时需要支付相应的酬金，环境资源的稀缺性和“受益者付费”原则使得污染企业成本增加，利润减少。排污权交易的前提是企业间的治污成本存在差异，企业为追求最大利润，会面临两个选择：①通过排污权交易市场购买排污权价格低于自身排污成本的排污权，从而达到降低成本的目的；②进行技术创新或清洁生产，降低排污量，多余的排污权可以通过排污权交易市场售出，在降低污染排放量的同时对企业形成经济激励。排污权交易制度起源于科斯定理中提出的“通过明晰产权获得资源配置效率”的著名论断。

根据总量控制的要求，生态环境部门给排污单位颁发排污许可证，排污单位必须按照排污许可证的要求排放污染物。由于经济的不断发展，排污单位及其排污情况会发生变化，从而会对排污许可证的需求发生变化。排污权交易正是为了满足排污单位的这一要求而产生的。

排污权交易制度的基本思想就是建立合法的污染物排放权利即排污权（这种权利通常以排污许可证的形式表现），并允许这种权利像商品那样被买入和卖出，以此来进行污染物的排放控制。排污权交易制度是在明确排污权产权属性的基础上，通过建立合法的污染排放权交易市场，使全社会污染治理总成本最小，从而实现环境资源的优化配置，进而达到控制污染排放总量的目的。排污权交易制度实施之前需要解决初始排污权的分配问题，其初始分配方式主要有无偿分配和有偿获得（政府定价和拍卖）两种，有偿获得排污权使排污者之间的排污权通过市场交易实现再分配，最终形成排污权有偿分配的一级市场和排污权交易的二级市场。因此，从理论上来说，排污权有偿使用与交易制度实施的直接效应是降低企业的污染排放量，产生倒逼企业技术创新的动力，其间接效应是提高企业实施可持续绿色发展战略的积极性，进而为全社会的绿色发展带来福祉。

排污权交易制度的基本做法是：政府部门（主要是生态环境部门）先确定一定区域的环境质量目标，在此基础上确定该区域的环境容量，然后计算出该区域的污染物的最大允许排放量，并将最大允许排放量分割成若干规定的排放量，即排污许可证指标，这些排污许可证指标将会分给不同的排污单位，排污许可证指标可以在排污单位之间进行交易。排污权交易的理论基础可以用图 12-1 说明。

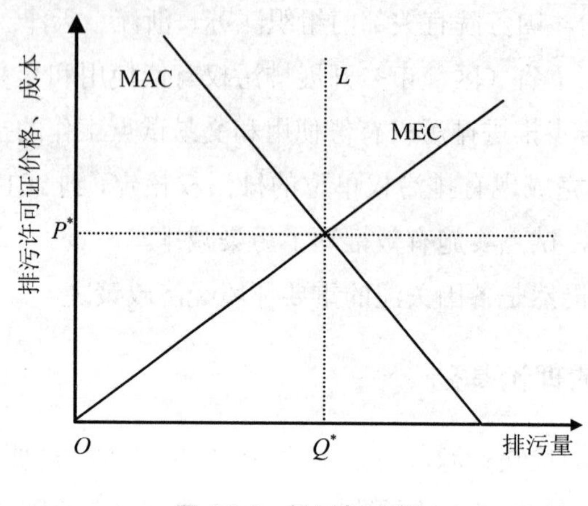

图 12-1 排污权交易

排污权交易是一种基于市场的环境政策，排污权交易必须在生态环境部门监督管理下才能进行交易。下面对排污权交易做 3 点说明：

（1）排污权交易是环境容量资源商品化的体现。排污权是排污企业向环境排放污染物的一种许可资格。环境容量也是一种资源，它是有价值的。排污企业向环境排放污染物，实质上就是利用了环境容量资源。

（2）排污权交易是排污许可制度的市场化形式。排污许可制度是国家生态环境部门依照法律、法规的有关规定向当事人颁发排污许可证，许可人获得排污活动资格的过程。没有许可证者（排污权者）不得排污，拥有许可证者不得违反规定排污，否则会因违法而受到法律制裁。

（3）排污权交易是环境总量控制的一种配套措施。排污权的发放量有一个限额，政府根据不同的环境状况制定某一环境排放总量，企业排污不得超出此量。

三、排污权交易的特点

与强制性环境制度相比，排污交易制度是控制环境污染更为合理有效的经济手段。其优点主要表现在以下方面：

（1）有利于降低污染控制成本、提高经济效率

排污权交易实际上是将排污指标商品化，从而可以利用市场这只“看不见的手”来自动调节，以实现对环境容量资源的合理利用。

排污权交易既能达到污染控制目标，又能实现污染控制成本最低，这一点可以通过图12-2说明。

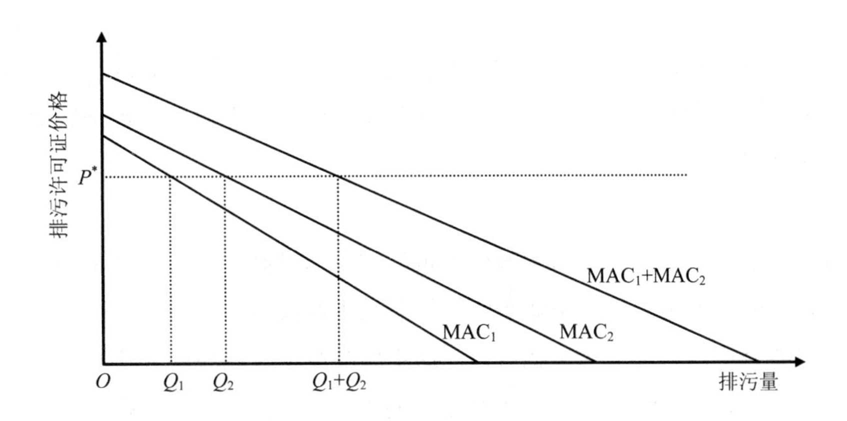

图 12-2　排污权交易使污染控制成本最低排污量

假设只有两个排污单位，MAC_1与MAC_2分别表示其污染的边际控制成本。从图12-2上可以看出，当排污许可证价格为P^*时，两个排污单位分别购买Q_1、Q_2的排污指标，排污单位2因治理成本高而购买较多的排污指标。在达到控制目标Q_1+Q_2的前提下，两个排污单位的污染控制成本之和最低。

因为每个企业的污染治理水平不一样，对于有的企业来说治理污染所花费的成本太高，在国家允许实行排污权交易的情况下，控制污染成本较低的排污者将发现自己控制污染比在市场上购买排污权更便宜，而控制污染成本较高的排污者则发现在市场上购买排污权比自己控制污染更合算，于是排污权就可以在污染控制成本不同的排污者之间进行交易，从而实现双赢的局面，有利于整个社会的污染控制成本达到最低，同时保证了企业的利益，促使市场经济的高效发展。

（2）有利于经济的发展

实行排污权交易，使得控制污染成本较高的排污者能够通过购买排污权继续生存下去而不必花费巨额去实现法律或政府规定的排污权指标，集中财力和精力进行生产经营，而控制污染成本较低的排污者则通过自身的有效污染治理产生更多的排污权，并通过市场将多余的排污权通过买卖获取利益。这个措施使得在环境容量饱和的情况下，新建或扩建企业可以通过购买排污权自由进入某一个地区，老企业可以将富余的排污指标有偿地转让给新企业，使之在环境容量内获得一定的排污权，这样既促进了区域经济持续发展，又调整了产业结构，既能充分发挥富余排污指标的经济社会效益又保存了新生企业的生存条件。

（3）有利于技术水平的提高

排污权交易允许企业间在符合法律规定的条件下自由转让排污权，赋予企业自由选择权，既可以通过自身努力实现环境排污治理，也可以通过购买排污权来获得污染治理指标。

排污权交易改变了以往企业消极、被动地接受政府管理的方式。如果因改进治理污染技术而节省的费用大于购买排污权的费用的话，企业就会因技术革新而提高竞争力，同时那些采用低污染生产工艺的企业还可以将剩余的排污权用来出售以获利，这样就会对污染企业提供连续的反刺激，鼓励企业采取更有效的技术工艺来减少污染。面对潜在的更大的需求市场，新技术供应商也会更加乐意投资开发新技术，因为供求双方的积极性都很高，这将会加速新技术的发展。

（4）有利于政府宏观调控

排污权交易更有利于政府环境管理职能的实现，通过制定排污权交易制度，政府制定税率或收费标准时，不必去了解企业的污染控制技术和成本，也不需要进行税率或收费标准的调整，只要企业达到排污指标就可以。这不仅减少了政府环境管理的费用，而且还有助于赋予企业更多的自主经营权，减少对生产的干预和经济的波动，提高市场经济效率，有利于调动企业积极性，主动配合生态环境行政主管部门的管理活动，所以排污权交易制度是现代市场经济制度发展的一大进步。

如图 12-3 所示，Q^*表示政府提供的排污指标总量，D_2为排污指标的市场需求曲线，此时，排污指标的市场价格为 p，如果排污指标的需求量增加（如新的企业投产、现有企业扩大生产规模），排污指标的需求曲线将会由 D_2 变为 D_3，此时排污指标的市场价格将上升为 p_1。若政府将排污指标的供给量减少为 Q_1，也会出现同样的结果。如果排污指标的需求量减少（如企业通过清洁生产等措施减少污染排放量），排污指标的需求曲线将会由 D_2 变为 D_1，此时排污许可证的市场价格将下降为 p_2。若政府将排污指标的供给量增加为 Q_2，也会出现同样的结果。

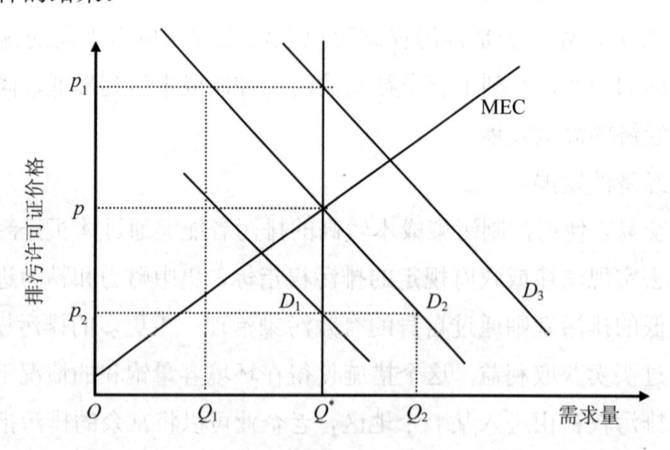

图 12-3 政府、市场与排污权交易价格

（5）有利于公民表达自己的意愿，扩大环保的群众基础

环境保护组织或个人希望改善环境状况，并且可以进入市场购买排污权，然后将其控制在自己手中，不再卖出。当然，政府必须保证排污权总量是受到控制且不断降低的。美

国的一些环保组织曾向社会募集捐款用于购买排污权，并且得到了热烈的响应。如果市场是完全竞争的，可以预见还会出现以买卖排污权来谋利的经纪人，甚至出现排污权股票和期货市场。这对活跃排污权交易市场是大有裨益的。

当然，排污权交易也存在一些缺点：①异地交易导致区域排污总量增加；②排污权交易目的的偏差和排污权交易的经济性可能导致企业不正常的交易动机，即花钱买排污权，用提高生产效益来填补扩大单位环境容量的代价；③排污权交易可能带来地区环境污染的隐形转嫁。

四、排污权交易程序

1．总量控制

总量控制就是指控制一定时间段、一定地域中排污单位排放污染物的总量的管理体系，核心目标是削减或者稳定排污单位每年的排污量，其针对的对象是排污单位而非生产企业，这就允许企业根据自己的既定排污总量选择控制排污方式，在一定程度上保证了企业选择排污方式的自主性。从经济利益方面分析，总量控制通过限定环境容量的使用上限，明确容量资源的稀缺性，使社会更加清晰地认识到环境容量的有效利用带来的经济收益，总量控制为一定地域内所有污染源的排污总量，再将其按一定比例分配到各个污染源，以明确排污单位对容量资源的使用权，为利用市场手段再配置容量资源提供了产权制度基础。可以自由交易的排污权使得容量资源使用权得以重新分配和以最低成本实现排污量的最大减少。从环境治理方面分析，总量控制的制定是为了使环境达到一定质量标准，同时排污总量逐年递减又使得环境质量在达到目标的同时逐年改善，这满足了我国环境治理的要求。实行排污权交易的企业也要满足对其达到排放标准、排放量低于区域排放总量和不影响环境质量的要求，这些对于企业的要求也进一步促使了环境治理目标的实现。

2．排污权一级市场初始分配

排污权交易市场是以“污染者付费”机制为基础形成的市场。在中国一般是政府将排污权以一定的价格出让给需要排放污染物的排污主体，污染者既可以从政府手中购买权利（一级市场），排污主体之间也可以相互转让或出售权利（二级市场）。一级市场就是政府部门投放排污权的初始分配过程。为了实施总量控制，政府首先将允许排放的污染物总量以排污权的形式分配给污染源，实现环境容量资源的初始分配。初始排污权分配是构建排污权交易制度的基础。综合起来，目前理论界探讨最多的初始排污权分配模式主要有政府免费分配、有偿使用以及两者混合的 3 种分配模式。

（1）免费分配模式

初始排污权免费分配模式是指排污权的管理部门将其管辖区域的某种污染物排放总量指标根据自己区域的特点按照一定的公开模式免费分配给所在区域排放该污染物的厂商，这些厂商初始获得的排污权指标均免费，企业不需要为此付出任何成本费用。免费分配模式对获得足够排污权的厂商不会造成任何负面的影响，对厂商来说没有任何利益的冲突，因此曾被世界各地区排污权交易制度广泛采纳。

很多学者认为免费分配模式存在很多问题，1999 年 Gramton 和 Kerr 曾指出，免费分配方案导致了效益损失，在分配效应上排污企业所有者占有了全部的稀缺性价值，而社会公众没有得到相应补偿。从长期看，免费分配模式在总体上降低了企业的生产能力，并且在一定程度上妨碍竞争。

（2）有偿使用模式

随着排污权交易在各个区域的不断深入，将排污权进行商品化，使用有偿分配模式有利于排污权交易的顺利进行。

有偿使用模式主要有拍卖和定价出售两种模式。拍卖是指将排污权出售给出价最高的厂商，经济学者基本都建议在市场交易制度中使用该种方式，它与排污权交易制度有着高度一致的分配模式。定价出售是指本区域的政府部门通过评析本区域的允许环境容量得出该区域的排污总量，根据排污总量和该区域所有的排污厂商等因素将排污总量分成多份，并将其给出一定的价格，然后将每一份作为商品出售给排污厂商。采用定价出售方式对于整个市场来说，较为简单，易于实施。与免费分配模式相比，这种模式具有更高的分配效率，还可以产生一个明确的市场价格，从而为排污权市场的参与者提供一个可供参考的价格信号，有利于排污权市场的建立和完善，但是，有偿使用在一定程度上会增加企业成本。

（3）免费分配与有偿使用的混合模式

所谓混合模式，是指部分排污权免费配给，其余的排污权有偿使用。事实上，即使是主张实行完全有偿使用的研究者们也认为，从部分有偿使用到完全有偿使用需要一段时间的过渡。在排污权交易计划的最初，可以确定一个免费分配的比例，再将排污权交易计划进一步划分成若干个阶段，逐渐降低免费分配的比例配额，直到实行完全有偿使用为止。在这种情况下，如何确定最初的比例以及阶段数是非常值得探讨也是争议很多的问题。

3. 排污权二级市场交易

排污权有偿使用和交易制度的关键是建立以市场机制为主导的排污权二级市场，这对优化环境资源配置、改善环境质量具有重要意义。二级市场是在初始分配基础上构建的企业间的排污权再配置的市场，二级市场的建立为排污企业之间的交易搭建了平台，是新建、改建和扩建项目获得排污权的途径。

（1）交易主体

排污权交易主体为排污权出让方、受让方及政府。排污权出让方应是已取得生态环境主管部门核发的排污许可证，通过实施工程治理减排、结构调整减排、监督管理减排措施和其他污染减排活动，有多余排污权指标可供交易的市场主体。排污权受让方应是准备报请各级生态环境主管部门审批的建设项目（包括新建、扩建、改建项目）需要获取排污权的市场主体。政府是市场排污指标总量的宏观调控者，在交易过程中政府起监督作用。

（2）交易方式

交易方式主要包括网络竞价、协商转让、快捷交易等。

网络竞价是排污权二级市场交易最主要的交易方式。为体现网络竞价公平、公正、公开的原则，每场竞价会原则上安排 3～5 家企业参与，采用竞单价、价高者得的原则，每场竞价会产生一家竞得企业，未竞得的企业可继续参加后续场次竞价会。为避免对市场的冲击，协商转让主要是针对排污指标需求数量较大的企业，是买卖双方自行协商交易价格和数量并签订交易合同后，由交易机构对合同进行审核确认并出具交易结果通知书的一种交易方式。从提高交易效率、方便企业办事的角度，快捷交易主要针对排污指标需求数量较小的企业或长时间未竞价成功的企业，交易可按近 5 笔网络竞价交易价格的加权平均值确认成交。

（3）交易程序

排污权交易程序依次分为出让委托、出让委托受理、出让公告、意向受让申请、意向受让受理、确定交易方式、交易管理、成交签约、交易价款结算、交易鉴证与资金交割、变更登记。排污权交易中的受让数量应以具有相应环评资质单位出具的环评报告书（表）为基础，以专家组审查意见为依据进行审定。排污权交易中的出让数量应以具有计量认证资质的环境监测单位出具的相关出让排污权审查报告为基础，以专家组审核意见为依据进行审定。无论是交易的出让量还是意向受让量，都不可以自行决定，应经过生态环境主管部门的审核确定。

第二节　中国的排污权交易制度分析

一、中国排污权交易发展历程

2020 年中共中央办公厅、国务院办公厅印发的《关于构建现代环境治理体系的指导意见》提出健全环境治理法律法规政策体系，其中要求开展排污权交易，研究探索对排污权交易进行抵质押融资。作为一种运用市场机制控制环境污染的环境经济政策，排污权交易制度是环境管理中一种有效的经济手段，是中国环境政策创新的必然选择，也是实现可持续发展的重要途径。

我国于 20 世纪 80 年代引入排污权交易理论，迄今为止虽已有 30 多年的发展历史，但排污权交易主要以地方试点的方式进行，试点积累了一定的实践经验。其发展历程主要经历了以下 3 个阶段。

（1）第一阶段是起步阶段。1987 年上海进行的关于水污染排放权的转让是最早的关于排污权交易的案例。1988 年，国家环境保护局颁布实施了《水污染物排放许可证管理暂行办法》，规定水污染总量控制指标可在排污单位间调剂。1993年国家环境保护局以太原、包头等多个城市作为试点开始探索大气排污权交易政策的实施。1996年、2000年我国先后颁布了《“九五”期间全国主要污染物排放总量控制计划》和《中华人民共和国大气污染防治法》，为实施排污权交易提供了法律政策支持，污染治理政策由浓度管理转变为总量管理。

（2）第二阶段是试点阶段。2001年4月，国家环境保护总局与美国环保协会签署了“推动中国二氧化硫排放总量控制及排放交易政策实施的研究”项目，选择试点进行排污权交易示范工作，推动了排污权交易的发展。2001年9月，江苏省南通市顺利实施中国首例排污权交易。2003年，江苏太仓港环保发电有限公司与南京下关发电厂达成SO_2排污权异地交易，开创了中国跨区域交易的先例。2007年11月10日，国内第一个排污权交易中心在浙江嘉兴挂牌成立，标志着我国排污权交易逐步走向制度化、规范化和国际化。这一阶段的排污权交易以政府部门“拉郎配”方式运作为主，排污权交易在推进污染减排方面的潜力逐步显现。

（3）第三阶段是试点深化阶段。2009年，中央政府工作报告提出积极开展排污权交易试点的要求，财政部与环境保护部联合在全国范围内开展排污权交易试点工作，目前已有十余个省份开展试点。试点省份分别从相关政策文件、机构筹建和技术研究等方面开展工作，各有特色，百花齐放。在各省试点实践的基础上，2014年8月，国务院办公厅印发了《关于进一步推进排污权有偿使用和交易试点工作的指导意见》，标志着排污权交易制度成为中国一项重要的环境经济政策。这一阶段，排污权交易呈现出国家重视、地方探索、上下联系紧密、交易模式多样等特点。

从2007年开始，财政部、环境保护部和国家发展改革委批复了天津、河北、山西、内蒙古、江苏、浙江、河南、湖北、湖南、重庆和陕西11个省（区、市）开展排污权交易试点。2014年12月，又将青岛市纳入试点范围。此外，有16个省份自行开展了交易工作。目前在实行排污权有偿使用和排污许可制度的试点中，排污单位需在当地建立的排污权交易中心进行登记注册，以申请核定确定的排污许可量作为排污许可证核发的基础和排污权交易的前提。各试点省（区、市）和试点城市的试点工作开展范围基本包括了主要区域和主要行业，取得了阶段性进展，但是对于排污权的取得、交易、监管等各方面仍存在不少问题。各地各自为政，没有形成统一的制度和方法，交易信息也不透明，市场建设仍处于探索阶段。

总体来说，排污权交易制度体系已经基本建立起来，试点实施有效推动了污染减排。但目前仍面临法律法规支撑还不足，排污权核定、定价的前提工作不配套，排污权交易二级市场不够活跃等难题。

二、我国排污权交易制度法制现状

1. 排污权交易法律关系

排污权交易法律关系，是指在排污权交易活动过程中，交易主体与有关交易参与人根据有关排污权交易法律规范所形成的，以排污权利和义务为内容的社会关系。我国在目前实践中形成排污权交易法律关系的主要依据分为 3 个层面：第一层面包括地方性法规、规章，如《上海市环境保护条例》《成都市排污权交易管理规定》；第二层面包括环境保护相关的法律、行政法规，如《中华人民共和国大气污染防治法》《中华人民共和国水污染防治法》等；第三层面包括诸民商事法律，如《中华人民共和国合同法》《中华人民共和国物权法》对排污权交易的一般规制。

实践中，大部分地区的排污权交易试点没有明确的法律依据，是依靠地方规范性文件来试行和运作的，如《杭州市主要污染物排放权交易管理办法》（杭政办〔2006〕34 号）、《湖南省主要污染物排污权有偿使用和交易管理办法》（湘政发〔2014〕4 号）、《湖北省主要污染物排污权有偿使用和交易办法》（鄂政办发〔2016〕96 号）等。一般来讲，法律规范是法律关系产生的前提，目前的排污权交易在部分地区虽然没有正式的法律具体规制，却事实上得到国家权力的确认和保护，其法律关系依旧是合法有效的。

2. 我国排污权交易法律制度

完整意义上的排污权交易法律制度包括排污总量确定、排污权初始分配及排污权交易 3 个方面。

（1）排污总量确定

在排污总量控制方面，不得不关注可交易排污权与减排任务的脱钩问题。减排任务是新增削减量，为了达到真正的排污总量控制目标，减排任务应该完全退出市场流通环节。在试点各地区中，部分地区在其官方指导文件中明确规定了可交易排污权与减排任务之间的关系，即“在完成减排任务的前提下”，超额的减排量才可用于进行排污权交易。

早期试点工作多注重排污权交易的探索是恰当的，而在试点工作已经逐步进入成熟阶段之时，却不能回避总量控制的目标，因为这是排污权初始分配和排污权交易的前提，必须使排放总量目标具有法律约束力。

（2）排污权初始分配

国务院办公厅印发的《关于进一步推进排污权有偿使用和交易试点工作的指导意见》中规定实行排污权有偿取得：对现有排污单位逐步实行排污权有偿取得，而新建、改建、扩建项目的新增排污权，原则上要求以有偿方式取得，具体方式采取定额出让和公开拍卖两种方式。

在排污权交易制度试点的过程中，试点地区结合指导意见，用于指导排污权交易实践的地方规范性文件均有过更新。如湖北省的指导文件统一规定排污权以有偿取得为原则，根据不同的时间点将取得方式区分为定额出让和公开市场出让两种方式。如浙江省嘉兴市最新的排污权交易指导文件中，规定排污单位现有项目应通过有偿使用方式，以政府基准价取得排污权，新（扩、改）建项目则通过排污权交易取得排污权，由市场对交易过程进行调节，并且将排污指标有偿使用期限限定为不超过 5 年。

（3）排污权交易

理论上讲，排污权交易法律制度规定的交易主体应当包括4类主体：排污者、环保组织、投资者和政府。我国处于排污权交易市场机制还不够完善的初始阶段，宜规定购买者以合法的排污者为主，避免排污权投机市场的发展使整个制度构建偏离初衷。

排污者是最主要的排污权交易主体。若排污者取得了排污许可证，建立了合格的污染物排放监测系统且不处于环境违法处罚期间，便可以在排污权二级市场对其在一级市场取得的排污指标进行自由交易。在二级市场的交易主体方面，我国的排污权交易在目前的实践中出现了对排污指标需求方的不合理限制，能够购买到排污指标的企业有时被限制在“新、改、扩”建项目的范围内。例如，在嘉兴市，根据最新的《嘉兴市排污权有偿使用和交易办法》第十九条的规定，排污指标需求方不仅包括新建、扩建、改建项目，还包括必须购买排污权指标才能完成减排任务的企业，而实际上企业却必须拥有“新、改、扩”建项目才能购买到指标。

3．排污权交易法律体系不完善

（1）排污权交易立法缺失

从20世纪80年代起，我国制定的部分法律法规包含地方性法规，都涉及排污权交易制度。但目前为止，除《中华人民共和国大气污染防治法》对排污权交易有所提及外，没有任何一部国家层面的法律对排污权和排污权交易的有关概念做出明确界定。

1985年上海市颁布的《上海市黄浦江上游水源保护条例》规定企业可经环保部门同意，于排放总量指标内进行指标的相互调剂转让。1988年国家环境保护局颁布的《水污染物排放许可证管理暂行办法》规定水污染物的排放指标可以相互调剂。1998年，太原市出台了我国第一部对排污交易内容进行具体规定的地方性法规——《太原市大气污染物排放总量控制管理办法》。

2000年修订的《中华人民共和国大气污染防治法》和2008年修订的《中华人民共和国水污染防治法》分别确立了主要大气污染物和水污染物的总量控制和排放许可证制度。2015年最新修订的《中华人民共和国大气污染防治法》和2017年最新修订的《中华人民共和国水污染防治法》，对总量控制模式、排污许可证均做出了一定的规定，其中最新修订的《中华人民共和国大气污染防治法》将总量控制的范围从原来的“两控区”扩展至全国，并提出国家逐步推行重点大气污染物排污权交易，在法律上第一次为排污权交易正名，但是对于排污权本身依旧没有系统性的规定。

（2）排污权交易立法效力低

我国各试点地区多在地方的污染防治条例或环境保护条例中提及要推广和建设排污权交易制度，却少有省份用地方性法规对排污权交易进行系统的规定。由地方政府规章对排污权交易进行具体调整的试点地区也屈指可数，如成都市和沈阳市，大多数试点地区是依靠地方规范性文件对排污权交易进行规制的，规范层级很低且效力有限。

目前除《中华人民共和国大气污染防治法》提及排污权交易外，全国性的法律并没有对排污权加以明确的规定，已经实际存在的排污权交易事实上缺乏法律依据。根据我国《中华人民共和国行政许可法》的规定，依法取得的行政许可，除法律、法规规定依照法定条件和程序可以转让的外，不得转让。排污许可证作为排污权交易的凭证，如果受制于《中华人民共和国行政许可法》不能转让的规定，排污权交易将无从谈起。

令人欣慰的是，2018 年 1 月 10 日环境保护部颁布并实施的《排污许可管理办法（试行）》第十四条规定：环境许可证副本中需要载明"环境影响评价审批意见、依法分解落实到本单位的重点污染物排放总量控制指标、排污权有偿使用和交易记录等"。由此可以看出，随着排污权交易在新形势下往深度和广度发展，有关部门也在积极探索如何解决排污权交易凭证的合法转让问题，现阶段的转让虽然某种意义上仍旧是"非法的"，但实际上排污权有偿使用已经得到了肯定，并且与排污许可证联系起来。随着排污权交易的持续发展，一定会在立法层面为其疏通道路。

三、试点城市排污权交易的主要实践情况

按照 2014 年国务院办公厅发布的《关于进一步推进排污权有偿使用和交易试点工作的指导意见》提出的到 2017 年试点地区排污权有偿使用和交易制度基本建立、试点工作基本完成的要求，11 个试点地区大多已经全部基本建立了排污权有偿使用和交易的基本制度，但从排污权交易市场运行效果来看，各试点之间情况参差不齐。

2015 年年底环境保护部对 11 个开展了排污权有偿使用和交易的试点地区进行了摸底调查，结果表明排污权有偿使用和交易试点存在边界和条件不清晰、初始排污权分配和出让定价方法差异大、排污权交易在试点地区并不活跃、部分企业参与积极性不足等问题。根据各试点地区公布的政策和市场实践来看，大部分试点地区排污权交易仍以排污权有偿使用初次转让为主，除浙江、山西、湖南、重庆等试点外，其他试点二级市场的交易基本处于停滞状态，市场行政干预色彩浓厚。

1．试点地区排污权交易指标

试点地区选择的交易对象基本与总量控制指标相同。浙江绍兴、湖北、湖南、内蒙古、陕西、河北选择的交易对象为 SO_2、COD、NH_3-N 和 NO_x 4 项，山西增加了烟尘和工业粉尘，共 6 项。江苏省环保工作的重点、难点是太湖流域水污染防治，其主要交易对象为 COD。重庆规定，可以根据区域、流域环境质量状况，将达不到环境质量标准的污染物确定为该区域、该流域的交易对象。

2．试点地区排污权交易范围

试点地区划定交易范围一般有 3 种方式，①以行政区域划定交易范围。浙江嘉兴、浙江绍兴、湖北、山西、内蒙古、重庆、陕西、河北均以行政区域为交易范围，对跨行政区域交易有明确的限制，如山西省规定火电企业等采用高架源排放方式的排污单位可进行跨

区域交易。②以流域为交易范围。如江苏省 COD 交易以太湖流域为重点范围。③以行业领域为交易范围。如湖南省规定排污权交易重点在长沙、株洲、湘潭三市的化工、石化、火电、钢铁、有色金属、医药、造纸、食品、建材等行业。

3．试点地区排污权交易主体

试点地区的交易主体主要是企业，但均没有包括小规模排污单位、社会组织和个人，其主要原因是受经济水平及环境监管水平的限制，小规模排污单位管理成本大于交易成本，监管成本高，难有效监管，社会组织和个人纳入交易主体可能导致恶意囤积，影响交易市场的建立和发展。

4．试点地区初始排污权的配置方式

试点地区分配初始排污权主要有 3 种方式。

（1）无偿分配。湖北、山西、河北的初始排污权配置主要采用这种方式。无偿分配的主要优点是阻力较小，在实践中容易推行；主要缺点是不能体现环境资源的稀缺性，不利于环境资源优化配置，同时对新建企业不公平，导致新、老企业在市场竞争中不公平。

（2）有偿分配，主要为定价出售。江苏、浙江绍兴、浙江嘉兴和内蒙古均采用定价出售的方式分配初始排污权。如江苏年排放 COD 达 10 t 以上的为 2 250 元/t，10 t 以下且实行集中处理的为 1 300 元/t；浙江绍兴 SO_2 为 1 000 元/（t • a），COD 为 5 000 元/（t • a）；义乌市 COD 为 5 000 元/（t • a），SO_2 为 2 000 元/（t • a），电镀酸洗行业废水试行价格为 2 元/（t • a）。有偿分配有利于环境资源的优化配置，可以提高环境资源利用效率，对新、老企业也相对公平；主要缺点是管理成本较高，阻力较大，实践中不容易推行。

（3）回避排污权初始分配，只针对新增排污量，新增排污量直接进入交易环节。重庆、陕西均回避了初始排污权分配。回避初始分配兼顾了公平与效率，主要缺点是导致排污权交易制度的整体性不足，难以实现新、老企业衔接。

5．试点地区排污权交易二级市场

试点地区为防止企业惜售或漫天要价，促进交易市场的健康发展，均采用政府指导下的交易模式，价格由各地区根据实际情况自行制定，排污权交易价格不应低于交易基准价。例如，江苏和浙江嘉兴采取定价出售模式，消除排污权升值预期；内蒙古规定电子竞价无人应价时可下调 5%的交易基准价，连续下调不超过 4 次，以防止出售企业要价过高；浙江嘉兴、山西、内蒙古、重庆、河北等地区规定了排污指标的闲置期限，超过闲置期限的排污指标由储备管理机构无偿收回或按基准价收回，以促进企业主动进入排污权交易市场，其中，山西省排污权交易基准价暂定 SO_2 为 18 000 元/t，COD 为 29 000 元/t，氨氮为 30 000 元/t，氮氧化物为 19 000 元/t，烟尘为 6 000 元/t，工业粉尘为 5 900 元/t。河北省排污权交易基准价暂定 SO_2 为 5 000 元/t，COD 为 4 000 元/t，氨氮为 8 000 元/t，氮氧化物为 6 000 元/t。

在已实施排污权交易中，生态环境部门都收取了一定额度的交易费用，例如，山西省交易费用由交易双方各支付一半，出售政府储备排污权时交易手续费直接从交易金额中扣付。收费标准按单笔交易金额的不同比例收取，收费比例为：交易金额在 500 万元以下的按 5%收取；交易金额为 500 万～1 000 万元的按 4%收取；交易金额在 1 000 万元以上的按 3%收取；单笔交易手续费不足 2 000 元的按 2 000 元收取。湖北省具体收费标准为：成交金额在 300 万元及以下的按 3%收取，成交金额为 300 万～600 万元（含 600 万元）的按 2%收取，成交金额为 600 万～1 000 万元（含 1 000 万元）的按 1.5%收取，成交金额在 1 000 万元以上的按 1%收取，单笔交易手续服务费不足 1 000 元的按 1 000 元收取，手续服务费由交易双方各承担 50%。

四、中国的排污权交易市场现状

根据财政部 2019 年 1 月发布的数据，截至 2018 年 8 月，我国排污权一级市场征收有偿使用费累计为 117.7 亿元，在二级市场累计交易金额为 72.3 亿元。

虽然全国大多数省份均开展了排污权交易，但交易信息的透明度较差。根据可得信息，总结出的 12 个政府批复的试点地区的交易情况如表 12-1 所示。

表 12-1　12 个政府批复的试点地区的交易情况统计

试点地区	交易市场	交易方式	交易规模
浙江	一级市场（建立） 二级市场（建立）	竞价交易 协商交易	截至 2019 年年底，累计排污权有偿使用 66 亿元、交易 27 亿元、租赁 3 800 万元、抵押贷款 290 亿元
湖北	一级市场（建立） 二级市场（建立）	公开竞价 协议转让	2019 年第三季度交易 2 007.02 万元
天津	一级市场（建立） 二级市场（未建立）	定额出让 公开拍卖	—
湖南	一级市场（建立） 二级市场（建立）	竞价交易 协议交易	2018 年交易 8 733 万元
江苏	一级市场（建立） 二级市场（未建立）	竞价交易	截至 2017 年 6 月底，交易 4.23 亿元
内蒙古	一级市场（建立） 二级市场（未建立）	竞价交易	截至 2019 年 9 月，交易 2.48 亿元
山西	一级市场（建立） 二级市场（建立）	竞价交易 协商交易	截至 2018 年 5 月，交易 26.1 亿元
河北	一级市场（建立） 二级市场（未建立）	协商交易 公开拍卖	2019 年交易 2.5 亿元
重庆	一级市场（建立） 二级市场（建立）	挂牌转让 协商转让	截至 2017 年 11 月，交易 1.60 亿元
河南	一级市场（建立） 二级市场（未建立）	竞价交易	截至 2013 年 11 月，交易 1.1 亿元
陕西	一级市场（建立） 二级市场（未建立）	定额出让 竞价交易 协商转让	截至 2018 年 6 月，交易 11.18 亿元
青岛	一级市场（建立） 二级市场（未建立）	—	—

我国较早就开始探索基于排污权的融资工具，浙江省在 2010 年就出台了排污权抵押暂行规定，开始排污权抵押贷款相关工作。目前 12 个政府批复的试点地区多数都允许进行抵押和质押贷款、租赁、回购等融资方式。

2016 年 8 月，中国人民银行等 7 部门联合推出的《关于构建绿色金融体系的指导意见》中提出推动建立排污权交易市场，发展基于排污权的融资工具。然而，市场上实际推出的融资工具数量不多，产品创新难以进行，究其原因还是市场发展不成熟、排污权资产价值具有较高不确定性，从而给融资工具带来的风险较高。

2021 年 1 月 5 日，生态环境部发布了《碳排放权交易管理办法（试行）》。该文件的出台表明我国正在加速建设全国统一的碳市场，生态环境部按照国家有关规定，组织建立全国碳排放权注册登记机构和全国碳排放权交易机构，组织建设全国碳排放权注册登记系统和全国碳排放权交易系统。全国碳排放权交易机构负责组织开展全国碳排放权集中统一交易。纳入全国碳排放权交易市场的重点排放单位，不再参与地方碳排放权交易试点市场。该文件规定碳排放配额分配以免费分配为主，可以根据国家有关要求适时引入有偿分配。生态环境部将在 2021 年启动全国碳排放权交易市场的建设，利用市场机制倒逼企业技术创新，减少碳排放强度。

市场上已推出的融资工具信息披露不全面，根据可得信息整理的融资工具情况如表 12-2 所示。

表 12-2　部分排污权试点省融资工具情况

交易省份	时间	产品	参与方	交易量
浙江	2014 年上半年	排污权租赁	—	排污权租赁 388 笔，交易额 699.28 万元
浙江	自试点到 2015 年 9 月	排污权抵押贷款	—	累计 109.7 亿元
浙江	2017 年 6 月	排污权回购	永康市生态环境局，某化工企业	二氧化硫排污权指标每年 51.2 t，节余的氮氧化物排污权指标每年 39.9 t，回购资金共 13.5 万元
江苏	截至 2016 年年底	排污权抵押贷款	—	累计排放排污权抵押贷款 3 笔，总贷款额约 1.08 亿元
湖南	2017 年 6 月	排污权抵押贷款	浏阳市宏源造纸厂、长沙银行浏阳支行	50 万元
湖南	2019 年 4 月	排污权抵押贷款	浏阳市杨家纸业有限责任公司、长沙银行浏阳支行	135 万元
陕西	2013 年 5 月	排污权抵押贷款	兴业银行股份有限公司西安分行与陕西省煤业化工集团有限责任公司	1 亿元
河北	2013 年 11 月	排污权抵押贷款	光大银行石家庄分行、唐山旭阳化工有限公司、唐山凯源实业有限公司、河北昌泰纸业有限公司等 13 家企业	3 444.8 万元

五、我国排污权交易面临的问题与对策

1．排污权交易制度存在的问题

（1）法规支撑体系不完善，交易制度设计不成熟

中国排污权交易市场缺少具有指导性的根本大法和统一的交易制度。国务院办公厅在2014年8月6日发布的《进一步推进排污权有偿使用和交易试点工作的指导意见》是部门规章，虽具有普遍约束力，但不具备法律效力。在具体的交易制度设计、市场管理方法、配额分配方式等方面国家也没有统一的规定。

由于缺少国家层面的指导性办法和统一监管，各地方试点之间的管理方法在制定上存在较大区别，对污染物指标、指导价格、交易范围等的界定均存在较大差异。“一地一制度”的问题使得排污权交易的公允性受到质疑。

（2）定价方法不统一，二级市场不活跃

目前各地区自行制定配额有偿分配方式和定价方法，很多地方公布了各项主要污染物的指导价格，但是这些指导价格地区差异性很大，往往不能恰当体现环境容量的稀缺程度。如山西的二氧化硫排放权指导价格为18 000元/t，排污指标长期有效，而重庆排污指标有效期为1年，每年清缴核定，价格约为1 000元/t。

现行排污权交易通常分为一级市场和二级市场，前者交易在政府和企业间进行，如排污权初始分配、政府回购等，后者才是企业间的配额买卖。试点情况表明，内蒙古、浙江等约2/3的试点地区都曾出现不同程度的二级市场交易记录“断层”，有的地区甚至连续数月未有交易量，二级市场交易不活跃，反映出企业多数是为了满足自身的排污需求而参与交易，一般只参与一级市场，在政府处购买排放指标，而对企业间配额交易缺乏认识和参与积极性。

（3）与排污许可制度间的衔接工作落实不到位

我国近年来大力推进排污许可制度，对多种污染物实行“一证式管理”。理论上来说，排污许可制度是排污权交易的前提条件，政府通过颁发排污许可证的方式将排污权分配给相关污染排放企业，企业根据预期需要排放量进行排污权交易。但在实际操作中，排污权交易开展的时间比较早，各省根据自身情况制定交易制度和管理办法；而排污许可制度于2014年在修订的《中华人民共和国环境保护法》中被明确，2016年以后我国大力开展相关制度建设和具体执行。目前在执行层面有不少地区还没有实现排污权和排污许可制度的良好衔接，主要体现在排污指标、工作范围和期限3个方面。

（4）与环境保护税有重合部分

2018年1月1日，中国正式施行环境保护税，根据《中华人民共和国环境保护税法》，环保税的征税对象为大气污染物、水污染物、固体废物和噪声4类。排污权交易涉及的污染物种类主要是化学需氧量、氨氮、二氧化硫、氮氧化物，与环保税中规定的应税污染物

有重合，环保税中规定的范围更广。对于同一种污染物来说，排污权交易和环保税是可以相互替代的市场化工具，排污权交易是基于数量的工具，以数量管控切入，而环保税是基于价格的工具，以排放所付出成本的角度切入，两者都可以达到管控污染物排放的目的。因此，环保税的征收将压缩排污权交易市场。对于被管控企业来说，一方面要考虑总量控制，另一方面又要考虑可能的税费，这会增加企业负担。

2．完善排污权交易制度的建议

排污权交易制度有利于在全社会树立“环境资源是稀缺资源”的理念，促进环境容量资源的优化配置，推动企业升级、创新，提升政府环境管理水平，促进产业结构调整和经济发展方式转变，而完善的法律制度、有序的市场体系、科学的制度设计和良好的公众基础是建立排污权交易市场的重要前提。

（1）建立健全排污权交易法规和制度

排污权交易市场的顺利运行离不开从国家到各省份的法规和制度保障。国家应尽快出台法律法规，使排污权交易有法可依。在法律法规短期内不能出台的情况下，应该完善部门规章，制定统一的基本交易制度和技术指导方案，建立健全顶层设计，对配额分配方法、交易规则等进行统一规范，为地方政府相关部门工作提供指导。地方试点地区应优化交易设计，改善交易体系，保障排污权交易工作有效、持续开展。

（2）完善排污权初始分配和定价制度，提高市场透明度和活跃度

国家层面应明确配额分配和排污权定价的指导，各地区应兼顾大局、统筹安排，根据本地实际情况选择合理的定价方法和配额期限，使得排污权的价格能够市场化，真实体现供需状况。另外，应采取措施提高市场的透明度和交易的活跃度。政府应推动市场发挥作用，制定明确的交易机制，并提高信息的公开性和透明性。可充分发挥排污权交易中心的作用，让企业有了解信息的渠道和直接交易的平台，使市场信息公开、透明，激励企业参与，促进市场发展。

（3）做好与排污许可制度之间的衔接工作

在制定排污权交易管理办法实施细则时，应充分考虑排污权交易和排污许可制度的衔接问题，明确衔接原则和衔接方法。地方政府要加强对衔接工作的监管，严格审查企业排污指标的核算，监测企业排污情况和排污权交易情况，根据企业预期排污量和实际排污量之间的关系进一步确定企业下一年度的排污指标。各地应当建立排污权交易管理平台，对企业的排污许可指标和排污权交易情况进行统一管理，积极推进两者的衔接工作。

（4）与环保税积极配合协调，避免过多增加企业负担

环保税作为一项法定税，具有强制性，任何排污主体都必须缴纳。相比之下，排污权交易的灵活性高，应当配合环保税的实施。两者从设立理念上来说并不矛盾，环保税还能弥补排污权交易涉及范围小和污染物种类少的缺陷，但这种“弥补”如果不能合理设置界限会使企业重复支付，加重企业经营负担。因此，国家层面应当制定相关政策来确立环保

税与排污权交易的配合机制，合理设置环保税的征收范畴，对已购买排污指标的企业进行一定的税收减免，或适量降低排污权定价，在控制污染物排放的同时也避免过多增加企业负担。

本章小结

排污权交易是控制污染的有效手段。在本章第一节中，阐述了排污权交易的理论基础、排污权交易的特点、排污权交易程序等方面的基础知识。第二节中，结合目前国内排污权交易发展情况，分析了排污权交易法制现状，对国内主要试点地区的实践情况和中国的排污权交易市场现状进行了介绍，并总结了目前我国排污权交易制度普遍存在的一些问题，针对问题提出完善建议。排污权交易的理论基础、排污权交易的特点、排污权的交易程序、排污权交易面临的问题与相应的对策等内容是本章的重点内容。

复习思考题

1. 简述排污权交易的理论基础。
2. 简述排污权交易的优点。
3. 简述排污权交易的程序。
4. 简述排污权交易的类型。
5. 简述排污权交易的法律关系层次。
6. 简述排污权交易制度与排污收费制度的区别。
7. 你认为排污权交易开展过程中会带来哪些负面效应？
8. 排污权初始分配模式中，你认为哪种模式比较适合中国现状？

参考文献

[1] 张秋根，魏立安，何钱昌. 总量控制与排污权交易的理论分析[J]. 南昌航空工业学院学报（自然科学版），2013（1）：13-17.

[2] 马中，Dan Dudek，吴健，等. 论总量控制与排污权交易[J]. 中国环境科学，2012（1）：90-93.

[3] 杜焱强，吴娜伟，丁丹，等. 农村环境治理 PPP 模式的生命周期成本研究[J]. 中国人口·资源与环境，2018，28（11）：162-170.

[4] 李锦楠. 基于博弈论的排污权交易文献综述[J]. 现代交际，2020（1）：250-251.

[5] 傅京燕，司秀梅，曹翔. 排污权交易机制对绿色发展的影响[J]. 中国人口·资源与环境，2018（8）：12-21.

[6] 罗道芬. 排污权二级交易市场建设的必要性与管理策略[J]. 中小企业管理与科技（下旬刊），2020（1）：27-28.

[7] 周英. 排污权交易的影响因素及发展对策研究[J]. 国际公关，2020（1）：151-152.

[8] 杜慧慧，赵琳琳，丁宝娟. 我国初始排污权分配模式的比较和研究[J]. 区域治理，2019（39）：100-102.

[9] 崔莹，钱青静. 我国排污权交易市场的进展情况和政策建议[EB/OL].（2020-04-22） [2021-01-10]. http：//iigf.cufe.edu.cn/info/1012/1436.htm.

[10] 余阿梅，张宁. 中国排污权交易制度的发展历程及展望[J]. 绿色科技，2016（14）：145-146.

[11] 李雪梅. 重庆市排污权二级市场交易方式及存在的问题探析[J]. 环境与发展，2019（7）：222-223.

[12] 吴小进. 浅谈排污权交易制度[J]. 绿色视野，2013（3）：40-43.

[13] 刘伟. 我国排污权交易的法律障碍及对策研究——从有偿使用和交易两个角度论述[J]. 法制博览，2013（4）：47-48.

[14] 鹰远. 探索建立排污权交易长效机制[N]. 中国环境报，2014-01-03（2）.

[15] 张玮，吴文华. 排污权交易的条件、功能及存在的问题分析[J]. 资源节约与环保，2013（12）：6.

[16] 王世猛. 排污许可证和排污权交易怎样实现衔接[J]. 环境经济，2013（11）：55-58.

[17] 苏丹，李志勇，冯迪，等. 中国排污权有偿使用与交易实证的比较研究[J]. 环境污染与防治，2013，35（9）：93-100.

[18] 沈满洪，钱水苗，冯元群，等. 排污权交易机构制研究[M]. 北京：中国环境科学出版社，2009.

[19] 常杪，陈青. 中国排污权交易制度设计与实践[M]. 北京：中国环境出版社，2014.

[20] 支海宇. 排污权交易理论及其在中国的应用研究[M]. 大连：东北财经大学出版社，2014.

[21] 王玉庆. 环境经济学[M]. 北京：中国环境科学出版社，2002.

[22] 吴健. 排污权交易[M]. 北京：中国人民大学出版社，2005.

[23] 蓝虹. 环境产权经济学[M]. 北京：中国人民大学出版社，2005.

[24] 李克国. 环境经济学（第三版）[M]. 北京：中国环境出版社，2014.

[25] 陈德湖. 排污权交易理论及其研究综述[J]. 外国经济与管理，2004（5）：45-49.

[26] 吴健，马中. 美国排污权交易政策的演进及其对中国的启示[J]. 环境保护，2004，32（8）：59-64.

[27] 陈德湖，蒋馥. 我国排污权交易理论与实践[J]. 软科学，2004（2）：12-15，27.

[28] 陈罕立，王金南. 关于我国 NO_x 排放总量控制的探讨[J]. 环境科学研究，2005（5）：107-110.

[29] 李克国. 排污许可证交易的理论与实践[J]. 重庆环境科学，2000（4）：10-12，19.

附　录

附录 1　关于构建现代环境治理体系的指导意见（节选）

中共中央办公厅、国务院办公厅（2020-03-03）

一、总体要求

（一）指导思想。以习近平新时代中国特色社会主义思想为指导，全面贯彻党的十九大和十九届二中、三中、四中全会精神，深入贯彻习近平生态文明思想，紧紧围绕统筹推进“五位一体”总体布局和协调推进“四个全面”战略布局，认真落实党中央、国务院决策部署，牢固树立绿色发展理念，以坚持党的集中统一领导为统领，以强化政府主导作用为关键，以深化企业主体作用为根本，以更好动员社会组织和公众共同参与为支撑，实现政府治理和社会调节、企业自治良性互动，完善体制机制，强化源头治理，形成工作合力，为推动生态环境根本好转、建设生态文明和美丽中国提供有力制度保障。

（二）基本原则

——坚持党的领导。贯彻党中央关于生态环境保护的总体要求，实行生态环境保护党政同责、一岗双责。

——坚持多方共治。明晰政府、企业、公众等各类主体权责，畅通参与渠道，形成全社会共同推进环境治理的良好格局。

——坚持市场导向。完善经济政策，健全市场机制，规范环境治理市场行为，强化环境治理诚信建设，促进行业自律。

——坚持依法治理。健全法律法规标准，严格执法、加强监管，加快补齐环境治理体制机制短板。

（三）主要目标。到 2025 年，建立健全环境治理的领导责任体系、企业责任体系、全民行动体系、监管体系、市场体系、信用体系、法律法规政策体系，落实各类主体责任，提高市场主体和公众参与的积极性，形成导向清晰、决策科学、执行有力、激励有效、多元参与、良性互动的环境治理体系。

二、健全环境治理领导责任体系（略）

（四）完善中央统筹、省负总责、市县抓落实的工作机制。

（五）明确中央和地方财政支出责任。

（六）开展目标评价考核。

（七）深化生态环境保护督察。

三、健全环境治理企业责任体系

（八）依法实行排污许可管理制度。（略）

（九）推进生产服务绿色化。从源头防治污染，优化原料投入，依法依规淘汰落后生产工艺技术。积极践行绿色生产方式，大力开展技术创新，加大清洁生产推行力度，加强全过程管理，减少污染物排放。提供资源节约、环境友好的产品和服务。落实生产者责任延伸制度。

（十）提高治污能力和水平。（略）

（十一）公开环境治理信息。（略）

四、健全环境治理全民行动体系（略）

（十二）强化社会监督。

（十三）发挥各类社会团体作用。

（十四）提高公民环保素养。

五、健全环境治理监管体系（略）

（十五）完善监管体制。

（十六）加强司法保障。

（十七）强化监测能力建设。

六、健全环境治理市场体系

（十八）构建规范开放的市场。深入推进“放管服”改革，打破地区、行业壁垒，对各类所有制企业一视同仁，平等对待各类市场主体，引导各类资本参与环境治理投资、建设、运行。规范市场秩序，减少恶性竞争，防止恶意低价中标，加快形成公开透明、规范有序的环境治理市场环境。

（十九）强化环保产业支撑。加强关键环保技术产品自主创新，推动环保首台（套）

重大技术装备示范应用，加快提高环保产业技术装备水平。做大做强龙头企业，培育一批专业化骨干企业，扶持一批专特优精中小企业。鼓励企业参与绿色“一带一路”建设，带动先进的环保技术、装备、产能“走出去”。

（二十）创新环境治理模式。积极推行环境污染第三方治理，开展园区污染防治第三方治理示范，探索统一规划、统一监测、统一治理的一体化服务模式。开展小城镇环境综合治理托管服务试点，强化系统治理，实行按效付费。对工业污染地块，鼓励采用“环境修复+开发建设”模式。

（二十一）健全价格收费机制。严格落实“谁污染、谁付费”政策导向，建立健全“污染者付费+第三方治理”等机制。按照补偿处理成本并合理盈利原则，完善并落实污水垃圾处理收费政策。综合考虑企业和居民承受能力，完善差别化电价政策。

七、健全环境治理信用体系（略）

（二十二）加强政务诚信建设。

（二十三）健全企业信用建设。

八、健全环境治理法律法规政策体系

（二十四）完善法律法规。（略）

（二十五）完善环境保护标准。（略）

（二十六）加强财税支持。建立健全常态化、稳定的中央和地方环境治理财政资金投入机制。健全生态保护补偿机制。制定出台有利于推进产业结构、能源结构、运输结构和用地结构调整优化的相关政策。严格执行环境保护税法，促进企业降低大气污染物、水污染物排放浓度，提高固体废物综合利用率。贯彻落实好现行促进环境保护和污染防治的税收优惠政策。

（二十七）完善金融扶持。设立国家绿色发展基金。推动环境污染责任保险发展，在环境高风险领域研究建立环境污染强制责任保险制度。开展排污权交易，研究探索对排污权交易进行抵质押融资。鼓励发展重大环保装备融资租赁。加快建立省级土壤污染防治基金。统一国内绿色债券标准。

九、强化组织领导（略）

附录2　中华人民共和国环境保护税法

（2016年12月25日第十二届全国人民代表大会常务委员会第二十五次会议通过）

第一章　总　则

第一条　为了保护和改善环境，减少污染物排放，推进生态文明建设，制定本法。

第二条　在中华人民共和国领域和中华人民共和国管辖的其他海域，直接向环境排放应税污染物的企业事业单位和其他生产经营者为环境保护税的纳税人，应当依照本法规定缴纳环境保护税。

第三条　本法所称应税污染物，是指本法所附《环境保护税税目税额表》《应税污染物和当量值表》规定的大气污染物、水污染物、固体废物和噪声。

第四条　有下列情形之一的，不属于直接向环境排放污染物，不缴纳相应污染物的环境保护税：

（一）企业事业单位和其他生产经营者向依法设立的污水集中处理、生活垃圾集中处理场所排放应税污染物的；

（二）企业事业单位和其他生产经营者在符合国家和地方环境保护标准的设施、场所贮存或者处置固体废物的。

第五条　依法设立的城乡污水集中处理、生活垃圾集中处理场所超过国家和地方规定的排放标准向环境排放应税污染物的，应当缴纳环境保护税。

企业事业单位和其他生产经营者贮存或者处置固体废物不符合国家和地方环境保护标准的，应当缴纳环境保护税。

第六条　环境保护税的税目、税额，依照本法所附《环境保护税税目税额表》执行。

应税大气污染物和水污染物的具体适用税额的确定和调整，由省、自治区、直辖市人民政府统筹考虑本地区环境承载能力、污染物排放现状和经济社会生态发展目标要求，在本法所附《环境保护税税目税额表》规定的税额幅度内提出，报同级人民代表大会常务委员会决定，并报全国人民代表大会常务委员会和国务院备案。

第二章　计税依据和应纳税额

第七条　应税污染物的计税依据，按照下列方法确定：

（一）应税大气污染物按照污染物排放量折合的污染当量数确定；

（二）应税水污染物按照污染物排放量折合的污染当量数确定；

（三）应税固体废物按照固体废物的排放量确定；

（四）应税噪声按照超过国家规定标准的分贝数确定。

第八条 应税大气污染物、水污染物的污染当量数，以该污染物的排放量除以该污染物的污染当量值计算。每种应税大气污染物、水污染物的具体污染当量值，依照本法所附《应税污染物和当量值表》执行。

第九条 每一排放口或者没有排放口的应税大气污染物，按照污染当量数从大到小排序，对前三项污染物征收环境保护税。

每一排放口的应税水污染物，按照本法所附《应税污染物和当量值表》，区分第一类水污染物和其他类水污染物，按照污染当量数从大到小排序，对第一类水污染物按照前五项征收环境保护税，对其他类水污染物按照前三项征收环境保护税。

省、自治区、直辖市人民政府根据本地区污染物减排的特殊需要，可以增加同一排放口征收环境保护税的应税污染物项目数，报同级人民代表大会常务委员会决定，并报全国人民代表大会常务委员会和国务院备案。

第十条 应税大气污染物、水污染物、固体废物的排放量和噪声的分贝数，按照下列方法和顺序计算：

（一）纳税人安装使用符合国家规定和监测规范的污染物自动监测设备的，按照污染物自动监测数据计算；

（二）纳税人未安装使用污染物自动监测设备的，按照监测机构出具的符合国家有关规定和监测规范的监测数据计算；

（三）因排放污染物种类多等原因不具备监测条件的，按照国务院环境保护主管部门规定的排污系数、物料衡算方法计算；

（四）不能按照本条第一项至第三项规定的方法计算的，按照省、自治区、直辖市人民政府环境保护主管部门规定的抽样测算的方法核定计算。

第十一条 环境保护税应纳税额按照下列方法计算：

（一）应税大气污染物的应纳税额为污染当量数乘以具体适用税额；

（二）应税水污染物的应纳税额为污染当量数乘以具体适用税额；

（三）应税固体废物的应纳税额为固体废物排放量乘以具体适用税额；

（四）应税噪声的应纳税额为超过国家规定标准的分贝数对应的具体适用税额。

第三章 税收减免

第十二条 下列情形，暂予免征环境保护税：

（一）农业生产（不包括规模化养殖）排放应税污染物的；

（二）机动车、铁路机车、非道路移动机械、船舶和航空器等流动污染源排放应税污染物的；

（三）依法设立的城乡污水集中处理、生活垃圾集中处理场所排放相应应税污染物，不超过国家和地方规定的排放标准的；

（四）纳税人综合利用的固体废物，符合国家和地方环境保护标准的；

（五）国务院批准免税的其他情形。

前款第五项免税规定，由国务院报全国人民代表大会常务委员会备案。

第十三条 纳税人排放应税大气污染物或者水污染物的浓度值低于国家和地方规定的污染物排放标准百分之三十的，减按百分之七十五征收环境保护税。纳税人排放应税大气污染物或者水污染物的浓度值低于国家和地方规定的污染物排放标准百分之五十的，减按百分之五十征收环境保护税。

第四章 征收管理

第十四条 环境保护税由税务机关依照《中华人民共和国税收征收管理法》和本法的有关规定征收管理。

环境保护主管部门依照本法和有关环境保护法律法规的规定负责对污染物的监测管理。

县级以上地方人民政府应当建立税务机关、环境保护主管部门和其他相关单位分工协作工作机制，加强环境保护税征收管理，保障税款及时足额入库。

第十五条 环境保护主管部门和税务机关应当建立涉税信息共享平台和工作配合机制。

环境保护主管部门应当将排污单位的排污许可、污染物排放数据、环境违法和受行政处罚情况等环境保护相关信息，定期交送税务机关。

税务机关应当将纳税人的纳税申报、税款入库、减免税额、欠缴税款以及风险疑点等环境保护税涉税信息，定期交送环境保护主管部门。

第十六条 纳税义务发生时间为纳税人排放应税污染物的当日。

第十七条 纳税人应当向应税污染物排放地的税务机关申报缴纳环境保护税。

第十八条 环境保护税按月计算，按季申报缴纳。不能按固定期限计算缴纳的，可以按次申报缴纳。

纳税人申报缴纳时，应当向税务机关报送所排放应税污染物的种类、数量，大气污染物、水污染物的浓度值，以及税务机关根据实际需要要求纳税人报送的其他纳税资料。

第十九条 纳税人按季申报缴纳的，应当自季度终了之日起十五日内，向税务机关办理纳税申报并缴纳税款。纳税人按次申报缴纳的，应当自纳税义务发生之日起十五日内，向税务机关办理纳税申报并缴纳税款。

纳税人应当依法如实办理纳税申报，对申报的真实性和完整性承担责任。

第二十条 税务机关应当将纳税人的纳税申报数据资料与环境保护主管部门交送的

相关数据资料进行比对。

税务机关发现纳税人的纳税申报数据资料异常或者纳税人未按照规定期限办理纳税申报的，可以提请环境保护主管部门进行复核，环境保护主管部门应当自收到税务机关的数据资料之日起十五日内向税务机关出具复核意见。税务机关应当按照环境保护主管部门复核的数据资料调整纳税人的应纳税额。

第二十一条 依照本法第十条第四项的规定核定计算污染物排放量的，由税务机关会同环境保护主管部门核定污染物排放种类、数量和应纳税额。

第二十二条 纳税人从事海洋工程向中华人民共和国管辖海域排放应税大气污染物、水污染物或者固体废物，申报缴纳环境保护税的具体办法，由国务院税务主管部门会同国务院海洋主管部门规定。

第二十三条 纳税人和税务机关、环境保护主管部门及其工作人员违反本法规定的，依照《中华人民共和国税收征收管理法》《中华人民共和国环境保护法》和有关法律法规的规定追究法律责任。

第二十四条 各级人民政府应当鼓励纳税人加大环境保护建设投入，对纳税人用于污染物自动监测设备的投资予以资金和政策支持。

第五章　附　则

第二十五条 本法下列用语的含义：

（一）污染当量，是指根据污染物或者污染排放活动对环境的有害程度以及处理的技术经济性，衡量不同污染物对环境污染的综合性指标或者计量单位。同一介质相同污染当量的不同污染物，其污染程度基本相当。

（二）排污系数，是指在正常技术经济和管理条件下，生产单位产品所应排放的污染物量的统计平均值。

（三）物料衡算，是指根据物质质量守恒原理对生产过程中使用的原料、生产的产品和产生的废物等进行测算的一种方法。

第二十六条 直接向环境排放应税污染物的企业事业单位和其他生产经营者，除依照本法规定缴纳环境保护税外，应当对所造成的损害依法承担责任。

第二十七条 自本法施行之日起，依照本法规定征收环境保护税，不再征收排污费。

第二十八条 本法自 2018 年 1 月 1 日起施行。

附表一　环境保护税目税额表（略，见本书表 9-4）

附表二　应税污染物和污染当量值（见本书表 9-6、表 9-7、表 9-8、表 9-9、表 9-10）

附录3　中华人民共和国环境保护税法实施条例

中华人民共和国国务院令　第693号

第一章　总　则

第一条　根据《中华人民共和国环境保护税法》（以下简称环境保护税法），制定本条例。

第二条　环境保护税法所附《环境保护税税目税额表》所称其他固体废物的具体范围，依照环境保护税法第六条第二款规定的程序确定。

第三条　环境保护税法第五条第一款、第十二条第一款第三项规定的城乡污水集中处理场所，是指为社会公众提供生活污水处理服务的场所，不包括为工业园区、开发区等工业聚集区域内的企业事业单位和其他生产经营者提供污水处理服务的场所，以及企业事业单位和其他生产经营者自建自用的污水处理场所。

第四条　达到省级人民政府确定的规模标准并且有污染物排放口的畜禽养殖场，应当依法缴纳环境保护税；依法对畜禽养殖废弃物进行综合利用和无害化处理的，不属于直接向环境排放污染物，不缴纳环境保护税。

第二章　计税依据

第五条　应税固体废物的计税依据，按照固体废物的排放量确定。固体废物的排放量为当期应税固体废物的产生量减去当期应税固体废物的贮存量、处置量、综合利用量的余额。

前款规定的固体废物的贮存量、处置量，是指在符合国家和地方环境保护标准的设施、场所贮存或者处置的固体废物数量；固体废物的综合利用量，是指按照国务院发展改革、工业和信息化主管部门关于资源综合利用要求以及国家和地方环境保护标准进行综合利用的固体废物数量。

第六条　纳税人有下列情形之一的，以其当期应税固体废物的产生量作为固体废物的排放量：

（一）非法倾倒应税固体废物；

（二）进行虚假纳税申报。

第七条 应税大气污染物、水污染物的计税依据，按照污染物排放量折合的污染当量数确定。

纳税人有下列情形之一的，以其当期应税大气污染物、水污染物的产生量作为污染物的排放量：

（一）未依法安装使用污染物自动监测设备或者未将污染物自动监测设备与环境保护主管部门的监控设备联网；

（二）损毁或者擅自移动、改变污染物自动监测设备；

（三）篡改、伪造污染物监测数据；

（四）通过暗管、渗井、渗坑、灌注或者稀释排放以及不正常运行防治污染设施等方式违法排放应税污染物；

（五）进行虚假纳税申报。

第八条 从两个以上排放口排放应税污染物的，对每一排放口排放的应税污染物分别计算征收环境保护税；纳税人持有排污许可证的，其污染物排放口按照排污许可证载明的污染物排放口确定。

第九条 属于环境保护税法第十条第二项规定情形的纳税人，自行对污染物进行监测所获取的监测数据，符合国家有关规定和监测规范的，视同环境保护税法第十条第二项规定的监测机构出具的监测数据。

第三章 税收减免

第十条 环境保护税法第十三条所称应税大气污染物或者水污染物的浓度值，是指纳税人安装使用的污染物自动监测设备当月自动监测的应税大气污染物浓度值的小时平均值再平均所得数值或者应税水污染物浓度值的日平均值再平均所得数值，或者监测机构当月监测的应税大气污染物、水污染物浓度值的平均值。

依照环境保护税法第十三条的规定减征环境保护税的，前款规定的应税大气污染物浓度值的小时平均值或者应税水污染物浓度值的日平均值，以及监测机构当月每次监测的应税大气污染物、水污染物的浓度值，均不得超过国家和地方规定的污染物排放标准。

第十一条 依照环境保护税法第十三条的规定减征环境保护税的，应当对每一排放口排放的不同应税污染物分别计算。

第四章 征收管理

第十二条 税务机关依法履行环境保护税纳税申报受理、涉税信息比对、组织税款入库等职责。

环境保护主管部门依法负责应税污染物监测管理，制定和完善污染物监测规范。

第十三条 县级以上地方人民政府应当加强对环境保护税征收管理工作的领导，及时协调、解决环境保护税征收管理工作中的重大问题。

第十四条 国务院税务、环境保护主管部门制定涉税信息共享平台技术标准以及数据采集、存储、传输、查询和使用规范。

第十五条 环境保护主管部门应当通过涉税信息共享平台向税务机关交送在环境保护监督管理中获取的下列信息：

（一）排污单位的名称、统一社会信用代码以及污染物排放口、排放污染物种类等基本信息；

（二）排污单位的污染物排放数据（包括污染物排放量以及大气污染物、水污染物的浓度值等数据）；

（三）排污单位环境违法和受行政处罚情况；

（四）对税务机关提请复核的纳税人的纳税申报数据资料异常或者纳税人未按照规定期限办理纳税申报的复核意见；

（五）与税务机关商定交送的其他信息。

第十六条 税务机关应当通过涉税信息共享平台向环境保护主管部门交送下列环境保护税涉税信息：

（一）纳税人基本信息；

（二）纳税申报信息；

（三）税款入库、减免税额、欠缴税款以及风险疑点等信息；

（四）纳税人涉税违法和受行政处罚情况；

（五）纳税人的纳税申报数据资料异常或者纳税人未按照规定期限办理纳税申报的信息；

（六）与环境保护主管部门商定交送的其他信息。

第十七条 环境保护税法第十七条所称应税污染物排放地是指：

（一）应税大气污染物、水污染物排放口所在地；

（二）应税固体废物产生地；

（三）应税噪声产生地。

第十八条 纳税人跨区域排放应税污染物，税务机关对税收征收管辖有争议的，由争议各方按照有利于征收管理的原则协商解决；不能协商一致的，报请共同的上级税务机关决定。

第十九条 税务机关应当依据环境保护主管部门交送的排污单位信息进行纳税人识别。

在环境保护主管部门交送的排污单位信息中没有对应信息的纳税人，由税务机关在纳税人首次办理环境保护税纳税申报时进行纳税人识别，并将相关信息交送环境保护主管部门。

第二十条 环境保护主管部门发现纳税人申报的应税污染物排放信息或者适用的排污系数、物料衡算方法有误的，应当通知税务机关处理。

第二十一条 纳税人申报的污染物排放数据与环境保护主管部门交送的相关数据不一致的，按照环境保护主管部门交送的数据确定应税污染物的计税依据。

第二十二条 环境保护税法第二十条第二款所称纳税人的纳税申报数据资料异常，包括但不限于下列情形：

（一）纳税人当期申报的应税污染物排放量与上一年同期相比明显偏低，且无正当理由；

（二）纳税人单位产品污染物排放量与同类型纳税人相比明显偏低，且无正当理由。

第二十三条 税务机关、环境保护主管部门应当无偿为纳税人提供与缴纳环境保护税有关的辅导、培训和咨询服务。

第二十四条 税务机关依法实施环境保护税的税务检查，环境保护主管部门予以配合。

第二十五条 纳税人应当按照税收征收管理的有关规定，妥善保管应税污染物监测和管理的有关资料。

第五章 附 则

第二十六条 本条例自 2018 年 1 月 1 日起施行。2003 年 1 月 2 日国务院公布的《排污费征收使用管理条例》同时废止。

附录 4　国务院关于全民所有自然资源资产有偿使用制度改革的指导意见（节选）

（国发〔2016〕82 号）

一、总体要求

（一）指导思想。全面贯彻党的十八大和十八届三中、四中、五中、六中全会精神，深入贯彻习近平总书记系列重要讲话精神和治国理政新理念新思想新战略，认真落实党中央、国务院决策部署，统筹推进“五位一体”总体布局和协调推进“四个全面”战略布局，牢固树立和贯彻落实创新、协调、绿色、开放、共享的发展理念，坚持发挥市场配置资源的决定性作用和更好发挥政府作用，以保护优先、合理利用、维护权益和解决问题为导向，以依法管理、用途管制为前提，以明晰产权、丰富权能为基础，以市场配置、完善规则为重点，以开展试点、健全法制为路径，以创新方式、加强监管为保障，加快建立健全全民所有自然资源资产有偿使用制度，努力提升自然资源保护和合理利用水平，切实维护国家所有者权益，为建设美丽中国提供重要制度保障。

（二）基本原则。（略）

保护优先、合理利用。两权分离、扩权赋能。市场配置、完善规则。明确权责、分级行使。创新方式、强化监管。

（三）主要目标。到 2020 年，基本建立产权明晰、权能丰富、规则完善、监管有效、权益落实的全民所有自然资源资产有偿使用制度，使全民所有自然资源资产使用权体系更加完善，市场配置资源的决定性作用和政府的服务监管作用充分发挥，所有者和使用者权益得到切实维护，自然资源保护和合理利用水平显著提升，实现自然资源开发利用和保护的生态、经济、社会效益相统一。

二、各领域重点任务

（四）完善国有土地资源有偿使用制度。全面落实规划土地功能分区和保护利用的要求，优化土地利用布局，规范经营性土地有偿使用。对生态功能重要的国有土地，要坚持保护优先，其中依照法律规定和规划允许进行经营性开发利用的，应设立更加严格的审批条件和程序，并全面实行有偿使用，切实防止无偿或过度占用。完善国有建设用地有偿使用制度。扩大国有建设用地有偿使用范围，加快修订《划拨用地目录》。完善国有建设用地使用权权能和有偿使用方式。鼓励可以使用划拨用地的公共服务项目有偿使用国有建设用地。事业单位等改制为企业的，允许实行国有企业改制土地资产处置政策。探索建立国有农用地有偿使用制度。明晰国有农用地使用权，明确国有农用地的使用方式、供应方式、范围、期限、条件和程序。对国有农场、林场（区）、牧场改革中涉及的国有农用地，参照国有企业改制土地资产处置相关规定，采取国有农用地使用权出让、租赁、作价出资（入股）、划拨、授权经营等方式处置。通过有偿方式取得的国有建设用地、农用地使用权，可以转让、出租、作价出资（入股）、担保等。

（五）完善水资源有偿使用制度。落实最严格水资源管理制度，严守水资源开发利用控制、用水效率控制、水功能区限制纳污三条红线，强化水资源节约利用与保护，加强水资源监控。维持江河的合理流量和湖泊、水库以及地下水体的合理水位，维护水体生态功能。健全水资源费征收制度，综合考虑当地水资源状况、经济发展水平、社会承受能力以及不同产业和行业取用水的差别特点，区分地表水和地下水，支持低消耗用水、鼓励回收利用水、限制超量取用水，合理调整水资源费征收标准，大幅提高地下水特别是水资源紧缺和超采地区的地下水资源费征收标准，严格控制和合理利用地下水。严格水资源费征收管理，按照规定的征收范围、对象、标准和程序征收，确保应收尽收，任何单位和个人不得擅自减免、缓征或停征水资源费。推进水资源税改革试点。鼓励通过依法规范设立的水权交易平台开展水权交易，区域水权交易或者交易量较大的取水权交易应通过水权交易平台公开公平公正进行，充分发挥市场在水资源配置中的作用。

（六）完善矿产资源有偿使用制度。全面落实禁止和限制设立探矿权、采矿权的有关规定，强化矿产资源保护。改革完善矿产资源有偿使用制度，明确矿产资源国家所有者权益的具体实现形式，建立矿产资源国家权益金制度。完善矿业权有偿出让制度，在矿业权出让环节，取消探矿权价款、采矿权价款，征收矿业权出让收益。进一步扩大矿业权竞争性出让范围，除协议出让等特殊情形外，对所有矿业权一律以招标、拍卖、挂牌方式出让。严格限制矿业权协议出让，规范协议出让管理，严格协议出让的具体情形和范围。完善矿业权分级分类出让制度，合理划分各级国土资源部门的矿业权出让审批权限。完善矿业权有偿占用制度，在矿业权占有环节，将探矿权、采矿权使用费调整为矿业权占用费。合理确定探矿权占用费收取标准，建立累进动态调整机制，利用经济手段有效遏制“圈而不探”等行为。根据矿产品价格变动情况和经济发展需要，适时调整采矿权占用费标准。完善矿产资源税费制度，落实全面推进资源税改革的要求，提高矿产资源综合利用效率，促进资源合理开发利用和有效保护。

（七）建立国有森林资源有偿使用制度。严格执行森林资源保护政策，充分发挥森林资源在生态建设中的主体作用。国有天然林和公益林、国家公园、自然保护区、风景名胜区、森林公园、国家湿地公园、国家沙漠公园的国有林地和林木资源资产不得出让。对确需经营利用的森林资源资产，确定有偿使用的范围、期限、条件、程序和方式。对国有森林经营单位的国有林地使用权，原则上按照划拨用地方式管理。研究制定国有林区、林场改革涉及的国有林地使用权有偿使用的具体办法。推进国有林地使用权确权登记工作，切实维护国有林区、国有林场确权登记颁证成果的权威性和合法性。通过租赁、特许经营等方式积极发展森林旅游。本着尊重历史、照顾现实的原则，全面清理规范已经发生的国有森林资源流转行为。

（八）建立国有草原资源有偿使用制度。依法依规严格保护草原生态，健全基本草原保护制度，任何单位和个人不得擅自征用、占用基本草原或改变其用途，严控建设占用和非牧使用。全民所有制单位改制涉及的国有划拨草原使用权，按照国有农用地改革政策实行有偿使用。稳定和完善国有草原承包经营制度，规范国有草原承包经营权流转。对已确定给农村集体经济组织使用的国有草原，继续依照现有土地承包经营方式落实国有草原承包经营权。国有草原承包经营权向农村集体经济组织以外单位和个人流转的，应按有关规定实行有偿使用。加快推进国有草原确权登记颁证工作。

（九）完善海域海岛有偿使用制度。完善海域有偿使用制度。坚持生态优先，严格落实海洋国土空间的生态保护红线，提高用海生态门槛。严格实行围填海总量控制制度，确保大陆自然岸线保有率不低于35%。完善海域有偿使用分级、分类管理制度，适应经济社会发展多元化需求，完善海域使用权出让、转让、抵押、出租、作价出资（入股）等权能。坚持多种有偿出让方式并举，逐步提高经营性用海市场化出让比例，明确市场化出让范围、方式和程序，完善海域使用权出让价格评估制度和技术标准，将生态环境损害成本纳入价格形成机制。调整海域使用金征收标准，完善海域等级、海域使用金征收范围和方式，建立海域使用金征收标准动态调整机制。开展海域资源现状调查与评价，科学评估海域生态价值、资源价值和开发潜力。完善无居民海岛有偿使用制度。坚持科学规划、保护优先、合理开发、永续利用，严格生态保护措施，避免破坏海岛及其周边海域生态系统，严控无居民海岛自然岸线开发利用，禁止开发利用领海基点保护范围内海岛区域和海洋自然保护区核心区及缓冲区、海洋特别保护区的重点保护区和预留区以及具有特殊保护价值的无居民海岛。明确无居民海岛有偿使用的范围、条件、程序和权利体系，完善无居民海岛使用权出让制度，探索赋予无居民海岛使用权依法转让、出租等权能。研究制定无居民海岛使用权招标、拍卖、挂牌出让有关规定。鼓励地方结合实际推进旅游娱乐、工业等经营性用岛采取招标、拍卖、挂牌等市场化方式出让。建立完善无居民海岛使用权出让价格评估管理制度和技术标准，建立无居民海岛使用权出让最低价标准动态调整机制。

三、加大改革统筹协调和组织实施力度

（十）加强与相关改革的衔接协调。推进全民所有自然资源资产有偿使用制度改革，

要切实加强与自然资源产权制度、自然资源统一确权登记制度、国土空间用途管制制度、空间规划体系、自然资源管理体制、资源税费制度、生态保护补偿制度、创新政府配置资源方式、统一的公共资源交易平台建设、政府资产报告制度等相关改革的衔接协调，增强改革的系统性、整体性和协同性。

（十一）系统部署改革试点。（略）

（十二）统筹推进法治建设。（略）

（十三）协同开展资产清查核算。（略）

（十四）强化组织实施。（略）

国务院

2016 年 12 月 29 日

附录5　国家发展改革委关于创新和完善促进绿色发展价格机制的意见

（发改价格规〔2018〕943号）

各省、自治区、直辖市发展改革委、物价局：

绿色发展是建设生态文明、构建高质量现代化经济体系的必然要求，是发展观的一场深刻革命，核心是节约资源和保护生态环境。为深入学习贯彻习近平生态文明思想，认真落实全国生态环境保护大会精神，助力打好污染防治攻坚战，促进生态文明和美丽中国建设，现就创新和完善促进绿色发展的价格机制提出以下意见。

一、重要意义

党的十八大以来，在以习近平同志为核心的党中央坚强领导下，各级价格主管部门认真落实党中央、国务院决策部署，积极推进资源环境价格改革。出台支持燃煤机组超低排放改造、北方地区清洁供暖价格政策，对高耗能、高污染、产能严重过剩行业用电实行差别化电价政策，全面推行居民用电、用水、用气阶梯价格制度，完善水资源费、污水处理费、垃圾处理费政策，出台奖惩结合的环保电价和收费政策，为加强生态环境保护做出了积极贡献。但与生态文明建设的时代要求和打好污染防治攻坚战的迫切需要相比，还存在价格机制不够完善、政策体系不够系统、部分地区落实不到位等问题，资源稀缺程度、生态价值和环境损害成本没有充分体现，激励与约束相结合的价格机制没有真正建立。需要通过进一步深化价格改革、创新和完善价格机制加以解决。

当前，我国生态文明建设正处于压力叠加、负重前行的关键期，已进入提供更多优质生态产品以满足人民日益增长的优美生态环境需要的攻坚期，也到了有条件有能力解决生态环境突出问题的窗口期。面对新时代生态文明建设和生态环境保护的新形势、新要求，要充分运用市场化手段，推进生态环境保护市场化进程，不断完善资源环境价格机制，更好发挥价格杠杆引导资源优化配置、实现生态环境成本内部化、促进全社会节约、加快绿色环保产业发展的积极作用，进而激发全社会力量、共同促进绿色发展和生态文明建设。

二、总体要求

（一）指导思想

全面贯彻落实党的十九大和十九届二中、三中全会精神，以习近平新时代中国特色社会主义思想为指导，牢固树立和落实新发展理念，按照高质量发展要求，坚持节约资源和保护环境的基本国策，加快建立健全能够充分反映市场供求和资源稀缺程度、体现生态价值和环境损害成本的资源环境价格机制，完善有利于绿色发展的价格政策，将生态环境成本纳入经济运行成本，撬动更多社会资本进入生态环境保护领域，促进资源节约、生态环境保护和污染防治，推动形成绿色发展空间格局、产业结构、生产方式和生活方式，不断满足人民群众日益增长的优美生态环境需要。

（二）基本原则

——坚持问题导向。重点针对损害群众健康的突出环境问题，紧扣打赢蓝天保卫战、城市黑臭水体治理、农业农村污染治理等标志性战役，着力创新和完善污水垃圾处理、节水节能、大气污染治理等重点领域的价格形成机制，理顺利益责任关系，引导市场，汇聚资源，助力打好污染防治攻坚战。

——坚持污染者付费。按照污染者使用者付费、保护者节约者受益的原则，创新资源环境价格机制，实现生态环境成本内部化，抑制不合理资源消费，鼓励增加生态产品供给，使节约资源、保护生态环境成为市场主体的内生动力。

——坚持激励约束并重。针对城乡、区域、行业、不同主体实际，在价格手段可以发挥作用的领域和环节，健全价格激励和约束机制，使节约能源资源与保护生态环境成为单位、家庭、个人的自觉行动，形成共建共享生态文明的良好局面。

——坚持因地分类施策。支持各地结合本地资源禀赋条件、污染防治形势、产业结构特点，以及社会承受能力等，研究制定符合绿色发展要求的具体价格政策；鼓励有条件的地区制定基于更严格环保标准的价格政策，更好促进生态文明建设和绿色发展。

（三）主要目标

到 2020 年，有利于绿色发展的价格机制、价格政策体系基本形成，促进资源节约和生态环境成本内部化的作用明显增强；到 2025 年，适应绿色发展要求的价格机制更加完善，并落实到全社会各方面各环节。

三、完善污水处理收费政策

加快构建覆盖污水处理和污泥处置成本并合理盈利的价格机制，推进污水处理服务费形成市场化，逐步实现城镇污水处理费基本覆盖服务费用。

（一）建立城镇污水处理费动态调整机制。按照补偿污水处理和污泥处置设施运营成本（不含污水收集和输送管网建设运营成本）并合理盈利的原则，制定污水处理费标准，并依据定期评估结果动态调整，2020年年底前实现城市污水处理费标准与污水处理服务费标准大体相当；具备污水集中处理条件的建制镇全面建立污水处理收费制度，并同步开征污水处理费。

（二）建立企业污水排放差别化收费机制。鼓励地方根据企业排放污水中主要污染物种类、浓度、环保信用评级等，分类分档制定差别化收费标准，促进企业污水预处理和污染物减排。各地可因地制宜确定差别化收费的主要污染物种类，合理设置污染物浓度分档和差价标准，有条件的地区可探索多种污染物差别化收费政策。工业园区要率先推行差别化收费政策。

（三）建立与污水处理标准相协调的收费机制。支持提高污水处理标准，污水处理排放标准提高至一级A或更严格标准的城镇和工业园区，可相应提高污水处理费标准，长江经济带相关省份要率先实施。水源地保护区、地下水易受污染地区、水污染严重地区和敏感区域特别是劣V类水体以及城市黑臭水体污染源所在地，要实行更严格的污水处理排放标准，并相应提高污水处理费标准。

（四）探索建立污水处理农户付费制度。在已建成污水集中处理设施的农村地区，探索建立农户付费制度，综合考虑村集体经济状况、农户承受能力、污水处理成本等因素，合理确定付费标准。

（五）健全城镇污水处理服务费市场化形成机制。推动通过招投标等市场竞争方式，以污水处理和污泥处置成本、污水总量、污染物去除量、经营期限等为主要参数，形成污水处理服务费标准。鼓励将城乡不同区域、规模、盈利水平的污水处理项目打包招投标，促进城市、建制镇和农村污水处理均衡发展。建立污水处理服务费收支定期报告制度，污水处理企业应于每年3月底前，向当地价格主管部门报告上年度污水处理服务费收支状况，为调整完善污水处理费标准提供参考。

四、健全固体废物处理收费机制

全面建立覆盖成本并合理盈利的固体废物处理收费机制，加快建立有利于促进垃圾分类和减量化、资源化、无害化处理的激励约束机制。

（一）建立健全城镇生活垃圾处理收费机制。按照补偿成本并合理盈利的原则，制定和调整城镇生活垃圾处理收费标准。2020年年底前，全国城市及建制镇全面建立生活垃圾处理收费制度。鼓励各地创新垃圾处理收费模式，提高收缴率。鼓励各地制定促进垃圾协同处理的综合性配套政策，支持水泥、有机肥等企业参与垃圾资源化利用。

（二）完善城镇生活垃圾分类和减量化激励机制。积极推进城镇生活垃圾处理收费方式改革，对非居民用户推行垃圾计量收费，并实行分类垃圾与混合垃圾差别化收费等政策，提高混合垃圾收费标准；对具备条件的居民用户，实行计量收费和差别化收费，加快推进垃圾分类。鼓励城镇生活垃圾收集、运输、处理市场化运营，已经形成充分竞争的环节，实行双方协商定价。

（三）探索建立农村垃圾处理收费制度。在已实行垃圾处理制度的农村地区，建立农村垃圾处理收费制度，综合考虑当地经济发展水平、农户承受能力、垃圾处理成本等因素，合理确定收费标准，促进乡村环境改善。

（四）完善危险废物处置收费机制。按照补偿危险废物收集、运输、贮存和处置成本并合理盈利的原则，制定和调整危险废物处置收费标准，提高危险废物处置能力。综合考虑区域内医疗机构总量和结构、医疗废物实际产生量及处理总成本等因素，合理核定医疗废物处置定额、定量收费标准，收费方式由医疗废物处置单位和医疗机构协商确定。加强工业危险废物和社会源危险废物处置成本调查，合理确定并动态调整收费标准；在确保危险废物收集、运输、贮存、处置全流程监控，违法违规行为可追溯的前提下，处置收费标准可由双方协商确定。

五、建立有利于节约用水的价格机制

建立健全补偿成本、合理盈利、激励提升供水质量、促进节约用水的价格形成和动态调整机制，保障供水工程和设施良性运行，促进节水减排和水资源可持续利用。

（一）深入推进农业水价综合改革。农业水价综合改革试点地区要将农业水价一步或分步提高到运行维护成本水平，有条件的地区提高到完全成本水平，全面实行超定额用水累进加价，并同步建立精准补贴和节水奖励机制。完成农业节水改造的地区，要充分利用节水腾出的空间提高农业水价。2020 年年底前，北京、上海、江苏、浙江等省份，农田水利工程设施完善的缺水和地下水超采地区，以及新增高效节水灌溉项目区、国家现代农业产业园要率先完成改革任务。

（二）完善城镇供水价格形成机制。建立充分反映供水成本、激励提升供水质量的价格形成和动态调整机制，逐步将居民用水价格调整至不低于成本水平，非居民用水价格调整至补偿成本并合理盈利水平；进一步拉大特种用水与非居民用水的价差，缺水地区二者比价原则上不低于 3∶1。适时完善居民阶梯水价制度。

（三）全面推行城镇非居民用水超定额累进加价制度。对标先进企业，科学制定用水定额并动态调整，合理确定分档水量和加价标准，2020 年年底前要全面落实到位。缺水地区要从紧制定或修订用水定额，提高加价标准，充分反映水资源稀缺程度。对“两高一剩”等行业实行更高的加价标准，加快淘汰落后产能，促进产业结构转型升级。

（四）建立有利于再生水利用的价格政策。按照与自来水保持竞争优势的原则确定再生水价格，推动园林绿化、道路清扫、消防等公共领域使用再生水。具备条件的可协商定价，探索实行累退价格机制。

六、健全促进节能环保的电价机制

充分发挥电力价格的杠杆作用，推动高耗能行业节能减排、淘汰落后，引导电力资源优化配置，促进产业结构、能源结构优化升级。

（一）完善差别化电价政策。全面清理取消对高耗能行业的优待类电价以及其他各种不合理价格优惠政策。严格落实铁合金、电石、烧碱、水泥、钢铁、黄磷、锌冶炼等 7 个行业的差别电价政策，对淘汰类和限制类企业用电（含市场化交易电量）实行更高价格。各地应及时评估差别电价、阶梯电价政策执行效果，可根据实际需要扩大差别电价、阶梯电价执行行业范围，提高加价标准，促进相关行业加大技术改造力度、提高能效水平、加速淘汰落后产能。鼓励各地探索建立基于单位产值能耗、污染物排放的差别化电价政策，推动清洁化改造。各地出台的差别电价、阶梯电价政策应及时报国家发展改革委备案。

（二）完善峰谷电价形成机制。加大峰谷电价实施力度，运用价格信号引导电力削峰填谷。省级价格主管部门可在销售电价总水平不变的前提下，建立峰谷电价动态调整机制，进一步扩大销售侧峰谷电价执行范围，合理确定并动态调整峰谷时段，扩大高峰、低谷电价价差和浮动幅度，引导用户错峰用电。鼓励市场主体签订包含峰、谷、平时段价格和电量的交易合同。利用峰谷电价差、辅助服务补偿等市场化机制，促进储能发展。利用现代信息、车联网等技术，鼓励电动汽车提供储能服务，并通过峰谷价差获得收益。完善居民阶梯电价制度，推行居民峰谷电价。

（三）完善部分环保行业用电支持政策。2025 年年底前，对实行两部制电价的污水处理企业用电、电动汽车集中式充换电设施用电、港口岸电运营商用电、海水淡化用电，免收需量（容量）电费。

在推进上述改革任务的同时，鼓励各地积极探索生态产品价格形成机制、碳排放权交易、可再生能源强制配额和绿证交易制度等绿色价格政策，对影响面大、制约因素复杂的政策措施可先行试点，摸索经验，逐步推广。

七、狠抓政策落地

创新和完善促进绿色发展价格机制，是当前和今后一个时期价格工作的一项重要任务，各地要加强组织领导，采取有力措施，确保各项政策落地生根。

（一）强化政策落实。各地价格主管部门要全面梳理现行资源环境价格政策落实情况，发现问题及时改进，对落实不力的要强化问责。对新出台的政策要建立落实台账，逐项明确时间表、路线图、责任人，扎实推进。规范市场交易价格行为，强化价格信用体系建设，督促市场主体严格履行价格合约。加强对政策落实情况的跟踪评估，找准政策执行中的痛点、难点、堵点，及时调整完善政策，以“钉钉子”的精神抓好落实。

（二）加强部门协作。推进绿色发展，需要全社会共同参与。各级价格主管部门要主动与相关部门加强协作，统筹运用价格、环保、财政、金融、投资、产业等政策措施，形成政策合力，共推绿色发展。

（三）兜住民生底线。正确处理推进绿色发展与保障群众生活的关系，充分考虑社会承受能力尤其是低收入群体承受能力，完善并执行好社会救助和保障标准与物价上涨挂钩的联动机制，采取有效措施，对冲价格调整对困难群众生活的影响。

（四）注重宣传引导。切实做好宣传引导工作，将宣传工作与政策制定放在同等重要位置，同研究、同部署、同落实，最大限度凝聚社会共识，强化全社会节约资源、保护环境、促进绿色发展的共同责任，提高执行促进绿色发展价格政策的积极性、主动性，推动将绿色发展的要求转化为自觉行动，共同建设美丽中国。

国家发展改革委

2018 年 6 月 21 日

附录6 关于构建绿色金融体系的指导意见

（中国人民银行 财政部 发展改革委 环境保护部 银监会 证监会 保监会）

一、构建绿色金融体系的重要意义

（一）绿色金融是指为支持环境改善、应对气候变化和资源节约高效利用的经济活动，即对环保、节能、清洁能源、绿色交通、绿色建筑等领域的项目投融资、项目运营、风险管理等所提供的金融服务。

（二）绿色金融体系是指通过绿色信贷、绿色债券、绿色股票指数和相关产品、绿色发展基金、绿色保险、碳金融等金融工具和相关政策支持经济向绿色化转型的制度安排。

（三）构建绿色金融体系主要目的是动员和激励更多社会资本投入到绿色产业，同时更有效地抑制污染性投资。构建绿色金融体系，不仅有助于加快我国经济向绿色化转型，支持生态文明建设，也有利于促进环保、新能源、节能等领域的技术进步，加快培育新的经济增长点，提升经济增长潜力。

（四）建立健全绿色金融体系，需要金融、财政、环保等政策和相关法律法规的配套支持，通过建立适当的激励和约束机制解决项目环境外部性问题。同时，也需要金融机构和金融市场加大创新力度，通过发展新的金融工具和服务手段，解决绿色投融资所面临的期限错配、信息不对称、产品和分析工具缺失等问题。

二、大力发展绿色信贷

（五）构建支持绿色信贷的政策体系。完善绿色信贷统计制度，加强绿色信贷实施情况监测评价。探索通过再贷款和建立专业化担保机制等措施支持绿色信贷发展。对于绿色信贷支持的项目，可按规定申请财政贴息支持。探索将绿色信贷纳入宏观审慎评估框架，并将绿色信贷实施情况关键指标评价结果、银行绿色评价结果作为重要参考，纳入相关指标体系，形成支持绿色信贷等绿色业务的激励机制和抑制高污染、高能耗和产能过剩行业贷款的约束机制。

（六）推动银行业自律组织逐步建立银行绿色评价机制。明确评价指标设计、评价工作的组织流程及评价结果的合理运用，通过银行绿色评价机制引导金融机构积极开展绿色金融业务，做好环境风险管理。对主要银行先行开展绿色信贷业绩评价，在取得经验的基础上，逐渐将绿色银行评价范围扩大至中小商业银行。

（七）推动绿色信贷资产证券化。在总结前期绿色信贷资产证券化业务试点经验的基础上，通过进一步扩大参与机构范围，规范绿色信贷基础资产遴选，探索高效、低成本抵质押权变更登记方式，提升绿色信贷资产证券化市场流动性，加强相关信息披露管理等举措，推动绿色信贷资产证券化业务常态化发展。

（八）研究明确贷款人环境法律责任。依据我国相关法律法规，借鉴环境法律责任相关国际经验，立足国情探索研究明确贷款人尽职免责要求和环境保护法律责任，适时提出相关立法建议。

（九）支持和引导银行等金融机构建立符合绿色企业和项目特点的信贷管理制度，优化授信审批流程，在风险可控的前提下对绿色企业和项目加大支持力度，坚决取消不合理收费，降低绿色信贷成本。

（十）支持银行和其他金融机构在开展信贷资产质量压力测试时，将环境和社会风险作为重要的影响因素，并在资产配置和内部定价中予以充分考虑。鼓励银行和其他金融机构对环境高风险领域的贷款和资产风险敞口进行评估，定量分析风险敞口在未来各种情景下对金融机构可能带来的信用和市场风险。

（十一）将企业环境违法违规信息等企业环境信息纳入金融信用信息基础数据库，建立企业环境信息的共享机制，为金融机构的贷款和投资决策提供依据。

三、推动证券市场支持绿色投资

（十二）完善绿色债券的相关规章制度，统一绿色债券界定标准。研究完善各类绿色债券发行的相关业务指引、自律性规则，明确发行绿色债券筹集的资金专门（或主要）用于绿色项目。加强部门间协调，建立和完善我国统一的绿色债券界定标准，明确发行绿色债券的信息披露要求和监管安排等。支持符合条件的机构发行绿色债券和相关产品，提高核准（备案）效率。

（十三）采取措施降低绿色债券的融资成本。支持地方和市场机构通过专业化的担保和增信机制支持绿色债券的发行，研究制定有助于降低绿色债券融资成本的其他措施。

（十四）研究探索绿色债券第三方评估和评级标准。规范第三方认证机构对绿色债券评估的质量要求。鼓励机构投资者在进行投资决策时参考绿色评估报告。鼓励信用评级机构在信用评级过程中专门评估发行人的绿色信用记录、募投项目绿色程度、环境成本对发行人及债项信用等级的影响，并在信用评级报告中进行单独披露。

（十五）积极支持符合条件的绿色企业上市融资和再融资。在符合发行上市相应法律法规、政策的前提下，积极支持符合条件的绿色企业按照法定程序发行上市。支持已上市绿色企业通过增发等方式进行再融资。

（十六）支持开发绿色债券指数、绿色股票指数以及相关产品。鼓励相关金融机构以绿色指数为基础开发公募、私募基金等绿色金融产品，满足投资者需要。

（十七）逐步建立和完善上市公司和发债企业强制性环境信息披露制度。对属于环境保护部门公布的重点排污单位的上市公司，研究制定并严格执行对主要污染物达标排放情况、企业环保设施建设和运行情况以及重大环境事件的具体信息披露要求。加大对伪造环境信息的上市公司和发债企业的惩罚力度。培育第三方专业机构为上市公司和发债企业提供环境信息披露服务的能力。鼓励第三方专业机构参与采集、研究和发布企业环境信息与分析报告。

（十八）引导各类机构投资者投资绿色金融产品。鼓励养老基金、保险资金等长期资金开展绿色投资，鼓励投资人发布绿色投资责任报告。提升机构投资者对所投资资产涉及的环境风险和碳排放的分析能力，就环境和气候因素对机构投资者（尤其是保险公司）的影响开展压力测试。

四、设立绿色发展基金，通过政府和社会资本合作（PPP）模式动员社会资本

（十九）支持设立各类绿色发展基金，实行市场化运作。中央财政整合现有节能环保等专项资金设立国家绿色发展基金，投资绿色产业，体现国家对绿色投资的引导和政策信号作用。鼓励有条件的地方政府和社会资本共同发起区域性绿色发展基金，支持地方绿色产业发展。支持社会资本和国际资本设立各类民间绿色投资基金。政府出资的绿色发展基金要在确保执行国家绿色发展战略及政策的前提下，按照市场化方式进行投资管理。

（二十）地方政府可通过放宽市场准入、完善公共服务定价、实施特许经营模式、落实财税和土地政策等措施，完善收益和成本风险共担机制，支持绿色发展基金所投资的项目。

（二十一）支持在绿色产业中引入 PPP 模式，鼓励将节能减排降碳、环保和其他绿色项目与各种相关高收益项目打捆，建立公共物品性质的绿色服务收费机制。推动完善绿色项目 PPP 相关法规规章，鼓励各地在总结现有 PPP 项目经验的基础上，出台更加具有操作性的实施细则。鼓励各类绿色发展基金支持以 PPP 模式操作的相关项目。

五、发展绿色保险

（二十二）在环境高风险领域建立环境污染强制责任保险制度。按程序推动制修订环境污染强制责任保险相关法律或行政法规，由环境保护部门会同保险监管机构发布实施性规章。选择环境风险较高、环境污染事件较为集中的领域，将相关企业纳入应当投保环境污染强制责任保险的范围。鼓励保险机构发挥在环境风险防范方面的积极作用，对企业开展“环保体检”，并将发现的环境风险隐患通报环境保护部门，为加强环境风险监督提供支持。完善环境损害鉴定评估程序和技术规范，指导保险公司加快定损和理赔进度，及时救济污染受害者、降低对环境的损害程度。

（二十三）鼓励和支持保险机构创新绿色保险产品和服务。建立完善与气候变化相关的巨灾保险制度。鼓励保险机构研发环保技术装备保险、针对低碳环保类消费品的产品质量安全责任保险、船舶污染损害责任保险、森林保险和农牧业灾害保险等产品。积极推动保险机构参与养殖业环境污染风险管理，建立农业保险理赔与病死牲畜无害化处理联动机制。

（二十四）鼓励和支持保险机构参与环境风险治理体系建设。鼓励保险机构充分发挥防灾减灾功能，积极利用互联网等先进技术，研究建立面向环境污染责任保险投保主体的环境风险监控和预警机制，实时开展风险监测，定期开展风险评估，及时提示风险隐患，高效开展保险理赔。鼓励保险机构充分发挥风险管理专业优势，开展面向企业和社会公众的环境风险管理知识普及工作。

六、完善环境权益交易市场、丰富融资工具

（二十五）发展各类碳金融产品。促进建立全国统一的碳排放权交易市场和有国际影响力的碳定价中心。有序发展碳远期、碳掉期、碳期权、碳租赁、碳债券、碳资产证券化和碳基金等碳金融产品和衍生工具，探索研究碳排放权期货交易。

（二十六）推动建立排污权、节能量（用能权）、水权等环境权益交易市场。在重点流域和大气污染防治重点领域，合理推进跨行政区域排污权交易，扩大排污权有偿使用和交易试点。加强排污权交易制度建设和政策创新，制定完善排污权核定和市场化价格形成机制，推动建立区域性及全国性排污权交易市场。建立和完善节能量（用能权）、水权交易市场。

（二十七）发展基于碳排放权、排污权、节能量（用能权）等各类环境权益的融资工具，拓宽企业绿色融资渠道。在总结现有试点地区银行开展环境权益抵质押融资经验的基础上，确定抵质押物价值测算方法及抵质押率参考范围，完善市场化的环境权益定价机制，建立高效的抵质押登记及公示系统，探索环境权益回购等模式解决抵质押物处置问题，推动环境权益及其未来收益权切实成为合格抵质押物，进一步降低环境权益抵质押物业务办理的合规风险。发展环境权益回购、保理、托管等金融产品。

七、支持地方发展绿色金融

（二十八）探索通过再贷款、宏观审慎评估框架、资本市场融资工具等支持地方发展绿色金融。鼓励和支持有条件的地方通过专业化绿色担保机制、设立绿色发展基金等手段撬动更多的社会资本投资于绿色产业。支持地方充分利用绿色债券市场为中长期、有稳定现金流的绿色项目提供融资。支持地方将环境效益显著的项目纳入绿色项目库，并在全国性的资产交易中心挂牌，为利用多种渠道融资提供条件。支持国际金融机构和外资机构与地方合作，开展绿色投资。

八、推动开展绿色金融国际合作

（二十九）广泛开展绿色金融领域的国际合作。继续在二十国集团框架下推动全球形成共同发展绿色金融的理念，推广与绿色信贷和绿色投资相关的自愿准则和其他绿色金融领域的最佳经验，促进绿色金融领域的能力建设。通过“一带一路”倡议，上海合作组织、中国—东盟等区域合作机制和南南合作，以及亚洲基础设施投资银行和金砖国家新开发银行撬动民间绿色投资的作用，推动区域性绿色金融国际合作，支持相关国家的绿色投资。

（三十）积极稳妥推动绿色证券市场双向开放。支持我国金融机构和企业到境外发行绿色债券。充分利用双边和多边合作机制，引导国际资金投资于我国的绿色债券、绿色股票和其他绿色金融资产。鼓励设立合资绿色发展基金。支持国际金融组织和跨国公司在境内发行绿色债券、开展绿色投资。

（三十一）推动提升对外投资绿色水平。鼓励和支持我国金融机构、非金融企业和我国参与的多边开发性机构在“一带一路”和其他对外投资项目中加强环境风险管理，提高环境信息披露水平，使用绿色债券等绿色融资工具筹集资金，开展绿色供应链管理，探索使用环境污染责任保险等工具进行环境风险管理。

九、防范金融风险，强化组织落实

（三十二）完善与绿色金融相关监管机制，有效防范金融风险。加强对绿色金融业务和产品的监管协调，综合运用宏观审慎与微观审慎监管工具，统一和完善有关监管规则和标准，强化对信息披露的要求，有效防范绿色信贷和绿色债券的违约风险，充分发挥股权融资作用，防止出现绿色项目杠杆率过高、资本空转和“洗绿”等问题，守住不发生系统性金融风险底线。

（三十三）相关部门要加强协作、形成合力，共同推动绿色金融发展。人民银行、财政部、发展改革委、环境保护部、银监会、证监会、保监会等部门应当密切关注绿色金融业务发展及相关风险，对激励和监管政策进行跟踪评估，适时调整完善。加强金融信息基础设施建设，推动信息和统计数据共享，建立健全相关分析预警机制，强化对绿色金融资金运用的监督和评估。

（三十四）各地区要从当地实际出发，以解决突出的生态环境问题为重点，积极探索和推动绿色金融发展。地方政府要做好绿色金融发展规划，明确分工，将推动绿色金融发展纳入年度工作责任目标。提升绿色金融业务能力，加大人才培养引进力度。

（三十五）加大对绿色金融的宣传力度。积极宣传绿色金融领域的优秀案例和业绩突出的金融机构和绿色企业，推动形成发展绿色金融的广泛共识。在全社会进一步普及环保意识，倡导绿色消费，形成共建生态文明、支持绿色金融发展的良好氛围。

2016 年 8 月 31 日

附录 7　国务院办公厅关于健全生态保护补偿机制的意见

（国办发〔2016〕31 号）

各省、自治区、直辖市人民政府，国务院各部委、各直属机构：

实施生态保护补偿是调动各方积极性、保护好生态环境的重要手段，是生态文明制度建设的重要内容。近年来，各地区、各有关部门有序推进生态保护补偿机制建设，取得了阶段性进展。但总体看，生态保护补偿的范围仍然偏小、标准偏低，保护者和受益者良性互动的体制机制尚不完善，一定程度上影响了生态环境保护措施行动的成效。为进一步健全生态保护补偿机制，加快推进生态文明建设，经党中央、国务院同意，现提出以下意见：

一、总体要求

（一）指导思想。全面贯彻党的十八大和十八届三中、四中、五中全会精神，深入贯彻习近平总书记系列重要讲话精神，坚持“四个全面”战略布局，牢固树立创新、协调、绿色、开放、共享的发展理念，按照党中央、国务院决策部署，不断完善转移支付制度，探索建立多元化生态保护补偿机制，逐步扩大补偿范围，合理提高补偿标准，有效调动全社会参与生态环境保护的积极性，促进生态文明建设迈上新台阶。

（二）基本原则。

权责统一、合理补偿。谁受益、谁补偿。科学界定保护者与受益者权利义务，推进生态保护补偿标准体系和沟通协调平台建设，加快形成受益者付费、保护者得到合理补偿的运行机制。

政府主导、社会参与。发挥政府对生态环境保护的主导作用，加强制度建设，完善法规政策，创新体制机制，拓宽补偿渠道，通过经济、法律等手段，加大政府购买服务力度，引导社会公众积极参与。

统筹兼顾、转型发展。将生态保护补偿与实施主体功能区规划、西部大开发战略和集中连片特困地区脱贫攻坚等有机结合，逐步提高重点生态功能区等区域基本公共服务水平，促进其转型绿色发展。

试点先行、稳步实施。将试点先行与逐步推广、分类补偿与综合补偿有机结合，大胆探索，稳步推进不同领域、区域生态保护补偿机制建设，不断提升生态保护成效。

（三）目标任务。到2020年，实现森林、草原、湿地、荒漠、海洋、水流、耕地等重点领域和禁止开发区域、重点生态功能区等重要区域生态保护补偿全覆盖，补偿水平与经济社会发展状况相适应，跨地区、跨流域补偿试点示范取得明显进展，多元化补偿机制初步建立，基本建立符合我国国情的生态保护补偿制度体系，促进形成绿色生产方式和生活方式。

二、分领域重点任务

（四）森林。健全国家和地方公益林补偿标准动态调整机制。完善以政府购买服务为主的公益林管护机制。合理安排停止天然林商业性采伐补助奖励资金。（国家林业局、财政部、国家发展改革委负责）

（五）草原。扩大退牧还草工程实施范围，适时研究提高补助标准，逐步加大对人工饲草地和牲畜棚圈建设的支持力度。实施新一轮草原生态保护补助奖励政策，根据牧区发展和中央财力状况，合理提高禁牧补助和草畜平衡奖励标准。充实草原管护公益岗位。（农业部、财政部、国家发展改革委负责）

（六）湿地。稳步推进退耕还湿试点，适时扩大试点范围。探索建立湿地生态效益补偿制度，率先在国家级湿地自然保护区、国际重要湿地、国家重要湿地开展补偿试点。（国家林业局、农业部、水利部、国家海洋局、环境保护部、住房城乡建设部、财政部、国家发展改革委负责）

（七）荒漠。开展沙化土地封禁保护试点，将生态保护补偿作为试点重要内容。加强沙区资源和生态系统保护，完善以政府购买服务为主的管护机制。研究制定鼓励社会力量参与防沙治沙的政策措施，切实保障相关权益。（国家林业局、农业部、财政部、国家发展改革委负责）

（八）海洋。完善捕捞渔民转产转业补助政策，提高转产转业补助标准。继续执行海洋伏季休渔渔民低保制度。健全增殖放流和水产养殖生态环境修复补助政策。研究建立国家级海洋自然保护区、海洋特别保护区生态保护补偿制度。（农业部、国家海洋局、水利部、环境保护部、财政部、国家发展改革委负责）

（九）水流。在江河源头区、集中式饮用水水源地、重要河流敏感河段和水生态修复治理区、水产种质资源保护区、水土流失重点预防区和重点治理区、大江大河重要蓄滞洪区以及具有重要饮用水源或重要生态功能的湖泊，全面开展生态保护补偿，适当提高补偿标准。加大水土保持生态效益补偿资金筹集力度。（水利部、环境保护部、住房城乡建设部、农业部、财政部、国家发展改革委负责）

（十）耕地。完善耕地保护补偿制度。建立以绿色生态为导向的农业生态治理补贴制度，对在地下水漏斗区、重金属污染区、生态严重退化地区实施耕地轮作休耕的农民给予资金补助。扩大新一轮退耕还林还草规模，逐步将25度以上陡坡地退出基本农田，纳入退耕还林还草补助范围。研究制定鼓励引导农民施用有机肥料和低毒生物农药的补助政策。（国土资源部、农业部、环境保护部、水利部、国家林业局、住房城乡建设部、财政部、国家发展改革委负责）

三、推进体制机制创新

（十一）建立稳定投入机制。多渠道筹措资金，加大生态保护补偿力度。中央财政考虑不同区域生态功能因素和支出成本差异，通过提高均衡性转移支付系数等方式，逐步增加对重点生态功能区的转移支付。中央预算内投资对重点生态功能区内的基础设施和基本公共服务设施建设予以倾斜。各省级人民政府要完善省以下转移支付制度，建立省级生态保护补偿资金投入机制，加大对省级重点生态功能区域的支持力度。完善森林、草原、海洋、渔业、自然文化遗产等资源收费基金和各类资源有偿使用收入的征收管理办法，逐步扩大资源税征收范围，允许相关收入用于开展相关领域生态保护补偿。完善生态保护成效与资金分配挂钩的激励约束机制，加强对生态保护补偿资金使用的监督管理。（财政部、国家发展改革委会同国土资源部、环境保护部、住房城乡建设部、水利部、农业部、税务总局、国家林业局、国家海洋局负责）

（十二）完善重点生态区域补偿机制。继续推进生态保护补偿试点示范，统筹各类补偿资金，探索综合性补偿办法。划定并严守生态保护红线，研究制定相关生态保护补偿政策。健全国家级自然保护区、世界文化自然遗产、国家级风景名胜区、国家森林公园和国家地质公园等各类禁止开发区域的生态保护补偿政策。将青藏高原等重要生态屏障作为开展生态保护补偿的重点区域。将生态保护补偿作为建立国家公园体制试点的重要内容。（国家发展改革委、财政部会同环境保护部、国土资源部、住房城乡建设部、水利部、农业部、国家林业局、国务院扶贫办负责）

（十三）推进横向生态保护补偿。研究制定以地方补偿为主、中央财政给予支持的横向生态保护补偿机制办法。鼓励受益地区与保护生态地区、流域下游与上游通过资金补偿、对口协作、产业转移、人才培训、共建园区等方式建立横向补偿关系。鼓励在具有重要生态功能、水资源供需矛盾突出、受各种污染危害或威胁严重的典型流域开展横向生态保护补偿试点。在长江、黄河等重要河流探索开展横向生态保护补偿试点。继续推进南水北调中线工程水源区对口支援、新安江水环境生态补偿试点，推动在京津冀水源涵养区、广西广东九洲江、福建广东汀江—韩江、江西广东东江、云南贵州广西广东西江等开展跨地区生态保护补偿试点。（财政部会同国家发展改革委、国土资源部、环境保护部、住房城乡建设部、水利部、农业部、国家林业局、国家海洋局负责）

（十四）健全配套制度体系。加快建立生态保护补偿标准体系，根据各领域、不同类型地区特点，以生态产品产出能力为基础，完善测算方法，分别制定补偿标准。加强森林、草原、耕地等生态监测能力建设，完善重点生态功能区、全国重要江河湖泊水功能区、跨省流域断面水量水质国家重点监控点位布局和自动监测网络，制定和完善监测评估指标体系。研究建立生态保护补偿统计指标体系和信息发布制度。加强生态保护补偿效益评估，积极培育生态服务价值评估机构。健全自然资源资产产权制度，建立统一的确权登记系统和权责明确的产权体系。强化科技支撑，深化生态保护补偿理论和生态服务价值等课题研究。（国家发展改革委、财政部会同国土资源部、环境保护部、住房城乡建设部、水利部、农业部、国家林业局、国家海洋局、国家统计局负责）

（十五）创新政策协同机制。研究建立生态环境损害赔偿、生态产品市场交易与生态保护补偿协同推进生态环境保护的新机制。稳妥有序开展生态环境损害赔偿制度改革试点，加快形成损害生态者赔偿的运行机制。健全生态保护市场体系，完善生态产品价格形成机制，使保护者通过生态产品的交易获得收益，发挥市场机制促进生态保护的积极作用。建立用水权、排污权、碳排放权初始分配制度，完善有偿使用、预算管理、投融资机制，培育和发展交易平台。探索地区间、流域间、流域上下游等水权交易方式。推进重点流域、重点区域排污权交易，扩大排污权有偿使用和交易试点。逐步建立碳排放权交易制度。建立统一的绿色产品标准、认证、标识等体系，完善落实对绿色产品研发生产、运输配送、购买使用的财税金融支持和政府采购等政策。（国家发展改革委、财政部、环境保护部会同国土资源部、住房城乡建设部、水利部、税务总局、国家林业局、农业部、国家能源局、国家海洋局负责）

（十六）结合生态保护补偿推进精准脱贫。在生存条件差、生态系统重要、需要保护修复的地区，结合生态环境保护和治理，探索生态脱贫新路子。生态保护补偿资金、国家重大生态工程项目和资金按照精准扶贫、精准脱贫的要求向贫困地区倾斜，向建档立卡贫困人口倾斜。重点生态功能区转移支付要考虑贫困地区实际状况，加大投入力度，扩大实施范围。加大贫困地区新一轮退耕还林还草力度，合理调整基本农田保有量。开展贫困地区生态综合补偿试点，创新资金使用方式，利用生态保护补偿和生态保护工程资金使当地有劳动能力的部分贫困人口转为生态保护人员。对在贫困地区开发水电、矿产资源占用集体土地的，试行给原住居民集体股权方式进行补偿。（财政部、国家发展改革委、国务院扶贫办会同国土资源部、环境保护部、水利部、农业部、国家林业局、国家能源局负责）

（十七）加快推进法制建设。研究制定生态保护补偿条例。鼓励各地出台相关法规或规范性文件，不断推进生态保护补偿制度化和法制化。加快推进环境保护税立法。（国家发展改革委、财政部、国务院法制办会同国土资源部、环境保护部、住房城乡建设部、水利部、农业部、税务总局、国家林业局、国家海洋局、国家统计局、国家能源局负责）

四、加强组织实施

（十八）强化组织领导。建立由国家发展改革委、财政部会同有关部门组成的部际协调机制，加强跨行政区域生态保护补偿指导协调，组织开展政策实施效果评估，研究解决生态保护补偿机制建设中的重大问题，加强对各项任务的统筹推进和落实。地方各级人民政府要把健全生态保护补偿机制作为推进生态文明建设的重要抓手，列入重要议事日程，明确目标任务，制定科学合理的考核评价体系，实行补偿资金与考核结果挂钩的奖惩制度。及时总结试点情况，提炼可复制、可推广的试点经验。

（十九）加强督促落实。各地区、各有关部门要根据本意见要求，结合实际情况，抓紧制定具体实施意见和配套文件。国家发展改革委、财政部要会同有关部门对落实本意见的情况进行监督检查和跟踪分析，每年向国务院报告。各级审计、监察部门要依法加强审计和监察。切实做好环境保护督察工作，督察行动和结果要同生态保护补偿工作有机结合。对生态保护补偿工作落实不力的，启动追责机制。

（二十）加强舆论宣传。加强生态保护补偿政策解读，及时回应社会关切。充分发挥新闻媒体作用，依托现代信息技术，通过典型示范、展览展示、经验交流等形式，引导全社会树立生态产品有价、保护生态人人有责的意识，自觉抵制不良行为，营造珍惜环境、保护生态的良好氛围。

国务院办公厅

2016 年 4 月 28 日

附录 8　生态综合补偿试点方案（节选）

（发改振兴〔2019〕1793 号）

近年来，我国生态补偿资金渠道不断拓宽，资金规模有所增加，但仍存在资金来源单一、使用不够精准、激励作用不强等突出问题。为进一步完善生态保护补偿机制，按照《国务院办公厅关于健全生态保护补偿机制的意见》（国办发〔2016〕31 号）等有关文件要求和 2019 年中央经济工作会议的部署，开展生态综合补偿试点，特制定本方案。

一、总体要求

（一）指导思想。

以习近平新时代中国特色社会主义思想为指导，全面贯彻党的十九大和十九届二中、三中、四中全会精神，牢固树立新发展理念，以维护国家生态安全、加快美丽中国建设为目标，以完善生态保护补偿机制为重点，以提高生态补偿资金使用整体效益为核心，在全国选择一批试点县开展生态综合补偿工作，创新生态补偿资金使用方式，拓宽资金筹集渠道，调动各方参与生态保护的积极性，转变生态保护地区的发展方式，增强自我发展能力，提升优质生态产品的供给能力，实现生态保护地区和受益地区的良性互动。

（二）基本原则。（略）

先行先试，稳步推进。改革创新，提升效益。压实责任，形成合力。

（三）工作目标。

到 2022 年，生态综合补偿试点工作取得阶段性进展，资金使用效益有效提升，生态保护地区造血能力得到增强，生态保护者的主动参与度明显提升，与地方经济发展水平相适应的生态保护补偿机制基本建立。

二、试点任务

（一）创新森林生态效益补偿制度。

对集体和个人所有的二级国家级公益林和天然商品林，要引导和鼓励其经营主体编制森林经营方案，在不破坏森林植被的前提下，合理利用其林地资源，适度开展林下种植养殖和森林游憩等非木质资源开发与利用，科学发展林下经济，实现保护和利用的协调统一。要完善森林生态效益补偿资金使用方式，优先将有劳动能力的贫困人口转成生态保护人员。

（二）推进建立流域上下游生态补偿制度。

推进流域上下游横向生态保护补偿，加强省内流域横向生态保护补偿试点工作。完善重点流域跨省断面监测网络和绩效考核机制，对纳入横向生态保护补偿试点的流域开展绩效评价。鼓励地方探索建立资金补偿之外的其他多元化合作方式。

（三）发展生态优势特色产业。

按照空间管控规则和特许经营权制度，在严格保护生态环境的前提下，鼓励和引导地方以新型农业经营主体为依托，加快发展特色种养业、农产品加工业和以自然风光和民族风情为特色的文化产业和旅游业，实现生态产业化和产业生态化。支持龙头企业发挥引领示范作用，建设标准化和规模化的原料生产基地，带动农户和农民合作社发展适度规模经营。

（四）推动生态保护补偿工作制度化。出台健全生态保护补偿机制的规范性文件，明确总体思路和基本原则，厘清生态保护补偿主体和客体的权利义务关系，规范生态补偿标准和补偿方式，明晰资金筹集渠道，不断推进生态保护补偿工作制度化和法制化，为从国家层面出台生态补偿条例积累经验。

三、工作程序（略）

（一）确定生态综合补偿试点县。

（二）报送生态综合补偿实施方案。

（三）做好试点工作的组织。

（四）多渠道筹集资金加大对试点工作的支持。

四、保障措施（略）

（一）加强组织领导。

（二）做好试点评估。

（三）加强宣传引导。

附录 9　建立市场化、多元化生态保护补偿机制行动计划（节选）

［国家发展改革委、财政部、自然资源部、生态环境部、水利部、农业农村部、人民银行、市场监管总局、林草局（2018.12.28）］

为贯彻中共中央办公厅《党的十九大报告重要改革举措实施规划（2018—2022 年）》（中办发〔2018〕39 号）以及中共中央办公厅、国务院办公厅《中央有关部门贯彻实施党的十九大报告重要改革举措分工方案》（中办发〔2018〕12 号）精神，落实《国务院办公厅关于健全生态保护补偿机制的意见》（国办发〔2016〕31 号），积极推进市场化、多元化生态保护补偿机制建设，特制定本行动计划。

一、总体要求

党的十八大以来，生态保护补偿机制建设顺利推进，重点领域、重点区域、流域上下游以及市场化补偿范围逐步扩大，投入力度逐步加大，体制机制建设取得初步成效。但在实践中还存在企业和社会公众参与度不高，优良生态产品和生态服务供给不足等矛盾和问题，亟须建立政府主导、企业和社会参与、市场化运作、可持续的生态保护补偿机制，激发全社会参与生态保护的积极性。

市场化、多元化生态保护补偿机制建设要以习近平新时代中国特色社会主义思想为指导，全面贯彻党的十九大和十九届二中、三中全会精神，牢固树立和践行“绿水青山就是金山银山”的理念，紧扣我国社会主要矛盾的变化，按照高质量发展的要求，坚持谁受益谁补偿、稳中求进的原则，加强顶层设计，创新体制机制，实现生态保护者和受益者良性互动，让生态保护者得到实实在在的利益。

到 2020 年，市场化、多元化生态保护补偿机制初步建立，全社会参与生态保护的积极性有效提升，受益者付费、保护者得到合理补偿的政策环境初步形成。到 2022 年，市场化、多元化生态保护补偿水平明显提升，生态保护补偿市场体系进一步完善，生态保护者和受益者互动关系更加协调，成为生态优先、绿色发展的有力支撑。

二、重点任务

建立市场化、多元化生态保护补偿机制要健全资源开发补偿、污染物减排补偿、水资源节约补偿、碳排放权抵消补偿制度，合理界定和配置生态环境权利，健全交易平台，引导生态受益者对生态保护者的补偿。积极稳妥发展生态产业，建立健全绿色标识、绿色采购、绿色金融、绿色利益分享机制，引导社会投资者对生态保护者的补偿。

（一）健全资源开发补偿制度

自然资源是生态系统的重要组成部分，资源开发者应当对资源开发的不利影响进行补偿，保障生态系统功能的原真性、完整性。合理界定资源开发边界和总量，确保生态系统功能不受影响。企业将资源开发过程中的生态环境投入和修复费用纳入资源开发成本，自身或者委托第三方专业机构实施修复。进一步完善全民所有土地资源、水资源、矿产资源、森林资源、草原资源、海域海岛资源等自然资源资产有偿使用制度，健全依法建设占用自然生态空间和压覆矿产的占用补偿制度。建立归属清晰、权责明确、保护严格、流转顺畅、监管有效的自然资源资产产权制度。

构建统一的自然资源资产交易平台，健全自然资源收益分配制度。（自然资源部牵头，发展改革委、财政部、住房城乡建设部、水利部、农业农村部、人民银行、林草局参与，地方各级人民政府负责落实。以下均需地方各级人民政府负责落实，不再列出）

（二）优化排污权配置

探索建立生态保护地区排污权交易制度，在满足环境质量改善目标任务的基础上，企业通过淘汰落后和过剩产能、清洁生产、清洁化改造、污染治理、技术改造升级等产生的污染物排放削减量，可按规定在市场交易。以工业企业、污水集中处理设施等为重点，在有条件的地方建立省内分行业排污强度区域排名制度，排名靠后地区对排名靠前地区进行合理补偿。（生态环境部牵头）

（三）完善水权配置

积极稳妥推进水权确权，合理确定区域取用水总量和权益，逐步明确取用水户水资源使用权。鼓励引导开展水权交易，对用水总量达到或超过区域总量控制指标或江河水量分配指标的地区，原则上要通过水权交易解决新增用水需求。鼓励取水权人通过节约使用水资源有偿转让相应取水权。健全水权交易平台，加强对水权交易活动的监管，强化水资源用途管制。（水利部牵头，自然资源部、生态环境部参与）

（四）健全碳排放权抵消机制

建立健全以国家温室气体自愿减排交易机制为基础的碳排放权抵消机制，将具有生态、社会等多种效益的林业温室气体自愿减排项目优先纳入全国碳排放权交易市场，充分发挥碳市场在生态建设、修复和保护中的补偿作用。引导碳交易履约企业和对口帮扶单位优先购买贫困地区林业碳汇项目产生的减排量。鼓励通过碳中和、碳普惠等形式支持林业

碳汇发展。（生态环境部牵头，自然资源部、林草局参与）

（五）发展生态产业

在生态功能重要、生态资源富集的贫困地区，加大投入力度，提高投资比重，积极稳妥发展生态产业，将生态优势转化为经济优势。中央预算内投资向重点生态功能区内的基础设施和公共服务设施倾斜。鼓励大中城市将近郊垃圾焚烧、污水处理、水质净化、灾害防治、岸线整治修复、生态系统保护与修复工程与生态产业发展有机融合，完善居民参与方式，引导社会资金发展生态产业，建立持续性惠益分享机制。（发展发改委、自然资源部、生态环境部、住房城乡建设部、交通运输部、农业农村部、文化和旅游部、林草局、扶贫办按职责参与）

（六）完善绿色标识

完善绿色产品标准、认证和监管等体系，发挥绿色标识促进生态系统服务价值实现的作用。推动现有环保、节能、节水、循环、低碳、再生、有机等产品认证逐步向绿色产品认证过渡，建立健全绿色标识产品清单制度。结合绿色电力证书资源认购，建立绿色能源制造认证机制。健全无公害农产品、绿色食品、有机产品认证制度和地理标志保护制度，实现优质优价。完善环境管理体系、能源管理体系、森林生态标志产品和森林可持续经营认证制度，建立健全获得相关认证产品的绿色通道制度。（市场监管总局、发展改革委、自然资源部、生态环境部、水利部、农业农村部、能源局、林草局、知识产权局按职责参与）

（七）推广绿色采购

综合考虑市场竞争、成本效益、质量安全、区域发展等因素，合理确定符合绿色采购要求的需求标准和采购方式。推广和实施绿色采购，完善绿色采购清单发布机制，优先选择获得环境管理体系、能源管理体系认证的企业或公共机构，优先采购经统一绿色产品认证、绿色能源制造认证的产品，为生态功能重要区域的产品进入市场创造条件。有序引导社会力量参与绿色采购供给，形成改善生态保护公共服务的合力。（财政部、发展改革委、市场监管总局牵头，生态环境部、水利部、能源局、扶贫办参与）

（八）发展绿色金融

完善生态保护补偿融资机制，根据条件成熟程度，适时扩大绿色金融改革创新试验区试点范围。鼓励各银行业金融机构针对生态保护地区建立符合绿色企业和项目融资特点的绿色信贷服务体系，支持生态保护项目发展。在坚决遏制隐性债务增量的基础上，支持有条件的生态保护地区政府和社会资本按市场化原则共同发起区域性绿色发展基金，支持以PPP模式规范操作的绿色产业项目。鼓励有条件的非金融企业和金融机构发行绿色债券，鼓励保险机构创新绿色保险产品，探索绿色保险参与生态保护补偿的途径。（人民银行牵头，财政部、自然资源部、银保监会、证监会参与）

（九）建立绿色利益分享机制

鼓励生态保护地区和受益地区开展横向生态保护补偿。探索建立流域下游地区对上游地区提供优于水环境质量目标的水资源予以补偿的机制。积极推进资金补偿、对口协作、产业转移、人才培训、共建园区等补偿方式，选择有条件的地区开展试点。（发展改革委、财政部、生态环境部、水利部按职责参与）

三、配套措施

健全激励机制，完善调查监测体系，强化技术支撑，为推进建立市场化、多元化生态保护补偿机制创造良好的基础条件。

（十）健全激励机制

发挥政府在市场化、多元化生态保护补偿中的引导作用，吸引社会资本参与，对成效明显的先进典型地区给予适当支持。（发展改革委、财政部牵头，自然资源部、生态环境部、水利部、农业农村部、林草局参与）

（十一）加强调查监测

加强对市场化、多元化生态保护补偿投入与成效的监测，健全调查体系和长效监测机制。建立健全自然资源统一调查监测评价、自然资源分等定级价格评估制度。加强重点区域资源、环境、生态监测，完善生态保护补偿基础数据。（发展改革委、自然资源部、生态环境部、水利部、农业农村部、统计局、林草局按职责参与）

（十二）强化技术支撑

以生态产品产出能力为基础，健全生态保护补偿标准体系、绩效评估体系、统计指标体系和信息发布制度。完善自然资源资产负债表编制方法，培育生态服务价值评估、自然资源资产核算、生态保护补偿基金管理等相关机构。鼓励有条件的地区开展生态系统服务价值核算试点，试点成功后全面推广。（发展改革委、财政部、自然资源部、生态环境部、水利部、农业农村部、统计局、林草局按职责参与）

四、组织实施（略）

（十三）强化统筹协调。

（十四）压实工作责任。

（十五）加强宣传推广。

附录 10　关于开展环境污染强制责任保险试点工作的指导意见

（环发〔2013〕10 号）

各省、自治区、直辖市环境保护厅（局），新疆生产建设兵团环境保护局，辽河保护区管理局，各保监局：

为贯彻落实《国务院关于加强环境保护重点工作的意见》（国发〔2011〕35 号）和《国家环境保护“十二五”规划》（国发〔2011〕42 号）有关精神，进一步健全环境污染责任保险制度，做好环境污染强制责任保险试点工作，现提出以下意见：

一、充分认识环境污染强制责任保险工作的重要意义

环境污染责任保险是以企业发生污染事故对第三者造成的损害依法应承担的赔偿责任为标的的保险。原国家环境保护总局和中国保险监督管理委员会于 2007 年联合印发《关于环境污染责任保险工作的指导意见》（环发〔2007〕189 号），启动了环境污染责任保险政策试点。各地环保部门和保险监管部门联合推动地方人大和人民政府，制定发布了一系列推进环境污染责任保险的法规、规章和规范性文件，引导保险公司开发相关保险产品，鼓励和督促高环境风险企业投保，取得积极进展。

根据环境风险管理的新形势新要求，开展环境污染强制责任保险试点工作，建立环境风险管理的长效机制，是应对环境风险严峻形势的迫切需要，是实现环境管理转型的必然要求，也是发挥保险机制社会管理功能的重要任务。运用保险工具，以社会化、市场化途径解决环境污染损害，有利于促使企业加强环境风险管理，减少污染事故发生；有利于迅速应对污染事故，及时补偿、有效保护污染受害者权益；有利于借助保险“大数法则”，分散企业对污染事故的赔付压力。

二、明确环境污染强制责任保险的试点企业范围

（一）涉重金属企业

按照国务院有关规定，重点防控的重金属污染物是：铅、汞、镉、铬和类金属砷等，兼顾镍、铜、锌、银、钒、锰、钴、铊、锑等其他重金属污染物。

重金属污染防控的重点行业是：

（1）重有色金属矿（含伴生矿）采选业：铜矿采选、铅锌矿采选、镍钴矿采选、锡矿采选、锑矿采选和汞矿采选业等。

（2）重有色金属冶炼业：铜冶炼、铅锌冶炼、镍钴冶炼、锡冶炼、锑冶炼和汞冶炼等。

（3）铅蓄电池制造业。

（4）皮革及其制品业：皮革鞣制加工等。

（5）化学原料及化学制品制造业：基础化学原料制造和涂料、油墨、颜料及类似产品制造等。

上述行业内涉及重金属污染物产生和排放的企业，应当按照国务院有关规定，投保环境污染责任保险。

（二）按地方有关规定已被纳入投保范围的企业

地方性法规、地方人民政府制定的规章或者规范性文件规定应当投保环境污染责任保险的企业，应当按照地方有关规定，投保环境污染责任保险。

（三）其他高环境风险企业

鼓励下列高环境风险企业投保环境污染责任保险：

（1）石油天然气开采、石化、化工等行业企业。

（2）生产、储存、使用、经营和运输危险化学品的企业。

（3）产生、收集、贮存、运输、利用和处置危险废物的企业，以及存在较大环境风险的二噁英排放企业。

（4）环保部门确定的其他高环境风险企业。

三、合理设计环境污染强制责任保险条款和保险费率

保险监管部门应当引导保险公司把开展环境污染责任保险业务作为履行社会责任的重要举措，合理设计保险条款，科学厘定保险费率。

（一）责任范围

保险条款载明的保险责任赔偿范围应当包括：

（1）第三方因污染损害遭受的人身伤亡或者财产损失。

（2）投保企业（又称被保险人）为了救治第三方的生命，避免或者减少第三方财产损失所发生的必要而且合理的施救费用。

（3）投保企业根据环保法律法规规定，为控制污染物扩散，或者清理污染物而支出的必要而且合理的清污费用。

（4）由投保企业和保险公司约定的其他赔偿责任。

（二）责任限额

投保企业应当根据本企业环境风险水平、发生污染事故可能造成的损害范围等因素，

确定足以赔付环境污染损失的责任限额，并据此投保。

（三）保险费率

保险公司应当综合考虑投保企业的环境风险、历史发生的污染事故及其造成的损失等方面的总体情况，兼顾投保企业的经济承受能力，科学合理设定环境污染责任保险的基准费率。

保险公司根据企业环境风险评估结果，综合考虑投保企业的环境守法状况（包括环境影响评价文件审批、建设项目竣工环保验收、排污许可证核发、环保设施运行、清洁生产审核、事故应急管理等环境法律制度执行情况），结合投保企业的行业特点、工艺、规模、所处区域环境敏感性等方面情况，在基准费率的基础上，合理确定适用于投保企业的具体费率。

四、健全环境风险评估和投保程序

企业投保或者续签保险合同前，保险公司可以委托或者自行对投保企业开展环境风险评估。

鼓励保险经纪机构提供环境风险评估和其他有关保险的技术支持和服务。

投保企业环境风险评估可以按照下列规定开展：

（一）对已有环境风险评估技术指南的氯碱、硫酸等行业，按照技术指南开展评估。

（二）对尚未颁布环境风险评估技术指南的行业，可以参照氯碱、硫酸等行业环境风险评估技术指南规定的基本评估方法，综合考虑生产因素、厂址环境敏感性、环境风险防控、事故应急管理等指标开展评估。

本意见规定的涉重金属企业、按地方有关规定已被纳入投保范围的企业，以及其他高环境风险企业，经过环境风险评估后，应当及时与保险公司签订保险合同，并将投保信息报告当地环保部门和保险监管部门。

保险监管部门应当引导和监督保险公司做好承保相关服务。

五、建立健全环境风险防范和污染事故理赔机制

（一）风险防范

在对企业日常环境监管中，环保部门应当监督企业严格落实环境污染事故预防和事故处理等责任，积极改进环境风险管理。

保险监管部门应当督促保险公司加强对投保企业环境风险管理的技术性检查和服务，充分发挥保险的事前风险防范作用。

保险公司应当按照保险合同的规定，做好对投保企业环境风险管理的指导和服务工作，定期对投保企业环境风险管理的总体状况和重要环节开展梳理和检查，查找环境风险和事故隐患，及时向投保企业提出消除不安全因素或者事故隐患的整改意见，并可视情况

通报当地环保部门。

投保企业是环境风险防范的第一责任人，应当加强对重大环境风险环节的管理，对存在的环境风险隐患积极整改，并做好突发环境污染事故的应急预案、定期演练和相关准备。

（二）事故报告

发生环境污染事故后，投保企业应当及时采取必要、合理的措施，有效防止或减少损失，并按照法律法规要求，向有关政府部门报告；应当及时通知保险公司，书面说明事故发生的原因、经过和损失情况；应当保护事故现场，保存事故证据资料，协助保险公司开展事故勘查和定损。

保险公司在事故调查、理赔中，可以参考当地环保部门掌握并依法可以公开的事故调查结论。

（三）出险理赔

投保企业发生环境污染事故后，保险公司应当及时组织事故勘查、定损和责任认定，并按照保险合同的约定，规范、高效、优质地提供出险理赔服务，及时履行保险赔偿责任。

对损害责任认定较为清晰的第三方人身伤亡或者财产损失，以及投保企业为了救治第三方的生命所发生的必要而且合理的施救等费用，保险公司应当积极预付赔款，加快理赔进度。

保险监管部门应当引导保险公司简化理赔手续，优化理赔流程，提升服务能力和水平。

（四）损害计算

环境污染事故造成的对第三方的人身损害、财产损失，投保企业为防止污染扩大、降低事故损失而采取相应措施所发生的应急处置费用，可以按照环境保护部印发的《环境污染损害数额计算推荐方法》（环发〔2011〕60号文件附件）规定的方法进行鉴定评估和核算。

在开展环境污染损害鉴定评估试点的地区，保险公司可以委托环境污染损害鉴定评估专业机构对污染事故的损害情况进行测算。

（五）争议案件的处理

投保企业与保险公司发生争议时，按照双方合同约定处理。保险经纪机构可以代表投保企业就有争议的案件与保险公司进行协商谈判，最大程度保障投保企业的合法权益，减少投保企业的损失和索赔成本。

六、强化信息公开

（一）环境信息

环保部门应当根据《环境信息公开办法》的有关规定，公布投保企业的下列环境信息：

（1）建设项目环境影响评价文件受理情况、审批结果和建设项目竣工环保验收结果。

（2）排污许可证发放情况。

（3）污染物排放超过国家或者地方排放标准，或者污染物排放总量超过地方人民政府依法核定的排放总量控制指标的污染严重的企业名单。

（4）发生过污染事故或者事件的企业名单，以及拒不执行已生效的环境行政处罚决定的企业名单。

（5）环保部门掌握的依法可以公开的有利于判断投保企业环境风险的其他相关信息。

投保企业应当按照国家有关规定，建立重金属产生、排放台账，以及危险化学品生产过程中的特征化学污染物产生、排放台账，建立企业环境信息披露制度，公布重金属和特征化学污染物排放、转移和环境管理情况信息。

（二）保险信息

保险监管部门应当依照《中国保险监督管理委员会政府信息公开办法》有关规定，公开与环境污染强制责任保险试点相关的信息。

保险公司应当依照《保险企业信息披露管理办法》等有关规定，全面准确地公开与环境污染强制责任保险有关的保险产品经营等相关信息。

七、完善促进企业投保的保障措施

（一）强化约束手段

对应当投保而未及时投保的企业，环保部门可以采取下列措施：

（1）将企业是否投保与建设项目环境影响评价文件审批、建设项目竣工环保验收、排污许可证核发、清洁生产审核，以及上市环保核查等制度的执行，紧密结合。

（2）暂停受理企业的环境保护专项资金、重金属污染防治专项资金等相关专项资金的申请。

（3）将该企业未按规定投保的信息及时提供银行业金融机构，为其客户评级、信贷准入退出和管理提供重要依据。

（二）完善激励措施

对按规定投保的企业，环保部门可以采取下列鼓励和引导措施：

（1）积极会同当地财政部门，在安排环境保护专项资金或者重金属污染防治专项资金时，对投保企业污染防治项目予以倾斜。

（2）将投保企业投保信息及时通报银行业金融机构，推动金融机构综合考虑投保企业的信贷风险评估、成本补偿和政府扶持政策等因素，按照风险可控、商业可持续原则优先给予信贷支持。

（三）健全政策法规（略）

环境保护部

保监会

2013年1月21日

附录 11　生态环境损害赔偿制度改革方案

（中共中央办公厅　国务院办公厅）

生态环境损害赔偿制度是生态文明制度体系的重要组成部分。党中央、国务院高度重视生态环境损害赔偿工作，党的十八届三中全会明确提出对造成生态环境损害的责任者严格实行赔偿制度。2015 年，中共中央办公厅、国务院办公厅印发《生态环境损害赔偿制度改革试点方案》（中办发〔2015〕57 号），在吉林等 7 个省市部署开展改革试点，取得明显成效。为进一步在全国范围内加快构建生态环境损害赔偿制度，在总结各地区改革试点实践经验基础上，制定本方案。

一、总体要求和目标

通过在全国范围内试行生态环境损害赔偿制度，进一步明确生态环境损害赔偿范围、责任主体、索赔主体、损害赔偿解决途径等，形成相应的鉴定评估管理和技术体系、资金保障和运行机制，逐步建立生态环境损害的修复和赔偿制度，加快推进生态文明建设。

自 2018 年 1 月 1 日起，在全国试行生态环境损害赔偿制度。到 2020 年，力争在全国范围内初步构建责任明确、途径畅通、技术规范、保障有力、赔偿到位、修复有效的生态环境损害赔偿制度。

二、工作原则

——依法推进，鼓励创新。按照相关法律法规规定，立足国情和地方实际，由易到难、稳妥有序开展生态环境损害赔偿制度改革工作。对法律未做规定的具体问题，根据需要提出政策和立法建议。

——环境有价，损害担责。体现环境资源生态功能价值，促使赔偿义务人对受损的生态环境进行修复。生态环境损害无法修复的，实施货币赔偿，用于替代修复。赔偿义务人因同一生态环境损害行为需承担行政责任或刑事责任的，不影响其依法承担生态环境损害赔偿责任。

——主动磋商，司法保障。生态环境损害发生后，赔偿权利人组织开展生态环境损害调查、鉴定评估、修复方案编制等工作，主动与赔偿义务人磋商。磋商未达成一致，赔偿权利人可依法提起诉讼。

——信息共享，公众监督。实施信息公开，推进政府及其职能部门共享生态环境损害赔偿信息。生态环境损害调查、鉴定评估、修复方案编制等工作中涉及公共利益的重大事项应当向社会公开，并邀请专家和利益相关的公民、法人、其他组织参与。

三、适用范围

本方案所称生态环境损害，是指因污染环境、破坏生态造成大气、地表水、地下水、土壤、森林等环境要素和植物、动物、微生物等生物要素的不利改变，以及上述要素构成的生态系统功能退化。

（一）有下列情形之一的，按本方案要求依法追究生态环境损害赔偿责任：

1．发生较大及以上突发环境事件的；

2．在国家和省级主体功能区规划中划定的重点生态功能区、禁止开发区发生环境污染、生态破坏事件的；

3．发生其他严重影响生态环境后果的。各地区应根据实际情况，综合考虑造成的环境污染、生态破坏程度以及社会影响等因素，明确具体情形。

（二）以下情形不适用本方案：

1．涉及人身伤害、个人和集体财产损失要求赔偿的，适用侵权责任法等法律规定；

2．涉及海洋生态环境损害赔偿的，适用海洋环境保护法等法律及相关规定。

四、工作内容

（一）明确赔偿范围。生态环境损害赔偿范围包括清除污染费用、生态环境修复费用、生态环境修复期间服务功能的损失、生态环境功能永久性损害造成的损失以及生态环境损害赔偿调查、鉴定评估等合理费用。各地区可根据生态环境损害赔偿工作进展情况和需要，提出细化赔偿范围的建议。鼓励各地区开展环境健康损害赔偿探索性研究与实践。

（二）确定赔偿义务人。违反法律法规，造成生态环境损害的单位或个人，应当承担生态环境损害赔偿责任，做到应赔尽赔。现行民事法律和资源环境保护法律有相关免除或减轻生态环境损害赔偿责任规定的，按相应规定执行。各地区可根据需要扩大生态环境损害赔偿义务人范围，提出相关立法建议。

（三）明确赔偿权利人。国务院授权省级、市地级政府（包括直辖市所辖的区县级政府，下同）作为本行政区域内生态环境损害赔偿权利人。省域内跨市地的生态环境损害，由省级政府管辖；其他工作范围划分由省级政府根据本地区实际情况确定。省级、市地级政府可指定相关部门或机构负责生态环境损害赔偿具体工作。省级、市地级政府及其指定的部门或机构均有权提起诉讼。跨省域的生态环境损害，由生态环境损害地的相关省级政府协商开展生态环境损害赔偿工作。

在健全国家自然资源资产管理体制试点区，受委托的省级政府可指定统一行使全民所有自然资源资产所有者职责的部门负责生态环境损害赔偿具体工作；国务院直接行使全民所有自然资源资产所有权的，由受委托代行该所有权的部门作为赔偿权利人开展生态环境损害赔偿工作。

各省（自治区、直辖市）政府应当制定生态环境损害索赔启动条件、鉴定评估机构选定程序、信息公开等工作规定，明确国土资源、环境保护、住房城乡建设、水利、农业、林业等相关部门开展索赔工作的职责分工。建立对生态环境损害索赔行为的监督机制，赔偿权利人及其指定的相关部门或机构的负责人、工作人员在索赔工作中存在滥用职权、玩忽职守、徇私舞弊的，依纪依法追究责任；涉嫌犯罪的，移送司法机关。

对公民、法人和其他组织举报要求提起生态环境损害赔偿的，赔偿权利人及其指定的部门或机构应当及时研究处理和答复。

（四）开展赔偿磋商。经调查发现生态环境损害需要修复或赔偿的，赔偿权利人根据生态环境损害鉴定评估报告，就损害事实和程度、修复启动时间和期限、赔偿的责任承担方式和期限等具体问题与赔偿义务人进行磋商，统筹考虑修复方案技术可行性、成本效益最优化、赔偿义务人赔偿能力、第三方治理可行性等情况，达成赔偿协议。对经磋商达成的赔偿协议，可以依照民事诉讼法向人民法院申请司法确认。经司法确认的赔偿协议，赔偿义务人不履行或不完全履行的，赔偿权利人及其指定的部门或机构可向人民法院申请强制执行。磋商未达成一致的，赔偿权利人及其指定的部门或机构应当及时提起生态环境损害赔偿民事诉讼。

（五）完善赔偿诉讼规则。各地人民法院要按照有关法律规定、依托现有资源，由环境资源审判庭或指定专门法庭审理生态环境损害赔偿民事案件；根据赔偿义务人主观过错、经营状况等因素试行分期赔付，探索多样化责任承担方式。

各地人民法院要研究符合生态环境损害赔偿需要的诉前证据保全、先予执行、执行监督等制度；可根据试行情况，提出有关生态环境损害赔偿诉讼的立法和制定司法解释建议。鼓励法定的机关和符合条件的社会组织依法开展生态环境损害赔偿诉讼。

生态环境损害赔偿制度与环境公益诉讼之间衔接等问题，由最高人民法院商有关部门根据实际情况制定指导意见予以明确。

（六）加强生态环境修复与损害赔偿的执行和监督。赔偿权利人及其指定的部门或机构对磋商或诉讼后的生态环境修复效果进行评估，确保生态环境得到及时有效修复。生态环境损害赔偿款项使用情况、生态环境修复效果要向社会公开，接受公众监督。

（七）规范生态环境损害鉴定评估。各地区要加快推进生态环境损害鉴定评估专业力量建设，推动组建符合条件的专业评估队伍，尽快形成评估能力。研究制定鉴定评估管理制度和工作程序，保障独立开展生态环境损害鉴定评估，并做好与司法程序的衔接。为磋商提供鉴定意见的鉴定评估机构应当符合国家有关要求；为诉讼提供鉴定意见的鉴定评估机构应当遵守司法行政机关等的相关规定规范。

（八）加强生态环境损害赔偿资金管理。经磋商或诉讼确定赔偿义务人的，赔偿义务人应当根据磋商或判决要求，组织开展生态环境损害的修复。赔偿义务人无能力开展修复工作的，可以委托具备修复能力的社会第三方机构进行修复。修复资金由赔偿义务人向委托的社会第三方机构支付。赔偿义务人自行修复或委托修复的，赔偿权利人前期开展生态环境损害调查、鉴定评估、修复效果后评估等费用由赔偿义务人承担。

赔偿义务人造成的生态环境损害无法修复的，其赔偿资金作为政府非税收入，全额上缴同级国库，纳入预算管理。赔偿权利人及其指定的部门或机构根据磋商或判决要求，结合本区域生态环境损害情况开展替代修复。

五、保障措施

（一）落实改革责任。各省（自治区、直辖市）、市（地、州、盟）党委和政府要加强对生态环境损害赔偿制度改革的统一领导，及时制定本地区实施方案，明确改革任务和时限要求，大胆探索，扎实推进，确保各项改革措施落到实处。省（自治区、直辖市）政府成立生态环境损害赔偿制度改革工作领导小组。省级、市地级政府指定的部门或机构，要明确有关人员专门负责生态环境损害赔偿工作。国家自然资源资产管理体制试点部门要明确任务、细化责任。

吉林、江苏、山东、湖南、重庆、贵州、云南 7 个试点省市试点期间的实施方案可以结合试点情况和本方案要求进行调整完善。

各省（自治区、直辖市）在改革试行过程中，要及时总结经验，完善相关制度。自 2019 年起，每年 3 月底前将上年度本行政区域生态环境损害赔偿制度改革工作情况送环境保护部汇总后报告党中央、国务院。

（二）加强业务指导。环境保护部会同相关部门负责指导有关生态环境损害调查、鉴定评估、修复方案编制、修复效果后评估等业务工作。最高人民法院负责指导有关生态环境损害赔偿的审判工作。最高人民检察院负责指导有关生态环境损害赔偿的检察工作。司法部负责指导有关生态环境损害司法鉴定管理工作。财政部负责指导有关生态环境损害赔偿资金管理工作。国家卫生计生委、环境保护部对各地区环境健康问题开展调查研究或指导地方开展调查研究，加强环境与健康综合监测与风险评估。

（三）加快技术体系建设。国家建立健全统一的生态环境损害鉴定评估技术标准体系。环境保护部负责制定完善生态环境损害鉴定评估技术标准体系框架和技术总纲；会同相关部门出台或修订生态环境损害鉴定评估的专项技术规范；会同相关部门建立服务于生态环境损害鉴定评估的数据平台。相关部门针对基线确定、因果关系判定、损害数额量化等损害鉴定关键环节，组织加强关键技术与标准研究。

（四）做好经费保障。生态环境损害赔偿制度改革工作所需经费由同级财政予以安排。

（五）鼓励公众参与。不断创新公众参与方式，邀请专家和利益相关的公民、法人、其他组织参加生态环境修复或赔偿磋商工作。依法公开生态环境损害调查、鉴定评估、赔偿、诉讼裁判文书、生态环境修复效果报告等信息，保障公众知情权。

六、其他事项

2015 年印发的《生态环境损害赔偿制度改革试点方案》自 2018 年 1 月 1 日起废止。

2017 年 12 月 17 日

附录 12　生态环境损害鉴定评估技术指南　总纲（节选）

（环境保护部）

前言（略）

1　适用范围

本指南规定了生态环境损害鉴定评估的一般性原则、程序、内容和方法，适用于因污染环境或破坏生态导致生态环境损害的鉴定评估，不适用于因核与辐射所致生态环境损害的鉴定评估。

2　规范性引用文件（略）

3　术语和定义

3.1　生态环境损害鉴定评估 identification and assessment for eco-environmental damage

指鉴定评估机构按照规定的程序和方法，综合运用科学技术和专业知识，调查污染环境、破坏生态行为与生态环境损害情况，分析污染环境或破坏生态行为与生态环境损害间的因果关系，评估污染环境或破坏生态行为所致生态环境损害的范围和程度，确定生态环境恢复至基线并补偿期间损害的恢复措施，量化生态环境损害数额的过程。

3.2　生态环境损害 eco-environmental damage

指因污染环境、破坏生态造成大气、地表水、地下水、土壤等环境要素和植物、动物、微生物等生物要素的不利改变，及上述要素构成的生态系统功能的退化。

3.3　生态系统服务 ecosystem service

指生态系统直接或间接为人类提供的惠益。

3.4　生态环境基线 eco-environmental baseline

指污染环境、破坏生态行为未发生时，评估区域内生态环境及其生态系统服务的状态。

3.5　期间损害 interim damage

指生态环境损害开始发生至生态环境恢复到基线的期间，生态系统向公众或其他生态系统提供服务的丧失或减少。

3.6　生态环境恢复 eco-environmental restoration

指生态环境损害发生后，采取各项必要的、合理的措施将生态环境及其生态系统服务恢复至基线水平，同时补偿期间损害。按照恢复目标和阶段不同，生态环境恢复可包括基本恢复、补偿性恢复和补充性恢复。

3.7　基本恢复 primary restoration

指采取自然恢复或人工恢复措施，使受损的生态环境及其生态系统服务恢复至基线水平。

3.8　补偿性恢复 compensatory restoration

指采取各项恢复措施，补偿生态环境期间损害。

3.9　补充性恢复 complementary restoration

指基本恢复或补偿性恢复不能完全恢复受损的生态环境及生态服务时，采取各项弥补性的恢复措施，使生态环境及生态服务恢复到基线水平。

3.10　永久性损害 permanent damage

指受损生态环境及其功能难以恢复，其向公众或其他生态系统提供服务的能力完全丧失。

4　总则

4.1　鉴定评估原则

合法合规原则：鉴定评估工作应遵守国家和地方有关法律、法规和技术规范。禁止伪造数据和弄虚作假。

科学合理原则：鉴定评估工作应制定科学、合理、可操作的工作方案。鉴定评估工作方案中应包含严格的质量控制和质量保证措施。

独立客观原则：鉴定评估机构及鉴定人员应当运用专业知识和实践经验独立客观地开展鉴定评估，不受鉴定评估委托方以及其他方面的影响。

4.2　鉴定评估内容

4.2.1　鉴定评估范围

生态环境损害鉴定评估工作的时间范围以污染环境或破坏生态行为发生日期为起点，持续到受损生态环境及其生态系统服务恢复至基线为止。生态环境损害鉴定评估工作空间范围的确定可以综合利用现场调查、环境监测、遥感分析和模型预测等方法，依据污染物的迁移扩散范围或破坏生态行为的影响范围确定。

4.2.2　鉴定评估事项

生态环境损害鉴定评估的主要内容包括：调查污染环境、破坏生态行为，以及生态环境损害情况；鉴定污染物性质；分析污染环境或破坏生态行为与生态环境损害之间的因果关系；确定生态环境损害的性质、类型、范围和程度；计算生态环境损害实物量，筛选并给出推荐的生态环境恢复方案，计算生态环境损害价值量，开展生态环境恢复效果评估。

4.3 鉴定评估工作程序

生态环境损害鉴定评估工作包括鉴定评估准备、生态环境损害调查、因果关系分析、生态环境损害实物量化、生态环境损害价值量化、报告编制和生态环境恢复效果评估。鉴定评估实践中，应根据鉴定评估委托事项开展相应的工作，可根据鉴定委托事项适当简化工作程序。必要时，针对生态环境损害鉴定评估中的关键问题，开展专题研究。生态环境损害鉴定评估基本工作程序见图 1（略）。

5 生态环境损害调查确认

5.1 收集分析污染环境、破坏生态行为的相关资料，开展现场踏勘和采样分析等，掌握污染环境、破坏生态行为的基本情况。

5.2 收集分析生态环境损害的相关材料，确定生态环境基线，开展生态调查、环境监测、遥感分析、文献查阅等，确认评估区域生态环境与基线相比是否受到损害，识别生态环境损害的类型。

6 因果关系分析

6.1 因果关系分析应以存在明确的污染环境或破坏生态行为和生态环境损害事实为前提。

6.2 污染环境行为与生态环境损害间因果关系分析的主要内容包括环境污染物（污染源、环境介质、生物）的同源性分析、污染物迁移路径的合理性分析、生物暴露的可能性分析和生物发生损害的可能性分析。

6.3 破坏生态行为与生态环境损害间的因果关系分析，主要通过文献查阅、专家咨询、样方调查和生态实验等方法，阐明破坏生态行为导致生态环境损害的可能的作用机制，建立破坏生态行为导致生态环境损害的生态链条，分析破坏生态行为导致生态环境损害的可能性。

7 生态环境损害实物量化

7.1 生态环境损害实物量化内容

7.1.1 综合考虑评估对象、目的、适用条件、资料完备程度等情况，选择适当的实物量化指标、方法和参数。对生态环境质量的损害，一般以特征污染物浓度为量化指标；对生态系统服务的损害，一般选择指示物种种群密度、种群数量、种群结构、植被覆盖度等指标作为量化指标。

7.1.2 比较污染环境行为发生前后空气、地表水、沉积物、土壤、地下水等生态环境质量状况，确定生态环境中特征污染物浓度超过基线的时间、体积和程度等变量和因素。

7.1.3 比较污染环境或破坏生态行为发生前后生物种群数量、密度、结构等的变化，确定生物资源或生态系统服务超过基线的时间、面积和程度等变量和因素。

7.2 生态环境损害实物量化方法

7.2.1 生态环境损害实物量化的常用方法主要包括统计分析、空间分析、模型模拟。

7.2.2 生态环境损害实物量化过程中应综合利用 7.2.1 所列方法，并对不同方法量化结果的不确定性进行分析。

8 生态环境损害恢复方案筛选与价值量化

8.1 恢复方案筛选与价值量化内容

8.1.1 生态环境损害价值主要根据将生态环境恢复至基线需要开展的生态环境恢复工程措施的费用进行计算，同时，还应包括生态环境损害开始发生至恢复到基线水平的期间损害。

8.1.2 生态环境恢复方案的筛选应遵循以下程序和要求：

a）应首先确定生态环境恢复的总体目标、阶段目标和恢复策略。

b）应综合考虑恢复目标、工作量、持续时间等因素，制定备选基本恢复方案。

c）估计备选基本恢复行动或措施的实施范围、恢复规模和持续时间等，选择适宜的替代等值分析方法，评估期间损害，计算补偿性恢复行动工程量，制定补偿性恢复方案。

d）综合采用专家咨询、费用-效果分析、层次分析法等方法对备选生态环境恢复方案进行筛选。筛选应重点考虑备选基本恢复方案和补偿性恢复方案的时间与经济成本，兼顾方案的有效性、合法性、技术可行性、公众可接受性、环境安全性、可持续性等因素，筛选比对后确定最优基本恢复和补偿性恢复方案。

e）在进行生态环境损害评估时，如果既无法将受损的生态环境恢复至基线，也没有可行的补偿性恢复方案弥补期间损害，或只能恢复部分受损的生态环境，则应采用环境价值评估方法对生态环境的永久性损害进行价值评估，计算生态环境损害数额。

8.1.3 生态环境恢复费用，按照国家工程投资估算的规定列出，包括：工程费、设备及材料购置费、替代工程建设所需的土地、水域、海域等购置费用和工程建设费用及其他费用，采用概算定额法、类比工程预算法编制。污染环境行为发生后，为减轻或消除污染对生态环境的危害而发生的阻断、去除、转移、处理和处置污染物的污染清理费用，以实际发生费用为准，并对实际发生费用的必要性和合理性进行判断。

8.2 生态环境损害评估方法

8.2.1 生态环境损害评估方法包括替代等值分析方法和环境价值评估方法。替代等值分析方法包括资源等值分析方法、服务等值分析方法和价值等值分析方法。环境价值评估方法包括直接市场价值法、揭示偏好法、效益转移法和陈述偏好法。

8.2.2 优先选择资源等值分析方法和服务等值分析方法。如果受损的生态环境以提供资源为主，采用资源等值分析方法；如果受损的生态环境以提供生态系统服务为主，或兼具资源与生态系统服务，采用服务等值分析方法。

8.2.3 如果不能满足资源等值分析方法和服务等值分析方法的基本条件，可考虑采用价值等值分析方法。如果恢复行动产生的单位效益可以货币化，考虑采用价值-价值法；如果恢复行动产生的单位效益的货币化不可行（耗时过长或成本过高），则考虑采用价值-成本法。同等条件下，优先采用价值-价值法。

8.2.4 如果替代等值分析方法不可行，则考虑采用环境价值评估方法。根据方法的不确定性从小到大，建议依次采用直接市场价值法、揭示偏好法和陈述偏好法，条件允许时可以采用效益转移法。常用的环境价值评估方法见附录 B。

8.2.5 以下情况推荐采用环境价值评估方法：

a）当评估生物资源时，如果选择生物体内污染物浓度或对照区的发病率作为基线水平评价指标，由于在生态环境恢复过程中难以对其进行衡量，推荐采用环境价值评估方法；

b）由于某些限制原因，生态环境不能通过工程完全恢复，采用环境价值评估方法评估生态环境的永久性损害；

c）如果生态环境恢复工程的成本大于预期收益，推荐采用环境价值评估方法。

9 生态环境恢复效果评估（略）

附录 A 生态环境损害鉴定评估报告书的编制要求（略）

附录 B 常用的环境价值评估方法（略）

直接市场价值法：生产率变动法、剂量-反应法、人力资本和疾病成本法。

揭示偏好法：内涵资产定价法、避免损害成本法、治理成本法。

陈述偏好法：条件价值法、选择试验模型法。

效益转移法。

附录13 国务院办公厅关于进一步推进排污权有偿使用和交易试点工作的指导意见（节选）

（国办发〔2014〕38号）

排污权是指排污单位经核定、允许其排放污染物的种类和数量。2007年以来，国务院有关部门组织天津、河北、内蒙古等11个省（区、市）开展排污权有偿使用和交易试点，取得了一定进展。为进一步推进试点工作，促进主要污染物排放总量持续有效减少，经国务院同意，现提出以下指导意见：

一、总体要求

（一）高度重视排污权有偿使用和交易试点工作。（略）

（二）工作目标。以邓小平理论、“三个代表”重要思想、科学发展观为指导，贯彻落实党的十八大和十八届二中、三中全会精神，按照党中央、国务院的决策部署，充分发挥市场在资源配置中的决定性作用，积极探索建立环境成本合理负担机制和污染减排激励约束机制，促进排污单位树立环境意识，主动减少污染物排放，加快推进产业结构调整，切实改善环境质量。到2017年，试点地区排污权有偿使用和交易制度基本建立，试点工作基本完成。

二、建立排污权有偿使用制度

（三）严格落实污染物总量控制制度。实施污染物排放总量控制是开展试点的前提。试点地区要严格按照国家确定的污染物减排要求，将污染物总量控制指标分解到基层，不得突破总量控制上限。试点的污染物应为国家作为约束性指标进行总量控制的污染物，试点地区也可选择对本地区环境质量有突出影响的其他污染物开展试点。

（四）合理核定排污权。核定排污权是试点工作的基础。试点地区应于2015年年底前全面完成现有排污单位排污权的初次核定，以后原则上每5年核定一次。现有排污单位的排污权，应根据有关法律法规标准、污染物总量控制要求、产业布局和污染物排放现状等核定。新建、改建、扩建项目的排污权，应根据其环境影响评价结果核定。排污权以排污许可证形式予以确认。试点地区不得超过国家确定的污染物排放总量核定排污权，不得为不符合国家产业政策的排污单位核定排污权。排污权由地方环境保护部门按污染源管理权限核定。

（五）实行排污权有偿取得。试点地区实行排污权有偿使用制度，排污单位在缴纳使用费后获得排污权，或通过交易获得排污权。排污单位在规定期限内对排污权拥有使用、转让和抵押等权利。对现有排污单位，要考虑其承受能力、当地环境质量改善要求，逐步实行排污权有偿取得。新建项目排污权和改建、扩建项目新增排污权，原则上要以有偿方式取得。有偿取得排污权的单位，不免除其依法缴纳排污费等相关税费的义务。

（六）规范排污权出让方式。试点地区可以采取定额出让、公开拍卖方式出让排污权。现有排污单位取得排污权，原则上采取定额出让方式，出让标准由试点地区价格、财政、环境保护部门根据当地污染治理成本、环境资源稀缺程度、经济发展水平等因素确定。新建项目排污权和改建、扩建项目新增排污权，原则上通过公开拍卖方式取得，拍卖底价可参照定额出让标准。

（七）加强排污权出让收入管理。排污权使用费由地方环境保护部门按照污染源管理权限收取，全额缴入地方国库，纳入地方财政预算管理。排污权出让收入统筹用于污染防治，任何单位和个人不得截留、挤占和挪用。缴纳排污权使用费金额较大、一次性缴纳确有困难的排污单位，可分期缴纳，缴纳期限不得超过五年，首次缴款不得低于应缴总额的40%。试点地区财政、审计部门要加强对排污权出让收入使用情况的监督。

三、加快推进排污权交易

（八）规范交易行为。排污权交易应在自愿、公平、有利于环境质量改善和优化环境资源配置的原则下进行。交易价格由交易双方自行确定。试点初期，可参照排污权定额出让标准等确定交易指导价格。试点地区要严格按照《国务院关于清理整顿各类交易场所切实防范金融风险的决定》（国发〔2011〕38 号）等有关规定，规范排污权交易市场。

（九）控制交易范围。排污权交易原则上在各试点省份内进行。涉及水污染物的排污权交易仅限于在同一流域内进行。火电企业（包括其他行业自备电厂，不含热电联产机组供热部分）原则上不得与其他行业企业进行涉及大气污染物的排污权交易。环境质量未达到要求的地区不得进行增加本地区污染物总量的排污权交易。工业污染源不得与农业污染源进行排污权交易。

（十）激活交易市场。国务院有关部门要研究制定鼓励排污权交易的财税等扶持政策。试点地区要积极支持和指导排污单位通过淘汰落后和过剩产能、清洁生产、污染治理、技术改造升级等减少污染物排放，形成“富余排污权”参加市场交易；建立排污权储备制度，回购排污单位“富余排污权”，适时投放市场，重点支持战略性新兴产业、重大科技示范等项目建设。积极探索排污权抵押融资，鼓励社会资本参与污染物减排和排污权交易。

（十一）加强交易管理。排污权交易按照污染源管理权限由相应的地方环境保护部门负责。跨省级行政区域的排污权交易试点，由环境保护部、财政部和发展改革委负责组织。排污权交易完成后，交易双方应在规定时限内向地方环境保护部门报告，并申请变更其排污许可证。

四、强化试点组织领导和服务保障（略）

（十二）加强组织领导。

（十三）提高服务质量。

（十四）严格监督管理。

附录 14　全国碳排放权交易市场建设方案（发电行业）（节选）

（发改气候规〔2017〕2191 号）

一、总体要求

（一）指导思想（略）

（二）基本原则（略）

坚持市场导向、政府服务。坚持先易后难、循序渐进。坚持协调协同、广泛参与。坚持统一标准、公平公开。

（三）目标任务

坚持将碳市场作为控制温室气体排放政策工具的工作定位，切实防范金融等方面风险。以发电行业为突破口率先启动全国碳排放交易体系，培育市场主体，完善市场监管，逐步扩大市场覆盖范围，丰富交易品种和交易方式。逐步建立起归属清晰、保护严格、流转顺畅、监管有效、公开透明、具有国际影响力的碳市场。配额总量适度从紧、价格合理适中，有效激发企业减排潜力，推动企业转型升级，实现控制温室气体排放目标。自本方案印发之后，分三阶段稳步推进碳市场建设工作。

基础建设期。用一年左右的时间，完成全国统一的数据报送系统、注册登记系统和交易系统建设。深入开展能力建设，提升各类主体参与能力和管理水平。开展碳市场管理制度建设。

模拟运行期。用一年左右的时间，开展发电行业配额模拟交易，全面检验市场各要素环节的有效性和可靠性，强化市场风险预警与防控机制，完善碳市场管理制度和支撑体系。

深化完善期。在发电行业交易主体间开展配额现货交易。交易仅以履约（履行减排义务）为目的，履约部分的配额予以注销，剩余配额可跨履约期转让、交易。在发电行业碳市场稳定运行的前提下，逐步扩大市场覆盖范围，丰富交易品种和交易方式。创造条件，尽早将国家核证自愿减排量纳入全国碳市场。

二、市场要素

（四）交易主体。初期交易主体为发电行业重点排放单位。条件成熟后，扩大至其他高耗能、高污染和资源性行业。适时增加符合交易规则的其他机构和个人参与交易。

（五）交易产品。初期交易产品为配额现货，条件成熟后增加符合交易规则的国家核证自愿减排量及其他交易产品。

（六）交易平台。建立全国统一、互联互通、监管严格的碳排放权交易系统，并纳入全国公共资源交易平台体系管理。

三、参与主体

（七）重点排放单位。发电行业年度排放达到2.6万吨二氧化碳当量（综合能源消费量约1万吨标准煤）及以上的企业或者其他经济组织为重点排放单位。年度排放达到2.6万吨二氧化碳当量及以上的其他行业自备电厂视同发电行业重点排放单位管理。在此基础上，逐步扩大重点排放单位范围。

（八）监管机构。国务院发展改革部门与相关部门共同对碳市场实施分级监管。国务院发展改革部门会同相关行业主管部门制定配额分配方案和核查技术规范并监督执行。各相关部门根据职责分工分别对第三方核查机构、交易机构等实施监管。省级、计划单列市应对气候变化主管部门监管本辖区内的数据核查、配额分配、重点排放单位履约等工作。各部门、各地方各司其职、相互配合，确保碳市场规范有序运行。

（九）核查机构。符合有关条件要求的核查机构，依据核查有关规定和技术规范，受委托开展碳排放相关数据核查，并出具独立核查报告，确保核查报告真实、可信。

四、制度建设

（十）碳排放监测、报告与核查制度。国务院发展改革部门会同相关行业主管部门制定企业排放报告管理办法、完善企业温室气体核算报告指南与技术规范。各省级、计划单列市应对气候变化主管部门组织开展数据审定和报送工作。重点排放单位应按规定及时报告碳排放数据。重点排放单位和核查机构须对数据的真实性、准确性和完整性负责。

（十一）重点排放单位配额管理制度。国务院发展改革部门负责制定配额分配标准和办法。各省级及计划单列市应对气候变化主管部门按照标准和办法向辖区内的重点排放单位分配配额。重点排放单位应当采取有效措施控制碳排放，并按实际排放清缴配额（“清缴”是指清理应缴未缴配额的过程）。省级及计划单列市应对气候变化主管部门负责监督清缴，对逾期或不足额清缴的重点排放单位依法依规予以处罚，并将相关信息纳入全国信用信息共享平台实施联合惩戒。

（十二）市场交易相关制度。国务院发展改革部门会同相关部门制定碳排放权市场交易管理办法，对交易主体、交易方式、交易行为以及市场监管等进行规定，构建能够反映供需关系、减排成本等因素的价格形成机制，建立有效防范价格异常波动的调节机制和防止市场操纵的风险防控机制，确保市场要素完整、公开透明、运行有序。

五、发电行业配额管理

（十三）配额分配。发电行业配额按国务院发展改革部门会同能源部门制定的分配标准和方法进行分配（发电行业配额分配标准和方法另行制定）。

（十四）配额清缴。发电行业重点排放单位需按年向所在省级、计划单列市应对气候变化主管部门提交与其当年实际碳排放量相等的配额，以完成其减排义务。其富余配额可向市场出售，不足部分需通过市场购买。

六、支撑系统

（十五）重点排放单位碳排放数据报送系统。建设全国统一、分级管理的碳排放数据报送信息系统，探索实现与国家能耗在线监测系统的连接。

（十六）碳排放权注册登记系统。建设全国统一的碳排放权注册登记系统及其灾备系统，为各类市场主体提供碳排放配额和国家核证自愿减排量的法定确权及登记服务，并实现配额清缴及履约管理。国务院发展改革部门负责制定碳排放权注册登记系统管理办法与技术规范，并对碳排放权注册登记系统实施监管。

（十七）碳排放权交易系统。建设全国统一的碳排放权交易系统及其灾备系统，提供交易服务和综合信息服务。国务院发展改革部门会同相关部门制定交易系统管理办法与技术规范，并对碳排放权交易系统实施监管。

（十八）碳排放权交易结算系统。建立碳排放权交易结算系统，实现交易资金结算及管理，并提供与配额结算业务有关的信息查询和咨询等服务，确保交易结果真实可信。

七、试点过渡

（十九）推进区域碳交易试点向全国市场过渡。2011 年以来开展区域碳交易试点的地区将符合条件的重点排放单位逐步纳入全国碳市场，实行统一管理。区域碳交易试点地区继续发挥现有作用，在条件成熟后逐步向全国碳市场过渡。

八、保障措施（略）

（二十）加强组织领导。

（二十一）强化责任落实。

（二十二）推进能力建设。

（二十三）做好宣传引导。